精通 Python 網路開發

使用Python套件與框架
完成網路自動化、監控、雲端和管理

Mastering Python Networking, 4th Edition

致我的妻子 *Joanna*，她啟發了我探索的渴望。

致我的孩子 *Mikaelyn* 與 *Esmie*，願你們也能找到探索世界的熱情。

推薦序

不論您此刻是將本書拿在手上或透過螢幕閱讀，如果願意花時間學習此書內容，它將會為您帶來無窮的力量。且程式設計也能進一步提升您現有的知識與技能。

許多人常被告知應該為了自己而學習程式設計與 Python，因為程式設計技能需求很大，所以應該成為一名程式設計師。這或許是不錯的建議，但最好的應該是要思考「如何利用您現有的專業知識，並透過軟體技能中的自動化與擴展經驗，超越您的同儕？」本書就是為了幫助網路專業人士達成這個目標。您也將學習到 Python 在網路配置、管理、監控等方面的應用。

如果您厭倦了登入並輸入一堆命令來設置您的網路，Python 就是您的解方。如果您需要確保網路設置是穩固且可重複的，Python 就是您的選擇。如果您需要即時監控網路狀況，那麼，沒錯，Python 就是您的答案。

您可能同意去學習能應用於網路工程的軟體技能。畢竟，像是**軟體定義網路（SDN）**這種術語在過去幾年中一直被廣泛討論。但為何要選擇 Python 呢？或許您應該學習 JavaScript、Go 或其他語言，也或許應該更專注於 Bash 與 shell 腳本。

Python 非常適合網路工程的原因有兩個。

首先，正如 Eric 於本書所展示的，有許多專為網路工程設計的 Python 函式庫（有時被稱為套件）。利用像 Ansible 這樣的函式庫，可以透過簡單的組態文件來創建複雜的網路與伺服器組態。使用 Pexpect 或 Paramiko，在為遠端系統撰寫程式時，宛如系統自帶腳本 API 一樣。如果正在配置的設備有 API，很可能可使用專門為此目的構建的 Python 函式庫來操作它。因此，Python 顯然非常適合此項工作。

其次，Python 在程式語言中相當特別。我將 Python 稱為*全範疇語言*，這術語的定義是，Python 既是一種非常容易入門的語言（`print("hello world")`

還有其他語言能這麼簡單嗎？）也非常強大，它是 YouTube 等驚人軟體所使用的技術。

這並不是常態。正常來說，一些入門基礎的語言，可以快速地開發軟體，例如 Visual Basic、Matlab 與其他商業語言。但是，一旦將這些語言運用到極限時，就會發生嚴重的失敗。您能想像用這些語言來開發 Linux、Firefox 或一個高效能的遊戲嗎？絕對不可能。

另一方面，也有一些非常強大的語言，例如 C++、.NET 與 Java 等。C++ 其實是一種用來開發 Linux 核心模組與大型開源軟體的語言，比如 Firefox 有部分就是利用 C++ 開發。不過，它們並不適合初學者，要使用它就必須學習指標、編譯器、連結器、標頭、類別與存取權限（公開 / 私有）等概念。

Python 兼具簡單與強大的特性，讓您只需用幾行程式碼與簡單的程式設計概念，就能快速開發軟體。同時，它也成為了一些世界上最重要的軟體背後的首選語言，例如 YouTube、Instagram 及 Reddit 等。Microsoft 也選擇用 Python 來開發 Azure CLI 的語言（不過，您使用他們的 CLI 時，不一定要會 Python）。

這是一個好機會。程式設計是一種超能力，它可以讓網路工程專業知識提升至新的高度。Python 是全球發展最快、最熱門的程式語言之一，且擁有很多優秀的函式庫，能幫您解決各種網路相關的問題。所以，這本《精通 Python 網路開發》匯集了這些內容知識，將會改變您對網路的看法。祝您旅途愉快。

Michael Kennedy

奧勒岡州 波特蘭

Talk Python 創始人

第四版 繁體中文序

時光匆匆，一轉眼《Mastering Python Networking, 4th Edition》的中文繁體版也要出版了！回首 2017 年第一版出版時，網路自動化並不是一個人人都能接受的概念。網管圈內也對 Python 這個語言並不算熟悉。時至今日，網管自動化有著自己專屬、橫跨歐美兩洲的會議[1]，超過我小小腦容量能記得的開源碼項目，以及數個常規化的 podcast（其中一個是我每兩週更新一次的 Network Automation Nerds Podcast[2]），而 Python 也從一個較少網管人知道的語言，成為了網管自動化的主流。

在這些變動的同時，不變的是對正確資訊的需求，科技的變遷，架構在基本概念上衍生出的概念，以及對不同框架、套件中肯、基於簡單範例分析後的利與弊。

現在在你手上的這本書，就是我多年來對以上的問題嘗試著找出的答案。例如：在第二章中一步一步用 Python 和網路機器做溝通，有人可能會認為是非必要的。但多年的經驗告訴我，在經過比較手動的經歷過後，能對未來更抽象的套件有更深層的了解。又或是第九章中使用 Flask 作為網管人網路框架的入門，這是我在嘗試過多個不同框架後得出對網管人最好上手的結果。

當然，科技的更新永遠比書出版速度快，在第四版中加入了很多新的原素，例如第五章的 Containerlab 以及第十章的 AsyncIO。其他所有的範例、連結也都在此版做了全面更新。

1　https://networkautomation.forum/

2　https://packetpushers.net/podcast/network-automation-nerds/

總而言之，本書的目的就是讓你在眾多眼花瞭亂的資訊中，能夠更快、更精準地找到適合你現在需求的解決方案，從而節省你的時間、精神、和金錢。就像這個簡短的序，沒有華麗的文字、營銷的語言，有的是我撞得頭破血流精簡下來的經驗談，和希望能幫助在同樣路上的工程師的初衷。

以一個從初中移民來美國，但每年都回台灣探訪家人，做夢都會夢到台灣小吃的小子來說，真的非常高興看到第四版繁中的誕生。能夠和台灣的同好產生書本上的連結是我的榮幸。感謝你翻閱此書，甚至願意考慮買下它，希望它能在現在和未來為你產生幫助！

Eric Chou（周君逸）

作家、工程師、Podcaster、創業家

美國，波士頓 12/7/2024

關於作者

Eric Chou 是一名資深的技術專家，擁有 20 年以上的經驗。曾經任職於 Amazon、Microsoft 與其他財星 500 強公司，參與過許多大規模的網路專案。Eric 熱愛網路工程、Python 和協助公司建立更優秀的自動化文化。

Eric 是一位安全、資料處理和程式設計等領域的暢銷書作家，也擁有多個 IP 電話和網路方面的美國專利。他藉由出版書籍、線上課程、參與演講活動與開源專案，分享他對技術的濃厚興趣。

我想感謝開源社群的朋友們，他們慷慨地奉獻他們的愛心、知識和程式碼。如果沒有他們，書中提及的許多專案都難以完成。我也希望能以自己的方式，為這美好的社群貢獻一份心力。

我要向 *Packt* 團隊致謝，他們促成了本書第四版的合作機會。也要特別感謝技術審閱者 *Josh VanDeraa* 願意花時間幫忙審閱本書。

感謝我的家人，你們持續的支持與鼓勵，使我想成為最好的自己。我愛你們。

關於審校者

Josh VanDeraa 是一位擁有 20 年網路經驗的資深人士，於過去的 7 年持續專注於網路自動化。曾任職於大型企業的零售、旅遊、管理服務與近期的專業服務等領域。處理過各種規模的網路，並且帶來了多種網路自動化的解決方案，使用 Python、Ansible 與 Python 網路框架的技術來實現其真正的價值。

Josh 是 *Open Source Network Management* 的作者，也有一個部落格網站（`https://josh-v.com`），他會在網站上分享更多的內容。

首先，我要感謝我的家人，他們讓我有時間去深入研究與檢閱此議題。

我也要感謝 *Eric* 願意花時間分享經驗。這是一件不容易的事，且 *Eric* 投注眾多時間並非常出色地將他的實務經驗寫入此書中，使讀者獲益良多。第一次閱讀本書是在第二版的時候，我很喜歡它在不斷地修訂中持續進步。

最後，我要向整個網路自動化社群致謝。不論來自何方組織，這是屬於每個人的道路。請一起加入、教導並與社群分享您的經驗，使網路自動化領域能持續進步。

目錄

Chapter 2：底層網路設備互動 35

Chapter 3：應用程式介面（API）與意圖驅動網路開發 73

Chapter 4：Python 自動化框架——Ansible 119

Chapter 5：面向網路工程師的 Docker 容器 155

Chapter 6：使用 Python 來實現網路安全 183

Chapter 7：使用 Python 來進行網路監控——第 1 部分 219

Chapter 8：使用 Python 來執行網路監控——第 2 部分 253

Chapter 9：使用 Python 建立網路網頁伺服器 291

Chapter 10：Async IO 介紹 331

Chapter 11：AWS 雲端網路開發 349

Chapter 12：Azure 雲端網路開發 387

Chapter 13：利用 Elastic Stack 執行網路資料分析 431

Chapter 14：Git 的使用 473

Chapter 15：利用 GitLab 進行持續整合 505

Chapter 16：網路測試驅動開發 527

前言

正如查爾斯．狄更斯在《雙城記》中所寫的「這是最好的時代，也是最壞的時代；這是智慧的時代，也是愚蠢的時代。」這些看似矛盾的話，完美地描述了在變革和轉型時期所感受到的混亂和情緒。不可否認地，由於網路工程領域正在經歷急遽變化，我們也正處於類似的時期。隨著軟體開發更加融入至各種工程領域中，傳統的命令列介面與垂直整合的網路控制方法，已不再適合管理現今的網路。

對於網路工程師來說，我們所見到的變化充滿了激情和機遇，但是對於需要快速適應和跟上這些變化的人而言，這同時也充滿了挑戰。本書的目的是提供一本實用的指南，涵蓋了從傳統平台轉變為建構於軟體驅動和開發實踐平台的種種問題，以幫助網路專業人員順利渡過變化的浪潮。

本書運用 Python 這門程式語言來完成各種網路工程的挑戰。Python 是一種易於學習的高階程式語言，其能有效地發揮網路工程師的創造力和解決問題的技能，達到簡化日常的操作。Python 已經成為許多大型網路系統中不可或缺的部分，我將透過本書跟您分享我學到的經驗。

自本書前三版出版以來，我有幸與無數讀者展開了精彩而深刻的交流。對於前三版的成功我不敢驕傲，並將讀者的回饋牢記在心。第四版新增了許多新的函式庫，也使用最新版本的軟體與新的硬體平台改良原有的範例。於章節內容方面，除了增加了兩個新的章節外，也對數個章節進行大幅度的修訂。我相信前述所言的變動，更能反映現今網路工程的環境。

變革的時代為科技進步提供了巨大的機遇。書中所提的概念與工具，對我的事業有著深遠的影響，期望它們也能對您有所啟發。

本書的目標讀者

此書主要的對象是管理各種網路設備的 IT 人員與設備管理工程師，且想要利用 Python 與其他工具克服網路挑戰。已具備網路和 Python 基本知識的讀者在閱讀此書時，將會更容易上手。

本書涵蓋內容

第 1 章，TCP/IP 協定套組與 Python 的回顧。此章回顧了現今網際網路通訊的基本技術，包括開放式系統互聯（OSI）模型、主從式模型、傳輸控制協定（TCP）、使用者資料包協定（UDP）與 IP 套組。本章也回顧了 Python 語言的基本概念，例如，型別、運算子、迴圈、函式與套件。

第 2 章，底層網路設備互動。本章採用具體的例子說明如何使用 Python 於網路設備上運行命令。也探討在自動化流程中，只擁有命令列介面（CLI）的困難點，此外，本章範例使用了 Pexpect、Paramiko、Netmiko 和 Nornir 等函式庫。

第 3 章，應用程式介面（API）與意圖驅動網路開發。本章主要探討支援**應用程式介面（API）**和其他高階互動模式的網路設備，也展示了一些工具，可以讓網路工程師專注於他們意圖時，使低階任務抽象化。本章也討論 Cisco NX-API、Meraki、Juniper PyEZ、Arista Pyeapi 和 Vyatta VyOS 等技術範例。

第 4 章，Python 自動化框架——Ansible。本章主要說明 Ansible 的基本概念。Ansible 是一個以 Python 進行開發的開源自動化框架。此框架在 API 的基礎上更進一步，專注於宣告式的任務意圖。在本章中，我們將討論使用 Ansible 的好處和其高階架構，並呈現一些使用 Ansible 控制網路設備的實例。

第 5 章，面向網路工程師的 Docker 容器。本章探索了容器技術，也解釋了 Docker 為何會成為應用程式開發的新標準。在本章中，我們將以 Docker 的整體概念和範例來介紹 Docker 的用法。

第 *6* 章，使用 *Python* 來實現網路安全。在此章中，將介紹數個能幫助您強化網路安全的 Python 工具，並探討使用 Scapy 進行安全測試、用 Ansible 快速實作存取列表與使用 Python 進行網路鑑識分析。

第 *7* 章，使用 *Python* 來進行網路監控——第 *1* 部分。此章涵蓋了用來監控網路的各種工具，並包含一些例子，用以說明使用簡單網路管理協定（SNMP）和 PySNMP 查詢設備資訊，還有利用 Matplotlib 與 Pygal 將結果以圖形化方式呈現。本章的最後，將以一個使用 Python 腳本作為輸入來源的 Cacti 範例作為結尾。

第 *8* 章，使用 *Python* 來執行網路監控——第 *2* 部分。本章內容涵蓋了更多的網路監控工具，除了解釋如何採用 Graphviz 根據鏈路層發現協定（LLDP）資訊畫出網路拓樸圖外，也使用 NetFlow 與其他技術展示推送式的網路監控範例，並使用 Python 解譯流量封包，與如何利用 ntop 將結果以視覺化方式呈現。

第 *9* 章，使用 *Python* 建立網路網頁伺服器，本章說明使用 Python Flask 網頁框架來建立網路自動化的 API 端點的方法。網路 API 的好處在於可以將請求者與網路細節分離，實現整合和客制化操作，並藉由限制可用操作的暴露來提高安全性。

第 *10* 章，*Async IO* 介紹。本章主要涵蓋 Async IO，這是 Python 3 的新套件，它可以讓我們同時執行多個任務。此章中，將學習多工處理、並行、執行緒和其他概念等內容。也將使用 Scrapli 專案的一些例子來展示 Async IO 的用法。

第 *11* 章，*AWS* 雲端網路開發。本章展示了利用 AWS 建立一個功能完善且具彈性的虛擬網路。此章涵蓋虛擬私有雲（VPC）技術，例如 CloudFormation、VPC 路由表、存取列表、彈性 IP、NAT 閘道與專用網路連線等相關主題。

第 *12* 章，*Azure* 雲端網路開發。本章涵蓋了 Azure 網路服務的介紹以及利用它建立網路服務的方式。我們將探討 Azure VNet、Express Route 與 VPN、Azure 網路負載平衡器與其他相關的網路服務。

第 *13* 章，利用 *Elastic Stack* 執行網路資料分析，本章說明如何利用 Elastic Stack 作為一組緊密整合的工具來分析和監控我們的網路。涵蓋了從安裝、配置、使用 Logstash 與 Beats 導入數據、使用 Elasticsearch 搜尋資料到使用 Kibana 達到視覺化等方面的內容。

第 *14* 章，*Git* 的使用。本章說明利用 Git 進行協作和程式碼版本控制，並以實際範例呈現使用 Git 執行網路操作。

第 *15* 章，利用 *GitLab* 進行持續整合。本章說明如何使用 GitLab 自動建立操作流水線，以節省時間與增加可靠性。

第 *16* 章，網路測試驅動開發。本章說明如何利用 Python 的 `unittest` 與 `pytest` 來創建簡單的測試方式，以驗證所撰寫的程式碼。此外，也將檢視網路測試範例，可用來驗證網路連通性、網路延遲、安全性和網路交易。

如何使用本書

要充分利用本書，建議您具備一些基本的網路操作和 Python 知識。*第 4 章*和*第 5 章*會介紹後面章節使用到的基本技術，除了此兩章外，大多數章節可依任意順序閱讀。除了在本書開頭介紹的基本軟體和硬體工具外，每一章也都會介紹與該章相關的新工具。

強烈建議按照網路實驗中的範例進行練習。

使用程式碼範例

本書的程式碼放置於 GitHub，網址為 `https://github.com/PacktPublishing/Mastering-Python-Networking-Fourth-Edition`。在我們豐富的書籍和影片目錄中，您還可以找到其他多種程式碼組合包，去 `https://github.com/PacktPublishing/` 瀏覽看看吧！

下載本書使用的圖片

我們也提供了一個 PDF 文件，包含書中所使用的彩色截圖／圖表。可在此下載：`https://packt.link/D2Ttl`。

本書編排慣例

本書中的文字編排慣例如下：

`定寬字（Constant width）`：表示內文中的程式碼字詞、資料庫表名稱、資料夾名稱、檔案名稱、檔案副檔名、路徑名稱、虛擬網址、使用者輸入與 Twitter 帳號。例如：「自動配置也替 Telnet 和 SSH 產生 `vty` 存取權限」。中文用楷體表示。

程式碼區塊設置如下：

```
#這是註解
print("hello world")
```

命令列輸出或輸入的寫法如下：

```
$ python3
Python 3.10.6 (main, Nov 2 2022, 18:53:38) [GCC 11.3.0] on linux
Type "help", "copyright", "credits" or "license" for more information.
```

粗體（Bold）：表示新的術語、重要字詞或在螢幕上看到的字詞。比如，選單或對話框中的字詞會以這種方式出現在內文中。舉例來說：「在接下來的部分，我們將繼續使用 SNMP 執行網路監控，但會使用一個功能完善的網路監控系統，此系統為 **Cacti**。」

這個圖示代表警告或重要說明。

這個圖示代表提示和竅門。

1

TCP/IP 協定套組與 Python 的回顧

歡迎來到令人興奮的網路工程新時代！ 20 年前，我在千禧年的時候，開始擔任網路工程師，那時網路工程師的角色與現在迥然不同。當時，網路工程師只需要掌握特定領域的知識，用命令列介面管理與操作區域網路和廣域網路。雖然他們有時會橫跨其他學科，處理一些系統管理員與開發者的工作，但沒有明確要求他們要會撰寫程式或懂程式設計。而現今的情況已不同以往。

多年來，DevOps 與**軟體定義網路**（**SDN**）的發展以及其他因素，使得網路工程師、系統工程師與開發者之間的界線已經明顯模糊。

您會閱讀本書，或許是因為您已經是網路 DevOps 的接觸者，亦或正考慮步入探索網路可程式化的道路。也可能像我一樣，是個工作多年的資深網路工程師，並且想知道 Python 程式語言相關的話題。也許您已經熟練 Python 程式語言，但仍想知道在網路工程領域上它會有哪些應用。

如果您符合上述類型，或者單純好奇在網路工程領域中 Python 能做到什麼，我相信本書很適合您：

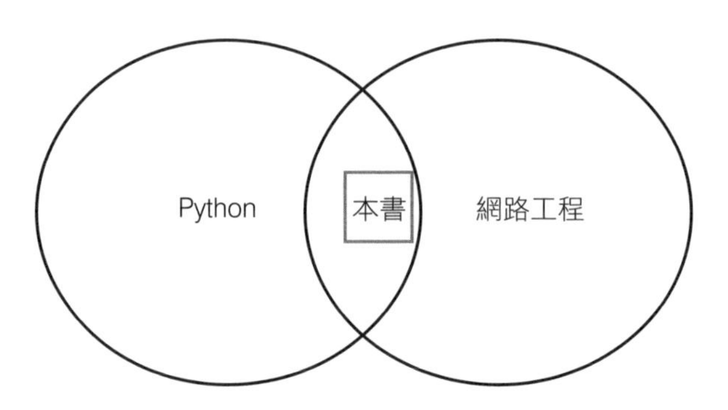

圖 1.1：Python 與網路工程的交集

由於已經有許多優秀著作分別以網路工程或 Python 為主題，所以本書不打算再重述與這些著作相同的內容。相反地，本書將假設您已經擁有管理網路的操作經驗，以及了解基本的網路協定。如果熟悉 Python 程式語言，將會事半功倍，但並非要求您必須是一位 Python 專家，本書將於後面的章節中介紹作為基準的 Python 基礎知識。再次強調，閱讀本書並不需要您是 Python 或網路工程的專家，本書的目的就是在這兩方面的基礎上，幫助讀者學習與運用各種應用，讓生活更輕鬆。

這一章將概覽聯網與 Python 的基本概念，本章其餘部分需有一定的預備知識，才能充分利用本書的內容。如果想溫習這一章的內容知識，有許多免費或便宜的學習資源可以讓您跟上腳步。推薦免費的可汗學院課程（`https://www.khanacademy.org/`）與 Python 軟體基金會網站 `https://www.python.org/` 的官方 Python 教學。

因為內容篇幅有限，這一章將從高層次的觀點，快速地介紹相關的聯網主題，不會過多深入細節探討。其實，在日常的工作中，也不需要太多深入的網路知識。究竟需要具備多深的聯網知識呢？以我的工作經驗而言，一個典型的網路工程師或開發者不一定會記得確切的**傳輸控制協定（TCP）**狀態機，來完成他們的日常工作（我知道我不會記得），但會知道**開放式系統互聯（OSI）**模型、TCP 與**使用者資料包協定（UDP）**的運作流程、不同的 IP 標頭字段及其他基本概念，而這些內容將涵蓋在這一章之中。

我們也將先以高層次的觀點介紹 Python 語言；對於不是每天撰寫 Python 程式的讀者而言，足以讓他們跟上本書後面的內容。

具體而言，這一章將介紹的主題有：

- 網際網路的概述
- OSI 與主從式模型
- TCP、UDP 與 IP 網路協定套組
- Python 語法、型別、運算子與迴圈
- 使用函式、類別與套件來擴展 Python

當然，這一章呈現的內容只是部分知識，如果您想深入了解，請參考本書的參考資料。

作為網路工程師，通常要應付各種大小規模與複雜度的網路管理。這些網路從小型的家庭網路，到中型的小企業網路，再到遍布全球的大型跨國企業網路。當然，最大的網路便是網際網路。如果沒有它，就無法使用電子郵件、網站、API、串流媒體或是雲端計算服務。因此，在深入探討協定與 Python 的具體內容之前，先了解網際網路的概述。

網際網路概述

什麼是網際網路？此問題看似簡單，卻會因為背景不同而有各種的答案。網際網路對不同的人有著不同的定義；年輕人、老年人、學生、老師、商務人士與詩人都可能對相同問題給出不一樣的解答。

對於網路工程師而言，網際網路是一個由數個大小網路互相連接所組成的全球性電腦網路。換句話說，它是**一個沒有統一控制者的網路**。以家庭網路為例，它可能包含一台整合路由、乙太網交換與無線存取點功能的設備，將智慧手機、平板、電腦、與聯網電視連接在一起，使設備之間能互相通訊，這就是**區域網路（LAN）**。

當家庭網路需要與外界通訊時，它會將資訊從 LAN 傳送至更大的網路，此網路便是由**網路服務供應商（ISP）**所提供。ISP 通常就是您付費購買聯網服

務的公司，他們藉由聚集小型網路形成一個由他們管理的大型網路來實現網路連線服務。

ISP 網路通常由許多邊緣節點組成，它們會將流量聚集到核心網路，核心網路的功能是利用高速網路將各個邊緣網路連接起來。

在一些稱為網際網路交換節點的獨特邊緣節點上，您的 ISP 會與其他 ISP 連線，並將流量送至目的地。當回傳的流量從目的地返回至您的電腦、平板或手機時，回程路徑可能會與去程不同，但流量上記錄的來源與目的地資訊都不會改變。此種非對稱的行為模式是為了相容性所設計，以防止一個節點損壞導致網路斷線的情形。

接著，來看一下組成網路的元件吧。

伺服器、主機與網路元件

主機是網路上的末端節點，它們能與其他節點通訊。在現今世界中，一台主機可以是傳統電腦，也可以是智慧型手機、平板或電視。隨著**物聯網**（**IoT**）的興起，主機的定義範圍更包括了**網際網路協定**（**IP**）攝影機、電視盒與許多在農業、養殖、汽車等等地方使用的感測器。隨著聯網主機的數量爆炸性增長，它們都需要定址、路由與管理，因此適當的聯網需求也空前高漲。

當上網時，通常是請求一些服務，像是瀏覽網頁、寄送或接收電子郵件、傳輸檔案與其他線上的活動，這些服務全都是由**伺服器**所提供。顧名思義，伺服器為了提供服務給許多的節點，所以一般它們的硬體規格都比較好。在某種程度上，伺服器也是網路上特殊的「超級節點」，它們能提供額外的功能給其他互聯的節點。關於伺服器的討論，將會在後面的**主從式模型**部分再次看到。

如果把伺服器與主機想像成城市和小鎮，那麼**網路元件**就是將它們串連起來的道路與高速公路。事實上，當描述橫跨全球傳輸日益增加的位元與位元組的網路元件時，就會想到資訊高速公路的術語。在後面要看的 *OSI* **模型**裡的七層 OSI 中，網路元件是屬於第一層至第三層的設備，有時也會涉及第四層。它們有第二層和第三層的路由器與交換器，負責控制流量的走向，還有屬於第一層的傳輸介質，在此僅舉幾例，像是光纖、同軸電纜、雙絞線與**高密度分波多工（DWDM）**的設備。

總之，主機、伺服器、儲存設備與網路元件就是組成現今網路的元件。

資料中心的崛起

上一節中看過了伺服器、主機與網路元件在網際網路上扮演的不同角色。由於伺服器的硬體需求較高，所以通常會放在一起，會比較好管理，而放置的地點就是資料中心。資料中心一般分為三類：

- 企業資料中心
- 雲端資料中心
- 邊緣資料中心

接著，先看一下企業資料中心。

企業資料中心

在常見的企業中，公司通常都需要一些內部工具執行商業業務，例如電子郵件、文件儲存、銷售追蹤、訂購、人力資源工具與知識共享的內部網路。這些服務就是由檔案和郵件伺服器、資料庫伺服器與網頁伺服器提供。這些伺服器與使用者電腦不同，它們通常是高階電腦，需要更高的電力、散熱與較高的網路頻寬。它們運作時會產生很大的噪音，不適合置於普通的工作環境中。伺服器通常被放置於企業大樓的中央位置，此處稱為**主配線架（MDF）**，以提供足夠的電源、備用電源、散熱與網路。

要與 MDF 連線，使用者的流量通常會先在使用者附近匯集，這些地方即為**中間配線架（IDF）**，接著，再將它們打包連接至 MDF。IDF-MDF 的分佈跟著企業大樓或校園的實際格局走並不罕見，例如，每層樓都可以有一個 IDF，然後將流量集中至同一棟大樓中的中心 MDF 樓層。如果企業由多棟建築物組成，能先將每棟建築物的流量匯集，再連接至企業資料中心。

許多企業資料中心（有時也稱為校園網路）採用三層網路設計，這三層是存取層、分配層與核心層。當然，就如同任何設計一樣，均沒有固定的規則或適用所有情況的模式；三層設計只是通用的指南。例如，將三層設計應用至前面的使用者—IDF—MDF 例子上，存取層就是使用者連接的連接埠，IDF 就是分配層，而核心層則是由跟 MDF 與企業資料中心連線的部分所組成。當然，這只是普遍化的企業網路，因為有些企業網路可能不會遵循同樣的模式來設計。

雲端資料中心

隨著雲端運算與軟體，或稱為**基礎設施即服務（IaaS）**的崛起，雲端服務供應商已經建造了大規模的資料中心，有時被稱為超大規模資料中心。雲端運算是指像 Amazon 的 AWS、Microsoft 的 Azure 與 Google 雲端平台等公司依據使用需求所提供的運算資源，使用者不需管理這些資源。許多網路規模的服務供應商，例如 Facebook，也屬於此類別。

雲端資料中心需放置許多的伺服器，所以比一般的企業資料中心需要更多的電力、散熱與網路頻寬。即使我已經在雲端服務供應商的資料中心工作多年，但每次參觀雲端服務供應商的資料中心時，對它們的規模仍覺得驚訝。舉幾個例子來說明它們有多大，雲端資料中心非常大且很耗電，所以通常建在發電廠附近，這樣電費會較便宜，且電力傳輸時也不會有太多損耗。它們散熱需求也很高，有些甚至需要發揮創意，來思考資料中心的建造地點。例如，Facebook 就在瑞典北邊（離北極圈只有 70 英里）的呂勒奧建了一個資料中心，部分原因就是為了利用低溫來散熱。關於像 Amazon、Microsoft、Google 與 Facebook 等公司如何建立與管理雲端資料中心的科學資訊，都能用任何一個搜尋引擎找到很驚人的數字。例如，Microsoft 在愛荷華州西第蒙的資料中心，佔地 200 英畝，設施面積達 120 萬平方英尺，而且還讓該市花費大約 6,500 萬美元來升級公共基礎設施。

以雲端服務供應商的規模來說，他們要提供的服務不能只放在一台伺服器上，既不划算又不切實際。這些服務要分散在一群伺服器之上，有時要橫跨好幾個機架，才能保證服務擁有者的備援與彈性。

網路需要低延遲與備援，且伺服器分散在各地，這使得網路承受了巨大壓力。連接伺服器群組所需要的互聯設備，像是電纜、交換器與路由器，它們的數量也隨之暴增。而這些需求也表示著需要更多的設備來安裝、組態設定與管理。一個常見的網路設計是多級結構的 Clos 網路：

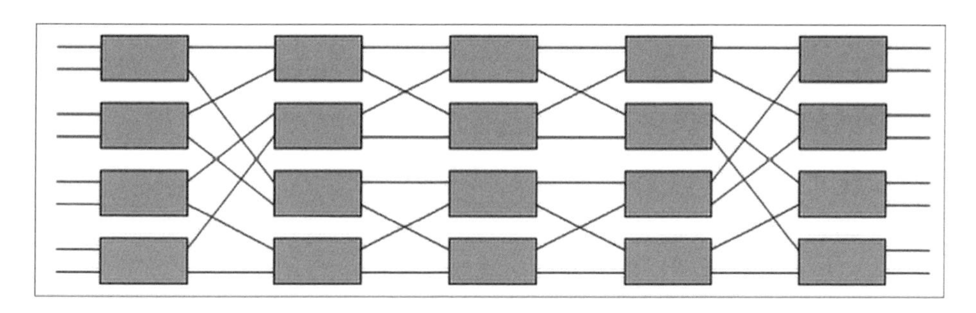

圖 1.2：Clos 網路

從某種程度上來看，因為網路自動化能提供快速、靈活與可靠性，讓雲端資料中心與其他網路間的適應越來越好，這正是它不可或缺的部分。如果沿用傳統的方式，藉由終端與命令列介面的方式管理網路設備，將耗時過久，無法於合理時間內提供服務。更別說人員重複地操作容易出錯以及效率不佳，而且也很浪費工程師的才能。更複雜的是，經常需要快速地變更網路配置，以適應快速變化的商業需求，例如將三層的校園網路重新設計成基於 Clos 的拓樸。

對我來說，我幾年前開始學習用 Python 做網路自動化的就是雲端資料中心的聯網，從那之後就沒停下來過。

邊緣資料中心

如果在資料中心上有足夠的運算能力，何不將所有東西都放在資料中心呢？讓全球的客戶都能直接連線至資料中心的伺服器，這就可以收工了，對嗎？答案是還得視使用情況而定。將客戶端的請求與會話一路傳到大型資料中心的過程中，最大的問題是傳輸的延遲。換句話說，延遲太高就會使網路成為瓶頸。

當然，任何一本基礎物理教科書都跟您說，網路延遲永遠不會是零：就算在真空中，光的速度再快，還是需要花時間才能傳輸過去。在真實世界中，延遲會比真空中的光還要高很多。為什麼會如此呢？因為網路封包必需穿越多個網路，有時穿過海底電纜、慢速的衛星連線、4G 或 5G 行動網路或是 Wi-Fi 連線。

如何降低網路延遲呢？一個方法是減少用戶請求需經過的網路數量。可以試著盡可能地靠近用戶，或者在用戶請求連入網路的邊緣之處與它們接觸，在這些地方準備好足夠的資源來服務用戶請求，這對於提供媒體內容，例如：音樂與影片，特別常見。

花一分鐘想像一下，您正建置下一代的影片串流服務。為了增加客戶滿意度，讓影片順暢播放，會想將影片伺服器盡量放在離客戶最近的地方，不是在客戶的 ISP 內，就是在很靠近的地方。而且，為了備援與連線速度，影片伺服器農場的上傳不只跟一、兩個 ISP 連線，而是要跟所有 ISP 連線，以減少過路數，從而減少需要通過的設備數量。所有的連線都要有足夠的頻寬，以便減少尖峰時段的延遲。這種需求促使大型 ISP 與內容供應商業者做了一些對等連線交換的邊緣資料中心，即使這些資料中心的網路設備沒有雲端資料中心多，它們也能從網路自動化獲得好處，提高網路的可靠性、靈活性、安全性與視覺化。

如果延伸邊緣節點的概念，並且發揮創意，就可見到一些新的科技，例如：自駕車與**軟體定義廣域網路（SD-WANs）**也是利用了邊緣節點。自駕車需要根據感測器的資訊，瞬間做出決定。SD-WAN 路由器需要在本地端傳送封包，而不必請示中央的「大腦」。這些全都是智慧邊緣節點的概念。

如同許多複雜的主題，要想處理複雜性，能將主題分成更小更易理解的部分。聯網就是利用分層的概念來模擬其元件的功能，打破其複雜性。多年來，網路連線出現了不同的模型。在本書中，將介紹兩種最重要的模型，先從 OSI 模型開始。

開放式系統互聯（OSI）模型

任何網路相關著作都需要先介紹 OSI 模型。這是一個抽象的模型，它把電信功能劃分成不同的層次。這個模型定義了七層，每一層都獨立位於另一層之上，並且有明確的結構與特徵。

舉例來說，在網路層中，IP 是建立在不同的資料連結層上，像是乙太網路或訊框中繼轉運。OSI 參考模型是一種好方法，它將各式各樣技術標準化成一套大家都認同的語言，這樣就能大幅減少不同層次工作者的差異，也能讓他們更專注於特定的任務，而不必太擔心相容性的問題：

<table>
<tr><th colspan="4">開放式系統互聯模型</th></tr>
<tr><th colspan="2">層級</th><th>協定資料單元（PDU）</th><th>功能</th></tr>
<tr><td rowspan="4">主機層</td><td>7. 應用層</td><td rowspan="3">資料</td><td>高層次 API 介面，包含資源共享與遠端檔案存取</td></tr>
<tr><td>6. 表達層</td><td>聯網服務與應用程式間的資料轉換；包含字元編碼、資料壓縮與加密（解密）</td></tr>
<tr><td>5. 會話層</td><td>管理通訊會話，也就是兩個節點間以多次來回傳輸的方式持續交換資訊</td></tr>
<tr><td>4. 傳輸層</td><td>區段（TCP）／資料包（UDP）</td><td>在網路各節點間可靠的傳輸資料區段，包含分段、確認與多工</td></tr>
<tr><td rowspan="3">媒體層</td><td>3. 網路層</td><td>封包</td><td>建構與管理多節點網路，包含定址、路由與流量控制</td></tr>
<tr><td>2. 資料連結層</td><td>訊框</td><td>在藉由實體層連接的兩個節點間可靠的資料訊框傳輸</td></tr>
<tr><td>1. 實體層</td><td>位元</td><td>藉由實體媒介傳輸與接收原始的位元串流</td></tr>
</table>

圖 1.3：OSI 模型

OSI 模型最初是在 1970 年代末開始研究，後來由**國際標準化組織（ISO）**與現在的**國際電信聯盟電信標準化部門（ITU-T）**共同發表，它被廣泛地接受，在介紹新的電信主題時，常會提到這個模型。

OSI 模型發展的同時，網際網路也在逐漸成形。網際網路原始設計者所使用的參考模型，被稱為 TCP/IP 模型。TCP 與 IP 是此模型中最初的兩個協定套組。它與 OSI 模型有些相似之處，都是將端對端的資料傳輸分成抽象層次。

TCP/IP 模型的不同之處在於它將 OSI 模型的第五層到第七層合併至**應用層**中，且將**實體層**與**資料連結層**結合成**連結層**：

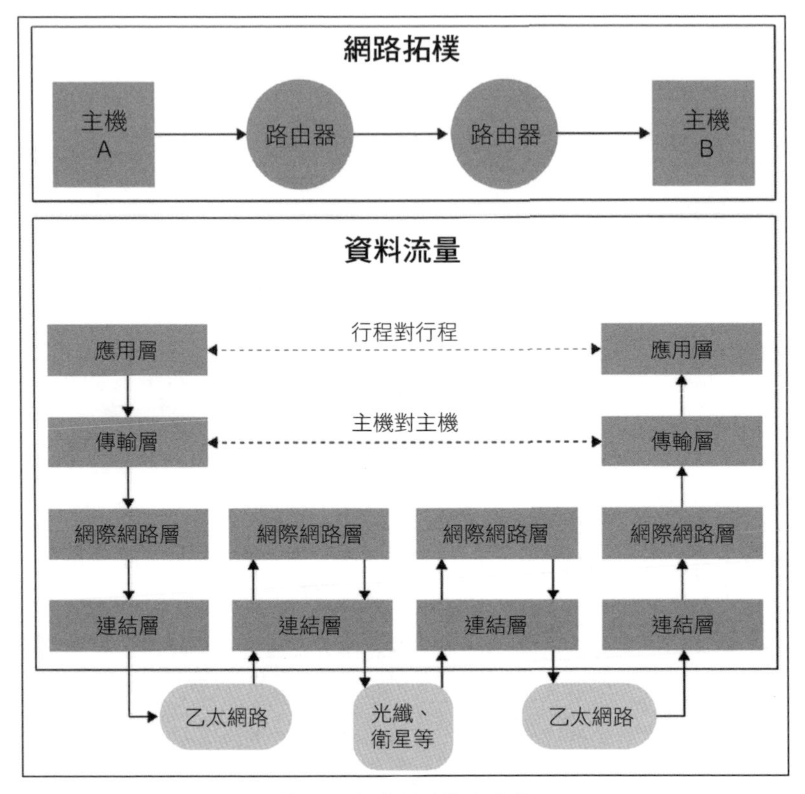

圖 1.4：網際網路協定套組

OSI 與 TCP/IP 模型對提供端對端資料傳輸的標準都有很大的幫助，在必要時會參考這兩種模型，例如在後面的章節中談論網頁架構時。就像傳輸層的模型一樣，應用層也有一些可以管理通訊的參考模型。在現今網路上，大部分的應用程式都是基於主從式模型，下一節將會介紹主從式模型。

主從式模型

主從式模型展示了一種資料在兩個節點間通訊的標準方法。當然，我們現在都知道，節點並非全部相同。即使在最早的**高等研究計畫署網路**（**ARPANET**）時期，也有分工作站節點與伺服器節點，後者的目的是向其他的工作站節點提供內容。

這些伺服器節點通常硬體規格比較高，並由工程師嚴格管理。它們被稱為伺服器，是因為能給其他節點提供資源與服務。伺服器通常處在閒置狀態，等待客戶端發送需求資源的請求。此種客戶端向伺服器發送請求的分散資源模型，便是主從式模型。

為什麼這個模型很重要呢？如果您仔細想想，就能知道主從式模型大大突顯出聯網的重要性。如果客戶端與伺服器不需要互相傳輸的服務，那麼網路互聯就沒什麼用處了。正是客戶端與伺服器需要傳輸位元與位元組，才突顯網路工程的重要性。當然，我們都知道最大的網路，就是網際網路，它一直在改變大家的生活，且還持續改變中。

您可能會問，每個節點互相傳訊時，如何確定時間、速度、來源與目的地？這就得說到網路協定了。

網路協定套組

電腦聯網剛開始的時候，每間公司都有專有的協定，並由設計連接方式的公司嚴格控制。如果主機使用 **Novell 的 IPX/SPX** 協定，這些主機就無法與使用 Apple 的 **AppleTalk** 協定的主機通訊，反之亦然。這些專有的協定套組與 OSI 模型通常有相似的層次，並遵循主從式模型的方式通訊，但彼此間並不相容。這些專有的協定通常只能在封閉的區域網路中工作，不需與外界通訊。當要與外面網路溝通，通常會利用協定轉換設備，例如：路由器，將一種協定轉成另一種協定。舉例來說，要將 AppleTalk 的網路連接至網際網路，就需使用路由器連接並將 AppleTalk 協定轉成 IP 基礎的網路。這種額外的轉換通常並不完美，但在早期，大部分通訊都發生於自己的區域網路內，所以網路管理員也只好接受了。

然而，隨著跨網路之間的通訊需求超出區域網路時，標準化網路協定套組的需求也變得越來越大。專有的協定最終讓位給像是 TCP、UDP 與 IP 等標準化協定套組，這些協定大大增加了跨網路之間的通訊能力。最大的網路——網際網路，就是靠著這些協定運作。後續的幾節中，將一一來看看這些協定套件。

傳輸控制協定

TCP 是現今網際網路主要的協定之一。當瀏覽網頁或寄送電子郵件時，就是使用 TCP 協定。此協定在 OSI 模型中位於第四層，它負責確保資料區段在兩個節點之間能以可靠且無誤的方式傳送。TCP 的標頭由 160 位元組成，其中包含了一些其他領域的資訊，例如 source port、destination port、sequence number、acknowledgment number、控制旗標與 checksum：

TCP 標頭					
Offsets Octet	Octet Bit	0	1	2	3
Octet	Bit	0 1 2 3 4 5 6 7	8 9 10 11 12 13 14 15	16 17 18 19 20 21 22 23	24 25 26 27 28 29 30 31
0	0	Source port		Destination port	
4	32	Sequence number			
8	64	Acknowledgment number（如果 ACK 已設定）			
12	96	Data offset / Reserved 000 / NS	CWR / ECE / URG / ACK / PSH / RST / SYN / FIN	Window Size	
20	160	Ckecksum		Urgent pointer（如果 URG 已設定）	
...	...	Options（如果 data offset > 5。必要時在末尾填充 0）…			

圖 1.5：TCP 標頭

TCP 協定的功能和特徵

TCP 用資料包 socket（datagram socket）或連接埠使主機互相通訊。**網際網路號碼分配局（IANA）**的標準機構會指定一些熟知的連接埠表示某些服務，例如：**連接埠 *80*** 表示 HTTP（網頁），**連接埠 *25*** 代表 SMTP（電子郵件）。主從式模型中，伺服器一般都監聽這些特定的連接埠，以便收到客戶端的通訊請求。TCP 連線由作業系統管理，socket 代表連線的本地端點。

協定的運作結合狀態機，在通訊會話過程中，當監聽進來的連線時，機器會保持追蹤，並在切斷連線後釋放資源。每個 TCP 連線都會走過一系列的狀態，例如 `Listen`、`SYN-SENT`、`SYN-RECEIVED`、`ESTABLISHED`、`FIN-WAIT`、`CLOSE-WAIT`、`CLOSING`、`LAST-ACK`、`TIME-WAIT` 與 `CLOSED`，不同的狀態有助於管理 TCP 訊息。

TCP 訊息與資料傳輸

TCP 與同層的近親 UDP 最大不同之處在於，它以有序且可靠的方式傳輸資料。由於 TCP 操作能確保資料的送達，所以被稱為是一種連接導向的協定。TCP 會先建立三向交握的流程，使傳送者與接收者能同步序號，此流程包括 SYN、SYN-ACK 與 ACK。

確認機制是用來追蹤對話的後續段落。在對話最後要結束之時，一方會先發送 FIN 訊息，表示要中斷連線，另一方則會回覆 ACK 訊息，同時也傳送自己的 FIN 訊息。FIN 的發起者最後會再回覆 ACK 訊息，用於確認已收到對方的 FIN 訊息。

許多經歷過 TCP 連線疑難排解的人都會告訴您，此操作相當複雜。值得慶幸的是，一般情況下，這些連線操作都只是在背後默默地進行。

關於 TCP 協定的內容，就能夠寫一本書了；事實上，也已經有許多關於此協定的精彩著作。

這一節只是快速地概述，有興趣的話，可以參考 *TCP/IP 指南*（http://www.tcpipguide.com），這是一個不錯的免費資源網站，可以透過它來深入了解這個主題。

使用者資料包協定

UDP 也是常見的協定套組之一。它與 TCP 相同，均運作於 OSI 模型的第四層，負責傳輸在應用層與 IP 層之間的資料區段。與 TCP 不同之處是，它的標頭只有 64 位元，僅包含 source 和 destination port、length 與 checksum。這種輕量的標頭使它非常適合那些不在乎兩個主機之間是否建立連線與資料傳輸是否可靠，只考量資料傳遞快速的應用程式。或許在現今的高速連線下，很難想像對傳輸速度的影響，但在以前的 X.21 與訊框中繼連線中，它大大提升了傳輸速度。

除了速度的差異，也不用像 TCP 那樣維護各種狀態，節省了兩個端點的電腦資源：

UDP 標頭																																	
Offsets	Octet	0								1								2								3							
Octet	Bit	0	1	2	3	4	5	6	7	8	9	10	11	12	13	14	15	16	17	18	19	20	21	22	23	24	25	26	27	28	29	30	31
0	0	Source port																Destination port															
4	32	Length																Checksum															

圖 1.6：UDP 標頭

您可能會好奇，在現今的年代，為什麼還使用 UDP 呢？它沒有傳輸的可靠性，我們不是應該希望所有的連線都是可靠且無誤的嗎？請試想，在多媒體視訊串流或是 Skype 通話上，這些應用程式只想讓資料包能快速地傳輸，那麼輕量標頭就能派得上用場了。此外，想想快速**網域名稱系統（DNS）**查詢流程也是基於 UDP 協定。在準確性與延遲之間的權衡，有時候會更加重視低延遲。

當在瀏覽器上輸入的網址被轉換成電腦能夠理解的位址時，由於要在網站收到第一個資訊位元前轉換完成，需執行一個輕量的轉換程序，此轉換流程快速，使用者也從中受益。

同樣地，這一節並沒有全面介紹 UDP 主題，假設有興趣學習更多關於 UDP 的相關知識，鼓勵您可以藉由其他資源來深入探索這個主題。

維基百科上關於 UDP 的文章（`https://en.wikipedia.org/wiki/User_Datagram_Protocol`），對學習 UDP 相關知識來說，是個不錯的起點。

網際網路協定

網路工程師會告訴您，我們生活在 OSI 模型的第三層，也就是 IP 層。IP 的主要工作是在終端節點之間執行位址分配的定址和路由，以及其他功能，而 IP 位址的定址可能是它最重要的任務。位址空間分成兩個部分：網路與主機。子網路遮罩用來表示網路位址中哪部分是網路與哪部分是主機，它採用 1 來表示網路部分，用 0 來表示主機部分。IPv4 的位址則是用點分表示法來表示，例如 `192.168.0.1`。

子網路遮罩能用點分表示法（`255.255.255.0`）或者用斜線並加上網路位元的位元數方式表示（`255.255.255.0` 或是 `/24`）：

IPv4 標頭格式					
Offsets	Octet	0	1	2	3
Octet	Bit	0 1 2 3 4 5 6 7	8 9 10 11 12 13 14 15	16 17 18 19 20 21 22 23	24 25 26 27 28 29 30 31
0	0	Version / IHL	DSCP / ECN	Total Length	
4	32	Identification		Flags / Fragment Offset	
8	64	Time To Live	Protocol	Header Checksum	
12	96	Source IP Address			
16	128	Destination IP Address			
20	160	Options（如果 IHL > 5）			
24	192				
28	224				
32	256				

圖 1.7：IPv4 標頭

IPv6 標頭為 IPv4 標頭的下一代，它有一個固定部分與各種擴展標頭：

固定標頭格式					
Offsets	Octet	0	1	2	3
Octet	Bit	0 1 2 3 4 5 6 7	8 9 10 11 12 13 14 15	16 17 18 19 20 21 22 23	24 25 26 27 28 29 30 31
0	0	Version / Traffic Class		Flow Label	
4	32	Payload Length		Next Header	Hop Limit
8	64	Source Address			
12	96				
16	128				
20	160				
24	192	Destination Address			
28	224				
32	256				
36	288				

圖 1.8：IPv6 標頭

在 IPv6 的固定標頭部分有 **Next Header** 的欄位，它指示接下來的是否為擴展標頭，此擴展標頭會攜帶額外的資訊。它能識別上層協定，例如 TCP 或是 UDP。擴展標頭可包含路由與分割資訊，例如，擴展標頭包含原始封包是怎麼被分割的，所以目的節點就能根據這些資訊重組封包。儘管協定設計者想從 IPv4 遷移至 IPv6，但現今的網際網路仍然主要使用 IPv4 定址，只有少數服務供應商的網路採用 IPv6 的原生定址。

IP 網路位址轉換（NAT）與網路安全

NAT 正常是用於將私有的 IPv4 位址轉成能路由於公共網路上的 IPv4 位址。但是 NAT 也能用於轉換 IPv4 與 IPv6 之間的位址，例如在營運商的網路邊緣，他們在網路內部使用 IPv6，但是封包要離開網路的時候，就需轉成 IPv4。有時候，出於安全的考量，也會用 NAT6 到 IPv6 的轉換。

安全是一個結合了聯網各方面（像是自動化與 Python）的持續過程。本書的目的在於教導使用 Python 來協助管理網路，安全也將於本書後續章節中討論，例如用 Python 設定存取控制列表與日誌中異常行為的搜尋等。我們也將介紹如何用 Python 與其他工具來增加網路的視覺化，例如根據網路設備的資訊動態地繪製圖形化的網路拓樸。

IP 路由概念

IP 路由是關於兩個端點間的中間設備，根據 IP 標頭傳輸封包的方法。對於發生在網際網路上的所有通訊，封包將會經過各種中間設備。如前面所述，中間設備包含路由器、交換器、光學設備與只檢查網路層和傳輸層的其他設備。用公路旅行的例子比喻，假設您要從美國的加州聖地牙哥到華盛頓州的西雅圖。IP 來源位址是聖地牙哥，目的地 IP 位址則是西雅圖。在公路旅行中，會經過許多中繼站，例如洛杉磯、舊金山與波特蘭；這些可當成在起點與終點間的中間路由器與交換器。

這為什麼重要呢？從某種程度上而言，本書內容是關於這些中間設備的管理與最佳化。在巨型資料中心的時代，它們的大小有多個美式足球場大。有效率、靈活、可靠與節省成本的管理網路，就成了公司競爭優勢的重要關鍵。在未來的章節中，會深入探討如何用 Python 程式設計有效地管理網路。

我們已經看過了網路參考模型與協定套組，接下來準備深入 Python 語言。在這一章，將先對 Python 進行廣泛的概述。

Python 語言概述

簡單來說，本書是關於用 Python 讓網路工程生活更輕鬆。但是 Python 是什麼？為什麼它是許多 DevOps 工程師的首選呢？用 Python 基金會執行摘要的話來說（`https://www.python.org/doc/essays/blurb/`）：

> 「Python 是一種直譯型、物件導向且高層次的程式語言，具有動態語義。它的高階內建資料結構，結合動態型別與動態繫結。在快速應用程式開發，以及作為腳本或黏合語言，將現有的元件連接在一起時，這樣的特點使它極具吸引力。Python 簡單易學的語法，很容易讀懂，因此降低了程式維護的成本。」

如果您是程式設計的新手，摘要提及的「物件導向」與「動態語義」可能對您而言意義不大。但是我想我們都認同「快速應用程式開發」與「簡單易學的語法」聽起來就不錯。Python 是直譯型語言，它不需要編譯就能執行，減少了許多撰寫、測試與修改 Python 程式的時間。對於簡單的腳本，如果腳本出現錯誤，列印語句就能完全排解問題。

Python 是直譯型語言，意味著它能輕鬆地移植至不同的作業系統，例如 Windows 與 Linux。於某一作業系統上寫成的 Python 程式，可在另一作業系統上執行，幾乎不需任何改變。

函式、模組與套件讓我們可以把一個大型的程式拆成簡單且可重複使用的小區塊，而有助於程式碼複用。Python 的物件導向特性，更進一步將這些小區塊組合成物件。事實上，Python 的每個檔案都是一個模組，可以被重複使用或匯入至其他 Python 程式中。如此一來，工程師之間就能簡單地分享程式，促進程式碼的複用。Python 還有一個**內置電池**的口號，意指對於日常任務，您不需下載除了 Python 本身以外的額外套件。為了達到此目標，且不使程式碼過於臃腫，Python 在您安裝直譯器的時候，就會一併安裝一套 Python 模組，即標準函式庫。對於用正規表達式、數學函式或 JSON 解碼等常見的任務，只需 *import* 語句，就能將這些函式匯至程式之中。這個**內置電池**的口號，我認為是 Python 語言的殺手鐧之一。

最後，Python 程式碼可以從只有幾行的小型腳本開始，逐漸長成一個完整的正式系統，這對網路工程師來說非常方便。因為許多人都知道，網路通常是在沒有一個主整體規劃下自然發展，因此能夠與您的網路一起成長的語言是無價的。您可能會驚訝地發現，被許多人視為腳本語言的 Python，正被許多頂尖的公司用於整個正式系統（使用 Python 的組織：`https://wiki.python.org/moin/OrganizationsUsingPython`）。

如果您有過在不同廠商平台間切換的環境中工作，例如 Cisco IOS 與 Juniper Junos，您一定知道在不同語法與用法之間切換，試圖完成相同任務，是多麼地痛苦。由於 Python 很靈活，適用於小型與大型的程式，所以沒有這種劇烈的情境切換。從小型到大型的程式同樣使用 Python 程式碼！

本章後續部分，將對 Python 語言進行高層次的介紹。如果您已經熟悉基礎知識，可以選擇快速瀏覽或直接跳至*第 2 章*。

Python 版本

許多讀者可能已經知道，Python 近年來一直在從 Python 2 轉換至 Python 3。Python 3 在 2008 年發佈，至今已超過 10 年，且還在**積極開發中**，最新的版本是 3.10。不幸的是，Python 3 與 Python 2 並不相容。

在 2022 年中撰寫本書第四版時，Python 社群幾乎已全面轉用 Python 3 了。其實，Python 2 在 2020 年 1 月 1 日起就正式結束了它的生命週期。Python 2.x 的最後一個版本是 2.7，是在 2010 年中發佈的，至今已經超過 6 年。由於 Python 2 的壽命已結束，不再由 Python 軟體基金會維護，應該轉用 Python 3。本書中將使用最新的 Python 3.10 穩定版本，Python 3.10 有許多令人興奮的新功能，例如穩定的非同步 I/O，它對於網路自動化非常有幫助。除非特別說明，否則本書中所有程式碼範例都採用 Python 3 撰寫。在適當之時，也會指出 Python 2 與 Python 3 之間的差異之處。

作業系統

如前所述，Python 支援跨平台。不管在 Windows、Mac 與 Linux 上，都能順利執行。實際上，要確保 Python 程式跨平台的相容性，仍需要注意一些細節，例如 Windows 檔名中的反斜線與斜線的差異，與在不同作業系統上啟用 Python 虛擬環境的步驟。由於本書是針對 DevOps、系統與網路工程師撰寫，所以 Linux 是目標讀者的首選平台，特別是在正式的環境中。

本書的程式碼都在 Linux Ubuntu 22.04 LTS 機器上測試過。在撰寫此書時，Python 3.10.4 是此 Ubuntu 的預設版本，所以不需再另外安裝。我也會盡量確保程式碼在 Windows 與 macOS 平台都能正常執行。

如果您對作業系統的細節感興趣，請參考以下內容：

```
$ uname -a
Linux network-dev-4 5.15.0-39-generic #42-Ubuntu SMP Thu Jun 9 23:42:32
UTC 2022 x86_64 x86_64 x86_64 GNU/Linux

$ lsb_release -a
No LSB modules are available.
Distributor ID:    Ubuntu
Description:       Ubuntu 22.04 LTS
Release:    22.04
Codename:   jammy
```

執行 Python 程式

Python 程式是由直譯器來執行，這表示程式碼是透過此直譯器讓底層的作業系統執行。Python 開發社群有幾種不同的直譯器實作，例如 IronPython 與 Jython。本書中，將使用現今最常見的 CPython 直譯器。如果沒有特別說明，書中所提及的 Python 都是指 CPython。

Python 的使用方式之一是互動式介面，當想快速測試一段 Python 程式碼或概念，且不需撰寫完整的程式時就很方便。

這通常是藉由簡單地輸入 `Python3` 關鍵字來達成：

```
$ python3
Python 3.10.4 (main, Apr 2 2022, 09:04:19) [GCC 11.2.0] on linux
Type "help", "copyright", "credits" or "license" for more information.
>>> print("hello world")
hello world
```

互動式模式是 Python 最有用的特性之一。在互動式 shell 中，您可以輸入任何有效的程式碼，並立即得到執行結果。我通常使用互動式 shell 來探索不熟悉的功能或函式庫。

互動模式也能讓您用在更複雜的任務，例如實驗資料結構的行為，像是可變與不可變的資料型態。此方式可以立刻見到效果，讓人覺得滿意！

在 Windows 上，如果沒有見到 Python shell 的提示字元，可能是您未將 Python 程式加入系統路徑中。最新的 Windows Python 安裝程式提供了一個選項，能將 Python 加入至系統路徑內，安裝時請確保有勾選它，或者您也能去**環境設定**裡，手動加入 Python 程式路徑。

不過，執行 Python 程式更常見的方式是先將您的 Python 檔案儲存起來，再用直譯器來執行。這樣可避免重複輸入相同的程式碼。Python 檔案只是普通的文字檔案，通常以 `.py` 為副檔名。在 *Nix 世界中，還可以在檔案的最上方加上 **shebang (#!)**，來指定執行檔案的直譯器。# 字元可以用來寫註解，這些註解不會被直譯器執行。下面的程式碼為 `helloworld.py` 檔案的內容：

```
# 這是註解
print("hello world")
```

這能使用以下方式執行：

```
$ python helloworld.py
hello world
```

接著，讓我們來看看基本的 Python 結構與內建資料型別。

Python 內建型別

在電腦程式設計中，資料型別通常是指電腦程式如何知道變數的值是什麼型別，例如文字或數字。Python 使用動態型別，或稱鴨子型別，在宣告變數的時候，自動嘗試判斷物件的型別。Python 在直譯器中有幾種內建的標準型別：

- **數值**：`int`、`float`、`complex` 與 `bool`（`int` 的子類別，有 `True` 或 `False` 的值）
- **序列**：`str`、`list`、`tuple` 與 `range`
- **映射**：`dict`
- **集合**：`set` 與 `frozenset`
- **None**：`null` 物件

我們將簡要地檢視 Python 中這些不同的型別。如果現在您對它們不了解，那麼在接下來的章節中會用一些範例來說明它們的用法，就會更加明白。

None 型別

`None` 型別是指一個沒有值的物件。`None` 型別是當函式沒有明確回傳任何東西的情況下，就會回傳的型別，像是只執行一些數學運算就結束的情形。`None` 也會用於函式的參數之上，如果函式呼叫者沒有傳入實際的值，程式便會丟出錯誤。例如，可以在函式中寫「if a==None, raise an error」。

數值

Python 數值物件基本上就是各種數值。除了布林值外，數值型別的 `int`、`long`、`float` 與 `complex` 都可以是有符號的，這表示它們可以為正數或負數。布林值是整數中的一個子類別，它只有兩種值：1 代表 True，0 代表 False。不過在實際應用上，幾乎都用 True 或 False，而不是用 1 和 0。其他數值類型則是根據它們表示數字的精確度來區分的；在 Python 3 中，`int` 沒有數值上限，而在 Python 2 中，`int` 則表示有限範圍的整數。浮點數（float）是在機器上使用雙精度表示法（64 位元）的數字。

序列

序列是一種有順序的物件集合，它們都有非負整數的索引編號。Python 有許多種不同序列（str、list、tuple 等），讓我們用互動式直譯器說明它們的不同之處。

歡迎在您的電腦上跟著輸入。

有時候，人們可能會覺得驚訝，`string`（也就是文字）也是一種序列。但是如果仔細觀察，字串（string）其實就是由許多字元組合在一起。字串可以使用單引號、雙引號、或三引號包夾起來。

以下的範例中，引號必須成對出現。一個雙引號開頭就要有一個雙引號作為結尾。而三引號則是讓字串換行：

```
>>> a = "networking is fun"
>>> b = 'DevOps is fun too'
```

```
>>> c = """what about coding?
... super fun!"""
>>>
```

除了字串外，另外兩種常用的序列型別是串列（list）與元組（tuple）。串列是可以任意存放物件的序列，創建串列時需將物件置於方括號中。就像字串一樣，串列也是用從零開始的非負整數來編號索引。

串列中的值，可以用索引編號來獲取：

```
>>> vendors = ["Cisco", "Arista", "Juniper"]
>>> vendors[0]
'Cisco'
>>> vendors[1]
'Arista'
>>> vendors[2]
'Juniper'
```

元組跟串列很像，創建時都是用括號將值包起來，且同樣都用索引編號來獲得值。但是不同的是，元組創建好後，裡面的值就不能變更了：

```
>>> datacenters = ("SJC1", "LAX1", "SFO1")
>>> datacenters[0]
'SJC1'
>>> datacenters[1]
'LAX1'
>>> datacenters[2]
'SFO1'
```

有些操作能用於所有序列型別，例如利用索引號回傳一個元素。也能用切片方式，來獲取出它的一部分元素：

```
>>> a
'networking is fun'
>>> a[1]
'e'
>>> vendors
['Cisco', 'Arista', 'Juniper']
```

```
>>> vendors[1]
'Arista'
>>> datacenters
('SJC1', 'LAX1', 'SFO1')
>>> datacenters[1]
'LAX1'
>>>
>>> a[0:2]
'ne'
>>> vendors[0:2]
['Cisco', 'Arista']
>>> datacenters[0:2]
('SJC1', 'LAX1')
>>>
```

要記住，索引編號是從 0 開始。所以，編號 1 是序列中的第二個元素。

還有一些常用的函式可以用於序列類型上，例如檢查元素的數量與找出所有元素中的最小值和最大值：

```
>>> len(a)
17
>>> len(vendors)
3
>>> len(datacenters)
3
>>>
>>> b = [1, 2, 3, 4, 5]
>>> min(b)
1
>>> max(b)
5
```

字串有一些特有的方法。值得注意的是，這些方法並不會改變字串本身的資料，而是會回傳一個新的字串。簡單來講，串列與字典等可變物件，可以在創建後被修改；而不可變的物件，例如字串，就不能改變。如果想要利用回傳的新字串做其他操作，您需要將回傳的值存到一個新的變數之中：

```
>>> a
'networking is fun'
>>> a.capitalize()
'Networking is fun'
>>> a.upper()
'NETWORKING IS FUN'
>>> a
'networking is fun'
>>> b = a.upper()
>>> b
'NETWORKING IS FUN'
>>> a.split()
['networking', 'is', 'fun']
>>> a
'networking is fun'
>>> b = a.split()
>>> b
['networking', 'is', 'fun']
>>>
```

以下是一些常見的串列方法。Python 的串列資料型別可以將多個元素組合在一起，並逐一迭代。例如，可以建立一個資料中心主幹交換器的串列，並逐一對它們套用相同的存取控制列表。因為串列的值可以在建立後修改（跟元組不一樣），因此也可以隨著程式的執行，增加或減少串列中的元素：

```
>>> routers = ['r1', 'r2', 'r3', 'r4', 'r5']
>>> routers.append('r6')
>>> routers
['r1', 'r2', 'r3', 'r4', 'r5', 'r6']
>>> routers.insert(2, 'r100')
>>> routers
['r1', 'r2', 'r100', 'r3', 'r4', 'r5', 'r6']
>>> routers.pop(1)
'r2'
>>> routers
['r1', 'r100', 'r3', 'r4', 'r5', 'r6']
```

Python 的串列很適合儲存資料，但是如果有時需要按照位置引用資料，就有點難以追蹤。如果這是一個要解決的問題，可利用另一種 Python 資料型別來處理，接下來就來看看 Python 的映射型別。

映射

Python 提供了一種稱為**字典**的映射型別。因為字典資料型別包含了可以用主鍵來尋找的物件，所以我將其視為窮人的資料庫。在其他程式語言中常被稱作*關聯陣列*或*雜湊表*。因為它可以用容易理解的主鍵來引用物件，如果在其他語言中用過類似的物件，就會知道它有多強大。

主鍵，它不僅是一個數字，對於要維護與除錯程式碼的可憐傢伙而言，它是很有意義的。而那個人很可能就是在寫完程式碼幾個月後，半夜兩點還試圖找出程式碼問題的您。

字典的物件也可以是其他的資料型別，例如串列。由於我們用方括號建立串列，用圓括號建立元組，因此我們就用大括號建立字典。此處是一個如何用字典來表示資料中心設備的範例：

```
>>> datacenter1 = {'spines': ['r1', 'r2', 'r3', 'r4']}
>>> datacenter1['leafs'] = ['l1', 'l2', 'l3', 'l4']
>>> datacenter1
{'leafs': ['l1', 'l2', 'l3', 'l4'], 'spines': ['r1',
'r2', 'r3', 'r4']}
>>> datacenter1['spines']
['r1', 'r2', 'r3', 'r4']
>>> datacenter1['leafs']
['l1', 'l2', 'l3', 'l4']
```

我在寫網路腳本時，總是會使用 Python 字典，它也是我最喜歡的資料容器之一。不過，其他資料容器也能在不同的情況下派上用場，集合就是其中之一。

集合

集合用於包含無序的物件集合。跟串列與元組不同，集合是無序的，不能使用數字來取得物件。但是集合有個很有用的特徵：集合內的元素不會重複。

想像要將一個 IP 的串列加入至存取清單中，此 IP 串列的問題會是，它裡面有許多重複的 IP。

現在，想像一下您要寫多少行程式碼在 IP 串列中循環確認並找出唯一的項目。再想想：內建的集合型別只需用一行程式碼就能去除重複項目。對我而言，Python 的集合資料型別不太常用，但是當需要的時候，總是很感激它的存在。一旦建立了集合或多個集合，它們可以用 `union`、`intersection` 與 `differences` 來互相比較：

```
>>> a = "hello"
# 使用內建函式 set() 將字串轉成集合
>>> set(a)
{'h', 'l', 'o', 'e'}
>>> b = set([1, 1, 2, 2, 3, 3, 4, 4])
>>> b
{1, 2, 3, 4}
>>> b.add(5)
>>> b
{1, 2, 3, 4, 5}
>>> b.update(['a', 'a', 'b', 'b'])
>>> b
{1, 2, 3, 4, 5, 'b', 'a'}
>>> a = set([1, 2, 3, 4, 5])
>>> b = set([4, 5, 6, 7, 8])
>>> a.intersection(b)
{4, 5}
>>> a.union(b)
{1, 2, 3, 4, 5, 6, 7, 8}
>>> 1 *
{1, 2, 3}
```

我們已經看過了不同的資料型別，接著將進行 Python 運算子的導覽。

Python 運算子

Python 有一些**數值運算子**，在其他程式語言也能找到，例如 +、- 等等；要注意的是，截斷除法（//，也稱為**底板除法**）會將結果截成一個整數與一個浮點數，但只回傳整數值。取餘數（%）運算子則是回傳除法的餘數：

```
>>> 1 + 2
3
>>> 2 - 1
1
>>> 1 * 5
5
>>> 5 / 1 # 回傳浮點數
5.0
>>> 5 // 2 # // 底板除法
2
>>> 5 % 2 # 取餘數
1
```

還有一些**比較運算子**。需注意的是，雙等號是比較用，單等號則是用來賦值：

```
>>> a = 1
>>> b = 2
>>> a == b
False
>>> a > b
False
>>> a < b
True
>>> a <= b
True
```

我們也能使用兩個常用的成員運算子來測試一個物件是否為序列型別：

```
>>> a = 'hello world'
>>> 'h' in a
True
>>> 'z' in a
```

```
False
>>> 'h' not in a
False
>>> 'z' not in a
True
```

Python 的運算子讓我們可以有效率地執行簡單的運算。在下一節中，將看一下如何使用控制流程來重複這些運算。

Python 流程控制工具

`if`、`else` 與 `elif` 語句是用來控制條件判斷程式碼的執行。不同於其他程式語言，Python 採用縮排來結構化區塊。縮排的空格數無限制，只需對齊即可。一般做法是用 2 或 4 個空格來縮排。條件判斷式語句的格式如下：

```
if expression:
  do something
elif expression:
  do something if the expression meets
elif expression:
  do something if the expression meets
...
else:
  statement
```

此處是一個簡單的範例：

```
>>> a = 10
>>> if a > 1:
...   print("a is larger than 1")
... elif a < 1:
...   print("a is smaller than 1")
... else:
...   print("a is equal to 1")
...
a is larger than 1
>>>
```

while 迴圈會持續執行程式碼，直至條件為 False 為止，如果不想讓程式一直持續執行（並且讓您的程序當掉），此處就需要注意：

```
while expression:
  do something

>>> a = 10
>>> b = 1
>>> while b < a:
...    print(b)
...    b += 1
...
1
2
3
4
5
6
7
8
9
```

for 迴圈可以用任何支援迭代功能的物件來執行；這意味著所有內建的序列型別，像 list、tuple 與 string，都能用於 for 迴圈之中。以下 for 迴圈中的字母 i 就是一個迭代變數，因此能依照程式碼上下文來選擇一個適合的名稱：

```
for i in sequence:
  do something
>>> a = [100, 200, 300, 400]
>>> for number in a:
...    print(number)
...
100
200
300
400
```

我們已經說明過 Python 的資料型別、運算子與控制流程，接著要將它們組合成可重複使用的程式碼片段，稱之為函式。

Python 函式

有時您發現一直在重複複製與貼上程式碼，這是一個不錯的跡象，這表示您應該將它們拆分成自成一體的函式區塊。如此做法可增加模組化，更易於維護，也能重複利用程式碼。Python 的函式是用 def 關鍵字加上函式名稱來定義，後面會接著函式參數。函式的主體是由要執行的 Python 語句組成。在函式的結尾，可以選擇回傳一個值給函式呼叫者。如果您沒指定回傳值，預設將回傳 None 物件：

```
def name(parameter1, parameter2):
  statements
  return value
```

後續的章節中，將會看到更多的函式範例，此處就先提供一個簡單快速的例子。在以下的例子中，使用了位置參數，因此第一個元素是由函式中的第一個變數所引用。另一種參數傳遞的方法是用有預設值的關鍵字來宣告，例如 def subtract(a=10, b=5)：

```
>>> def subtract(a, b):
...   c = a - b
...   return c
...
>>> result = subtract(10, 5)
>>> result
5
```

Python 的函式很適合將多個任務組合在一起。我們能將不同的函式整合成一個更大且能複用的程式碼嗎？這是沒問題的，能透過 Python 類別來做到這件事。

Python 類別

Python 是一個**物件導向程式設計（OOP）**語言，它使用 class 關鍵字來建立物件。Python 物件一般是由函式（方法）、變數與屬性（特性）所組成，一旦定義一個類別後，就可以建立該類別的實例，此類別就會作為後續實例的藍圖。

本章不會涉及物件導向程式設計的主題，但會提供一個簡單的**路由器**物件定義範例來說明這一點：

```
>>> class router(object):
...     def __init__(self, name, interface_number, vendor):
...         self.name = name
...         self.interface_number = interface_number
...         self.vendor = vendor
...
>>>
```

一旦定義後，便可以隨心所欲地創建很多此類別的實例：

```
>>> r1 = router("SF01-R1", 64, "Cisco")
>>> r1.name
'SF01-R1'
>>> r1.interface_number
64
>>> r1.vendor
'Cisco'
>>>
>>> r2 = router("LAX-R2", 32, "Juniper")
>>> r2.name
'LAX-R2'
>>> r2.interface_number
32
>>> r2.vendor
'Juniper'
>>>
```

當然，Python 的物件與物件導向程式設計還有許多的內容，將會在後面的章節中介紹更多範例。

Python 模組與套件

任何 Python 原始檔都可以當成一個模組，且在此原始檔中定義的任何函式與類別均能讓其他 Python 腳本重複使用。要載入程式碼，引用模組的檔案需使用 `import` 關鍵字。當檔案被匯入時，會發生以下三件事：

1. 檔案替原始檔中定義的物件建立一個新的命名空間。
2. 呼叫者執行模組中包含的所有程式碼。
3. 檔案會在呼叫者中建立一個指向被匯入模組的名稱，此名稱要與模組的名稱一致。

還記得在互動式 shell 中所定義的 `subtract()` 函式嗎？為了要重複使用此函式，能將它放入名為 `subtract.py` 的檔案之中。

```
def subtract(a, b):
  c = a - b
  return c
```

在與 `subtract.py` 同資料夾下的檔案中，可以啟動 Python 直譯器並匯入此函式：

```
>>> import subtract
>>> result = subtract.subtract(10, 5)
>>> result
5
```

這是因為 Python 預設會先在目前的資料夾裡找有沒有可用的模組。還記得我們以前講過的標準函式庫嗎？沒錯，那些就是當成模組的 Python 檔案。

如果檔案位於不同的資料夾，能使用 `sys` 模組的 `sys.path` 手動增加搜尋路徑。

我們能將多個模組組合在一起嗎？沒問題，Python 的套件允許模組被集合在一起。這樣可以進一步地組織 Python 模組，使命名空間更加安全且有較佳的複用性。定義套件的方式，是藉由建立一個資料夾，並用命名空間的名稱來做作為此資料夾的名字，然後將模組原始檔放於此資料夾下。

為了使 Python 知道此資料夾是 Python 套件，只需在此資料夾中建立一個 `__init__.py` 檔案即可。此 `__init__.py` 可以是一個沒有內容的檔案。在與 `subtract.py` 同一個範例中，如果要建立一個稱為 `math_stuff` 的資料夾，可在此資料夾中建立一個 `__init__.py` 檔案：

```
$ mkdir math_stuff
$ touch math_stuff/__init__.py
$ tree
.
├── helloworld.py
└── math_stuff
    ├── __init__.py
    └── subtract.py
1 directory, 3 files
$
```

引用此模組的方法，就是用點符號加上套件名稱，例如，`math_stuff.subtract`：

```
>>> from math_stuff.subtract import subtract
>>> result = subtract(10, 5)
>>> result
5
>>>
```

如您所見，模組與套件是組織大型程式碼檔案的好方法，也讓 Python 程式碼的分享更簡便。

總結

在這一章中，我們介紹了 OSI 模型內容，並回顧網路協定套組，例如 TCP、UDP 與 IP，它們負責處理兩個主機間的定址與通訊協商的層級。這些協定是以可擴展性為前提下所設計的，且從它們最初的設計到現在幾乎沒有變過。考慮到網際網路爆發性的增長，這是一項相當了不起的成就。

我們也快速地回顧了 Python 語言，包含內建型別、運算子、流程控制、函式、類別、模組與套件。Python 是一種強大、很適合用於正式環境也易於閱讀的語言，使得這種語言成為網路自動化的最理想選擇。網路工程師可以從簡單的 Python 腳本開始，逐漸學習其他進階的功能。

在*第 2 章，底層網路設備互動*，將會開始介紹如何使用 Python 語言的程式設計來與網路設備互動。

2

底層網路設備互動

在第 *1* 章，*TCP/IP* 協定套組與 *Python* 的回顧中，不只了解了網路通訊協定背後的理論和規範，也簡單地認識 Python 語言。本章中，我們將更深入探討使用 Python 管理網路設備的方式，尤其是研究使用 Python 與傳統路由器和交換器互動的各種方法。

前面提到的傳統路由器和交換器是什麼意思呢？很難想像現今生產的網路設備沒有包含能與程式互相通訊的**應用程式介面（API）**，眾所皆知的是，多年前部署的網路設備都不包含此功能。這些設備均藉由終端程式的**命令列介面（CLI）**來管理，此方法是當初以工程師為對象所開發出來的，管理人員會依據工程師對設備回傳資料的理解，來採取適當的操作。可想而知，如果隨著網路設備數量和網路複雜性增加，逐一手動管理各種的網路設備，將會變得越來越困難。

在 Python 中，有數個不錯的函式庫和框架能協助完成這些管理任務，例如，Pexpect、Paramiko、Netmiko、NAPALM 和 Nornir 等。值得注意的是，這些函式庫在程式碼、相依套件與專案維護者方面有一些重疊。例如，Netmiko 是 Kirk Byers 於 2014 年以 Paramiko SSH 函式庫為基礎所建立；而 Carl Montanari 不只利用了最新的 Python 3 Async IO 並行性特性建立了 Scrapli 函式庫，他近年來，也與 Kirk、NAPALM 專案的 David Barroso 和其他人聯手建立了令人驚嘆的 Nornir 框架，以提供純粹的 Python 網路自動化框架。

這些函式庫在使用上大部分都很靈活，可以分開或結合使用。例如，Ansible（第 *4* 章，*Python* 自動化框架——*Ansible* 中會詳細介紹）使用 Paramiko 和 Ansible-NAPALM 作為網路模組的基礎函式庫。

現今有太多的函式庫，無法在有限的頁數裡把它們全都介紹過。這一章我們會先講解 Pexpect，再用 Paramiko 來舉例，等了解了 Paramiko 的基本用法和操作方法，就能降低學習其他函式庫的門檻，例如，Netmiko 和 NAPALM 函式庫。本章後續內容將探討以下幾個主題：

- 使用 CLI 的困難點
- 建立虛擬實驗環境
- Python Pexpect 函式庫
- Python Paramiko 函式庫
- 其他函式庫的範例
- Pexpect 和 Paramiko 的不足之處

我們已經簡單討論過使用 CLI 管理網路設備的不足之處，對於規模稍大的網路管理而言，這種方法是很沒有效率的，因此本章將介紹足以解決這個問題的 Python 函式庫。在此之前，我們先仔細地討論 CLI 還有哪些挑戰。

使用 CLI 的挑戰

2000 年初期，我在一家 ISP 的客服部門工作，就此開始踏入 IT 職涯。在此期間經常看到網路工程師在終端介面上輸入一些神祕的指令，就像魔法一樣，網路設備會聽他們的話，照他們想要的方式運作。隨著時間推移，我也學會並接受了這些能夠在終端界面上施法般的指令。對我們網路工程師來說，這些指令就像在網路工程的世界裡互相傳遞的暗號，手動輸入只是為了完成工作而不得不做的事情，並不特殊。

不過，大約在 2014 年的時候，我們發現業界已經有明顯的共識，打算從手動、人為操作的 CLI，轉向自動化、電腦主導的自動化 API。請別誤解，在網路設計、初步驗證與第一次部署拓樸時，仍需要和設備直接聯繫。不過，一旦網路部署完成後，網路管理的要求是必須在所有的網路設備上執行一致且可靠的變更。

這些變更需要工程師們一遍又一遍反覆執行，而且不能出錯，也不能走神或累倒，如此情況就非常適合用電腦和我們最愛的程式語言 Python 來完成。

如果網路設備只能採用命令列的方式管理，那麼最大的問題是，該如何用電腦程式來自動完成以前路由器與管理員之間手動執行的互動。在命令列中，路由器會顯示一堆訊息，管理員會根據工程師對這些訊息的理解來輸入一系列的指令。比如，在 Cisco 的**網際網路作業系統**（**IOS**）設備上，需輸入 *enable* 才能進入特權模式，看到 `#` 的提示符號後，再輸入 `configure terminal` 才能進入設定模式，同樣的流程下還可以繼續進入到介面設定模式和路由協定設定模式。這和電腦主導的、程式化的思維完全不一樣，當電腦要完成一件事，比如，在網路介面上分配一個 IP 位址，它就想一次性地把所有的資訊都傳送給路由器，並從路由器得到一個肯定或否定的回答，以確定事情是否完成。

Pexpect 和 Paramiko 函式庫均實作了同樣的方法，此方法是把互動過程視為一個子行程，並監視子行程與目的設備間的互動。根據回傳值，父行程會決定是否執行後續的動作。

我想大家都迫不及待地想趕快使用 Python 函式庫了，但是在這之前，得先建立網路實驗環境，才能擁有得以測試程式碼的網路環境。首先，我們來看看有哪些方法能建立網路實驗環境。

建立虛擬實驗環境

在開始深入探討 Python 函式庫和框架之前，我們先研究有哪些搭建實驗環境的選項，以幫助學習。正如「熟能生巧」的老生常談——我們需要一個隔離的沙箱，在沙箱中執行程式即使出錯也不用擔心，能不斷嘗試新的方法，並重複一些步驟來強化初次嘗試時不清楚的概念。要搭建網路實驗環境，大致有兩種選擇：實體設備或虛擬設備，以下來比較一下它們各自的優缺點。

實體設備

這個選項，就是用您能看到和摸到的實體網路設備來建置實驗環境。如果您很幸運，或許能搭建出和正式環境一模一樣的實驗環境。實體實驗環境的優缺點如下：

- **優點**：在實驗環境中測試的程式可以輕易轉移至正式環境。對於需要查看和操作設備的管理者和工程師來說，這種實體設備所建立的拓樸更容易理解。因為熟悉，所以真實設備相當易於適應。
- **缺點**：購買的設備只用在實驗環境內，成本計算相對昂貴。而且，實體設備要花時間安裝部署至機櫃上，一旦建好了就不太能隨意更動。

虛擬設備

虛擬設備是模仿或模擬實體網路設備，可以由供應商或開源社群提供。虛擬設備有以下的優缺點：

- **優點**：虛擬設備比較容易安裝且便宜，而且可以快速地改變拓樸。
- **缺點**：它們通常是實體對應設備的簡化版。有時候，虛擬設備和實體設備之間會有一些功能上的差異。

當然，選擇虛擬實驗環境還是實體實驗環境是個人的選擇，端看成本、實作難度，以及實驗環境與正式環境之間差異風險的抉擇。我以前工作過的地方，有些會用虛擬實驗環境來做初步的概念驗證，並用實體實驗環境確認最終的設計。

依我所見，隨著越來越多的廠商開始生產虛擬設備，虛擬實驗環境成為適合用於學習的方法。虛擬設備的功能差異不大，而且都有明確的紀錄，特別是由廠商提供的虛擬設備。此外，與真實設備相比，其價格相對便宜。且因為虛擬設備環境是用程式構成，所以建置虛擬設備的時間也比較快。

本書會用實體設備和虛擬設備的組合來陳述概念，並傾向於使用虛擬設備。在我們的範例中，兩種設備之間的差異應該會很明顯，如果與目的有關的虛擬設備和實體設備之間有已知的差異，我會把它們都列出來。

在本書的程式碼範例裡，會盡量讓網路拓樸簡化，同時又能展示當前的概念。每個虛擬網路一般只有幾個節點，而且我們會盡可能在多次實驗中重複使用同一個虛擬網路。

本書的範例會運用 Cisco 建模實驗室（CML，`https://www.cisco.com/c/en/us/products/cloud-systems-management/modeling-labs/index.html`）和其他虛擬平台，如：Arista vEOS。在下一節中，會看到 Cisco 提供 CML 的收費版本和免費的託管版本，後者位於 Cisco DevNet 之中（`https://developer.cisco.com/`）。您可以使用任何自身擁有的實驗環境設備，但使用 CML 會更容易跟上書中的範例。另外需注意的是，Cisco 對設備映像檔有嚴格的軟體授權要求，所以購買或使用免費託管版本的 CML，比較不會違反他們的軟體授權要求。

Cisco 建模實驗室

我還記得開始準備 **Cisco 認證網路專家（CCIE）**考試時，曾經在 eBay 上買了一些二手的 Cisco 設備來學習。即使二手設備有折扣，但每台路由器和交換器還是需花上幾百美元。為了省錢，我買了一些 1980 年代非常老舊的 Cisco 路由器（在搜尋引擎上搜索 Cisco AGS 路由器，您會覺得很好笑），即使這些路由器是遵循實驗室標準的設備，但是它們的功能和性能明顯不足。每當開啟設備時，都會讓我和家人之間有些有趣的對話（它們真的非常吵），但是把這些實體設備組裝起來並不有趣。因為它們不只非常笨重，實體操作也很繁瑣，連接電纜同樣很麻煩，若要模擬連接失效的情況，還需要親自去拔除電纜。

幾年後，Dynamips 出現了，我愛上它能簡單建立不同網路場景的能力，這在學習新概念時尤為重要。只需要 Cisco 的 IOS 映像檔和一些精心構建的拓樸檔案，就能輕鬆構建一個虛擬網路來測試學習成果。我有一個完整的資料夾，裡面存放著各種網路拓樸、預先保存的設定檔以及不同版本的映像檔，以應對不同的情境。GNS3 前端的加入，使整個設定擁有漂亮的使用者介面。在 GNS3 中，只需點選並拖放連結和設備；甚至可以直接從 GNS3 的設計面板中印出網路拓樸圖，供主管或客戶檢視。GNS3 唯一不足的是它未得到 Cisco 官方認可，因此在可信度方面受到質疑。

2015 年，Cisco 社群推出了 Cisco **虛擬網際網路路由實驗室（VIRL）**，https://learningnetwork.cisco.com/s/virl，它很快就變成我在開發、學習和實作網路自動化程式碼時的最佳網路實驗工具。

VIRL 推出數年後，Cisco 發佈 **Cisco 建模實驗室（CML）**，https://developer.cisco.com/modeling-labs/。這是一個優秀的網路模擬平台，具有簡潔方便的 HTML 使用者介面和完善的 API。

在筆者執筆撰寫本文的當下，CML 的單人使用者授權費是 199 美元（別忘了，Cisco DevNet 上還有免費的託管版本）。我認為，CML 平台與其他方案相比有幾個優點，而且價格很合理：

- **使用方便**：如前所述，IOSv、IOS-XRv、NX-OSv、ASAv 和其他映像檔都包含在單一下載包之中。
- **官方工具**：CML 是 Cisco 內部和網路工程社群廣泛使用的工具。事實上，CML 廣泛應用於新的 Cisco DevNet 專家考試。由於它很熱門，因此程式錯誤都會很快修正，新功能也會詳細記錄，且使用者之間也會廣泛分享有用的使用知識。
- **第三方 KVM 映像檔整合**：CML 讓使用者可以上傳第三方虛擬機器（VM）映像檔，例如 Windows VM，這些映像檔不在預設的下載包之中。
- **其他功能**：CML 工具還有許多其他功能，例如儀表板清單檢視、多使用者分群、Ansible 整合和 pyATS 整合。

本書不會涉及 CML 的全部功能，但是能知道它功能強大且會持續更新，還是很不錯的。再次提醒，有一個實驗環境來搭配本書的範例是很重要的，但是沒有一定要是 CML。本書提供的程式碼範例應該能適用於任何的實驗環境設備，只要它執行相同的軟體類型和版本即可。

CML 的竅門

CML 網站（https://developer.cisco.com/modeling-labs/）與文件（https://developer.cisco.com/docs/modeling-labs/）提供了從安裝到使用的各種詳細指南與資訊。實驗環境的拓樸可在本書 GitHub 儲存庫的對應章節中取

得（https://github.com/PacktPublishing/Mastering-Python-Networking-Fourth-Edition）。實驗環境的映像檔可透過 **Import** 按鈕直接匯入至實驗環境內：

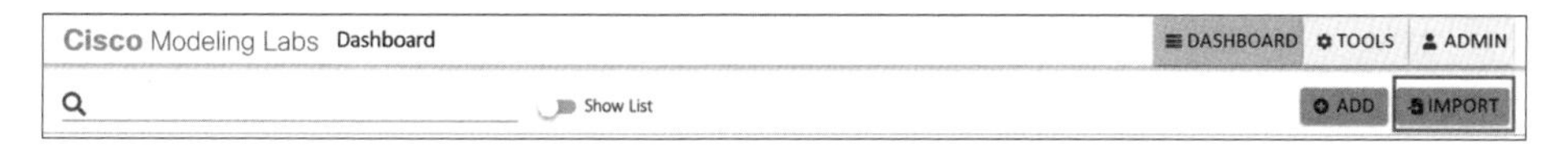

圖 2.1：CML 控制台實驗環境匯入

在實驗環境中，每個設備都會將管理介面連接至未管理交換器（unmanaged switch），而此交換器也會連接到外部連線以供存取：

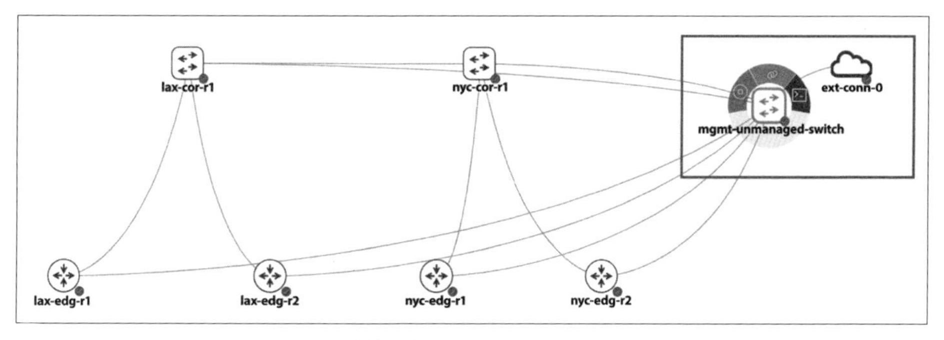

圖 2.2：用於管理網路介面存取的未管理交換器

您要根據實驗環境架構來變更管理介面的 IP 地址。例如，在第 *2* 章的 `2_DC_Topology.yaml` 檔案中，`lax-edg-r1 GigabitEthernet0/0 0` 的 IP 地址是 `192.168.2.51`，需要根據本身的實驗環境來變更此 IP 地址。

如果您用的是 CML 以外的虛擬實驗環境軟體，可以用任何文字編輯器（例如下面的 Sublime Text）開啟拓樸檔案，並且查看每個設備的組態設定。可以將它複製貼上至您的實驗環境設備中：

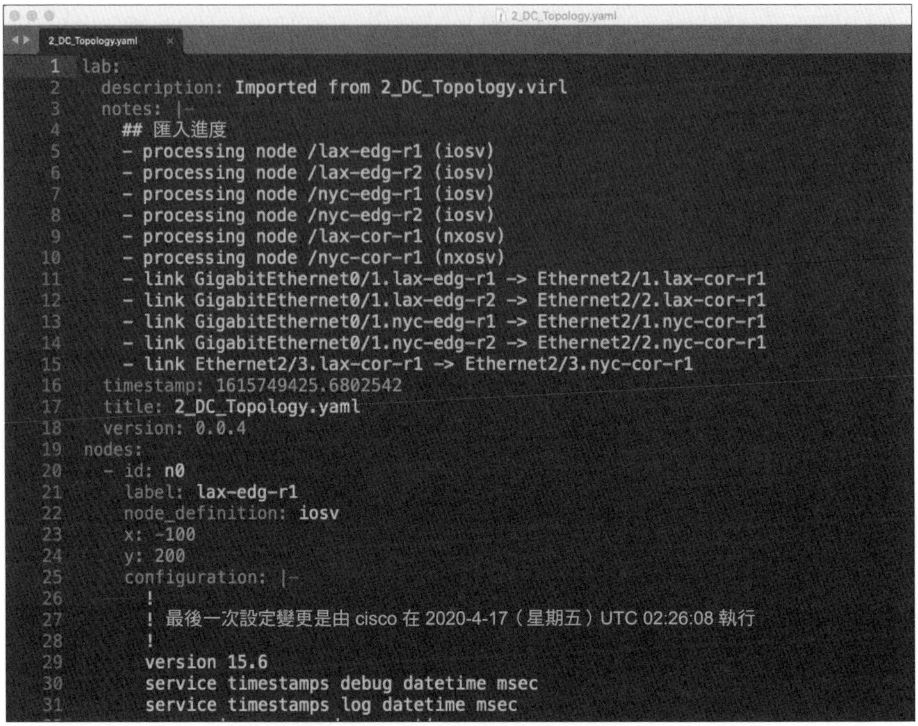

```
2_DC_Topology.yaml
1  lab:
2    description: Imported from 2_DC_Topology.virl
3    notes: |-
4      ## 匯入進度
5      - processing node /lax-edg-r1 (iosv)
6      - processing node /lax-edg-r2 (iosv)
7      - processing node /nyc-edg-r1 (iosv)
8      - processing node /nyc-edg-r2 (iosv)
9      - processing node /lax-cor-r1 (nxosv)
10     - processing node /nyc-cor-r1 (nxosv)
11     - link GigabitEthernet0/1.lax-edg-r1 -> Ethernet2/1.lax-cor-r1
12     - link GigabitEthernet0/1.lax-edg-r2 -> Ethernet2/2.lax-cor-r1
13     - link GigabitEthernet0/1.nyc-edg-r1 -> Ethernet2/1.nyc-cor-r1
14     - link GigabitEthernet0/1.nyc-edg-r2 -> Ethernet2/2.nyc-cor-r1
15     - link Ethernet2/3.lax-cor-r1 -> Ethernet2/3.nyc-cor-r1
16   timestamp: 1615749425.6802542
17   title: 2_DC_Topology.yaml
18   version: 0.0.4
19 nodes:
20   - id: n0
21     label: lax-edg-r1
22     node_definition: iosv
23     x: -100
24     y: 200
25     configuration: |-
26       !
27       ! 最後一次設定變更是由 cisco 在 2020-4-17（星期五）UTC 02:26:08 執行
28       !
29       version 15.6
30       service timestamps debug datetime msec
31       service timestamps log datetime msec
```

圖 2.3：使用文字編輯器查看拓樸檔案

在這一節已經簡單地談過 Cisco DevNet，下一節中將更深入地探索 DevNet。

Cisco DevNet 計畫

Cisco DevNet（`https://developer.cisco.com/`）是 Cisco 提供的一體式網站，也是網路自動化資源首選。它提供免費的註冊、免費的遠端實驗環境、免費的影片課程、指南式學習路徑與文件等等。

如果您沒有自己的實驗環境，或是想嘗試新技術，Cisco DevNet 沙箱（`https://developer.cisco.com/site/sandbox/`）是很好的選擇。有些實驗環境是隨時開放的，而有些則需要預約。實驗環境是否能使用，取決於使用情況。

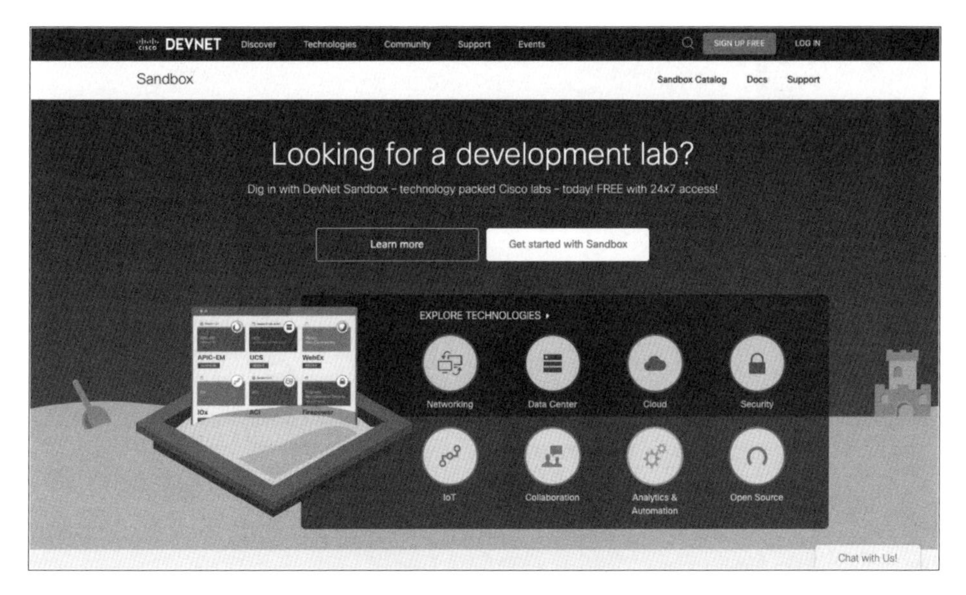

圖 2.4：Cisco DevNet 沙箱

從 Cisco DevNet 出現以來，就成為 Cisco 網路可程式化與自動化相關的實際據點。如果有興趣追求 Cisco 自動化方面的認證，DevNet 提供了從初級到專家級別的不同認證；更多資訊請訪問 `https://developer.cisco.com/certification/`。

GNS3 和其他虛擬實驗工具

GNS3 是我用過的虛擬實驗環境中，推薦使用的實驗環境之一：

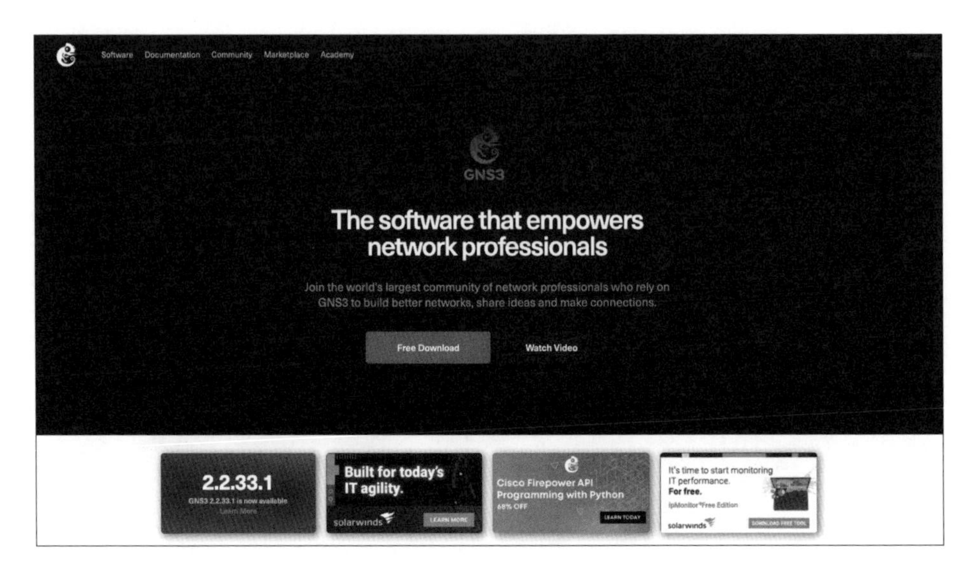

圖 2.5：GNS3 網站

如前所述，GNS3 是許多人準備認證考試與練習實驗環境的工具。這個工具最初只是 Dynamips 的簡易前端，發展至今已成為可行的商業產品。GNS3 不偏向任何廠商，所以對於要建立一個多廠商的實驗環境是很有幫助的。通常能透過複製映像檔（例如 Arista vEOS）或者直接透過其他的虛擬機器管理程式（hypervisor，例如 KVM）來啟動網路設備映像檔。

另一個很受歡迎的多廠商網路模擬環境是**下一代模擬虛擬環境（Eve-NG）**：`http://www.eve-ng.net/`。我個人對此工具並不熟悉，但是這個行業裡的許多同事與朋友都用它來執行網路實驗環境。如果您對容器比較熟悉，containerlab（`https://containerlab.dev/`）也是一個不錯的選擇。

此外，也有其他獨立的虛擬化平台，例如 Arista vEOS（`https://www.arista.com/en/cg-veos-router/veos-router-overview`）、Juniper vMX（`https://www.juniper.net/us/en/products/routers/mx-series/vmx-virtual-router-software.html`）與 Nokia SR-Linux（`https://www.nokia.com/networks/data-center/service-router-linux-NOS/`），都能在測試階段作為獨立的虛擬設備使用。

它們都是用來測試平台特定功能的最佳輔助工具，其中有許多是在公共雲端供應商的市場上販售，因此相當容易取得。

現在已經建立了網路實驗環境，便可開始試著用 Python 函式庫來協助管理與自動化。先啟用 Python 虛擬環境，然後安裝 Pexpect 函式庫並在範例中使用。

Python 虛擬環境

我們先使用 Python 虛擬環境。Python 虛擬環境能藉由建立「虛擬」隔絕的 Python 安裝環境，並在虛擬環境中安裝套件，以管理不同專案所安裝的獨立套件。藉由使用虛擬環境，不需要擔心破壞系統全域或其他虛擬環境中安裝的套件。我們將先安裝 `python3.10-venv` 套件，接著再創建虛擬環境：

```
$ sudo apt update
$ sudo apt install python3.10-venv
$ python3 -m venv venv
$ source venv/bin/activate
(venv) $
(venv) $ deactivate
```

從輸出結果中，可見到使用已安裝的 `venv` 模組，創建了名為「venv」的虛擬環境，並將它啟動。當虛擬環境啟動時，會在主機名稱前看到 `(venv)` 標籤，代表處於虛擬環境中。當使用完畢後，可利用 `deactivate` 指令離開虛擬環境。如果有興趣，可在網站中了解更多關於 Python 虛擬環境的資訊：`https://packaging.python.org/guides/installing-using-pip-and-virtual-environments/#installing-virtualenv`。

在開始撰寫程式前，請務必啟動虛擬環境，以隔絕環境。

一旦啟動了虛擬環境，就能接著安裝 Pexpect 函式庫。

Python Pexpect 函式庫

Pexpect 是一個純 Python 模組，用於產生、控制子應用程式並對它們輸出的預期模式做出對應的回應。Pexpect 的運作原理類似於 Don Libes 的 Expect。Pexpect 允許腳本產生子應用程式，並如同人類般輸入指令控制它。更多資訊可參考 Pexpect 的文件頁面：https://pexpect.readthedocs.io/en/stable/index.html。

現今通常會用像 Nornir 函式庫，來抽象化這種與底層的逐行互動，而在高層次上了解這種互動仍然是有幫助的。如果您比較沒耐性，只需略讀以下 Pexpect 與 Paramiko 部分。

Pexpect 類似於 Don Libes 的原始**工具命令語言（TCL）**Expect 模組，會啟動或產生新的程序並監控它，以便控制互動。Expect 工具最初的開發目的，是為了自動化像 FTP、Telnet 與 rlogin 等互動式程序，後來擴展至包含網路自動化的功能。不同於原本的 Expect，Pexpect 完全採用 Python 撰寫，不需編譯 TCL 或 C 的擴展模組。這使我們能在程式碼中使用熟悉的 Python 語法和其豐富的標準函式庫。

Pexpect 安裝說明

Pexpect 的安裝過程十分簡單：

```
(venv) $ pip install pexpect
```

讓我們做個快速測試，以便保證套件能夠使用。請確保從虛擬環境中啟動 Python 互動式 shell：

```
(venv) $ python
Python 3.10.4 (main, Jun 29 2022, 12:14:53) [GCC 11.2.0] on linux
Type "help", "copyright", "credits" or "license" for more information.
>>> import pexpect
>>> dir(pexpect)
['EOF', 'ExceptionPexpect', 'Expecter', 'PY3', 'TIMEOUT', '__all__',
'__builtins__', '__cached__', '__doc__', '__file__', '__loader__',
```

```
'__name__', '__package__', '__path__', '__revision__', '__spec__', '__
version__', 'exceptions', 'expect', 'is_executable_file', 'pty_spawn',
'run', 'runu', 'searcher_re', 'searcher_string', 'spawn', 'spawnbase',
'spawnu', 'split_command_line', 'sys', 'utils', 'which']
   >>> exit()
```

Pexpect 概述

本章中，將使用 2_DC_Topology，並操作 **lax-edg-r1** 與 **lax-edg-r2** 兩種 IOSv 設備：

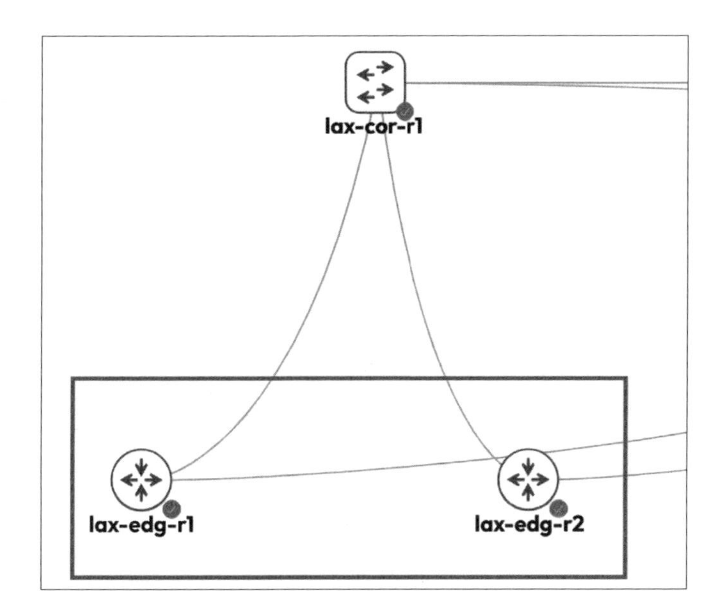

圖 2.6：lax-edg-r1 與 lax-edg-r2

每台設備均有一個管理用的 IP 地址，位於 192.16.2.x/24 網段之內。在此例中，lax-edg-r1 是 192.168.2.51，lax-edg-r2 則是 192.168.2.52。如果設備是第一次啟動，將需要產生一組 RSA 金鑰供 SSH 使用：

```
lax-edg-r2(config)#crypto key generate rsa
```

對於較舊的 IOSv 軟體映像檔，可能還需要根據操作的平台，添加以下的內容至 ssh 組態設定文件（~/.ssh/config）中：

```
Host 192.168.2.51
  HostKeyAlgorithms +ssh-rsa
  KexAlgorithms +diffie-hellman-group-exchange-sha1

Host 192.168.2.52
  HostKeyAlgorithms +ssh-rsa
  KexAlgorithms +diffie-hellman-group-exchange-sha1
```

當設備準備妥當後，就來看看使用 telnet 連至設備時，將如何與路由器互動：

```
(venv) $ $ telnet 192.168.2.51
Trying 192.168.2.51...
Connected to 192.168.2.51.
Escape character is '^]'.
<skip>
User Access Verification
Username: cisco
Password:
```

設備組態設定的帳號與密碼均為 cisco。需注意的是，由於在組態設定中此帳號被設置為特權權限，因此登入後就為特權模式：

```
lax-edg-r1#sh run | i cisco
enable password cisco
username cisco privilege 15 secret 5 $1$SXY7$Hk6z8OmtloIzFpyw6as2G.
 password cisco
 password cisco
```

auto-config 也替 telnet 與 SSH 開啟 vty 存取權限：

```
line con 0
 password cisco
line aux 0
line vty 0 4
 exec-timeout 720 0
```

```
  password cisco
  login local
  transport input telnet ssh
```

讓我們用 Python 互動式 shell 來看一個 Pexpect 範例：

```
>>> import pexpect
>>> child = pexpect.spawn('telnet 192.168.2.51')
>>> child.expect('Username')
0
>>> child.sendline('cisco')
6

>>> child.expect('Password')
0
>>> child.sendline('cisco')
6
>>> child.expect('lax-edg-r1#')
0
>>> child.sendline('show version | i V')
19
>>> child.before
b":
\r\n***************************************************************************\
r\n* IOSv is strictly limited to use for evaluation, demonstration and
IOS  *\r\n* education. IOSv is provided as-is and is not supported by
Cisco's      *\r\n* Technical Advisory Center. Any use or disclosure,
in whole or in part, *\r\n* of the IOSv Software or Documentation to
any third party for any        *\r\n* purposes is expressly prohibited
except as otherwise authorized by      *\r\n* Cisco in writing.
*\r\n***************************************************************************\
r\n"
>>> child.sendline('exit')
5
>>> exit()
```

從 Pexpect 4.0 版本開始，就能將 Pexpect 運行於 Windows 平台之上。不過，正如 Pexpect 文件所言，目前 Windows 上使用 Pexpect 仍舊在實驗階段。

在先前的互動式範例中，Pexpect 創建一個子進程，並以互動式的方式監控它。範例中展示了 `expect()` 與 `sendline()` 兩個重要方法。`expect()` 指示 Pexpect 程序等待特定的字串，而遇到此特定字串就結束字串回傳，這就是預期模式。在範例中，當主機名提示字元（`lax-edg-r1#`）出現時，就表示路由器已經向我們發送了所有的資訊。`sendline()` 是用來向遠端設備發送指令，也有一個叫做 `send()` 的類似方法，不過 `sendline()` 會包含一個換行符號，這個類似於在 telnet 會話中在要送出的字後面按 *Enter*，以路由器的角度而言，就像有人從終端上輸入這些文字。換句話說，是在欺騙路由器，讓它們以為正與人互動，實際上卻是在與一台電腦交流。

`before` 與 `after` 屬性被設定為子應用程式輸出的文本。`before` 屬性設定為預期模式前子應用程式印出的所有輸出資訊；`after` 字串則包含與預期模式匹配的文本。以我們的範例來說，`before` 被設定輸出匹配到（`lax-edg-r1#`）之間的內容，包括 `show version` 指令。`after` 則是顯示路由器主機名提示字元：

```
>>> child.sendline('show version | i V')
19
>>> child.expect('lax-edg-r1#')
0
>>> child.before
b'show version | i V\r\nCisco IOS Software, IOSv Software (VIOS-
ADVENTERPRISEK9-M), Version 15.6(3)M2, RELEASE SOFTWARE (fc2)\r\nProcessor
board ID 9Y0KJ2ZL98EQQVUED5T2Q\r\n'
>>> child.after
b'iosv-1#'
```

回傳字串前的 `b'` 代表這是 Python 位元組字串（`https://docs.python.org/3.10/library/stdtypes.html`）。

如果用了錯誤的字串會發生什麼事呢？例如，如果在創建子應用程式後，輸入了小寫「u」的 username 而不是大寫的 Username，Pexpect 就會在子進程中尋找 username 字串。此情況下，Pexpect 程序會一直卡住，因為路由器永遠不會回傳 username，最終會話會因為超時而結束，或是手動使用 *Ctrl* + *C* 來退出。

expect() 方法會等待子應用程式回傳一個指定的字串，所以在前面例子中，如果您想要兼顧大小寫的 u，可使用以下的方法：

```
>>> child.expect('[Uu]sername')
```

方括號用作「or」運算，讓子應用程式收到一個小寫或大寫「u」且後面跟著 sername 的字串。即告訴子應用程式，將使用 Username 或 username 作為預期字串。如果想了解更多關於使用正規表示式來匹配不同型別的資訊，請參考：https://docs.python.org/3.10/library/re.html。

expect() 不只可以包含單一字串，也可以是選項串列；這些選項還可以是正規表示式。回顧前面的範例，可使用以下的選項串列來顧及兩種不同的字串：

```
>>> child.expect(['Username', 'username'])
```

一般來說，當我們能用正規表示式來包含不同的字母時，就使用正規表示式作為單一 expect 的字串；而當我們需要抓取設備完全不同的回應時，就使用選項串列，例如密碼錯誤。舉例來說，如果使用了數個不同的密碼來登入，我們就要抓取 % Login invalid 以及設備提示字元。

在 Pexpect 正規表示式與 Python 的正規表示式間有一個重要差異，Pexpect 的匹配是採非貪婪的方式，這表示在使用特殊字元時會盡可能做最少的匹配。因為 Pexpect 是在串流上操作正規表示式，且產生串流的子程序可能還沒有結束，所以它無法看到結尾。由於 .+ 永遠不會回傳任何字元，且 .* 模式也只匹配到最少的字元，因此這表示特殊的美元符號 $ 匹配行尾的功能是沒用的。故必須記住這點，盡量讓 expect 匹配的字串盡可能具體明確。

我們來考量以下場景：

```
>>> child.sendline('show run | i hostname')
22
>>> child.expect('lax-edg-r1')
0
>>> child.before
b'#show run | i hostname\r\nhostname
>>>
```

嗯……此處有點不對。跟之前的終端輸出對比，預期看到的輸出應該是 `hostname lax-edg-r1`：

```
iosv-1#sh run | i hostname
hostname lax-edg-r1
```

仔細檢查預期會輸出的字串，就會發現錯在哪。這個例子中，在 `lax-edg-r1` 主機名後面漏掉了井號（#）。所以子應用程式把回傳字串的後半部分當成了預期會輸出的字串：

```
>>> child.sendline('show run | i hostname')
22
>>> child.expect('lax-edg-r1#')
0
>>> child.before
b'#show run | i hostname\r\nhostname lax-edg-r1\r\n'
```

透過幾個例子，可以發現 Pexpect 使用上有一個特定模式。用戶需先規劃好 Pexpect 程序與子應用程式之間的互動序列，接著用 Python 變數與迴圈，開始構建一個有用的程式，來幫忙蒐集資訊與更改網路設備。

第一支 Pexpect 程式

我們的第一支程式，`chapter2_1.py`，是基於上一節並增加了一些程式碼：

```
#!/usr/bin/env python

import pexpect

devices = {'iosv-1': {'prompt': 'lax-edg-r1#', 'ip': '192.168.2.51'},
           'iosv-2': {'prompt': 'lax-edg-r2#', 'ip': '192.168.2.52'}}
username = 'cisco'
password = 'cisco'

for device in devices.keys():
    device_prompt = devices[device]['prompt']
    child = pexpect.spawn('telnet ' + devices[device]['ip'])
    child.expect('Username:')
    child.sendline(username)
    child.expect('Password:')
    child.sendline(password)
    child.expect(device_prompt)
    child.sendline('show version | i V')
    child.expect(device_prompt)
    print(child.before)
    child.sendline('exit')
```

在第五行中使用了一個巢狀字典：

```
devices = {'iosv-1': {'prompt': 'lax-edg-r1#', 'ip': '192.168.2.51'},
           'iosv-2': {'prompt': 'lax-edg-r2#', 'ip': '192.168.2.52'}}
```

巢狀字典能讓我們使用適當的 IP 與提示字元來引用相同的設備（例如 `lax-edg-r1`），接著就能在迴圈中利用這些值來呼叫 `expect()`。

執行結果是會在螢幕上呈現每個設備 `show version | i V` 的輸出：

```
$ python chapter2_1.py
b'show version | i V\r\nCisco IOS Software, IOSv Software (VIOS-
ADVENTERPRISEK9-M), Version 15.8(3)M2, RELEASE SOFTWARE (fc2)\r\nProcessor
board ID 98U40DKV403INHIULHYHB\r\n'
b'show version | i V\r\nCisco IOS Software, IOSv Software (VIOS-
ADVENTERPRISEK9-M), Version 15.8(3)M2, RELEASE SOFTWARE (fc2)\r\n'
```

現在已經看過 Pexpect 的一個基本範例，接著來更深入探索這個函式庫的更多功能。

更多的 Pexpect 功能

在這節中，將看更多 Pexpect 功能，它們在某些情況下能幫上忙。

如果您與遠端設備的連線速度有過快或過慢的問題，`expect()` 方法的預設超時為 30 秒，可以透過 `timeout` 參數來調整超時時間：

```
>>> child.expect('Username', timeout=5)
```

`interact()` 方法能將指令回傳給使用者，當您只想要自動化初始任務的某些部分時，這方法相當有用：

```
>>> child.sendline('show version | i V')
19
>>> child.expect('lax-edg-r1#')
0
>>> child.before
b'show version | i V\r\nCisco IOS Software, IOSv Software (VIOS-
-M), Version 15.8(3)M2, RELEASE SOFTWARE (fc2)\r\nProcessor board ID
98U40DKV403INHIULHYHB\r\n'
>>> child.interact()
show version | i V
Cisco IOS Software, IOSv Software (VIOS-ADVENTERPRISEK9-M), Version
15.8(3)M2, RELEASE SOFTWARE (fc2)
Processor board ID 98U40DKV403INHIULHYHB
lax-edg-r1#exit
Connection closed by foreign host.
>>>
```

您可以將 `child.spawn` 物件以字串格式輸出，就能獲知它的許多資訊：

```
>>> str(child)
"<pexpect.pty_spawn.spawn object at 0x7f068a9bf370>\ncommand: /usr/bin/
telnet\nargs: ['/usr/bin/telnet', '192.168.2.51']\nbuffer (last 100
chars): b''\nbefore (last 100 chars): b'TERPRISEK9-M), Version 15.8(3)
```

```
M2, RELEASE SOFTWARE (fc2)\\r\\nProcessor board ID 98U40DKV403INHIULHYHB\\
r\\n'\nafter: b'lax-edg-r1#'\nmatch: <re.Match object; span=(165, 176),
match=b'lax-edg-r1#'>\nmatch_index: 0\nexitstatus: 1\nflag_eof: False\
npid: 25510\nchild_fd: 5\nclosed: False\ntimeout: 30\ndelimiter: <class
'pexpect.exceptions.EOF'>\nlogfile: None\nlogfile_read: None\nlogfile_
send: None\nmaxread: 2000\nignorecase: False\nsearchwindowsize: None\
ndelaybeforesend: 0.05\ndelayafterclose: 0.1\ndelayafterterminate: 0.1"
>>>
```

Pexpect 最實用的除錯工具就是將輸出紀錄寫入檔案之中：

```
>>> child = pexpect.spawn('telnet 192.168.2.51')
>>> child.logfile = open('debug', 'wb')
```

如果想了解更多 Pexpect 的功能，請參考：Pexpect 文件 `https://pexpect.readthedocs.io/en/stable/api/index.html`。

至目前為止，在範例中都是使用 Telnet，它在會話期間的通訊內容都是以明文傳送。在現代網路上，一般是使用**安全外殼協定（SSH）**來管理。在下一節中，我們將看看如何在 Pexpect 上使用 SSH。

Pexpect 與 SSH

Pexpect 有一個 `pxssh` 的子類別，它專門用來建立 SSH 連線。此類別加了登入、登出與處理 `ssh` 登入流程中不同狀況的方法。這些方法程序大部分都一樣，只有 `login()` 與 `logout()` 有所不同：

```
>>> from pexpect import pxssh
>>> child = pxssh.pxssh()
>>> child.login('192.168.2.51', 'cisco', 'cisco', auto_prompt_reset=False)
True
>>> child.sendline('show version | i V')
19
>>> child.expect('lax-edg-r1#')
0
>>> child.before
```

```
b'show version | i V\r\nCisco IOS Software, IOSv Software (VIOS-
ADVENTERPRISEK9-M), Version 15.8(3)M2, RELEASE SOFTWARE (fc2)\r\nProcessor
board ID 98U40DKV403INHIULHYHB\r\n'
>>> child.logout()
>>>
```

要注意 `login()` 方法中的 `auto_prompt_reset=False` 參數，`pxssh` 預設是採用 shell 提示字元來同步輸出，但是它使用了大部分的 bash-shell 或 c-shell 的 PS1 選項，所以在 Cisco 或其他網路設備上會出錯。

Pexpect 完整範例

最後一步，把目前為止學到的 Pexpect 內容寫成一個腳本。將程式碼寫成腳本，在正式環境中用起來較方便，也更容易與同事分享。我們將要寫的第二個腳本，名稱為 `chapter2_2.py`：

```
#!/usr/bin/env python

import getpass
from pexpect import pxssh

devices = {'lax-edg-r1': {'prompt': 'lax-edg-r1#', 'ip': '192.168.2.51'},
           'lax-edg-r2': {'prompt': 'lax-edg-r2#', 'ip': '192.168.2.52'}}
commands = ['term length 0', 'show version', 'show run']

username = input('Username: ')
password = getpass.getpass('Password: ')

# 啟動 devices 的迴圈
for device in devices.keys():
    outputFileName = device + '_output.txt'
    device_prompt = devices[device]['prompt']
    child = pxssh.pxssh()
    child.login(devices[device]['ip'], username.strip(), password.strip(),
auto_prompt_reset=False)
    # 啟動 commands 與寫入輸出資訊的迴圈
    with open(outputFileName, 'wb') as f:
        for command in commands:
```

```
        child.sendline(command)
        child.expect(device_prompt)
        f.write(child.before)

    child.logout()
```

這個腳本基於第一個 Pexpect 程式，添加了以下的新功能：

- 它採用 SSH，不用 Telnet。
- 它支援多個指令的執行，而不是只執行一個。做法是將指令變成一個 list（第 8 行），然後用迴圈執行它們（從第 20 行開始）。
- 它會提示使用者輸入帳號與密碼，而不是寫在腳本之中，這樣能提高安全性。
- 它將輸出寫入兩個檔案之中，分別是 `lax-edg-r1_output.txt` 與 `lax-edg-r2_output.txt`。

程式碼執行完畢後，能在同個資料夾內看到這兩個輸出檔案。除了 Pexpect 外，Paramiko 也是經常用來處理互動式會話的熱門 Python 函式庫。

Python Paramiko 函式庫

Paramiko 是一個 SSHv2 協定的 Python 實作，就如同 Pexpect 的 `pxssh` 子類別，Paramiko 簡化了主機與遠端設備之間的 SSHv2 互動。不同於 `pxssh`，Paramiko 只聚焦於 SSHv2 不支援 Telnet，且提供客戶端與伺服器的操作功能。

Paramiko 是高層次自動化框架 Ansible 網路模組背後的底層 SSH 客戶端，我們將在第 *4* 章，*Python* 自動化框架——*Ansible* 中介紹 Ansible。現在讓我們先看一下 Paramiko 函式庫。

Paramiko 安裝說明

Paramiko 可以使用 Python `pip` 進行簡單的安裝。不過，它與 cryptography 函式庫有強烈的相依關係，此 cryptography 函式庫提供了用於 SSH 協定所需的底層 C 語言加密演算法。

cryptography 在 Windows、macOS 與其他 Linux 版本的安裝說明可以參考此網址：https://cryptography.io/en/latest/installation/。

我們將展示 Paramiko 在 Ubuntu 22.04 虛擬機上的安裝步驟：

```
sudo apt-get install build-essential libssl-dev libffi-dev python3-dev
pip install cryptography
pip install paramiko
```

讓我們使用 Python 直譯器匯入此函式庫，以便測試其使用情況：

```
$ python
Python 3.10.4 (main, Jun 29 2022, 12:14:53) [GCC 11.2.0] on linux
Type "help", "copyright", "credits" or "license" for more information.
>>> import paramiko
>>> exit()
```

現在我們準備好了，將在下一節中簡單介紹 Paramiko。

Paramiko 概述

讓我們用 Python 3 互動式 shell 來看一個簡單的 Paramiko 範例：

```
>>> import paramiko, time
>>> connection = paramiko.SSHClient()
>>> connection.set_missing_host_key_policy(paramiko.AutoAddPolicy())
>>> connection.connect('192.168.2.51', username='cisco', password='cisco',
look_for_keys=False, allow_agent=False)
>>> new_connection = connection.invoke_shell()
>>> output = new_connection.recv(5000)
>>> print(output) b"\
r\n***************************************************************************\
r\n* IOSv is strictly limited to use for evaluation, demonstration and
IOS  *\r\n* education. IOSv is provided as-is and is not supported by
Cisco's      *\r\n* Technical Advisory Center. Any use or disclosure,
in whole or in part, *\r\n* of the IOSv Software or Documentation to
any third party for any       *\r\n* purposes is expressly prohibited
except as otherwise authorized by     *\r\n* Cisco in writing.
*\r\n***************************************************************************
```

```
**\r\nlax-edg-r1#"
>>> new_connection.send("show version | i V\n")
19
>>> time.sleep(3)
>>> output = new_connection.recv(5000)
>>> print(output)
b'show version | i V\r\nCisco IOS Software, IOSv Software (VIOS-
ADVENTERPRISEK9-M), Version 15.8(3)M2, RELEASE SOFTWARE (fc2)\r\nProcessor
board ID 98U40DKV403INHIULHYHB\r\nlax-edg-r1#'
>>> new_connection.close()
>>>
```

`time.sleep()` 會插入一個時間延遲使程序暫停一段時間，以確保抓取到所有的輸出，這對於網路速度慢或設備忙碌的情況下是很有幫助的。這個指令不是必要的，但是建議可以根據情況使用。

即使我們第一次見到 Paramiko 的操作，藉由 Python 的美妙之處與清晰語法也能猜測出程式的目的。

```
>>> import paramiko
>>> connection = paramiko.SSHClient()
>>> connection.set_missing_host_key_policy(paramiko.AutoAddPolicy())
>>> connection.connect('192.168.2.51', username='cisco', password='cisco',
look_for_keys=False, allow_agent=False)
```

前兩行創建出一個來自 Paramiko 的 `SSHClient` 類別的實例，下一行設置了客戶端應該使用的金鑰相關策略；在這情況下，`lax-edg-r1` 可能不存在於系統的主機金鑰中，也不在應用程式的金鑰內。在我們的方案中，會自動將金鑰加至應用程式的 `HostKeys` 裡。此時，如果登入至路由器，就能看到 Paramiko 的所有登入會話。

接下來的幾行是從連線中調用新的互動式 shell，並且重複發送指令與擷取輸出的模式，最後就是關閉連線。

先前用過 Paramiko 的讀者可能熟悉使用 `exec_command()`，而不是調用 shell。為什麼要調用互動式 shell，而不直接用 `exec_command()` 呢？不幸的是，因為 `exec_command()` 在 Cisco IOS 上只允許執行一個指令。接著看看以下使用 `exec_command()` 連線的範例：

```
>>> connection.connect('192.168.2.51', username='cisco', password='cisco',
look_for_keys=False, allow_agent=False)
>>> stdin, stdout, stderr = connection.exec_command('show version | i
V\n')
>>> stdout.read()
b'Cisco IOS Software, IOSv Software (VIOS-ADVENTERPRISEK9-M), Version
15.8(3)M2, RELEASE SOFTWARE (fc2)rnProcessor board ID
98U40DKV403INHIULHYHBrn'
>>>
```

此範例一切都運行妥當；但是，如果查看 Cisco 設備上的會話數量，就會注意到連線是被 Cisco 設備中斷，而不是您主動關閉連線。因為 SSH 會話不再處於活躍狀態，若此時要向遠端設備發送更多的指令，`exec_command()` 將會回傳錯誤：

```
>>> stdin, stdout, stderr = connection.exec_command('show version | i
V\n')
Traceback (most recent call last):
<skip>
raise SSHException('SSH session not active') paramiko.ssh_exception.
SSHException: SSH session not active
>>>
```

在先前的範例中，`new_connection.recv()` 指令將緩衝區中的內容顯示出來，並且暗中清空它。如果不清空接收緩衝區，會發生什麼事呢？輸出資訊就會不斷地填充至緩衝區，並且覆蓋原先的訊息：

```
>>> new_connection.send("show version | i V\n")
19
>>> new_connection.send("show version | i V\n")
19
>>> new_connection.send("show version | i V\n")
19
>>> new_connection.recv(5000)
```

```
b'show version | i VrnCisco IOS Software, IOSv Software (VIOS-
ADVENTERPRISEK9-M), Version 15.8(3)M2, RELEASE SOFTWARE (fc2)rnProcessor
board ID 98U40DKV403INHIULHYHBrnlax-edg-r1#show version | i VrnCisco IOS
Software, IOSv Software (VIOS-ADVENTERPRISEK9-M), Version 15.8(3)M2,
RELEASE SOFTWARE (fc2)rnProcessor board ID 98U40DKV403INHIULHYHBrnlax-
edg-r1#show version | i VrnCisco IOS Software, IOSv Software (VIOS-
ADVENTERPRISEK9-M), Version 15.8(3)M2, RELEASE SOFTWARE (fc2)rnProcessor
board ID 98U40DKV403INHIULHYHBrnlax-edg-r1#'
>>>
```

為了保證輸出訊息的一致性，每次執行指令後，都會從緩衝區內擷取輸出的訊息。

第一支 Paramiko 程式

我們的第一支程式將使用通用結構，即先前的 Pexpect 程式結構，也將會使用迴圈來處理設備與指令的串列，同時用 Paramiko 代替 Pexpect，這讓我們能清楚地比對出 Paramiko 與 Pexpect 的差異。

如果您還沒有動手做，可以至本書的 GitHub 儲存庫中下載程式碼 chapter2_3.py，連結為 https://github.com/PacktPublishing/Mastering-Python-Networking-Fourth-Edition。我們將在此列出一些顯著的差異：

```
devices = {'lax-edg-r1': {'ip': '192.168.2.51'},
           'lax-edg-r2': {'ip': '192.168.2.52'}}
```

我們不需要再用 Paramiko 來匹配設備提示字元，因此設備字典可以更加簡化：

```
commands = ['show version\n', 'show run\n']
```

Paramiko 沒有傳送換行字元的功能，所以要在每個指令後面手動加上它：

```
def clear_buffer(connection):
    if connection.recv_ready():
        return connection.recv(max_buffer)
```

由於我們不需要發送緩衝區中的這些指令，只想清空此緩衝區並取得執行的提示字元，所以加了一個新方法來清空它，例如 `terminal length 0` 或 `enable`。此函式會用在迴圈之中，例如腳本的第 25 行：

```
output = clear_buffer(new_connection)
```

程式的其餘部分應該很好理解，跟在這一章看過的很像。最後提醒一件事，因為這是一個互動式程式，需要讓遠端設備執行指令，然後等它完成，再去擷取輸出的訊息，因此需要一個緩衝區來暫存這些訊息：

```
time.sleep(5)
```

在清空緩衝區後，會在指令間暫停五秒。這將使設備有足夠的時間回應，特別是當它很忙碌的時候。

更多的 Paramiko 功能

因為 Paramiko 是許多網路模組使用的的底層傳輸方式，之後在第 *4* 章，*Python* 自動化框架——*Ansible* 時會再次了解 Paramiko。在這一節中，將會看一下 Paramiko 的其他功能。

Paramiko 與伺服器互動的方法

Paramiko 也能使用 SSHv2 來管理伺服器，接著就用 Paramiko 管理伺服器的範例來看一下做法，我們將以金鑰作為身分認證的方式來建立 SSHv2 的會話。

在這範例中，使用了另一台 Ubuntu 虛擬機作為目標伺服器，它們都處於相同的虛擬機管理程式（hypervisor）之上。您也能使用 CML 模擬器上的伺服器或者公有雲供應商的實例，例如 Amazon AWS EC2。

我們將替 Paramiko 主機產生一對公鑰與私鑰：

```
ssh-keygen -t rsa
```

這個指令預設會產生名為 `id_rsa.pub` 的公鑰與 `id_rsa` 的私鑰，並置於使用者資料夾的 `~/.ssh` 中，私鑰請謹慎保密，就像不想讓別人知道的密碼一樣。

您可以將公鑰當成用來識別身分的一張名片。私鑰與公鑰的使用方式為，私鑰能於本地端將訊息加密，並由遠端主機使用公鑰解密，因此需要將公鑰複製到遠端主機。在正式環境中，可攜帶 USB 隨身碟至主機處使用頻外的方式來傳輸公鑰；在實驗環境中，可開啟遠端伺服器的終端視窗，將公鑰內容複製貼上至遠端主機的 `~/.ssh/authorized_keys` 檔案內。

為了用 Paramiko 管理遠端主機，先複製 `~/.ssh/id_rsa.pub` 的內容：

```
$ cat ~/.ssh/id_rsa.pub
ssh-rsa <your public key>
```

然後，貼至遠端主機的**使用者**資料夾下。在此範例中，兩邊用戶名都為 `echou`：

```
<Remote Host>$ vim ~/.ssh/authorized_keys
ssh-rsa <your public key>
```

現在已經能用 Paramiko 來管理遠端主機了，需注意的是，在此範例中，將會用私鑰來驗證，並用 `exec_command()` 來發送指令：

```
>>> import paramiko
>>> key = paramiko.RSAKey.from_private_key_file('/home/echou/.ssh/id_rsa')
>>> client = paramiko.SSHClient()
>>> client.set_missing_host_key_policy(paramiko.AutoAddPolicy())
>>> client.connect('192.168.199.182', username='echou', pkey=key)
>>> stdin, stdout, stderr = client.exec_command('ls -l')
>>> stdout.read()
b'total 44ndrwxr-xr-x 2 echou echou 4096 Jan 7 10:14 Desktopndrwxr-xr-x 2
echou echou 4096 Jan 7 10:14 Documentsndrwxr-xr-x 2 echou echou 4096 Jan 7
10:14 Downloadsn-rw-r--r-- 1 echou echou 8980 Jan 7 10:03 examples.
desktopndrwxr-xr-x 2 echou echou 4096 Jan 7 10:14 Musicndrwxr-
xr-x
echou echou 4096 Jan 7 10:14 Picturesndrwxr-xr-x 2 echou echou 4096 Jan 7
10:14 Publicndrwxr-xr-x 2 echou echou 4096 Jan 7 10:14 Templatesndrwxr-
xr-x
2 echou echou 4096 Jan 7 10:14 Videosn'
>>> stdin, stdout, stderr = client.exec_command('pwd')
>>> stdout.read()
```

```
b'/home/echou'
>>> client.close()
>>>
```

請注意，在伺服器範例中，不需建立互動式會話來執行多個指令。可以關閉遠端主機 SSHv2 組態中的密碼驗證，讓啟用自動化時能採用更安全的金鑰驗證。

為什麼要學習關於使用私鑰作為驗證的方法呢？越來越多的網路設備，例如 Cumulus 與 Vyatta 交換器，正轉向使用 Linux shell 與公私鑰驗證作為安全機制。因此，在某些操作中，我們將結合 SSH 會話與金鑰驗證來執行驗證。

更多 Praramiko 範例

在這一節中，讓我們建立一個更有複用性的 Paramiko 程式。現有的腳本上都有一個缺點：每當想要增加、刪除主機，或是需要修改想在遠端主機執行的指令時，都需要重新開啟腳本。

這是因為主機與指令的資訊都是寫死在腳本裡面，這種作法在修改時很可能會出錯。若將主機與指令另存成檔案並作為參數讀入腳本中，腳本將會更靈活，使用者（包括未來的我們）只需要編輯這些檔案，就能改變主機或指令。

而 `chapter2_4.py` 的腳本中已經加入這個改變。

不將指令寫死在腳本，而是存放至另一 `commands.txt` 檔案中。至目前為止，我們一直在使用 `show` 指令；在此例中，我們會有一些組態的變更，特別是把紀錄緩衝區大小設成 `30,000` 位元組：

```
$ cat commands.txt
config t
logging buffered 30000
end
copy run start
```

此外，將設備的資訊寫入至 `devices.json` 的檔案中，因為 JSON 格式可以方便地轉成 Python 的字典型別，所以使用 JSON 格式來儲存設備資訊：

```
$ cat devices.json
{
    "lax-edg-r1": {
        "ip": "192.168.2.51"
    },
    "lax-edg-r2": {
        "ip": "192.168.2.52"
    }
}
```

在腳本中，我們做了以下變更：

```
with open('devices.json', 'r') as f:
    devices = json.load(f)
with open('commands.txt', 'r') as f:
    commands = f.readlines()
```

以下是腳本執行後的簡短輸出：

```
$ python chapter2_4.py
Username: cisco
Password:
b'terminal length 0\r\nlax-edg-r1#config t\r\nEnter configuration
commands, one per line. End with CNTL/Z.\r\nlax-edg-r1(config)#'
b'logging buffered 30000\r\nlax-edg-r1(config)#'
b'end\r\nlax-edg-r1#'
b'copy run start'
<skip>
```

快速地檢查，確保 `running-config` 與 `startup-config` 均有變更：

```
lax-edg-r1#sh run | i logging
logging buffered 30000
```

Paramiko 是能用於各種用途的函式庫，負責與命令列程式互動。在網路管理方面，則可使用 Netmiko 函式庫，它是從 Paramiko 衍生出來的，專門用於網路設備管理。下一節將會看一下 Netmiko 函式庫。

Netmiko 函式庫

Paramiko 是一個不錯的函式庫，能讓我們和 Cisco IOS 與其他廠商的設備進行底層互動。不過您可能已經從先前的例子發現，在 lax-edg-r1 和 lax-edg-r2 這兩台設備上登入與執行指令中，重複了許多相同的步驟。一旦要開發更多的自動化指令時，還要不斷地抓取終端的輸出，並且轉換成可用的格式。如果有人能夠寫一個 Python 函式庫，簡化這些底層的操作，並與其他的網路工程師分享，那不是很棒嗎？

自從 2014 年開始，Kirk Byers（https://github.com/ktbyers）一直在從事簡化網路設備管理的開源專案。在這一節中，將會看一下他建立的 Netmiko 函式庫（https://github.com/ktbyers/netmiko）範例。

首先，使用 pip 安裝 netmiko 函式庫：

```
(venv) $ pip install netmiko
```

我們可以使用 Kirk 在自己網站上發佈的範例，https://pynet.twb-tech.com/blog/automation/netmiko.html，並且將它應用至我們的實驗環境中。需要先匯入函式庫與它的 ConnectHandler 類別。然後將 device 參數定義為 Python 字典型別並且傳遞給 ConnectHandler。注意我們在 device 參數中定義了一個 cisco_ios 的 device_type 型別：

```
>>> from netmiko import ConnectHandler
>>> net_connect = ConnectHandler(
...     device_type="cisco_ios",
...     host="192.168.2.51",
...     username="cisco",
...     password="cisco",
... )
```

這是簡化的開始。要注意，函式庫會自動判斷設備的提示字元，以及格式化 show 指令回傳的輸出資訊：

```
>>> net_connect.find_prompt()
'lax-edg-r1#'
>>> output = net_connect.send_command('show ip int brief')
```

```
>>> print(output)
Interface                  IP-Address      OK? Method Status
Protocol
GigabitEthernet0/0         192.168.2.51    YES NVRAM  up
up
GigabitEthernet0/1         10.0.0.1        YES NVRAM  up
up
Loopback0                  192.168.0.10    YES NVRAM  up
up
```

我們來看另一個例子，對實驗環境中的第二台 Cisco IOS 設備發送 configuration 指令，而不是 show 指令。需注意的是，command 屬性為串列，它可包含許多個指令：

```
>>> net_connect_2 = ConnectHandler(
...     device_type="cisco_ios",
...     host="192.168.2.52",
...     username="cisco",
...     password="cisco",
... )
>>> output = net_connect_2.send_config_set(['logging buffered 19999'])
>>> print(output)
configure terminal
Enter configuration commands, one per line. End with CNTL/Z.
lax-edg-r2(config)#logging buffered 19999
lax-edg-r2(config)#end
lax-edg-r2#
>>> exit()
```

這有多酷呢？ Netmiko 自動處理瑣碎事務，使我們能專注於指令本身，Netmiko 函式庫真的是能節省時間的好工具，許多網路工程師都有在使用。在下一節中，我們將看一下 Nornir 框架（https://github.com/nornir-automation/nornir），它的目標是在簡化底層的互動。

Nornir 框架

Nornir（https://nornir.readthedocs.io/en/latest/）是一個純 Python 的自動化框架，可直接在 Python 中使用。我們將先在環境中安裝 nornir：

```
(venv)$ pip install nornir nornir_utils nornir_netmiko
```

Nornir 希望我們定義一個儲存設備資訊的清單（inventory）檔案，名為 hosts.yaml，屬於 YAML 格式。此檔案中的資訊與先前在 Netmiko 範例中用 Python 字典定義的資訊一樣：

```
---
lax-edg-r1:
    hostname: '192.168.2.51'
    port: 22
    username: 'cisco'
    password: 'cisco'
    platform: 'cisco_ios'

lax-edg-r2:
    hostname: '192.168.2.52'
    port: 22
    username: 'cisco'
    password: 'cisco'
    platform: 'cisco_ios'
```

我們能用 nornir 函式庫中的 netmiko 附加元件來與設備互動，如同 chapter2_5.py 中所展示的：

```
#!/usr/bin/env python

from nornir import InitNornir
from nornir_utils.plugins.functions import print_result
from nornir_netmiko import netmiko_send_command


nr = InitNornir()
```

```
result = nr.run(
    task=netmiko_send_command,
    command_string="show arp"
)

print_result(result)
```

以下是執行的輸出資訊：

```
(venv) $ python chapter2_5.py

netmiko_send_
command*************************************************************
* lax-edg-r1 ** changed : False ******************************************
******
vvvv netmiko_send_command ** changed : False vvvvvvvvvvvvvvvvvvvvvvvvvvvvvv
vvvvvv INFO
Protocol Address          Age (min) Hardware Addr   Type  Interface
Internet 10.0.0.1                 - 5254.001e.e911  ARPA  GigabitEthernet0/1
Internet 10.0.0.2                17 fa16.3e00.0001  ARPA  GigabitEthernet0/1
^^^^ END netmiko_send_command ^^^^^^^^^^^^^^^^^^^^^^^^^^^^^^^^^^^^^^^^^^^^
^^^^^^
* lax-edg-r2 ** changed : False ******************************************
******
vvvv netmiko_send_command ** changed : False vvvvvvvvvvvvvvvvvvvvvvvvvvvvvv
vvvvvv INFO
Protocol  Address         Age (min) Hardware Addr   Type  Interface
Internet  10.0.128.1             17 fa16.3e00.0002  ARPA  GigabitEthernet0/1
Internet  10.0.128.2              - 5254.0014.e052  ARPA  GigabitEthernet0/1
^^^^ END netmiko_send_command ^^^^^^^^^^^^^^^^^^^^^^^^^^^^^^^^^^^^^^^^^^^^
^^^^^^
```

除了 Netmiko 之外，Nornir 還有其他的附加元件，例如受歡迎的 NAPALM 函式庫（https://github.com/napalm-automation/napalm）。歡迎瀏覽 Nornir 專案頁面，以便取得最新的附加元件資訊：https://nornir.readthedocs.io/en/latest/plugins/index.html。

在這一章中，我們使用 Python 自動化網路，並取得了相當大的進步，但是所採用的某些方法感覺像是自動化的變通方式。我們試圖欺騙遠端設備，讓它們以為在與另一端的人類互動。即便使用像是 Netmiko 或 Nornir 框架這樣的函式庫，底層的做法仍然一樣。雖然已經有人幫助我們抽象出底層互動的繁瑣工作，但是仍會受到只能與純命令列介面設備互動的缺點所影響。

展望未來，我們先探討 Pexpect 與 Paramiko 跟其他工具相比有哪些缺點，為接下來要討論的 API 導向方法做好準備。

Pexpect 和 Paramiko 相比於其他工具的不利之處

目前自動化純命令列介面設備的方法最大的缺點是，遠端的設備不會回傳結構化的資料，它們回傳的資料是適合在終端上顯示，能由人類來解釋了解，而不是讓電腦程式來處理，人眼可以輕易地分辨空格，而電腦只能看到換行符號。

我們將在下一章中展示更好的方法。在進入**第 *3* 章，應用程式介面（*API*）與意圖驅動網路開發**之前，讓我們先討論冪等性的概念。

冪等網路設備的交流

冪等性這個術語的意涵，會隨著不同的情境而有所不同。但是在本書的情境中，此術語代表：當客戶端向一個遠端設備發出同樣的請求，回傳的結果應該始終是一樣的。我相信大家都能認同這是必要的。想像一個情境，每次您執行同一個腳本，得到的結果卻都不一樣，這種情況是非常可怕的，如果是這樣的話，該如何信任您的腳本呢？因為我們需要準備處理不同的回傳值，這就使得自動化白費功夫。

由於 Pexpect 與 Paramiko 是用互動的方式發送一連串的指令，所以發生非冪等性的機率會比較高。再回過頭來看，回傳的結果還需要用螢幕擷取的方式以獲得有用的元素，因此出現差異的風險也更高。在寫腳本與腳本執行 100 次的時間裡，遠端可能會有所改變，例如供應商在所發佈的版本之間改變了螢幕輸出，而我們沒有更新腳本，腳本就可能會使網路出現問題。

如果需要靠腳本進行產出，我們就要使腳本盡可能具有冪等性。

不良自動化加速壞事發生

不良自動化讓您更容易替自己找麻煩，就是這麼簡單直接。電腦執行任務的速度遠遠超過人類工程師，如果讓一個人與一個腳本執行相同的操作流程，腳本會比人快很多，有時還不需要在每步驟間建立穩固的回饋機制。而網路上也就充滿了很多人按下 *Enter* 鍵後馬上後悔莫及的可怕故事。

我們需要盡量減少不良自動化腳本搞砸事情的可能性。我們都會犯錯，在做任何正式環境工作前仔細地測試腳本，並且控制在最小影響範圍，這是確保在錯誤發生並造成傷害前就捕捉到它的兩個關鍵。沒有任何工具或人能完全避免錯誤，但可以盡力的減少錯誤。正如我們所見，儘管在這章中使用的一些函式庫很不錯，但是底層基於命令列介面的方法，本質上就是有問題且容易出錯。我們將在下一章中介紹 API 導向的方法，它能解決一些基於命令列介面上的管理缺陷。

總結

在此章中，我們介紹了直接與網路設備通訊的底層方法。如果沒有可以用撰寫程式來通訊與更改網路設備的方式，就沒辦法達到自動化。我們展示了幾個 Python 函式庫，它們能讓我們管理那些原本需用命令列介面來管控的設備，由於這些網路設備本來就是由人來操作，而不是電腦，因此儘管這些函式庫很有用，但也很容易發現處理流程有多麼脆弱。

在*第 3 章，應用程式介面（API）與意圖驅動網路開發*中，我們將介紹支援 API 與意圖驅動網路的網路設備。

3

應用程式介面（API）與意圖驅動網路開發

在第 *2* 章，*底層網路設備互動*，我們介紹過了如何使用像 Pexpect、Paramiko、Netmiko 和 Nornir 等函式庫與網路設備互動的方法。Paramiko 與相似的函式庫都採用建立持久會話與模仿使用者於終端機輸入指令的方式，此種方式在一定程度上是可行的，它能簡單地將指令傳送至設備上執行並抓取輸出。然而，當輸出超過少量字元行數時，電腦程式就很難解析輸出資訊，例如 Paramiko 回傳的輸出是一連串的字元，是為了讓人類閱讀所設計，輸出的結構由行與空格所組成，這是對人類友善的格式，但對電腦程式而言，是難以理解的。

主要關鍵點是：為了使電腦程式能自動化執行我們想要的任務，就需要解析回傳的結果，並根據結果採取後續的動作。當解析回傳結果並非準確且可預測時，就無法放心執行下一個指令。

不只是網路自動化，只要電腦間需要互相通訊，就會遇到此問題，網路社群普遍都會面臨到類似情形。想像一下，當電腦與人類讀取相同網頁時，他們之間的差異是，人類看到的是瀏覽器解析的文字、圖片與空格；電腦看到的是 HTML 程式碼、Unicode 字元與二進位位元檔案。當網站需要提供服務給另一台電腦時，它會如何處理呢？也就是說，相同的網路資源需要同時兼顧人類客戶與其他電腦程式。本質上而言，若網路伺服器要以最佳的方式將資訊傳送至另一台電腦時，我們該如何做呢？

答案是**應用程式介面（API）**。要注意的是，API 是一個概念，不是一種特定的技術或框架。維基百科的定義是：

> 在電腦程式設計中，應用程式介面（API）是一組用於建立應用程式軟體的子程式定義、協定與工具。一般而言，它是在各軟體元件間明確定義的溝通方法。一個好的 API 能提供所有的構建區塊，讓程式設計師能組合起來，使電腦程式的開發更容易。

在我們的使用案例中，明確定義的溝通方法是用於 Python 程式與目的地設備之間。網路設備的 API 提供了一個獨立的介面，供電腦程式使用，就像我們的 Python 腳本。API 的實作方式取決於供應商，有時也取決於特定產品，某些供應商偏好使用 XML，而某些則使用 JSON；有些產品會使用 HTTPS 作為底層的傳輸協定，而有些則是提供稱為 SDK 的 Python 函式庫，能與設備搭配使用。我們將會在本章中看到各種不同的供應商與產品範例。

儘管有所差異，但是 API 的概念仍然不變：它是一種最佳化不同電腦程式間溝通的方法。

在本章中，將看以下主題：

- 探討**基礎設施即程式碼（IaC）**、意圖驅動網路與資料建模
- Cisco NX-API、**應用程式為中心的基礎設施（ACI）**與 Meraki 的範例
- Juniper **網路組態協定（NETCONF）**與 PyEZ
- Arista eAPI 與 pyeapi

我們將先研究為什麼要探討基礎設施即程式碼。

基礎設施即程式碼（IaC）

在一個完美的世界裡，設計與管理網路的網路工程師和架構師應該專注於他們希望網路達成的目標，而非設備層級的互動，但我們都知道世界並不完

美。多年前，當我在一間二線 ISP 實習時，我的第一個任務就是在客戶的地方安裝一台路由器，以啟動他們的訊框中繼連線（還記得這東西嗎？）。我詢問同事，*我該怎麼做呢？*他們就教我訊框中繼連結的標準作業程序。

我到了客戶那裡，盲目地輸入了指令，看到綠燈閃爍，便高興地收拾東西，並且自豪自己做得很好。雖然此任務很刺激，但我並不懂我在做什麼，只是依據指示去做，沒有想過輸入的指令涵義。如果燈不是綠色而是紅色，我又該怎麼辦呢？毫無疑問，我將必須打電話回辦公室，請教更資深的工程師。

網路工程不是關於輸入指令至設備上；而是建立一種方法，讓服務能夠從一個點傳遞到另一個點，且盡量減少摩擦。必須使用的指令與須解讀的輸出只是達成目的的手段。換句話說，要關注的是我們對網路的意圖，**我們想讓網路實現的目標，比用來使設備依照期望執行的指令語法更重要**。如果進一步抽象化用程式碼描述意圖的想法，就有可能將整個基礎設施描述為一種特定的狀態。基礎設施將以程式碼的方式描述，並讓必要軟體或框架來強制執行該狀態。

意圖驅動網路

從本書第一版出版後，因為主要的網路供應商選擇用**基於意圖的網路（IBN）**和**意圖驅動網路（IDN）**來描述他們的下一代設備，此兩術語就越來越熱門了。一般來講，它們是指同一件事。*我認為，IDN 是一種定義網路應該呈現的狀態，並且使用軟體程式碼來強制執行該狀態的想法。*舉例來說，如果我的目標是阻止外部存取 `80` 連接埠，那這就是我對網路的意圖，底層的軟體將負責了解在邊緣路由器上設定與應用必要存取列表的語法，以達成該目標。當然，IDN 是沒有明確答案的想法，用來強制執行意圖的軟體可以是一個函式庫、框架或是從供應商買來的完整套件。

我認為，用 API 可以讓我們更靠近 IDN 的狀態。簡單來講，我們抽象化了在目的地設備上執行的特定指令層級，因此不用管在設備上執行什麼指令，只需要專注在意圖上即可。例如，回到*封鎖連接埠* `80` 的例子上，在 Cisco 路由器上可能用 `access-list` 和 `access-group`，在 Juniper 路由器則可能會使用 `filter-list`。但是，如果使用 API，程式就能直接問執行者想做什麼事，同時隱藏正在與軟體通訊的物理設備種類，甚至可以用一個更高層級的框架，例如將會在第 *4* 章，*Python* 自動化框架裡介紹的 Ansible，但現在還是先關注於網路 API 上吧。

螢幕擷取與 API 結構化輸出

想像一個常見的情境，就是我們要登入網路設備，並且確保設備上所有介面都處於 up/up 的狀態（狀態與協定都顯示為 `up`）。對於在 Cisco NX-OS 設備操作的網路工程師而言，只需在終端機上輸入 `show ip interface brief` 指令，即能簡單地從輸出資訊中判斷哪個介面是正常：

```
lax-edg-r1#sh ip int brief
Interface                  IP-Address      OK? Method Status
Protocol
GigabitEthernet0/0         192.168.2.51    YES NVRAM  up
up
GigabitEthernet0/1         10.0.0.1        YES NVRAM  up
up
Loopback0                  192.168.0.10    YES NVRAM  up
```

人眼可以輕易地看出換行、空白與第一行的欄位標題，它們的功用就是為了讓我們方便對齊，例如每個介面的 IP 位址都排在同一行上。但是如果站在電腦的角度來看，這些空白與換行會讓我們分不清重要的輸出資訊，也就是，哪些介面是 up/up 狀態？為了說明這一點，可參考 Paramiko 執行 `show interface brief` 指令的輸出結果：

```
>>> new_connection.send('show ip int brief/n')
16
>>> output = new_connection.recv(5000)
>>> print(output)
b'show ip interface brief\r\nInterface                  IP-
Address      OK? Method Status                Protocol\r\
nGigabitEthernet0/0         192.168.2.51    YES NVRAM up
up       \r\nGigabitEthernet0/1         10.0.0.1        YES NVRAM  up
up       \r\nLoopback0                  192.168.0.10    YES NVRAM  up
up       \r\nlax-edg-r1#'
>>>
```

如果要分析包含在輸出變數中的資料，可用虛擬碼的方式來進行（虛擬碼是表示實際程式碼的簡化表示法），使文字能切成所需要的資訊：

1. 用換行符號將每一行分開。
2. 不需要第一行的 `show ip interface brief` 指令，所以直接刪掉。
3. 取出第二行直到主機提示字元為止的所有內容，並存至一個變數中。
4. 對於剩下的行，因為不知道有多少個介面，所以將使用正規表示式找出以介面名稱為開頭的行，例如 `lo` 表示 loopback 介面，`GigabitEthernet` 代表乙太網路介面。
5. 將找出的介面行用空格分成三個部分，分別是介面名稱、IP 位址與介面狀態。
6. 再進一步將介面狀態用空格分成三段，分別是協定、連結與管理狀態。

這真是一件很費力的事，就只是為了要取得人眼一看就能了解的東西！這些步驟是要從非結構化的文字中擷取資訊時的必要流程，這種方法存在許多缺點，以下列出我覺得最重要的幾項：

- **可擴展性**：需要花很多時間處理細節，才能解析每個指令的輸出。很難想像我們該怎麼用這種方式執行常規所需行的數百個指令。
- **可預測性**：無法保證輸出資訊在不同的軟體版本之間保持不變，如果輸出稍微不一樣，可能會使辛苦蒐集的資訊白費。
- **供應商和軟體鎖定**：一旦為了一個供應商與軟體版本，例如 Cisco IOS，花了許多功夫解析輸出，就需要為下一個新的供應商重複同樣的過程。我不知道您怎麼想，但在評估新的供應商時，如果又要重寫所有的擷取資訊程式碼，那將不利於新供應商設備上線。

我們和用 NX-API 呼叫 `show ip interface brief` 指令的輸出來對比，由於這一章後面將會介紹如何從設備上取得輸出細節，因此此處的重點是，比較以下的輸出與前面的擷取資訊（完整的輸出在課程程式碼儲存庫裡）：

```
{
"ins_api":{
"outputs":{
"output":{
"body":{ "TABLE_intf":[
```

```
{
"ROW_intf":{
"admin-state":"up",
"intf-name":"Lo0",
"iod":84,
"ip-disabled":"FALSE",
"link-state":"up",
"prefix":"192.168.2.50",
"proto-state":"up"
}
},
{
"ROW_intf":{
"admin-state":"up",
"intf-name":"Eth2/1",
"iod":36,
"ip-disabled":"FALSE",
"link-state":"up",
"prefix":"10.0.0.6",
"proto-state":"up"
}
}
],
"TABLE_vrf":[
{
"ROW_vrf":{
"vrf-name-out":"default"
}
},
{
"ROW_vrf":{
"vrf-name-out":"default"
}
}
]
},
"code":"200",
```

```
"input":"show ip int brief",
"msg":"Success"
}
},
 "sid":"eoc",
"type":"cli_show",
"version":"1.2"
}
}
```

NX-API 能以 XML 或 JSON 格式回傳輸出資訊，此處是 JSON 格式。一眼就可知道這是有結構性的輸出，能直接對應至 Python 的字典資料結構。一旦它被轉成字典之後，就不須再花時間解析，只需要選擇主鍵，就能取得與主鍵相對應的值。從輸出資訊中也能看到有各種的詮釋資料（metadata），例如指令成功或失敗。如果指令失敗了，會有訊息說明失敗的原因。也不需要追蹤發出的指令，因為它已經在回傳的 `input` 欄位中。輸出資料中還有其他有用的詮釋資料（metadata），例如 NX-API 的版本。

這種方式讓供應商與操作者做事更加方便。對供應商來說，他們能輕鬆地傳送組態與狀態資訊。當需要公開更多資料時，也能使用同樣的資料結構再加上額外的欄位；對操作者來說，則能輕鬆地處理資訊並圍繞它建立基礎設施自動化。大家都認同網路自動化與可程式化對於網路供應商與操作者都有好處，所以問題通常是關於自動化訊息的傳輸、格式與結構。正如本章後面將介紹的，有許多競爭的技術都屬於 API，光是就傳輸語言而言，就有 REST API、NETCONF 與 RESTCONF 等。

IaC 的資料建模

根據維基百科（`https://en.wikipedia.org/wiki/Data_model`），資料模型的定義如下：

> 資料模型是一種抽象的模型，它會組織資料的元件，並界定它們與現實世界實體屬性的關係。例如，一個資料模型能界定汽車這個資料元件包含著汽車顏色、大小與擁有者等其他元件。

資料建模的過程如下圖所示：

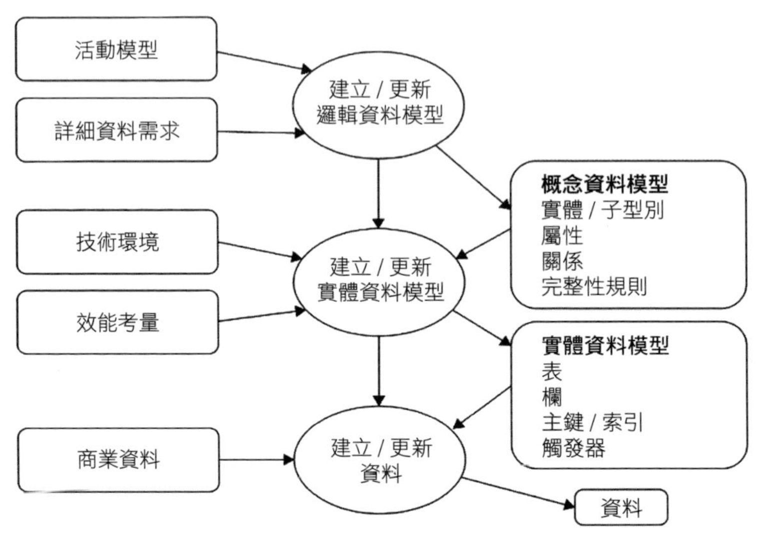

圖 3.1：資料範例流程

當將資料模型的概念應用於網路之上時，可以用網路資料模型來描述網路的抽象模型。如果仔細觀察實體資料中心，第二層乙太網路交換器可以視為包含每個連接埠對應的 MAC 位址表的設備。交換器資料模型描述了 MAC 位址應該如何儲存於表中，表格內包含了主鍵、其他特徵（例如 VLAN 與私有 VLAN）等等。

同樣地，除了設備之外，也能把整個資料中心映射至一個資料模型中。可以先看每個存取層、分配層與核心層的設備數量，再看它們的連接方式，以及在正式環境中應該如何運作。

例如，如果使用胖樹型網路，便能在模型中宣告每個主幹路由器的連結數、包含多少路由數與每個前綴的下一節點數目。

還記得先前提過的 IaC 嗎？這些特徵可以用一種格式來對應，然後作為使用軟體程式檢驗的理想狀態參考。

YANG 與網路組態協定工具（NETCONF）

YANG 是網路資料模型語言之一，它是 **Yet Another Next Generation** 的有趣縮寫，代表這是另一個新一代的語言（普遍都認為，某些 IETF 工作組是很有幽默感的）。最初於 2010 年的 RFC 6020 文件中發佈，從那之後便受到許多廠商與營運商的青睞。

作為一種資料模型語言，YANG 就是用於設備組態建模。它也能表示 NETCONF 協定、NETCONF 遠端程序呼叫與 NETCONF 通知所操作的狀態資料。它的目標是在協定（如 NETCONF）與底層廠商專屬語法之間，提供一個共同的抽象層，用於組態設定與操作。稍後本章會看一些 YANG 的範例。

我們已經討論過基於 API 的設備管理與資料建模的高層次觀念，就讓我們來看看關於 API 結構的 Cisco 範例。

Cisco API 範例

Cisco Systems 是網路領域的巨擘，他們也跟上網路自動化的趨勢。在推動網路自動化的同時，他們也進行了許多內部研發、產品改良、建立合作夥伴關係與諸多外部併購。然而，由於他們的產品線涵蓋了路由器、交換器、防火牆、伺服器（統一運算）、無線、協作軟體和硬體與分析軟體，要知道從哪踏入是個困難的難題。

因為本書的重點在 Python 與網路上，所以本節將 Cisco 的範例限定在主要的網路產品。具體而言，將會涵蓋以下幾個方面：

- Nexus 的 NX-API
- Cisco 的 NETCONF 和 YANG 範例
- Cisco 的**以應用程式為中心的基礎設施（ACI）**
- Cisco 的 Meraki 範例

本章的 NX-API 與 NETCONF 範例，可以使用在*第 2 章，底層網路設備互動*中所提的 Cisco DevNet 隨時開放的實驗環境設備，也能用本地端的 Cisco CML 虛擬實驗環境。

我們將使用與*第 2 章，底層網路設備互動*相同的實驗環境拓樸，並且專注於運行 **NX-OSv**、**lax-cor-r1** 與 **nyc-cor-r1** 的設備：

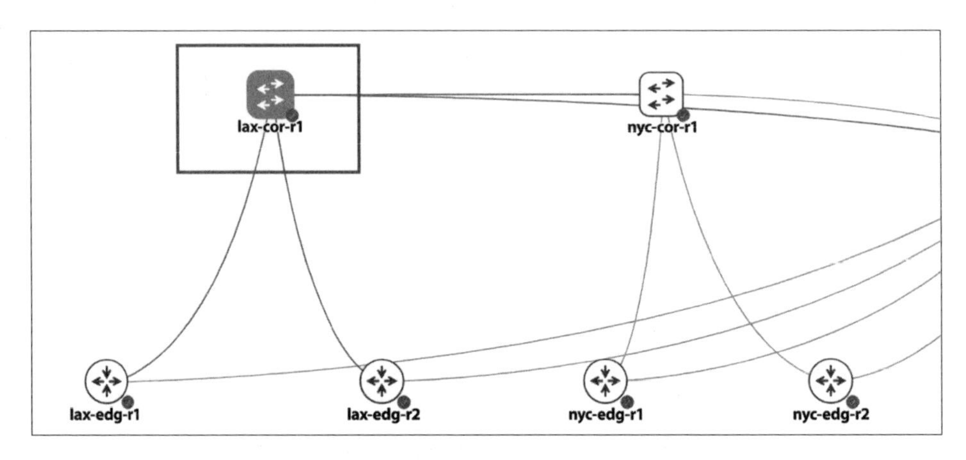

圖 3.2：實驗環境 NX-OSv 設備

讓我們先來看一下 Cisco NX-API 的範例。

Cisco NX-API 介面

Nexus 是 Cisco 的資料中心交換器的主要產品。NX-API（`http://www.cisco.com/c/en/us/td/docs/switches/datacenter/nexus9000/sw/6-x/programmability/guide/b_Cisco_Nexus_9000_Series_NX-OS_Programmability_Guide/b_Cisco_Nexus_9000_Series_NX-OS_Programmability_Guide_chapter_011.html`）允許工程師透過 SSH、HTTP 與 HTTPS 等多種方式，與交換器進行遠端互動。

實驗環境準備工作

在執行實驗環境之前，請記得啟動 Python 虛擬環境：

```
$ source venv/bin/activate
```

`ncclient`（`https://github.com/ncclient/ncclient`）是用於 NETCONF 客戶端的 Python 函式庫，此外，還要安裝 Requests 函式庫（`https://pypi.org/project/requests/`）它是相當熱門的 Python HTTP 客戶端函式庫。我們能使用 pip 安裝這兩個函式庫：

```
$ pip install ncclient==0.6.13
$ pip install requests==2.28.1
```

Nexus 設備上的 NX-API 預設是關閉的，所以需要先將它打開，此外，也需要建立一個使用者。在此案例中，將使用現成的 `cisco` 使用者：

```
feature nxapi
username cisco password 5 $1$Nk7ZkwH0$fyiRmMMfIheqE3BqvcL0C1 role network-
operator
username cisco role network-admin
username cisco passphrase lifetime 99999 warntime 14 gracetime 3
```

在實驗環境中，要同時開啟 `nxapi http` 與 `nxapi` 沙箱的組態；但是要注意，在正式環境中，它們都要關閉：

```
lax-cor-r1(config)# nxapi http port 80
lax-cor-r1(config)# nxapi sandbox
```

現在可以來看第一個 NX-API 範例。

NX-API 範例

如果要嘗試各種指令與資料格式，甚至直接從網頁複製 Python 程式碼，NX-API 沙箱是個不錯的方式。在最後的一步，為了學習目標所以開啟它。再次提醒，在正式環境中，沙箱也要關閉。

我們打開瀏覽器並輸入 Nexus 設備的管理 IP，並以我們熟悉的 CLI 指令為基礎，來觀察各種的訊息格式、請求與回應：

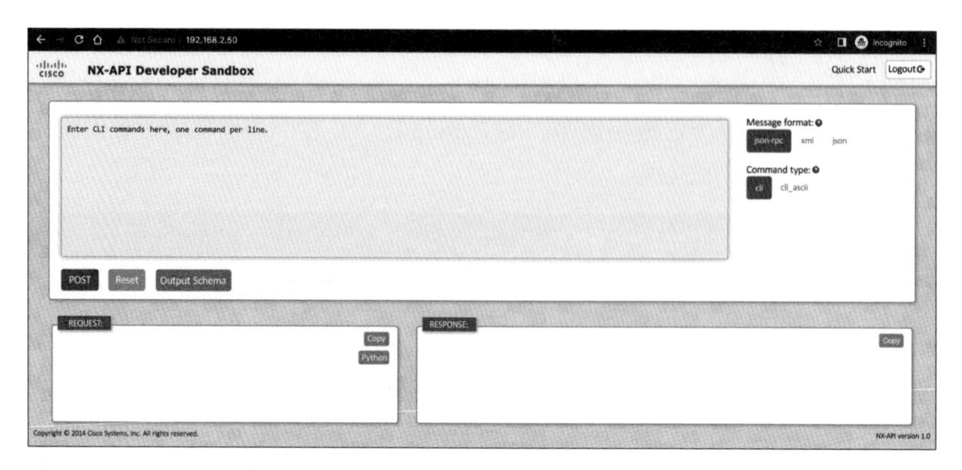

圖 3.3：NX-API 開發者沙箱

在以下的範例中，選擇了 `JSON-RPC` 與使用 `show version` 的 `CLI` 指令類型。接著點擊 **POST**，就能看到 **REQUEST** 與 **RESPONSE**：

圖 3.4：NX-API 沙箱範例輸出

沙箱能在許多時候幫上忙，像是不確定訊息格式是否支援時；或是在程式碼中取得了值，並對其回應資料的欄位主鍵有疑問之際。

在第一個範例，cisco_nxapi_1.py，要做的只是連接至 Nexus 設備，並印出初次連接時的交流能力資訊：

```
#!/usr/bin/env python3
from ncclient import manager
conn = manager.connect(
        host='192.168.2.50',
        port=22,
        username='cisco',
        password='cisco',
        hostkey_verify=False,
        device_params={'name': 'nexus'},
        look_for_keys=False
        )
for value in conn.server_capabilities:
    print(value)
conn.close_session()
```

在範例中，使用 ncclient 函式庫連上設備，主機、連接埠、使用者名稱與密碼等連接參數都很容易理解，設備參數則用來指定客戶端要連接的設備類型。hostkey_verify 參數可以跳過 SSH 的 known_host 的檢查；如果沒有設為 false，那麼主機的指紋（fingerprint）就會列入 ~/.ssh/known_hosts 檔案中。look_for_keys 參數則可以關閉公私鑰認證，並使用使用者名稱與密碼來認證。

輸出將呈現此版本 NX-OS 所支援的 XML 與 NETCONF 功能：

```
(venv) $ python cisco_nxapi_1.py
urn:ietf:params:xml:ns:netconf:base:1.0
urn:ietf:params:netconf:base:1.0
urn:ietf:params:netconf:capability:validate:1.0
urn:ietf:params:netconf:capability:writable-running:1.0
urn:ietf:params:netconf:capability:url:1.0?scheme=file
urn:ietf:params:netconf:capability:rollback-on-error:1.0
urn:ietf:params:netconf:capability:candidate:1.0
urn:ietf:params:netconf:capability:confirmed-commit:1.0
```

使用 ncclient 與 NETCONF over SSH 是不錯的選擇，因為能更接近原生的實作與語法，稍後會在本書中用相同函式庫來比較其他廠商的設備。對於 NX-API，還能使用 HTTPS 與 JSON-RPC 的方法。先前的 **NX-API 開發者沙箱**截圖中，**REQUEST** 框中有標注 **Python** 的標籤，如果點擊它，就能透過自動轉換得到基於 Requests 函式庫的 Python 腳本。

對於 NX-API 沙箱中的 `show version` 範例，以下的 Python 腳本是由自動轉換產生的，此處直接貼上輸出結果，沒有修改任何東西：

```
"""
NX-API-BOT
"""
import requests
import json
"""
修改這些內容
"""
url='http://YOURIP/ins'
switchuser='USERID'
switchpassword='PASSWORD'
myheaders={'content-type':'application/json-rpc'}
payload=[
  {
    "jsonrpc": "2.0",
    "method": "cli",
    "params": {
      "cmd": "show version",
      "version": 1.2
    },
    "id": 1
  }
]
response = requests.post(url,data=json.dumps(payload),
headers=myheaders,auth=(switchuser,switchpassword)).json()
```

在 `cisco_nxapi_2.py` 腳本裡，將會看到我只修改腳本中的 URL、使用者名稱與密碼。輸出結果會只有軟體版本，輸出結果如下：

```
(venv) $ python cisco_nxapi_2.py
7.3(0)D1(1)
```

此種方法的好處是，同樣的泛用語法結構能同時套用於組態與 `show` 指令。這在將設備主機名改成新名稱的 `cisco_nxapi_3.py` 檔案中說明了這一點。指令執行後，就能見到設備主機名從 `lax-cor-r1` 變成了 `lax-cor-r1-new`：

```
lax-cor-r1-new# sh run | i hostname
hostname lax-cor-r1-new
```

對於多行組態，可以使用 ID 欄位來指定操作的順序，這在 `cisco_nxapi_4.py` 檔案中有展示。以下的負載（payload）是用來在介面組態模式中，變更介面 Ethernet 2/12 的描述：

```
{
  "jsonrpc": "2.0",
  "method": "cli",
  "params": {
    "cmd": "interface ethernet 2/12",
   "version": 1.2
  },
  "id": 1
},
{
  "jsonrpc": "2.0",
  "method": "cli",
  "params": {
    "cmd": "description foo-bar",
    "version": 1.2
  },
  "id": 2
},
{
  "jsonrpc": "2.0",
  "method": "cli",
  "params": {
    "cmd": "end",
```

```
    "version": 1.2
  },
  "id": 3
},
{
  "jsonrpc": "2.0",
  "method": "cli",
  "params": {
    "cmd": "copy run start",
    "version": 1.2
  },
  "id": 4
  }
]
```

我們能透過 Nexus 設備執行的組態，來驗證前面組態腳本的結果：

```
interface Ethernet2/12
  description foo-bar
  shutdown
  no switchport
  mac-address 0000.0000.002f
```

下個範例中，我們將了解如何使用 YANG 與 NETCONF。

Cisco YANG 模型

我們用範例來看看 Cisco 的 YANG 模型支援情況。首先，要知道 YANG 模型只定義了用 NETCONF 協定傳送的模式類型，而不用管資料是什麼。其次，要注意的一點是，就如同在 NX-API 部分所言，NETCONF 是作為獨立的協定。第三，YANG 在不同廠商與產品上的支援程度不同，例如，若在運行 IOS-XE 的 Cisco CSR 1000v 上，執行能力資訊交流腳本，就能查看此平台支援的 YANG 模型：

```
urn:cisco:params:xml:ns:yang:cisco-virtual-service?module=cisco- virtual-
service&revision=2015-04-09
http://tail-f.com/ns/mibs/SNMP-NOTIFICATION-MIB/200210140000Z?
```

```
module=SNMP-NOTIFICATION-MIB&revision=2002-10-14
urn:ietf:params:xml:ns:yang:iana-crypt-hash?module=iana-crypt-
hash&revision=2014-04-04&features=crypt-hash-sha-512,crypt-hash-sha-
256,crypt-hash-md5
urn:ietf:params:xml:ns:yang:smiv2:TUNNEL-MIB?module=TUNNEL-
MIB&revision=2005-05-16
urn:ietf:params:xml:ns:yang:smiv2:CISCO-IP-URPF-MIB?module=CISCO-IP-URPF-
MIB&revision=2011-12-29
urn:ietf:params:xml:ns:yang:smiv2:ENTITY-STATE-MIB?module=ENTITY-STATE-
MIB&revision=2005-11-22
urn:ietf:params:xml:ns:yang:smiv2:IANAifType-MIB?module=IANAifType-
MIB&revision=2006-03-31
<omitted>
```

YANG 在不同的廠商與產品上有不同的支援程度。我在本書的程式碼儲存庫內附上了 `cisco_yang_1.py` 腳本，它用 Cisco Devnet 提供的 Cisco IOS-XE 隨時開放沙箱，示範用 `urn:ietf:params:xml:ns:yang:ietf-interfaces` 的 YANG 篩選器來解析 NETCONF XML 的輸出。

我們能在 YANG GitHub 專案頁面（`https://github.com/YangModels/yang/tree/master/vendor`）看到最新的廠商支援情況。

Cisco ACI 範例

Cisco 應用程式為中心的基礎設施，也就是 ACI，是一種提供集中控制的方法，使我們能管理定義在範圍內的網路零件。在資料中心的場景下，集中式控制器可以控制與管理主幹、枝葉、機架頂部的交換器以及所有的網路服務功能，這些能透過 GUI、CLI 或 API 來操作完成。有人可能會認為，ACI 是 Cisco 對更廣泛、基於控制器之軟體定義網路的回應。

ACI API 遵循 REST 模型，使用 HTTP 動詞（`GET`、`POST` 和 `DELETE`）來指定預期的操作。在範例中，能使用 Cisco DevNet 提供的隨時開放 ACI 設備實驗環境（`https://devnetsandbox.cisco.com/RM/Topology`）：

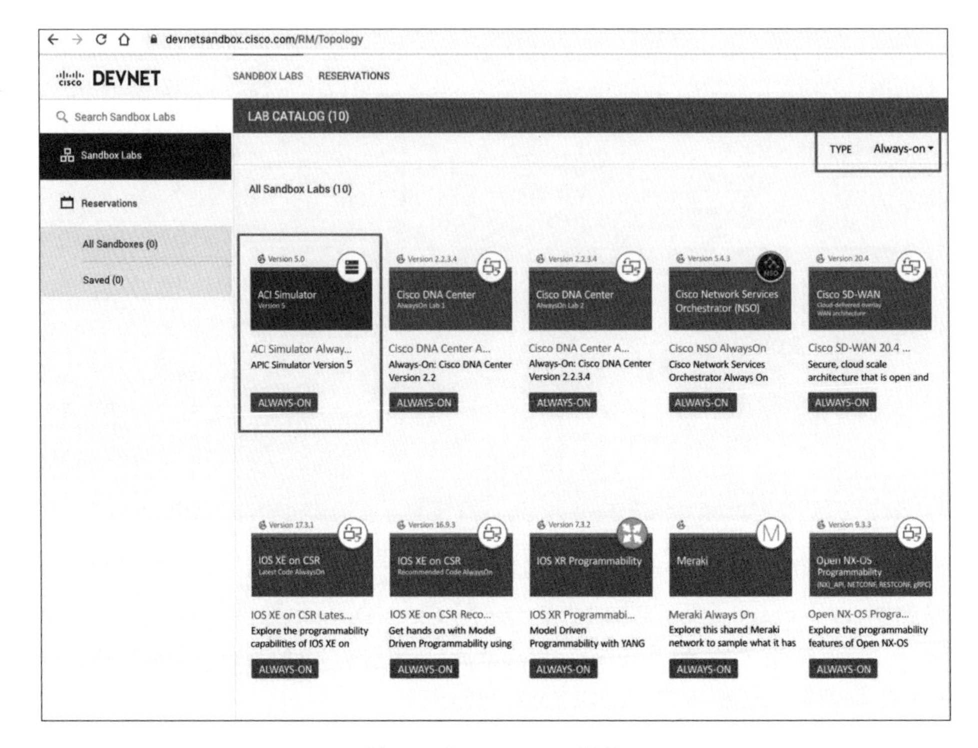

圖 3.5：Cisco DevNet 沙箱

因為設備資訊、使用者名稱與密碼可能在寫作之後會變更，請隨時查看最新的 Cisco DevNet 頁面，以獲取最新的資訊。

控制器是網路的大腦，負責維護所有網路設備的可視狀態：

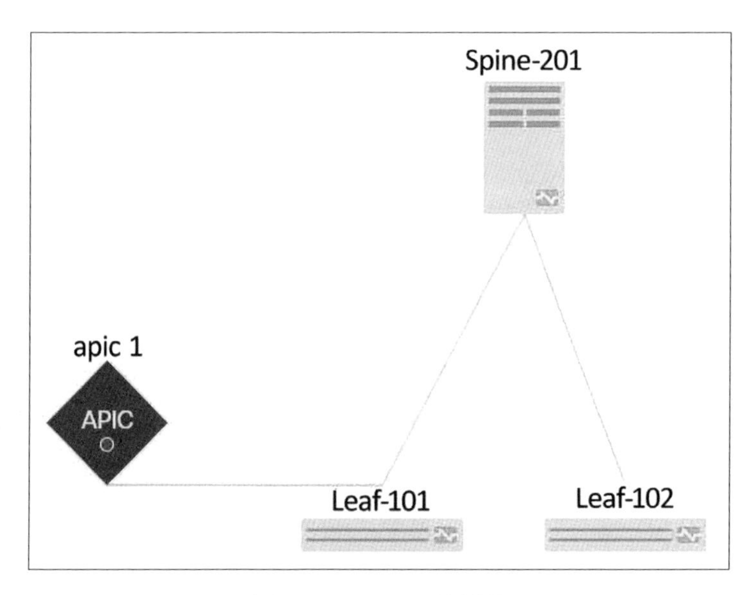

圖 3.6：Cisco ACI 控制器

我們能使用瀏覽器登入控制器，並查看有哪些租戶：

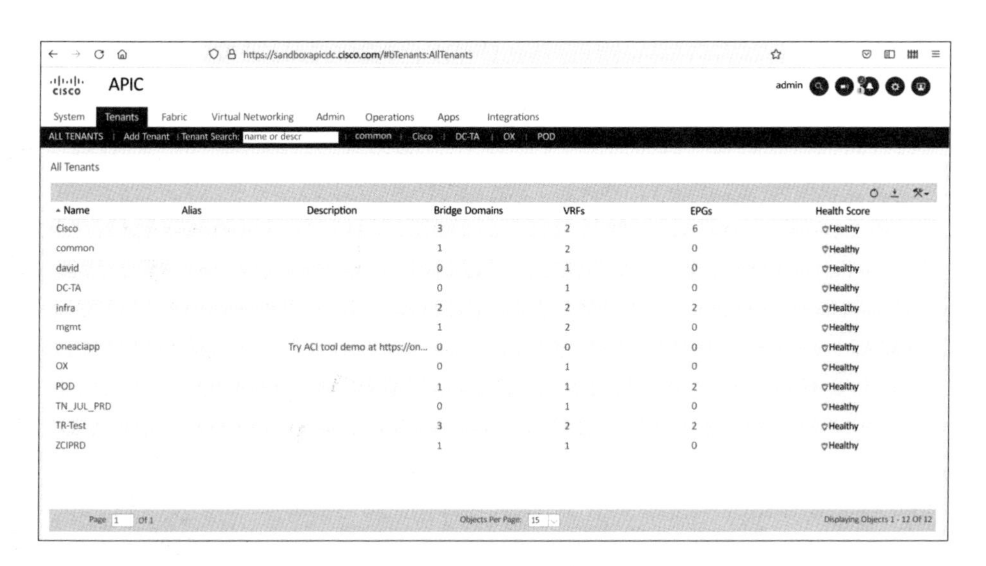

圖 3.7：Cisco ACI 租戶

讓我們用 Python 的互動式提示字元來了解 ACI 控制器的互動。先匯入正確的函式庫，並設定目標 URL 與登入憑證：

```
>>> import requests, json
>>> URL = 'https://sandboxapicdc.cisco.com'
>>> PASSWORD = "<password>"
>>> LOGIN = "admin"
>>> AUTH_URL = URL + '/api/aaaLogin.json'
```

接著，發送一個請求，並將回應轉成 JSON 格式：

```
>>> r = requests.post(AUTH_URL,
json={"aaaUser":{"attributes":{"name":LOGIN,"pwd":PASSWORD}}},
verify=False)
>>> r_json = r.json()
>>> r_json
{'totalCount': '1', 'imdata': [{'aaaLogin': {'attributes': {'token':
_<skip>}
```

我們能從回應中取得令牌（token），並當作以後向控制器發送請求的認證 cookie。在以下的範例中，我們查詢了在控制器租戶部分所看到的 `cisco` 租戶：

```
>>> token = r_json["imdata"][0]["aaaLogin"]["attributes"]["token"]
>>> cookie = {'APIC-cookie':token}
>>> QUERY_URL = URL + '/api/node/class/fvTenant.json?query-target-
filter=eq(fvTenant.name,"Cisco")'
>>> r_cisco = requests.get(QUERY_URL, cookies=cookie, verify=False)
>>> r_cisco.json()
{'totalCount': '1', 'imdata': [{'fvTenant': {'attributes': {'annotation':
'', 'childAction': '', 'descr': '', 'dn': 'uni/tn-Cisco', 'extMngdBy': '',
'lcOwn': 'local', 'modTs': '2022-08-06T14:05:15.893+00:00', 'monPolDn':
'uni/tn-common/monepg-default', 'name': 'Cisco', 'nameAlias': '',
'ownerKey': '', 'ownerTag': '', 'status': '', 'uid': '15374', 'userdom':
':all:'}}}]}
>>> print(r_cisco.json()['imdata'][0]['fvTenant']['attributes']['dn'])
uni/tn-Cisco
```

如您所見，我們只查看了一台控制器設備，但卻能看到控制器管理的所有網路設備狀態。這很酷！當然，它的缺點是，ACI 控制器現在只能支援 Cisco 的設備。

Cisco IOS-XE

大部分情況下，Cisco IOS-XE 的腳本與我們寫的 NX-OS 腳本在功能上是差不多的。IOS-XE 還有額外功能，對 Python 網路程式設計很有幫助，例如：on-box Python 與 guest shell（`https://developer.cisco.com/docs/ios-xe/#!on-box-python-and-guestshell-quick-start-guide/onbox-python`）。

Cisco Meraki 與 ACI 類似，都是一個集中管理的控制器，且擁有多個有線與無線網路的視覺化。不過，Meraki 與 ACI 不同的是，它是以雲端為基底且在企業內部之外的。在下一節，讓我們來看一下 Cisco Meraki 的功能與範例。

Cisco Meraki 控制器

Cisco Meraki 是基於雲端的集中式控制器，能簡化設備的 IT 管理。這與 ACI 的做法很像，不同之處是其控制器有一個基於雲端的公開 URL，使用者能從 GUI 得到 API 金鑰，然後在 Python 腳本中用它來檢索組織 ID：

```
#!/usr/bin/env python3
import requests
import pprint
myheaders={'X-Cisco-Meraki-API-Key': <skip>}
url ='https://dashboard.meraki.com/api/v0/organizations'
response = requests.get(url, headers=myheaders, verify=False)
pprint.pprint(response.json())
```

執行 `cisco_meraki_1.py` 腳本，它向 Cisco DevNet 的 Meraki 隨時開放控制器發送簡單的請求：

```
(venv) $ python cisco_meraki_1.py
 [{'id': '681155',
  'name': 'DeLab',
  'url': 'https://n6.meraki.com/o/49Gm_c/manage/organization/overview'},
 {'id': '865776',
```

```
  'name': 'Cisco Live US 2019',
  'url': 'https://n22.meraki.com/o/CVQqTb/manage/organization/overview'},
 {'id': '549236',
  'name': 'DevNet Sandbox',
  'url': 'https://n149.meraki.com/o/t35Mb/manage/organization/overview'},
 {'id': '52636',
  'name': 'Forest City - Other',
  'url': 'https://n42.meraki.com/o/E_utnd/manage/organization/overview'}]
```

組織 ID 可以更進一步用來檢索更多的資訊，例如：設備列表與網路資訊等等：

```
#!/usr/bin/env python3
import requests
import pprint
myheaders={'X-Cisco-Meraki-API-Key': <skip>}
orgId = '549236'
url = 'https://dashboard.meraki.com/api/v0/organizations/' + orgId + '/
networks'
response = requests.get(url, headers=myheaders, verify=False)
pprint.pprint(response.json())
```

來看看 cisco_meraki_2.py 腳本的輸出結果：

```
(venv) $ python cisco_meraki_2.py
<skip>
[{'disableMyMerakiCom': False,
  'disableRemoteStatusPage': True,
  'id': 'L_646829496481099586',
  'name': 'DevNet Always On Read Only',
  'organizationId': '549236',
  'productTypes': ['appliance', 'switch'],
  'tags': ' Sandbox ',
  'timeZone': 'America/Los_Angeles',
  'type': 'combined'},
 {'disableMyMerakiCom': False,
  'disableRemoteStatusPage': True,
  'id': 'N_646829496481152899',
```

```
  'name': 'test - mx65',
  'organizationId': '549236',
  'productTypes': ['appliance'],
  'tags': None,
  'timeZone': 'America/Los_Angeles',
  'type': 'appliance'},
<skip>
```

我們已經了解過 Cisco 設備上使用 NX-API、ACI 與 Meraki 控制器的範例。下一節中，將來看一下 Juniper Networks 設備上使用 Python 的範例。

Python API 與 Juniper Networks 設備互動的方法

Juniper Networks 一直是服務供應商的最愛。如果回過頭來看服務供應商的市場，會覺得自動化網路設備是首要需求。在雲端規模的資料中心出現前，服務供應商有很多的網路設備要管理。舉例來說，典型的企業網路可能在公司總部有幾條冗餘的網際網路連線，且有幾個遠端站點以星型拓樸的方式連接至總部，用的是私有的**多重協定標籤交換（MPLS）**網路，但對於服務供應商而言，他們就需要建立、配置、管理與排除 MPLS 連線和底層網路問題。服務供應商靠著銷售頻寬與提供加值管理服務來賺錢，因此他們有必要投資自動化來減少工程師的工時，並保持網路暢通。在他們的使用案例中，網路自動化是競爭優勢的關鍵。

我覺得，服務供應商的網路需求與雲端資料中心網路需求不同之處是，過往以來服務供應商會將許多服務集中在一個設備裡，就像 MPLS，大部分服務供應商都有提供；而在企業或資料中心網路很少採用。Juniper Networks 已經發現網路可程式化的需求，並且在滿足服務供應商自動化需求上做得很好。讓我們來看看 Juniper 的一些自動化 API。

Juniper 與網路設定協定工具（NETCONF）

NETCONF 是一種網路管理協定，其標準由 IETF 制定，最早於 2006 年作為 RFC 4741 發佈，後來又在 RFC 6241 進行修訂。Juniper Networks 對這兩個 RFC 標準都有很大的貢獻，事實上，Juniper 正是 RFC 4741 的作者。Juniper

設備全面支援 NETCONF 是很合理的，它也是很多自動化工具與框架的基礎。NETCONF 有幾個主要的特徵：

1. 它用**可延伸標記式語言（XML）**來編碼資料。
2. 它採用**遠端程序呼叫（RPC）**，所以如果使用 HTTP(s) 作為傳輸協定，URL 端點都是一樣的，而操作意圖則會於請求的主體中指定。
3. 它是基於從上到下的層級來設計，包含內容、操作、訊息與傳輸：

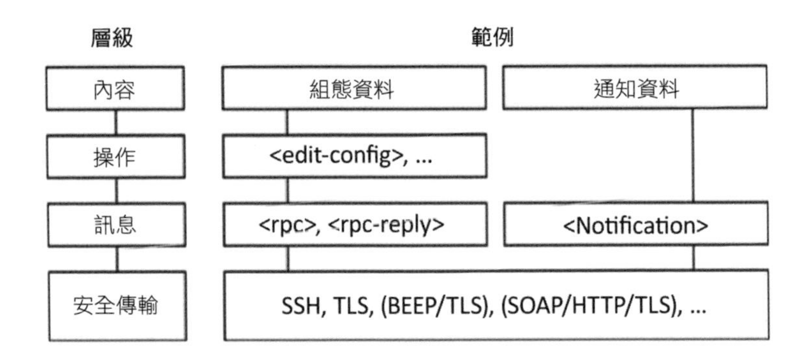

圖 3.8：NETCONF 模型

Juniper Networks 在它的技術資料庫裡提供了詳盡的 NETCONF XML 管理協定開發者指南（https://www.juniper.net/techpubs/en_US/junos13.2/information-products/pathway-pages/netconf-guide/netconf.html#overview）。我們來看它的用法。

設備準備工作

要開始用 NETCONF，要先創建使用者，並開啟所需要的服務：

```
set system login user juniper uid 2001
set system login user juniper class super-user
set system login user juniper authentication encrypted-password "$1$0EkA.
XVf$cm80A0GC2dgSWJIYWv7Pt1"
set system services ssh
set system services telnet
set system services netconf ssh port 830
```

在 Juniper 設備實驗環境中，用的是 **JunOS Olive**，這個舊平台不受支援，它只是用來進行實驗，您能用常用的搜尋引擎，找關於 Juniper Olive 的有趣典故與歷史。

在 Juniper 設備上，您能隨時查看 flat 文件或是 XML 格式的組態。當您要用單行指令來更改組態時，`flat` 文件就能派上用場：

```
netconf@foo> show configuration | display set
set version 12.1R1.9
set system host-name foo set system domain-name bar
<omitted>
```

當想要查看組態的 XML 結構時，XML 格式就能派上用場：

```
netconf@foo> show configuration | display xml
<rpc-reply xmlns:junos="http://xml.juniper.net/junos/12.1R1/junos">
<configuration junos:commit-seconds="1485561328" junos:commit-
localtime="2017-01-27 23:55:28 UTC" junos:commit-user="netconf">
<version>12.1R1.9</version>
<system>
<host-name>foo</host-name>
<domain-name>bar</domain-name>
```

我們已經在 *Cisco NX-API* 的實驗環境軟體安裝與設備準備章節中，安裝了必要的 Linux 函式庫與 `ncclient` Python 函式庫。如果您還沒完成這些事，請返回此章節並安裝所需的套件。

現在可以來看第一個 Juniper NETCONF 範例。

Juniper 網路組態協定（NETCONF）範例

我們將用一個簡單的範例來執行 `show version`，並將這個檔案命名為 `junos_netconf_1.py`：

```
#!/usr/bin/env python3
from ncclient import manager
conn = manager.connect(
    host='192.168.2.70',
    port='830',
```

```
    username='juniper',
    password='juniper!',
    timeout=10,
    device_params={'name':'junos'},
    hostkey_verify=False)
result = conn.command('show version', format='text')
print(result.xpath('output')[0].text)
conn.close_session()
```

除了 `device_params` 外，腳本中的其他欄位都很容易理解。ncclient 從 0.4.1 版本開始，就在設備處理程序添加了可指定不同廠商或平台的功能，例如名稱可以是 Juniper、CSR、Nexus 或 Huawei。此外，也添加了 `hostkey_verify=False`，這是因為 Juniper 設備使用的是自己簽發的證書。

回傳的結果是 XML 格式的 `rpc-reply`，其中包含一個 output 元件：

```
<rpc-reply message-id="urn:uuid:7d9280eb-1384-45fe-be48- b7cd14ccf2b7">
<output>
Hostname: foo
Model: olive
JUNOS Base OS boot [12.1R1.9]
JUNOS Base OS Software Suite [12.1R1.9]
<omitted>
JUNOS Runtime Software Suite [12.1R1.9] JUNOS Routing Software Suite
[12.1R1.9]
</output>
</rpc-reply>
```

我們可以解析 XML 輸出，並只輸出文字：

```
print(result.xpath('output')[0].text)
```

在 `junos_netconf_2.py` 中，需要針對設備來修改組態。首先需導入一些新的模組，以便構建新的 XML 元件與連線管理器物件：

```
#!/usr/bin/env python3
from ncclient import manager
from ncclient.xml_ import new_ele, sub_ele
```

```
conn = manager.connect(host='192.168.2.70', port='830',
username='juniper', password='juniper!', timeout=10, device_
params={'name':'junos'}, hostkey_verify=False)
```

我們將鎖定組態，然後進行組態修改：

```
# 鎖定組態並執行組態變更
conn.lock()
# 構建設定
config = new_ele('system')
sub_ele(config, 'host-name').text = 'master'
sub_ele(config, 'domain-name').text = 'python'
```

在構建組態部分，我們建立了一個 system 元件，並帶有 host-name 與 domain-name 的子元件。如果想知道什麼是階層式結構，可從 XML 展示的節點結構中看到，system 節點是 host-name 與 domain-name 的父節點：

```
<system>
    <host-name>foo</host-name>
    <domain-name>bar</domain-name>
...
</system>
```

組態構建完成後，腳本會將組態物件推送至設備並提交組態的修改。這些是 Juniper 組態修改的最佳實務步驟（lock、configure、unlock、commit）：

```
# send、validate 與 commit config
conn.validate()
commit_config = conn.commit()
print(commit_config.tostring)
# 解鎖 config
conn.unlock()
# 關閉會話
conn.close_session()
```

整體而言，NETCONF 的步驟與在 CLI 上的步驟相符合。請參考 junos_netconf_3.py 腳本，以獲得更具複用性的程式碼。以下的程式碼範例是將逐步執行的步驟使用 Python 函式來呈現：

```
# 建一個連線物件
def connect(host, port, user, password):
    connection = manager.connect(host=host, port=port,
        username=user, password=password, timeout=10,
        device_params={'name':'junos'}, hostkey_verify=False)
    return connection
# 執行 show 指令
def show_cmds(conn, cmd):
    result = conn.command(cmd, format='text')
    return result
# 推送設定
def config_cmds(conn, config):
    conn.lock()
    conn.load_configuration(config=config)
    commit_config = conn.commit()
    return commit_config.tostring
```

這個檔案能夠單獨執行，也可匯入至其他的 Python 腳本之中。

Juniper 也提供了稱為 PyEZ 的 Python 函式庫，能夠用於他們設備，接著就來介紹這個函式庫的使用範例。

面相開發者的 Juniper PyEZ 函式庫

PyEZ 是一個高層次的 Python 函式庫，它與現有 Python 程式碼整合的效果更好。其透過將底層組態封裝起來的 Python API，能執行常見的操作與組態設定，而不需深入了解 Junos CLI。

Juniper 在技術資料庫上提供了全面的 Junos PyEZ 開發者指南，網址為 `https://www.juniper.net/techpubs/en_US/junos-pyez1.0/information-products/pathway-pages/junos-pyez-developer-guide.html#configuration`。如果對 PyEZ 有興趣，非常推薦至少瀏覽一下指南裡的各種主題。

安裝和準備工作

每個作業系統的安裝說明都能在*安裝 Junos PyEZ* 頁面上找到（`https://www.juniper.net/techpubs/en_US/junos-pyez1.0/topics/task/installation/junos-pyez-server-installing.html`）。

可以藉由 pip 安裝 PyEZ 套件：

```
(venv) $ pip install junos-eznc
```

在 Juniper 設備上，要將 NETCONF 設定為 PyEZ 的底層 XML API：

```
set system services netconf ssh port 830
```

在使用者認證方面，可以使用密碼或 SSH 金鑰方式。而在使用者方面，能建立一個新使用者或用現成的使用者。在 ssh 金鑰認證方式方面，如果在**第 *2* 章，底層網路設備互動**時還沒執行過的話，就需在管理主機上先產生一對公私鑰：

```
$ ssh-keygen -t rsa
```

預設情況下，公鑰會是 id_rsa.pub，放在 ~/.ssh/ 資料夾內，而私鑰則是 id_rsa，放置於同一資料夾裡。私鑰必須視為密碼，不要與人分享，公鑰則可以自由轉發。在本書例子中，會將公鑰複製到 /tmp 資料夾內，並開啟 Python 3 的 HTTP 伺服器模組，以建立能連線的 URL：

```
(venv) $ cp ~/.ssh/id_rsa.pub /tmp
(venv) $ cd /tmp
(venv) $ python3 -m http.server
(venv) Serving HTTP on 0.0.0.0 port 8000 ...
```

從 Juniper 設備上，能透過 Python 3 的網頁伺服器下載公鑰，來建立使用者並連結此公鑰：

```
netconf@foo# set system login user echou class super-user authentication
load-key-file http://<management host ip>:8000/id_rsa.pub
/var/home/netconf/...transferring.file........100% of 394 B 2482 kBps
```

現在，如果嘗試從管理站點使用私鑰執行 ssh 連線，使用者將會自動通過認證：

```
(venv) $ ssh -i ~/.ssh/id_rsa <Juniper device ip>
--- JUNOS 12.1R1.9 built 2012-03-24 12:52:33 UTC
echou@foo>
```

讓我們來確認這兩種認證方法都能與在 PyEZ 上使用，先嘗試用使用者名稱與密碼的組合：

```
>>> from jnpr.junos import Device
>>> dev = Device(host='<Juniper device ip, in our case 192.168.2.70>',
user='juniper', password='juniper!')
>>> dev.open() Device(192.168.2.70)
>>> dev.facts
{'serialnumber': '', 'personality': 'UNKNOWN', 'model': 'olive', 'ifd_
style': 'CLASSIC', '2RE': False, 'HOME': '/var/home/juniper', 'version_
info': junos.version_info(major=(12, 1), type=R, minor=1, build=9),
'switch_style': 'NONE', 'fqdn': 'foo.bar', 'hostname': 'foo', 'version':
'12.1R1.9', 'domain': 'bar', 'vc_capable': False}
>>> dev.close()
```

我們也能嘗試用 SSH 金鑰認證：

```
>>> from jnpr.junos import Device
>>> dev1 = Device(host='192.168.2.70', user='echou', ssh_private_key_
file='/home/echou/.ssh/id_rsa')
>>> dev1.open() Device(192.168.2.70)
>>> dev1.facts
{'HOME': '/var/home/echou', 'model': 'olive', 'hostname': 'foo', 'switch_
style': 'NONE', 'personality': 'UNKNOWN', '2RE': False, 'domain': 'bar',
'vc_capable': False, 'version': '12.1R1.9', 'serialnumber': '', 'fqdn':
'foo.bar', 'ifd_style': 'CLASSIC', 'version_info': junos.version_
info(major=(12, 1), type=R, minor=1, build=9)}
>>> dev1.close()
```

不錯！現在準備好了，可以來看 PyEZ 的範例。

PyEZ 範例

在先前的互動式提示字元中，看到當設備連線時，物件會自動檢索設備的真實資訊。在此處第一個範例 `junos_pyez_1.py` 中，連線至設備並執行 RPC 呼叫 `show interface em1`：

```
#!/usr/bin/env python3
from jnpr.junos import Device
import xml.etree.ElementTree as ET
import pprint
dev = Device(host='192.168.2.70', user='juniper', passwd='juniper!')
try:
    dev.open()
except Exception as err:
    print(err)
    sys.exit(1)
result = dev.rpc.get_interface_information(interface_name='em1',
terse=True)
pprint.pprint(ET.tostring(result))
dev.close()
```

`Device` 類別有一個包含了所有操作指令的 `rpc` 屬性。這真的太棒了，因為這樣就能在 CLI 與 API 之間做相同的事情，但首先得要找出 CLI 指令對應的 `xml rpc` 元件標籤。在第一個範例中，要如何知道 `show interface em1` 等同於 `get_interface_information` 呢？有三種方式可以找出這個資訊：

1. 可以參照 *Junos XML API 操作開發人員參考文件*。
2. 可以用 CLI 並呈現 XML RPC 的對等內容，並將字詞間的連字號（-）替換成底線（_）。
3. 也可以用 PyEZ 函式庫以程式設計的方法做到這件事。

我通常都使用第二個選項來獲得結果：

```
netconf@foo> show interfaces em1 | display xml rpc
<rpc-reply xmlns:junos="http://xml.juniper.net/junos/12.1R1/junos">
 <rpc>
 <get-interface-information>
 <interface-name>em1</interface-name>
 </get-interface-information>
 </rpc>
 <cli>
 <banner></banner>
 </cli>
</rpc-reply>
```

下面是用 PyEZ 撰寫程式的範例（第三個選項）：

```
>>> dev1.display_xml_rpc('show interfaces em1', format='text')
'<get-interface-information>/n <interface-name>em1</interface- name>/n</
get-interface-information>/n'
```

當然，也可以做組態的修改。在 `junos_pyez_2.py` 組態範例中，將從 PyEZ 匯入 `Config()` 函式：

```
#!/usr/bin/env python3
from jnpr.junos import Device
from jnpr.junos.utils.config import Config
```

我們將用同樣的程式碼區塊來連線至設備：

```
dev = Device(host='192.168.2.70', user='juniper',
    passwd='juniper!')
try:
    dev.open()
except Exception as err:
    print(err)
    sys.exit(1)
```

額外匯入的 `Config()` 函式會讀取 XML 資料並修改組態：

```
config_change = ""
<system>
  <host-name>master</host-name>
  <domain-name>python</domain-name>
</system>
""
cu = Config(dev)
cu.lock()
cu.load(config_change)
cu.commit()
cu.unlock()
dev.close()
```

PyEZ 的範例都是屬於較簡單的設計，希望它們能讓您知道如何使用 PyEZ 來實做 Junos 自動化需求。在下一個範例中，將介紹如何用 Python 函式庫來操作 Arista 網路設備。

Arista Python API 介面

Arista Networks 一直專注在大型資料中心網路。在它的公司介紹頁面（`https://www.arista.com/en/company/company-overview`）提到：

> Arista Networks 是在資料導向、大型資料中心用戶端到雲端聯網、校園與路由環境的行業領導者。

請注意，該聲明特別提到了**大型資料中心**，我們知道裡面裝滿了伺服器、資料庫、還有網路設備，因此自動化一直是 Arista 的優勢之一，也是很有道理的。事實上，它的作業系統是以 Linux 為基礎，因此帶來了許多額外的好處，例如 Linux 指令與內建的 Python 直譯器，能直接在平台上運行。從一開始，Arista 就公開了 Linux 與 Python 的功能，使網路業者能利用。

如同其他廠商，您可以藉由 eAPI 直接與 Arista 設備互動，或者選擇使用他們的 Python 函式庫。我們將在本章中看到這兩種方法的範例。

Arista eAPI 管理

Arista 的 eAPI 是在幾年前的 EOS 4.12 裡首次推出，它藉由 HTTP 或 HTTPS 傳送一連串的顯示或組態指令，並以 JSON 格式回應。一個重要的差異是，它是 RPC 與 **JSON-RPC**，而不是單純使用 HTTP 或 HTTPS 的 RESTful API。它們差別在於，使用相同 HTTP 方法（`POST`）向同一個 URL 端點發送請求，不是使用 HTTP 動詞（`GET`、`POST`、`PUT`、`DELETE`）來表示我們的動作，而是在請求的主體中簡單地說明要做的事。在 eAPI 的案例下，我們將會指定一個帶有 `runCmds` 值的 `method` 主鍵。

在接下來的範例中，使用的是一台執行 EOS 4.16 的實體 Arista 交換器。

eAPI 準備工作

Arista 設備上的 eAPI 代理預設是關閉的，所以要在設備上開啟才能使用：

```
arista1(config)#management api http-commands
arista1(config-mgmt-api-http-cmds)#no shut
arista1(config-mgmt-api-http-cmds)#protocol https port 443
arista1(config-mgmt-api-http-cmds)#no protocol http
arista1(config-mgmt-api-http-cmds)#vrf management
```

如您所見，我們已經關閉了 HTTP 伺服器，並只用 HTTPS 作為傳輸方式。管理介面預設位於名為 **management** 的 VRF 內，在我的拓樸中，會透過管理介面連線至設備；因此，將 eAPI 管理指定為 VRF。

您可以藉由 `show management api http-commands` 指令來查看 API 管理的狀態：

```
arista1#sh management
api http-commands Enabled: Yes
HTTPS server: running, set to use port 443 HTTP server: shutdown, set to
use port 80
Local HTTP server: shutdown, no authentication, set to use port 8080
Unix Socket server: shutdown, no authentication
VRF: management
Hits: 64
Last hit: 33 seconds ago Bytes in: 8250
Bytes out: 29862
Requests: 23
Commands: 42
Duration: 7.086
seconds SSL Profile: none
QoS DSCP: 0
User Requests Bytes in Bytes out Last hit
----------- ------------- ------------- --------------- ----------
admin 23 8250 29862 33 seconds ago
URLs
-----------------------------------------
Management1 : https://192.168.199.158:443
arista1#
```

開啟代理後，便可以用網路瀏覽器輸入設備的 IP 位址來訪問 eAPI 的探索頁面。如果預設的連線埠已被變更，就需要指定更改後的連接埠。身分認證方面與交換器上的認證方式有關，我們會使用設備本地端設定的使用者名稱與密碼，預設情況下，將使用自己簽發的證書：

圖 3.9：Arista EOS 探索器

我們會被帶至探索頁面，在那裡能輸入 CLI 指令，並為請求主體呈現不錯的輸出資訊。例如想知道如何替 `show version` 建立一個請求主體，就能從探索器內看到這些輸出資訊：

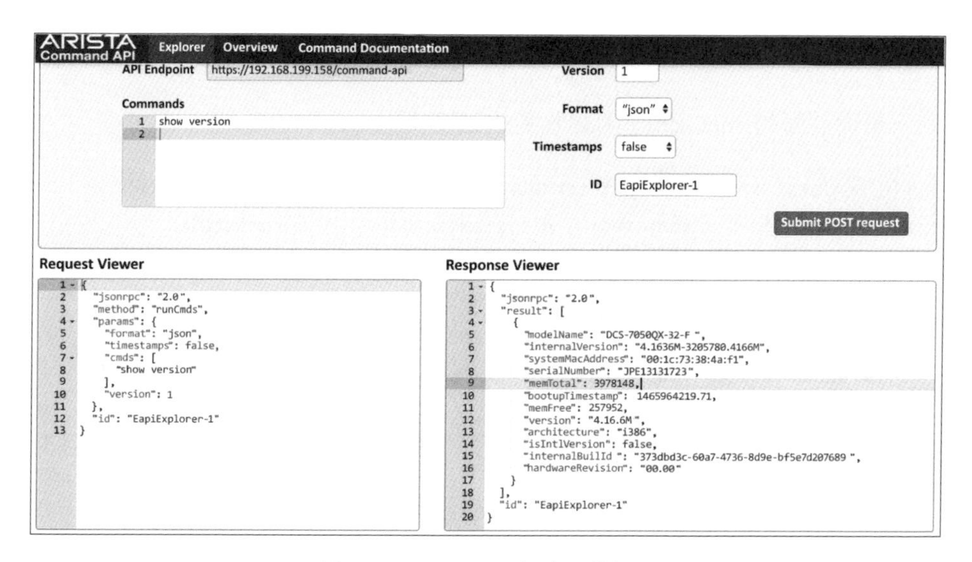

圖 3.10：Arista EOS 探索器檢視器

點選 Overview 的標籤，將會進入到範例用法與背景資訊頁面，而 Command Documentation 會作為 show 指令的參考點，每個指令參考都會包含回傳值的欄位名稱、型別與簡介。Arista 的線上參考腳本使用 `jsonrpclib`（`https://github.com/joshmarshall/jsonrpclib/`），我們也將會使用它。

因為長久下來 jsonrpclib 都沒有支援 Python 3，所以本節的範例主要使用 Python 2.7。不過，根據 GitHub pull request 的 `https://github.com/joshmarshall/jsonrpclib/issues/38`，應該已經支援 Python 3 了。

使用 `pip` 就能簡單地安裝：

```
(venv) $ pip install jsonrpclib
```

eAPI 範例

可以寫一個簡單的程式，叫做 `eapi_1.py`，來查看回應的內容：

```
#!/usr/bin/python2
from __future__ import print_function
from jsonrpclib import Server
import ssl
ssl._create_default_https_context = ssl._create_unverified_context
switch = Server("https://admin:arista@192.168.199.158/command-api")
response = switch.runCmds( 1, [ "show version" ] )
print('Serial Number: ' + response[0]['serialNumber'])
```

以下是從前面的 `runCmds()` 函式收到的回應：

```
[{u'memTotal': 3978148, u'internalVersion': u'4.16.6M- 3205780.4166M',
u'serialNumber': u'<omitted>', u'systemMacAddress': u'<omitted>',
u'bootupTimestamp': 1465964219.71, u'memFree': 277832, u'version':
u'4.16.6M', u'modelName': u'DCS-7050QX-32-F', u'isIntlVersion':
False, u'internalBuildId': u'373dbd3c-60a7-4736-8d9e-bf5e7d207689',
u'hardwareRevision': u'00.00', u'architecture': u'i386'}]
```

如您所見，結果是一個包含字典的串列。如果要獲取序號，只要使用項目編號與主鍵即可：

```
print('Serial Number: ' + response[0]['serialNumber'])
```

輸出只會有序號：

```
$ python eapi_1.py
Serial Number: <omitted>
```

為了更熟悉指令參考，建議可以點擊 eAPI 頁面上的 **Command Documentation** 連結，並比較一下我們的輸出與文件中的 **show version** 輸出。

如前所述，與 REST 不同，JSON-RPC 客戶端使用同一個 URL 端點來呼叫伺服器資源。我們從前面的範例看到，`runCmds()` 函式包含一個指令的串列，要執行組態的指令，可以遵循相同的步驟，藉由指令的串列來設定設備。

此處是組態指令的範例，它在 `eapi_2.py` 的檔案之中。在範例裡，寫了一個函式，並用 `switch` 物件與指令串列作為傳入的參數：

```
#!/usr/bin/python2
from __future__ import print_function
from jsonrpclib import Server
import ssl, pprint
ssl._create_default_https_context = ssl._create_unverified_context
# 透過 eAPI 運行 Arista 指令
def runAristaCommands(switch_object, list_of_commands):
    response = switch_object.runCmds(1, list_of_commands)
    return response
switch = Server("https://admin:arista@192.168.199.158/command-api")
commands = ["enable", "configure", "interface ethernet 1/3", "switchport
access vlan 100", "end", "write memory"]
response = runAristaCommands(switch, commands)
pprint.pprint(response)
```

以下是指令執行的結果：

```
$ python2 eapi_2.py
[{}, {}, {}, {}, {}, {u'messages': [u'Copy completed successfully.']}]
```

現在，快速檢查一下 `switch`，以確認指令的執行：

```
arista1#sh run int eth 1/3
interface Ethernet1/3
    switchport access vlan 100
arista1#
```

整體來說，eAPI 的使用很直覺且簡單。大部分的程式語言都有類似 `jsonrpclib` 的函式庫，用來抽象化 JSON-RPC 的內部細節，只要幾個指令，就可以把 Arista EOS 自動化整合至網路之中。

Arista Pyeapi 函式庫

Python 客戶端的 Pyeapi（`http://pyeapi.readthedocs.io/en/master/index.html`）函式庫是一個用 eAPI 包裝起來的原生 Python 函式庫，它提供用來設定 Arista EOS 節點的功能。當已經有了 eAPI，為什麼還需要 Pyeapi 呢？答案是「視情況而定」，Pyeapi 或 eAPI 的選擇還是要依情況來判斷。

如果是在不用 Python 的環境，eAPI 可能是不錯的選擇。從範例中能看到 eAPI 的唯一要求就是支援 JSON-RPC 的客戶端，所以它能相容於大部分的程式語言。當我剛開始進入這個領域時，Perl 是寫腳本與網路自動化的主流，至今還有許多企業依賴 Perl 腳本作為主要的自動化工具。如果您處於這種情況，公司已經投入了大量資源，且程式碼是用 Python 以外的語言，eAPI 與 JSON-RPC 可能就是個不錯的選擇。

不過，對於較喜歡用 Python 寫程式的人而言，像 Pyeapi 這樣的原生 Python 函式庫讓我們在寫程式時會更自在。它確實讓擴展 Python 程式來支援 EOS 節點更方便，也讓我們能更容易地跟上 Python 的最新變化，例如可以在 Python 3 上使用 Pyeapi（`https://pyeapi.readthedocs.io/en/master/requirements.html`）！

Pyeapi 安裝說明

能用 `pip` 簡單地安裝：

```
(venv) $ pip install pyeapi
```

需注意，因為 netaddr 函式庫是 Pyeapi 必要需求的一部分（http://pyeapi.readthedocs.io/en/master/requirements.html），所以 pip 也會安裝它。

預設情況下，Pyeapi 客戶端會在 home 資料夾裡尋找 INI 格式的隱藏檔案（前面有一個句點），名為 eapi.conf。您可以透過指定 eapi.conf 檔案的路徑來變動此行為。另外，通常會將連線憑證與程式碼本身分開並鎖住，這是個好的主意。您也能透過 Arista Pyeapi 的文件（http://pyeapi.readthedocs.io/en/master/configfile.html#configfile），得知檔案所包含的欄位。

以下是我在實驗環境中使用的檔案：

```
cat ~/.eapi.conf
[connection:Arista1]
host: 192.168.199.158
username: admin
password: arista
transport: https
```

第一行的 [connection:Arista1] 包含了用來連接 Pyeapi 的名稱；其餘欄位應該都很好理解。您可以把檔案設成唯讀，避免被其他人修改：

```
$ chmod 400 ~/.eapi.conf
$ ls -l ~/.eapi.conf
-r-------- 1 echou echou 94 Jan 27 18:15 /home/echou/.eapi.conf
```

Pyeapi 已經安裝完成，接著來嘗試一些範例吧。

Pyeapi 範例

首先，要在互動式 Python shell 裡建立用來連接 EOS 節點的物件：

```
>>> import pyeapi
>>> arista1 = pyeapi.connect_to('Arista1')
```

我們可藉由執行 show 指令獲得節點的輸出：

```
>>> import pprint
>>> pprint.pprint(arista1.enable('show hostname'))
[{'command': 'show hostname',
```

```
'encoding': 'json',
'result': {'fqdn': 'arista1', 'hostname': 'arista1'}}]
```

組態欄位可以是單一指令，或者是使用 config() 方法的指令串列：

```
>>> arista1.config('hostname arista1-new')
[{}]
>>> pprint.pprint(arista1.enable('show hostname'))
[{'command': 'show hostname',
 'encoding': 'json',
 'result': {'fqdn': 'arista1-new', 'hostname': 'arista1-new'}}]
>>> arista1.config(['interface ethernet 1/3', 'description my_link']) [{},
{}]
```

需注意，指令縮寫（show run 對應 show running-config）與一些擴展功能是無效的：

```
>>> pprint.pprint(arista1.enable('show run'))
Traceback (most recent call last):
...
File "/usr/local/lib/python3.5/dist-packages/pyeapi/eapilib.py", line 396,
in send
raise CommandError(code, msg, command_error=err, output=out) pyeapi.
eapilib.CommandError: Error [1002]: CLI command 2 of 2 'show run' failed:
invalid command [incomplete token (at token 1: 'run')]
>>>
>>> pprint.pprint(arista1.enable('show running-config interface ethernet
1/3'))
Traceback (most recent call last):
...
pyeapi.eapilib.CommandError: Error [1002]: CLI command 2 of 2 'show
running-config interface ethernet 1/3' failed: invalid command [incomplete
token (at token 2: 'interface')]
```

我們可以取得結果，並且得到所需的值：

```
>>> result = arista1.enable('show running-config')
>>> pprint.pprint(result[0]['result']['cmds']['interface Ethernet1/3'])
```

```
{'cmds': {'description my_link': None, 'switchport access vlan 100': None},
'comments': []}
```

至目前為止，一直都在使用 eAPI 來執行 show 與 configuration 的指令，而 Pyeapi 則有很多 API，能讓我們工作更省事。在以下範例中，我們將會連接上節點，然後呼叫 VLAN API，接著操作設備 VLAN 參數。來看一下範例吧：

```
>>> import pyeapi
>>> node = pyeapi.connect_to('Arista1')
>>> vlans = node.api('vlans')
>>> type(vlans)
<class 'pyeapi.api.vlans.Vlans'>
>>> dir(vlans)
[...'command_builder', 'config', 'configure', 'configure_interface',
'configure_vlan', 'create', 'default', 'delete', 'error', 'get', 'get_
block', 'getall', 'items', 'keys', 'node', 'remove_trunk_group', 'set_
name', 'set_state', 'set_trunk_groups', 'values']
>>> vlans.getall()
{'1': {'vlan_id': '1', 'trunk_groups': [], 'state': 'active', 'name':
'default'}}
>>> vlans.get(1)
{'vlan_id': 1, 'trunk_groups': [], 'state': 'active', 'name': 'default'}
>>> vlans.create(10) True
>>> vlans.getall()
{'1': {'vlan_id': '1', 'trunk_groups': [], 'state': 'active', 'name':
'default'}, '10': {'vlan_id': '10', 'trunk_groups': [], 'state': 'active',
'name': 'VLAN0010'}}
>>> vlans.set_name(10, 'my_vlan_10') True
```

來驗證一下設備上是否有建立 VLAN 10：

```
arista1#sh vlan
VLAN Name Status Ports
----- -------------------------------- --------- -------------------
-----
1 default active
10 my_vlan_10 active
```

如我們所見，Python 原生 API 在 EOS 物件上比 eAPI 更優秀，它能將底層的屬性抽象化成設備物件，使程式碼更簡潔與易讀。

關於 Pyeapi API 持續增加的完整列表，可參閱官方文件（http://pyeapi.readthedocs.io/en/master/api_modules/_list_of_modules.html）。

本節的最後，我們將假設做了很多次前面的步驟，所以想寫一個 Python 類別來減輕工作負擔。

pyeapi_1.py 腳本如下所示：

```
#!/usr/bin/env python3
import pyeapi
class my_switch():

    def __init__(self, config_file_location, device):
        # 讀取組態設定檔
        pyeapi.client.load_config(config_file_location)
        self.node = pyeapi.connect_to(device)
        self.hostname = self.node.enable('show hostname')[0]['result']
['hostname']
        self.running_config = self.node.enable('show running-config')
    def create_vlan(self, vlan_number, vlan_name):
        vlans = self.node.api('vlans')
        vlans.create(vlan_number)
        vlans.set_name(vlan_number, vlan_name)
```

從腳本中能看出，自動連上節點後，會設定主機名，並在連接時載入 running_config。此外，也創建了用 VLAN API 來建立 VLAN 的函式。接下來就在互動式 shell 上試試此腳本：

```
>>> import pyeapi_1
>>> s1 = pyeapi_1.my_switch('/tmp/.eapi.conf', 'Arista1')
>>> s1.hostname
'arista1'
>>> s1.running_config
[{'encoding': 'json', 'result': {'cmds': {'interface Ethernet27': {'cmds':
{}, 'comments': []}, 'ip routing': None, 'interface face Ethernet29':
```

```
{'cmds': {}, 'comments': []}, 'interface Ethernet26': {'cmds': {},
'comments': []}, 'interface Ethernet24/4': h.':
<omitted>
'interface Ethernet3/1': {'cmds': {}, 'comments': []}}, 'comments': [],
'header': ['! device: arista1 (DCS-7050QX-32, EOS-4.16.6M)n!n']},
'command': 'show running-config'}]
>>> s1.create_vlan(11, 'my_vlan_11')
>>> s1.node.api('vlans').getall()
{'11': {'name': 'my_vlan_11', 'vlan_id': '11', 'trunk_groups': [],
'state':
'active'}, '10': {'name': 'my_vlan_10', 'vlan_id': '10', 'trunk_groups':
[], 'state': 'active'}, '1': {'name': 'default', 'vlan_id': '1', 'trunk_
groups': [], 'state': 'active'}}
>>>
```

我們已經看過了三家網路連線領域頂尖廠商——Cisco、Juniper 與 Arista——的 Python 腳本。下一節，將來看看同領域中正崛起的開源網路作業系統。

VyOS 範例

VyOS 是完全開源的網路作業系統，可在各種硬體、虛擬機與雲端服務上運作（`https://vyos.io/`）。由於它是開源的，因此獲得開源社群的廣泛支持，很多開源專案都用 VyOS 作為預設的測試平台。本章的最後，將會展示一個簡單的 VyOS 範例。

VyOS 的映像檔有許多種不同的格式可下載：`https://wiki.vyos.net/wiki/Installation`。一旦下載好並初始化啟動後，就可以在管理主機上安裝 Python 函式庫：

```
(venv) $ pip install vymgmt
```

`vyos_1.py` 範例腳本內容相當簡單：

```
#!/usr/bin/env python3
import vymgmt
vyos = vymgmt.Router('192.168.2.116', 'vyos', password='vyos')
vyos.login()
```

```
vyos.configure()
vyos.set("system domain-name networkautomationnerds.net")
vyos.commit()
vyos.save()
vyos.exit()
vyos.logout()
```

可以執行腳本來變更系統的網域名稱：

```
(venv) $ python vyos_1.py
```

可以登入設備來確認網域名稱是否改變：

```
vyos@vyos:~$ show configuration | match domain
domain-name networkautomationnerds.net
```

從這個範例可看出，在 VyOS 使用的方法與其他專有廠商的範例很像，這是故意的，因為我們能夠藉此從其他廠商的設備轉至開源 VyOS。本章即將結束，尚有一些函式庫也值得一提，我們將在下一節中加以關注。

其他函式庫

本章最後，將會跟您介紹一些中立廠商付出心血造就的優良函式庫，像是 Nornir（`https://nornir.readthedocs.io/en/stable/index.html`）、Netmiko（`https://github.com/ktbyers/netmiko`）、NAPALM（`https://github.com/napalm-automation/napalm`）與 Scrapli（`https://carlmontanari.github.io/scrapli/`）。上一章有介紹過部分相關範例，這些中立廠商函式庫支援最新的平台或功能會比較慢。但是，由於這些函式庫不受廠商的限制，如果不想被工具限制住，這些函式庫是不錯的選擇。另一個用中立廠商函式庫的好處是，它們通常都是開源的，所以您能幫忙在添加新功能與錯誤修正上做出貢獻。

總結

在這一章中，介紹了跟 Cisco、Juniper、Arista 與 Vyatta 的網路設備溝通與管理的各種方式；也展示了用 NETCONF 與 REST 等直接溝通的方法；並學習使用廠商提供的函式庫，例如 PyEZ 和 Pyeapi。這些都是不同層次的抽象化，目的是達成用程式化方式管理網路設備，不需人力介入。

在第 *4* 章，*Python* 自動化框架，將會看一個更高層次的中立廠商抽象化框架——Ansible。Ansible 是一個開源且通用的自動化工具，用 Python 撰寫而成，可以用來自動化伺服器、網路設備與負載平衡器等等。當然，我們的目的是要透過這個自動化框架來管理網路設備。

4

Python 自動化框架——Ansible

前兩章逐步介紹了與網路設備互動的各種方式。在***第 2 章，底層網路設備互動***中講述了 Pexpect 與 Paramiko 這兩個函式庫，它們可以管理互動式會話來控制互動。***第 3 章，應用程式介面（API）與意圖驅動網路開發***，則是開始以 API 與意圖的觀點來考量我們的網路，並學習了各種明確指令結構與結構化回饋的 API。從***第 2 章，底層網路設備互動***到***第 3 章，應用程式介面（API）與意圖驅動網路開發***的過程中，我們開始思考關於我們對網路的意圖，並逐步用程式碼來表達我們的網路。

這一章要深入探討如何把我們對網路的意圖轉換成具體的網路需求。如果有網路設計的經驗，可能會發現，過程中最有挑戰的部分不是網路設備的選擇，而是要確定商業需求並轉化成實際的網路設計。網路設計必須要能解決商業問題，例如您可能在大型基礎設施團隊中工作，要服務一間繁榮的網路商店，但是此網站在高峰時段反應速度較慢，您要如何判斷問題是否出在網路上呢？如果網站的反應速度慢是因為網路擁塞，您要如何升級網路呢？系統是否能適用更快的網路速度與流量呢？

下圖為一個簡單的流程步驟示意圖，它展示了嘗試將商業需求轉換成網路設計時可能的步驟：

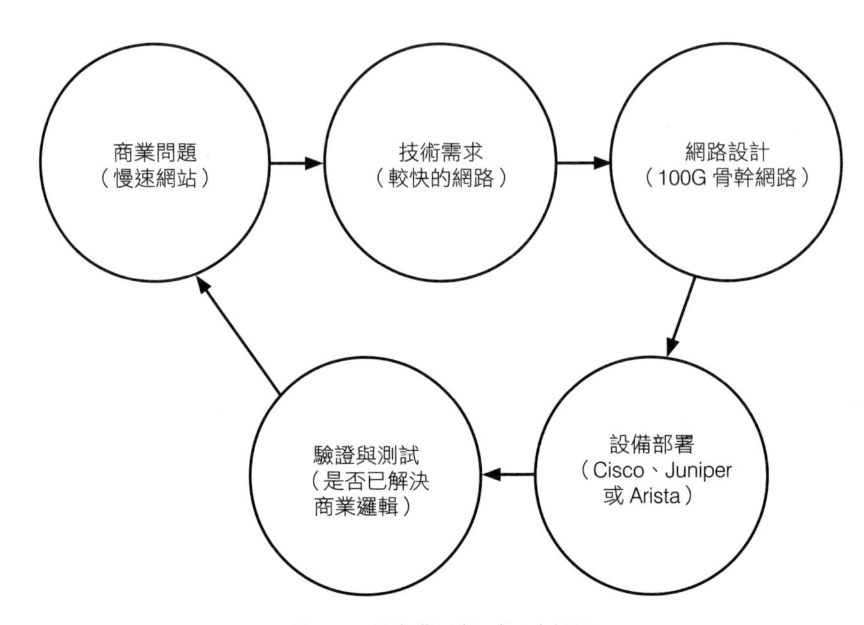

圖 4.1：從商業邏輯到網路部署

我認為，網路自動化不只能使組態變更快速，也更能解決商業問題，並準確且可靠地將我們對網路的意圖轉成設備的行為，這些是我們執行網路自動化時要隨時牢記的目標。在這一章，會介紹名為 **Ansible** 的 Python 框架，它能讓我們用簡單的方式來宣告我們的網路意圖，並且不用直接操作 API 和 CLI。

在這一章，我們將看以下主題：

- Ansible 的簡介
- Ansible 的優勢
- Ansible 的架構
- Ansible 的進階主題

接著，就先從 Ansible 框架的概述開始吧。

Ansible——更具宣告性的框架

想像自己處於以下假想情境：有一天早上，您冒著冷汗從一個網路安全潛在漏洞的惡夢中驚醒，因此意識到網路中有許多很有價值的數位資產，這些應該要好好保護。您一直是盡職的網路管理員，所以您的網路很安全，但是仍想要在網路設備周圍強化安全性，以防萬一。

首先，將目標拆成兩個可執行的項目：

- 將設備的軟體升級至最新版本，此項目的步驟如下：
  1. 將軟體映像檔上傳至設備上。
  2. 指示設備從新的映像檔啟動。
  3. 重啟設備。
  4. 確認設備是否正執行新的軟體映像檔。
- 在聯網設備上配置恰當的存取控制列表，其步驟如下：
  1. 在設備上建立存取列表。
  2. 在介面組態的部分，將存取列表配置至介面上。

作為重視自動化的網路工程師，會想要撰寫腳本來可靠地配置設備與蒐集操作的回饋。於是開始研究每個步驟所需要的指令與 API，並在實驗環境中驗證，最後部署至正式環境中。您已在作業系統升級與存取列表部署上做了很多事，並希望這些腳本能夠適用於新一代的設備。

如果有工具可以使設計－開發－部署的週期縮短，不是更好嗎？在這一章，將使用 Ansible 的開源自動化框架。它能簡化從商業邏輯到完成工作之間的流程，而不被特定的網路指令所困擾，同時也能幫忙配置系統、部署軟體與安排多個任務執行。

Ansible 是以 Python 撰寫而成，現在已經成為 Python 開發人員主要的自動化工具之一。它也是許多網路廠商支援程度最高的自動化框架之一。在 JetBrains 發佈的「*2020 年 Python 開發人員調查*」中，Ansible 是名列第一的組態管理工具：

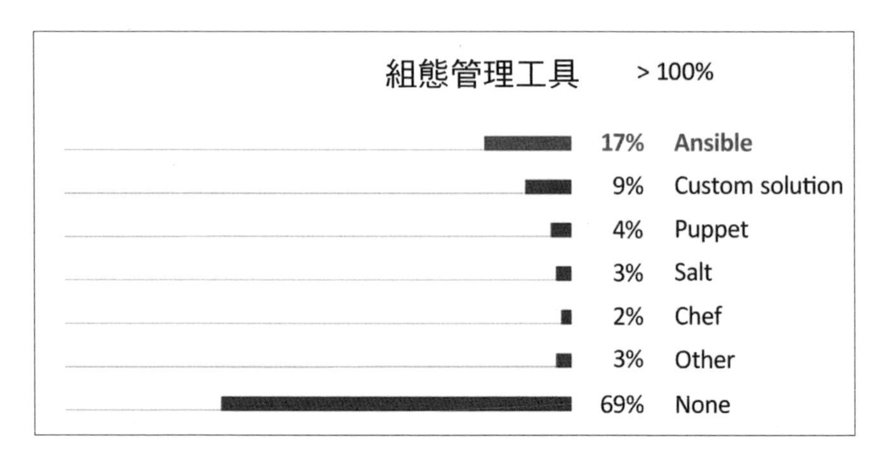

圖 4.2：2020 年 Python 開發人員調查結果
（資料來源：https://www.jetbrains.com/lp/python-developers-survey-2020/）

自 2.10 版本開始，Ansible 將 **ansible-core** 與社群套件的發佈週期分開了，這讓人覺得困惑，因此來看看它們之間的差異。

Ansible 版本

在 2.9 版以前，Ansible 版本系統非常簡單，依序為 2.5、2.6、2.7 等（`https://docs.ansible.com/ansible/latest/roadmap/old_roadmap_index.html`）。從 2.10 版開始，Ansible 版本就改成 2.10、3.0、4.0 等方式（`https://docs.ansible.com/ansible/latest/roadmap/ansible_roadmap_index.html#ansible-roadmap`），其原因是，Ansible 團隊想要把核心引擎、模組和附加元件與其他由社群貢獻的模組和附加元件分開，如此一來，核心團隊就能快速地開發核心功能，而社群也能有時間維護程式碼。

當我們談到「Ansible」時，指的是該級別的軟體套件集合，例如 3.0 版本。在此版本中，會指定使用特定版本的 `ansible-core`（最初為 `ansible-base`），例如 Ansible 3.0 要求使用 ansible-core 2.10 以上的版本，而 Ansible 4.0 則使用 ansible-core 2.11 以上版本。在這架構下就能更新至最新的 ansible-core，如果需要的話，也能保持舊版本的社群套件。

如果想更深入了解版本分離資訊，可參考 Ansible 3.0 時發佈的問答頁面，`https://www.ansible.com/blog/ansible-3.0.0-qa`。

接著讓我們來看一個 Ansible 的範例。

我們的第一個 Ansible 網路範例

Ansible 是 IT 自動化工具，它的特性是簡單易用，運動部件最少。它以無代理的方式管理機器（稍後會有詳解），並依賴現有作業系統憑證與遠端 Python 軟體來運行它的程式碼。Ansible 安裝於稱為控制節點的機器中，並在它要控制的機器上運行，這些機器稱為受管理的節點。

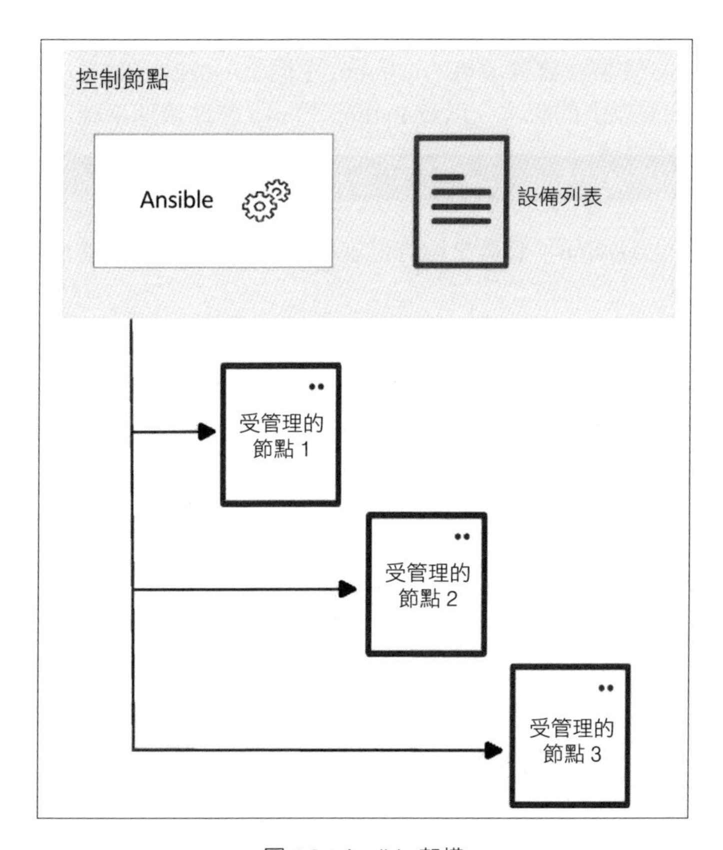

圖 4.3：Ansible 架構

（資料來源：https://docs.ansible.com/ansible/latest/getting_started/index.html）

如同大多數的 IT 基礎設施自動化，Ansible 最初是用來管理伺服器。因為大多數的伺服器都有安裝 Python 或是能運行 Python 程式碼，Ansible 利用此特性，將程式碼推送至受管理的節點並運行。然而，我們知道大多數的網路設備無法執行原生的 Python 程式碼，所以涉及到網路自動化時，Ansible 的組態會先在本地運行，然後再對遠端的設備進行變更。

要了解網路自動化的差異，可參考此份 Ansible 文件：`https://docs.ansible.com/ansible/latest/network/getting_started/network_differences.html`。

接著，讓我們在控制節點上安裝 Ansible。

安裝控制節點

我們將 Ansible 安裝在實驗環境的 Ubuntu 主機上，控制節點唯一的要求就是安裝 Python 3.8 以上的版本，以及 Python 的 `pip` 套件管理系統。

```
(venv) $ pip install ansible
```

我們能透過「--version」參數來檢查已安裝的 Ansible 版本與其他套件相關的資訊：

```
(venv) $ ansible --version
ansible [core 2.13.3]
  config file = None
  configured module search path = ['/home/echou/.ansible/plugins/modules',
'/usr/share/ansible/plugins/modules']
  ansible python module location = /home/echou/Mastering_Python_
Networking_Fourth_Edition/venv/lib/python3.10/site-packages/ansible
  ansible collection location = /home/echou/.ansible/collections:/usr/
share/ansible/collections
  executable location = /home/echou/Mastering_Python_Networking_Fourth_
Edition/venv/bin/ansible
  python version = 3.10.4 (main, Jun 29 2022, 12:14:53) [GCC 11.2.0]
  jinja version = 3.1.2
  libyaml = True
```

如果您有興趣在特定的作業系統上安裝 Ansible，可以使用各自的套件管理系統，請參考 Ansible 的文件，`https://docs.ansible.com/ansible/latest/installation_guide/installation_distros.html`。

輸出結果展示出許多重要資訊，其中最重要的是 Ansible 的核心版本（2.13.3）與組態檔案（目前顯示 None），有了這些，我們就可以開始構建第一個自動化任務。

實驗環境拓樸

Ansible 有很多不同的方法來完成同一個任務，例如可以將 Ansible 的組態檔案定義在不同的地方，也可以在許多地方指定主機的變數，像是在設備列表檔案（inventory）、劇本檔案（playbook）、角色檔案或在命令列中。這對於剛接觸 Ansible 的人而言，會很容易搞混，故在這章中，只會用一種我覺得最有意義的方法來進行，等學會了基本用法，再去查閱文件，以便了解還有什麼方法可以完成任務。

在第一個範例中，會使用與先前一樣的實驗環境拓樸，並對 `lax-edg-r1` 與 `lax-edg-r2` 的 IOSv 設備執行任務。

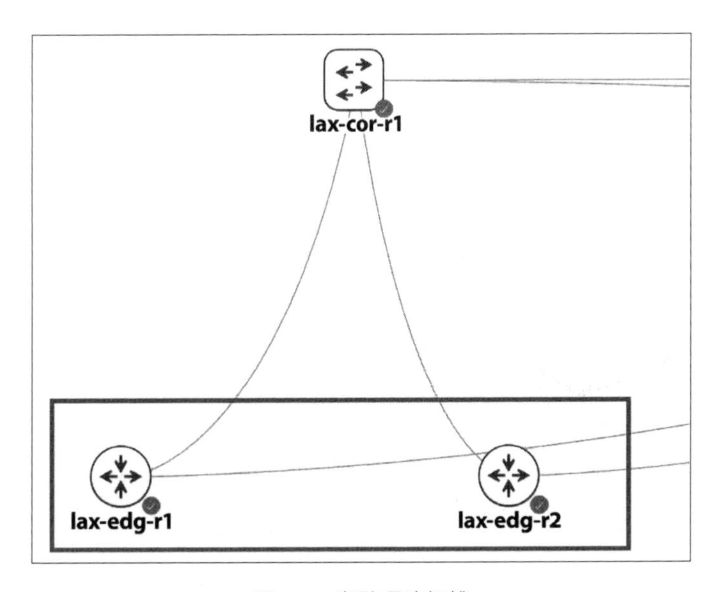

圖 4.4：實驗環境拓樸

我們需先想好該怎麼定義要管理的主機。在 Ansible 中，我們用一個設備列表檔案來定義要管理的主機。讓我們來建立 hosts 的檔案，並放入以下的文字：

```
[ios_devices]
iosv-1
iosv-2
```

這個檔案是 INI 格式（https://en.wikipedia.org/wiki/INI_file），它代表有一組 ios_devices 的設備，其包含 iosv-1 和 iosv-2 兩台設備。

接著，我們應該要指定每個主機相關的特定變數。

變數檔案

主機相關的變數可以放在許多地方，而在此處則是建立一個 host_vars 資料夾，並在裡面創建立兩個檔案，其名稱需與設備列表檔案中指定的主機名稱一樣。資料夾和檔案的名稱很重要，因為 Ansible 就是靠它們來連結變數與主機。下面為一項指令輸出結果，它展示了資料夾與資料夾內的檔案：

```
$ tree host_vars/
host_vars/
├── iosv-1
└── iosv-2
```

這些檔案的內容是要給主機的必要資訊，例如可以指定 IP 位址、使用者名稱、密碼與其他資訊。以下是實驗環境的 iosv-1 檔案的輸出內容：

```
$ cat host_vars/iosv-1
---
ansible_host: 192.168.2.51
ansible_user: cisco
ansible_ssh_pass: cisco
ansible_connection: network_cli
ansible_network_os: ios
ansbile_become: yes
ansible_become_method: enable
ansible_become_pass: cisco
```

這個檔案是 YAML 格式（https://docs.ansible.com/ansible/latest/reference_appendices/YAMLSyntax.html）。「---」符號表示文件的開始，在這之下有許多的的鍵值對，主鍵都是 ansible 開頭，值的部分則是位於冒號之後。ansible_host、ansible_user 和 ansible_ssh_pass 這些值需改成符合自己實驗環境的設定。要如何得知這些名稱呢？它有一個標準的命名規則，可以查閱文件 https://docs.ansible.com/ansible/latest/user_guide/intro_inventory.html。

Ansible 2.8 之前，網路模組的參數命名沒有一個標準規則，這讓人很困惑。從 2.8 版本之後，網路模組的參數命名就與其他 Ansible 模組一樣了。

一旦定義了主機變數的各別檔案後，便可以開始撰寫 Ansible 劇本。

我們的第一個劇本（playbook）

劇本是用來描述要用模組對受管理的節點做什麼的 Ansible 藍圖，這是使用 Ansible 時操作者花費最多時間之處。模組又是什麼呢？簡單來說，它就是預先寫好的程式碼，可以用來達成某個任務。它類似 Python 的模組，能隨著 Ansible 一起安裝，也能另外安裝。

如果用建造樹屋的例子來說明 Ansible，劇本就像是指導手冊，模組就像是使用的工具，而設備列表中的設備就像是操作的組件。

劇本是採用便於人類閱讀的 YAML 格式所設計（https://docs.ansible.com/ansible/latest/reference_appendices/YAMLSyntax.html）。我們要來撰寫第一個劇本，叫做 ios_config_backup.yml，其內容如下：

```
- name: Back Up IOS Device Configurations
  hosts: all
  gather_facts: false
  tasks:
    - name: backup
      ios_config:
        backup: yes
```

注意 name 前面的 -，在 YAML 中，表示一個列表項目。同一個列表項目裡的所有內容，其縮排需一致。我們把 gather_facts 設成 false，是由於大多數網路任務都是先在本地端執行，再對設備做變更。gather_facts 主要是在受管理的節點為伺服器時，會在執行任務前先蒐集伺服器的資訊。

在列表項目中包含兩個鍵值對，分別為 hosts 與 tasks。hosts 變數的值為 all，表示要操作設備列表檔案裡的所有主機。tasks 的值是另一個列表項目，它使用了 ios_config 模組（https://docs.ansible.com/ansible/latest/collections/cisco/ios/ios_config_module.html#ansible-collections-cisco-ios-ios-config-module）。ios_config 模組是安裝在 Ansible 上的模組之一，它有多許不同的參數，此處使用 backup 參數並設成 yes，代表將備份設備的 running-config。

Ansible 網路預設的 SSH 連線是採用 Paramiko 函式庫，然而 Paramiko 函式庫不能保證符合 FIPS 的標準，而且連接多個設備時，它的速度也較慢。故下一個任務是在 Ansible 上使用新的 LibSSH 連線附加元件來代替，安裝 LibSSH 的步驟如下：

```
(venv) $ pip install ansible-pylibssh
```

在與劇本相同的資料夾內建立 ansible.cfg，並寫入以下的內容，指定使用 LibSSH。為了避免因主機最初不存在於 ssh 設置的 known_hosts 列表中，而出現錯誤，所以在組態中，要將 host_key_checking 設成 false。

```
[defaults]
host_key_checking = False

[persistent_connection]
ssh_type = libssh
```

最後執行劇本，可以使用 ansible-playbook 指令加上用來指定設備列表檔案的 -i 選項：

```
$ ansible-playbook -i hosts ios_config_backup.yml

PLAY [Back Up IOS Device Configurations] ***********************************
****************************************************
```

```
TASK [backup] *************************************************************
****************************************************
changed: [iosv-2]
changed: [iosv-1]

PLAY RECAP ****************************************************************
****************************************************
iosv-1                        : ok=2    changed=1    unreachable=0
failed=0     skipped=0    rescued=0    ignored=0
iosv-2                        : ok=2    changed=1    unreachable=0
failed=0     skipped=0    rescued=0    ignored=0
```

這個執行就像變魔術般，如果查看執行劇本的工作資料夾，就會發現名為 backup 的資料夾，裡面多了兩個設備的運行組態與時間戳記！現在我們可以在 cron 設定排程，讓系統於每天晚上時執行這個指令，來備份所有設備的組態。

恭喜您成功執行了第一個 Ansible 劇本！即使像這麼簡單的劇本，也能讓我們在短時間內完成這項很有用的自動化任務。等一下將會擴充此劇本，但現在，先來看一下 Ansible 為什麼很適合用於網路管理。記住一件事，Ansible 模組是以 Python 所撰寫而成，對於懂 Python 的網路工程師來說，是一個優點，對不對？

Ansible 的優點

除了 Ansible，還有許多的基礎設施自動化框架，例如 Chef、Puppet 與 SaltStack。它們都有獨特的功能，沒有一個框架能夠適用於所有的組織。在這一節中，來看一下 Ansible 的優點，以及為何我認為它是適合網路自動化的工具。

我將列出 Ansible 的優勢，但為避免爭議，盡量不與其他框架比較。其他框架也許跟 Ansible 有著一樣的理念或部分功能，但很少有框架能擁有我提到的所有功能，正是這些功能與理念的結合，使 Ansible 很適合用於網路自動化。

無代理

Ansible 跟其他框架不一樣，它沒有嚴格的主從式架構，且在與伺服器連線的客戶端上，除了 Python 直譯器外，不需安裝任何軟體或代理程式，再加上 Python 直譯器又內建於許多平台內，因此也不用再額外安裝。

對於網路自動化模組，不是依賴遠端主機的代理程式，而是用 SSH 或 API 將要修改的東西推送至遠端主機，這樣就能減少 Python 直譯器的需求。網路供應商一般不願意在他們的平台上裝第三方軟體，所以這對網路設備管理而言意義非常重大。另外，SSH 已經普遍存在於網路設備中，且如同在**第 *3* 章，應用程式介面（*API*）與意圖驅動網路開發**中所見，新的網路設備也有提供 API 層，它也能被 Ansible 所使用。

因為遠端主機上沒有代理程式，所以 Ansible 用 `push` 模型將變更資料推送至設備上；`pull` 模型則相反，它是代理程式從主伺服器上拉取資訊。`push` 模式較穩定，因為所有的東西都來自控制機器；在 `pull` 模型中，`pull` 的時間可能會隨著客戶端不同而不一樣，因此導致時間上的差異。"

再次強調，當使用網路設備時，無代理的重要怎麼強調都不為過，這也是網路營運商與供應商選擇 Ansible 的主要原因之一。

冪等性

根據維基百科，冪等性是數學和計算機科學中某些運算的特性，即可以重複執行許多次，而結果都會與第一次相同（`https://en.wikipedia.org/wiki/Idempotence`）。白話地說，就是做一次後，不管再做幾次也不會改變第一次執行後系統被變更的狀態。Ansible 的目標是保持冪等性，這對於要依據一定順序的網路操作而言是很有利的。在第一個劇本範例裡，當劇本執行時，會有一個「changed」的值；如果遠端設備沒有任何變化，這個值就會是「false」。

與我們寫的 Pexpect 和 Paramiko 腳本相比，Ansible 冪等性的優勢最明顯。這些腳本是用來發送指令的，就如同工程師坐在終端機前操作一樣，如果執行 10 次這個腳本，它會做 10 次同樣的變更。如果用 Ansible 劇本執行同樣的事，它會先檢查現有的設備組態，然後在需要變更時才會執行劇本。如果執行劇本 10 次，只會在第一次跑的時候套用變更，接下來的 9 次都不會變更組態。

有了冪等性，就可以一直執行劇本，也不會有不必要的變更。這很重要，因為我們需要自動檢查狀態的一致性，而不增加額外的負擔。

簡單與可擴張

Ansible 是以 Python 撰寫，且使用 YAML 作為劇本的語言，這兩種語言都較易學習。還記得 Cisco IOS 的語法嗎？那是一種只適用於管理 Cisco IOS 設備或其他類似設備的領域特定語言；它不是能適用於很多地方的通用語言。因為 YAML 和 Python 都是廣泛使用的通用語言，所以不需要為了 Ansible 學習額外的領域特定語言（**domain-specific language**，**DSL**）。

Ansible 可以擴展，如同前面的範例，Ansible 一開始的目標是想自動化伺服器（主要是 Linux）的工作量，然後又擴展到 PowerShell 上來管理 Windows 機器。由於越來越多的網路行業使用 Ansible，使得網路自動化現在是 Ansible 工作組的主打重點。

簡單和可擴展性使 Ansible 能避免在未來過時。科技世界變化快速，我們也要一直去適應，如果學會一種技術之後，就不用管最新的趨勢，能持續使用下去，那不是很棒嗎？ Ansible 至今為止的成績顯示出它能適應未來技術的能力。

既然，已經介紹過一些 Ansible 的優點，接下來，就讓我們在目前所知的基礎上，再學習更多的功能。

Ansible 內容集合

我們先列出所有於下載 Ansible 安裝後預設就存在的可用模組，它們被組織成不同的內容集合（`https://www.ansible.com/products/content-collections`），有時候也簡稱為集合（collections），可以用 `ansible-galaxy collection list` 指令來查看有所有集合。以下是一些較重要的網路集合：

```
(venv) $ ansible-galaxy collection list

# /home/echou/Mastering_Python_Networking_Fourth_Edition/venv/lib/
```

```
python3.10/site-packages/ansible_collections
Collection                   Version
---------------------------- -------
...
ansible.netcommon            3.1.0
arista.eos                   5.0.1
cisco.aci                    2.2.0
cisco.asa                    3.1.0
cisco.dnac                   6.5.3
cisco.intersight             1.0.19
cisco.ios                    3.3.0
cisco.iosxr                  3.3.0
cisco.ise                    2.5.0
cisco.meraki                 2.10.1
cisco.mso                    2.0.0
cisco.nso                    1.0.3
cisco.nxos                   3.1.0
cisco.ucs                    1.8.0
community.ciscosmb           1.0.5
community.fortios            1.0.0
community.network            4.0.1
dellemc.enterprise_sonic     1.1.1
f5networks.f5_modules        1.19.0
fortinet.fortimanager        2.1.5
fortinet.fortios             2.1.7
mellanox.onyx                1.0.0
openstack.cloud              1.8.0
openvswitch.openvswitch      2.1.0
vyos.vyos                    3.0.1
```

從列表中能看出，即使只是預設安裝，也有大量跟網路有關的模組可以使用，它們的範圍包含了從企業軟體到開源專案各種類別。作為一個好的開始，您可以先查看列表，然後閱讀在正式環境中覺得有興趣的模組。Ansible 的文件提供所有可用集合的完整列表，可參閱 `https://docs.ansible.com/ansible/latest/collections/index.html`。此外，也能用 `agalaxy install` 指令來擴展更多集合，請參考 `https://docs.ansible.com/ansible/latest/user_guide/collections_using.html`。

更多的 Ansible 網路範例

最初的 Ansible 網路範例讓我們從新手轉變成能執行第一個有用的網路自動化任務。接著，我們從基礎開始來學習更多功能。

我們先來看一下怎麼建立擁有所有網路設備的設備列表檔案。如果您還記得，我們先前建立了兩個資料中心，且每個資料中心都有核心與邊緣設備：

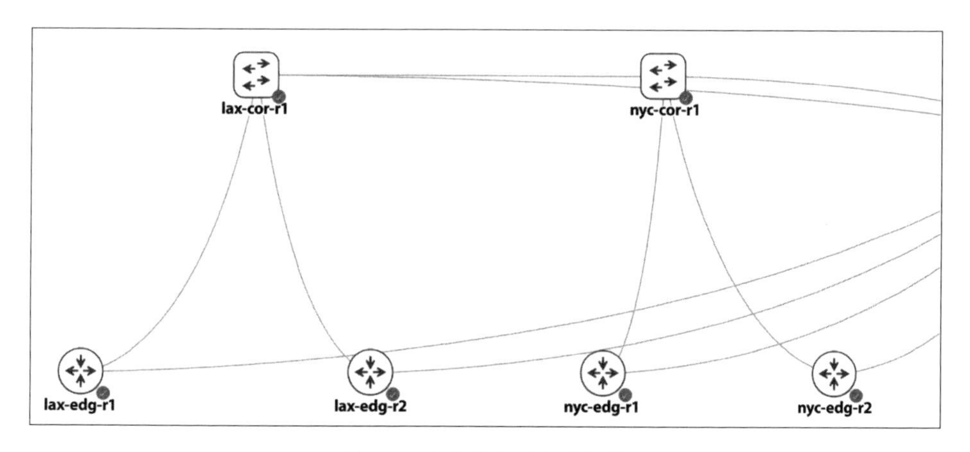

圖 4.5：完整的實驗環境拓樸

在此範例裡，會將所有設備放入設備列表檔案之中。

設備列表檔案巢狀分組

我們能建立一個擁有巢狀結構的設備列表檔案，例如可以建立名為 hosts_full 的主機檔案，它包含了從一個群組到另一個群組的子項目：

```
[lax_cor_devices]
lax-cor-r1

[lax_edg_devices]
lax-edg-r1
lax-edg-r2

[nyc_cor_devices]
nyc-cor-r1
```

```
[nyc_edg_devices]
nyc-edg-r1
nyc-edg-r2


[lax_dc:children]
lax_cor_devices
lax_edg_devices

[nyc_dc:children]
nyc_cor_devices
nyc_edg_devices

[ios_devices:children]
lax_edg_devices
nyc_edg_devices

[nxos_devices:children]
nyc_cor_devices
lax_cor_devices
```

在檔案裡，使用 [<name>:children] 格式，根據角色與功能將設備分組。若要使用這個新的設備列表檔案，就需要將每個設備的名稱檔案放至 host_vars 資料夾中：

```
(venv) $ tree host_vars/
host_vars/
...
├── lax-cor-r1
├── lax-edg-r1
├── lax-edg-r2
├── nyc-cor-r1
├── nyc-edg-r1
└── nyc-edg-r2
```

我們也需要根據情況改變 ansible_host 和 ansible_network_os 的值，以 lax-cor-r1 為例：

```
(venv) $ cat host_vars/lax-cor-r1
---
ansible_host: 192.168.2.50
...
ansible_network_os: nxos
...
```

現在我們能用父群組的名稱將它的子群組都加進來，例如在 nxos_config_backup.yml 劇本中，用 nxos_devices 的父群組取代 all：

```
- name: Back Up NX-OS Device Configurations
  hosts: nxos_devices
  gather_facts: false
  tasks:
    - name: backup
      nxos_config:
        backup: yes
```

當執行此劇本時，它會自動將子群組、lax_cor_devices 與 nyc_cor_devices 都加進來。另外需要注意的是，為了要適應新的設備類型，我們也用了 nxos_config 模組（https://docs.ansible.com/ansible/latest/collections/cisco/nxos/nxos_config_module.html#ansible-collections-cisco-nxos-nxos-config-module）。

Ansible 條件判斷

Ansible 的條件判斷式與程式語言很類似，Ansible 用條件關鍵字來讓符合某個條件時才執行任務。在許多情況下，play 或任務的執行，可能使用 fact、變數或前一個任務的結果。例如，如果要執行升級路由器映像檔的 play，會想增加一個步驟來確定新的路由器映像檔已經在設備上，接著才執行下一個 play 來重開路由器。

在範例中，我們需了解 when 子句，它在所有的模組上都有支援。when 子句可以檢查一個變數或 play 執行結果的輸出，並根據輸出做出相應的動作。邏輯判斷有：

- 等於（eq）
- 不等於（neq）
- 大於（gt）
- 大於或等於（ge）
- 小於（lt）
- 小於或等於（le）
- 包含

我們來了解名為 ios_conditional.yml 的劇本：

```
---
- name: IOS command output for when clause
  hosts: ios_devices
  gather_facts: false
  tasks:
    - name: show hostname
      ios_command:
        commands:
            - show run | i hostname
      register: output

    - name: show output with when conditions
      when: output.stdout == ["hostname nyc-edg-r2"]
      debug:
        msg: '{{ output }}'
```

這個劇本中有兩個任務，第一個任務是用 register 模組將 show run | i hostname 指令的結果保存至名為 output 的變數中。output 變數包含了 stdout 串列，裡面有指令的輸出資訊。我們用 when 來設定只有當主機名稱為 nyc-edg-r2 時才顯示輸出。現在來執行這個劇本：

```
(venv) $ ansible-playbook -i hosts_full ios_conditional.yml

PLAY [IOS command output for when clause] ********************************
*****************************************************

TASK [show hostname] *****************************************************
*****************************************************
ok: [lax-edg-r1]
ok: [nyc-edg-r2]
ok: [lax-edg-r2]
ok: [nyc-edg-r1]

TASK [show output with when conditions] **********************************
*****************************************************
skipping: [lax-edg-r1]
skipping: [lax-edg-r2]
skipping: [nyc-edg-r1]
ok: [nyc-edg-r2] => {
    "msg": {
        "changed": false,
        "failed": false,
        "stdout": [
            "hostname nyc-edg-r2"
        ],
        "stdout_lines": [
            [
                "hostname nyc-edg-r2"
            ]
        ]
    }
}

PLAY RECAP ***************************************************************
*****************************************************
lax-edg-r1                 : ok=1    changed=0    unreachable=0
failed=0    skipped=1    rescued=0    ignored=0
lax-edg-r2                 : ok=1    changed=0    unreachable=0
```

```
failed=0    skipped=1    rescued=0    ignored=0
nyc-edg-r1                : ok=1    changed=0    unreachable=0
failed=0    skipped=1    rescued=0    ignored=0
nyc-edg-r2                : ok=2    changed=0    unreachable=0
failed=0    skipped=0    rescued=0    ignored=0
```

我們能發現，因為不符合條件，所以 `lax-edg-r1`、`lax-edg-r2` 與 `nyc-edg-r1` 都沒有顯示輸出。另外，我們也看到所有設備的輸出都是 `changed=0`，這就是 Ansible 的冪等性。

組態變更

我們可以結合條件判斷與組態變更，以 `ios_conditional_config.yml` 劇本為例：

```
---
- name: IOS command output for when clause
  hosts: ios_devices
  gather_facts: false
  tasks:
    - name: show hostname
      ios_command:
        commands:
            - show run | i hostname
      register: output

    - name: show output with when conditions
      when: output.stdout == ["hostname nyc-edg-r2"]
      ios_config:
        lines:
            - logging buffered 30000
```

只有條件符合時，才會變更記錄緩衝區。以下是第一次執行劇本的輸出：

```
(venv) $ ansible-playbook -i hosts_full ios_conditional_config.yml
<skip>
TASK [show output with when conditions] ***********************************
*******************************************************
```

```
skipping: [lax-edg-r1]
skipping: [lax-edg-r2]
skipping: [nyc-edg-r1]
[WARNING]: To ensure idempotency and correct diff the input configuration
lines should be similar to how they appear if
present in the running configuration on device
changed: [nyc-edg-r2]

PLAY RECAP ****************************************************************
*****************************************************
lax-edg-r1                  : ok=1    changed=0    unreachable=0
failed=0    skipped=1    rescued=0    ignored=0
lax-edg-r2                  : ok=1    changed=0    unreachable=0
failed=0    skipped=1    rescued=0    ignored=0
nyc-edg-r1                  : ok=1    changed=0    unreachable=0
failed=0    skipped=1    rescued=0    ignored=0
nyc-edg-r2                  : ok=2    changed=1    unreachable=0
failed=0    skipped=0    rescued=0    ignored=0
```

nyc-edg-r2 的控制台會顯示組態已變更：

```
*Sep 10 01:53:43.132: %SYS-5-LOG_CONFIG_CHANGE: Buffer logging: level
debugging, xml disabled, filtering disabled, size (30000)
```

但是，當第二次執行劇本時，因為組態已經改變過了，所以就不會再執行相同的變更：

```
<skip>
TASK [show output with when conditions] **********************************
*****************************************************
skipping: [lax-edg-r1]
skipping: [lax-edg-r2]
skipping: [nyc-edg-r1]
ok: [nyc-edg-r2]
```

這多酷啊？用一個簡單的劇本，就能安全地將組態變更套用至所想的設備，而且也能保持冪等性。

Ansible 網路 fact 變數

在 2.5 版前，Ansible 聯網提供了許多適用於不同廠商的 fact 模組，所以這些 fact 的名稱與用法在各個廠商之間各有差異。從 2.5 版以後，Ansible 開始標準化其網路 fact 模組。Ansible 網路 fact 模組會從系統蒐集資訊，並將結果儲存成以 `ansible_net_` 開頭的 fact，這些模組蒐集的資料在模組文件中的**回傳值**之處有所說明。這樣做的好處是，我們能蒐集網路 fact，並只基於 fact 來執行任務。

以 `ios_facts` 模組為例，`ios_facts_playbook` 內容如下：

```
---
- name: IOS network facts
  connection: network_cli
  gather_facts: false
  hosts: ios_devices
  tasks:
    - name: Gathering facts via ios_facts module
      ios_facts:
      when: ansible_network_os == 'ios'

    - name: Display certain facts
      debug:
        msg: "The hostname is {{ ansible_net_hostname }} running {{
ansible_net_version }}"

    - name: Display all facts for hosts
      debug:
        var: hostvars
```

在這個劇本裡，我們介紹變數的概念。雙大括號 `{{ }}` 表示它是一個變數，而其值會於輸出時顯示。

執行劇本後，部分輸出如下：

```
(venv) $ ansible-playbook -i hosts_full ios_facts_playbook.yml
...
TASK [Display certain facts] *********************************************
******
```

```
ok: [lax-edg-r1] => {
    "msg": "The hostname is lax-edg-r1 running 15.8(3)M2"
}
ok: [lax-edg-r2] => {
    "msg": "The hostname is lax-edg-r2 running 15.8(3)M2"
}
ok: [nyc-edg-r1] => {
    "msg": "The hostname is nyc-edg-r1 running 15.8(3)M2"
}
ok: [nyc-edg-r2] => {
    "msg": "The hostname is nyc-edg-r2 running 15.8(3)M2"
}
...
TASK [Display all facts for hosts] ***************************************
******
ok: [lax-edg-r1] => {
    "hostvars": {
        "lax-cor-r1": {
...
            "ansible_facts": {
                "net_api": "cliconf",
                "net_gather_network_resources": [],
                "net_gather_subset": [
                    "default"
                ],
                "net_hostname": "lax-edg-r1",
                "net_image": "flash0:/vios-adventerprisek9-m",
                "net_iostype": "IOS",
                "net_model": "IOSv",
                "net_python_version": "3.10.4",
                "net_serialnum": "98U40DKV403INHIULHYHB",
                "net_system": "ios",
                "net_version": "15.8(3)M2",
                "network_resources": {}
            },
...
```

現在可以利用 fact 和條件判斷句來自訂操作。

Ansible 迴圈

Ansible 在劇本中提供了許多迴圈功能：標準迴圈、走訪存取檔案、子元件、do-until 等等。在此節中，會介紹兩種最常用的迴圈形式：標準迴圈與走訪存取雜湊值。

標準迴圈

在劇本中使用標準迴圈一般是為了簡單地重複執行類似的任務，其語法很簡單：{{item}} 變數是走訪 loop 串列的佔位符號。在下個範例中，standard_loop.yml 內，會用 echo 指令走訪 loop 串列中的項目，並在 localhost 顯示輸出。

```
- name: Echo Loop Items
  hosts: "localhost"
  gather_facts: false
  tasks:
    - name: echo loop items
      command: echo "{{ item }}"
      loop:
        - 'r1'
        - 'r2'
        - 'r3'
        - 'r4'
        - 'r5'
```

接著繼續執行劇本吧：

```
(venv) $ ansible-playbook -i hosts_full standard_loop.yml

PLAY [Echo Loop Items] *****************************************************
*****************************************************

TASK [echo loop items] *****************************************************
*****************************************************
changed: [localhost] => (item=r1)
changed: [localhost] => (item=r2)
changed: [localhost] => (item=r3)
```

```
changed: [localhost] => (item=r4)
changed: [localhost] => (item=r5)

PLAY RECAP *****************************************************************
*****************************************************
localhost                  : ok=1    changed=1    unreachable=0
failed=0    skipped=0    rescued=0    ignored=0
```

用同樣的概念，可以有系統地在設備上增加 VLAN。此處的範例，使用 `standard_loop_vlan_example.yml` 劇本在主機上增加三個 VLAN：

```
- name: Add Multiple Vlans
  hosts: "nyc-cor-r1"
  gather_facts: false
  connection: network_cli
  vars:
    vlan_numbers: [100, 200, 300]
  tasks:
    - name: add vlans
      nxos_config:
        lines:
            - vlan {{ item }}
      loop: "{{ vlan_numbers }}"
      register: output
```

劇本輸出如下：

```
(venv) $ ansible-playbook -i hosts_full standard_loop
_vlan_example.yml
PLAY [Add Multiple Vlans] **************************************************
*****************************************************

TASK [add vlans] ***********************************************************
*****************************************************
changed: [nyc-cor-r1] => (item=100)
changed: [nyc-cor-r1] => (item=200)
changed: [nyc-cor-r1] => (item=300)
[WARNING]: To ensure idempotency and correct diff the input configuration
```

```
lines should be similar to how they appear if
present in the running configuration on device

PLAY RECAP ************************************************************
*****************************************************
nyc-cor-r1                 : ok=1    changed=1    unreachable=0
failed=0    skipped=0    rescued=0    ignored=0
```

從劇本中可以見到，迴圈串列可以從變數裡讀取，這使劇本結構更具靈活性：

```
...
  vars:
     vlan_numbers: [100, 200, 300]
   tasks:
     ...
      loop: "{{ vlan_numbers }}"
```

標準迴圈使我們在劇本裡能執行重複的任務，這是一個很省時的功能。下一節我們來看一下如何走訪字典。

走訪字典

當需要產生一個組態時，我們通常有一個具有多屬性的實體。如果以上一節的 VLAN 範例來看，每個 VLAN 都有幾個唯一的屬性，像是描述、閘道 IP 位址或是其他的屬性。我們通常可以用一個字典來表示這個實體，並將多個屬性加進去。

接著以上一個範例為基礎，於 `standard_loop_vlan_example_2.yml` 中增加一個字典變數。然後替三個 `vlan` 定義了字典的值，每個 vlan 都擁有描述與 IP 位址的巢狀字典：

```
---
- name: Add Multiple Vlans
  hosts: "nyc-cor-r1"
  gather_facts: false
  connection: network_cli
  vars:
```

```
    vlans: {
        "100": {"description": "floor_1", "ip": "192.168.10.1"},
        "200": {"description": "floor_2", "ip": "192.168.20.1"},
        "300": {"description": "floor_3", "ip": "192.168.30.1"}
      }
  tasks:
    - name: add vlans
      nxos_config:
        lines:
            - vlan {{ item.key }}
      with_dict: "{{ vlans }}"
    - name: configure vlans
      nxos_config:
        lines:
          - description {{ item.value.description }}
          - ip address {{ item.value.ip }}/24
        parents: interface vlan {{ item.key }}
      with_dict: "{{ vlans }}"
```

在劇本裡，我們配置第一個任務，使用項目的主鍵來新增 VLAN。在第二個任務裡，用每個項目裡的值來配置 VLAN 介面。注意，我們用 `parents` 參數來識別應該檢查的命令部分，這是因為描述與 IP 位址都是被設定在 `interface vlan <number>` 子部分下。

在執行命令前，要確保在 `nyc-cor-r1` 設備上開啟了第三層介面功能：

```
nyc-cor-r1(config)# feature interface-vlan
```

我們像先前一樣來執行劇本，便可以看到字典被迴圈走訪：

```
(venv) $ ansible-playbook -i hosts_full standard_loop_vlan_example_2.yml

PLAY [Add Multiple Vlans] ************************************************
************************************************

TASK [add vlans] ***********************************************************
************************************************
changed: [nyc-cor-r1] => (item={'key': '100', 'value': {'description':
```

```
'floor_1', 'ip': '192.168.10.1'}})
changed: [nyc-cor-r1] => (item={'key': '200', 'value': {'description':
'floor_2', 'ip': '192.168.20.1'}})
changed: [nyc-cor-r1] => (item={'key': '300', 'value': {'description':
'floor_3', 'ip': '192.168.30.1'}})
[WARNING]: To ensure idempotency and correct diff the input configuration
lines should be similar to how they appear if
present in the running configuration on device

TASK [configure vlans] *****************************************************
**********************************************
changed: [nyc-cor-r1] => (item={'key': '100', 'value': {'description':
'floor_1', 'ip': '192.168.10.1'}})
changed: [nyc-cor-r1] => (item={'key': '200', 'value': {'description':
'floor_2', 'ip': '192.168.20.1'}})
changed: [nyc-cor-r1] => (item={'key': '300', 'value': {'description':
'floor_3', 'ip': '192.168.30.1'}})

PLAY RECAP *****************************************************************
**********************************************
nyc-cor-r1                 : ok=2    changed=2    unreachable=0
failed=0    skipped=0    rescued=0    ignored=0
```

我們可以在設備上驗證最終結果：

```
nyc-cor-r1# sh run
interface Vlan100
  description floor_1
  ip address 192.168.10.1/24

interface Vlan200
  description floor_2
  ip address 192.168.20.1/24

interface Vlan300
  description floor_3
  ip address 192.168.30.1/24
```

如果想了解更多關於 Ansible 的其他迴圈方式，請參閱相關文件（`https://docs.ansible.com/ansible/latest/user_guide/playbooks_loops.html`）。

在第一次使用走訪字典時可能需要練習，但如同標準迴圈，走訪字典也是我們工具箱中的無價工具，Ansible 迴圈就是一個能省時並讓劇本易於閱讀的工具。在下一節中，我們將介紹 Ansible 模板，它能使我們對常用於網路設備組態的文字檔案做系統性的變更。

模板

自我當網路工程師開始，就一直在使用網路模板系統。根據經驗，許多網路設備的網路組態是一樣的，尤其是這些設備在網路上扮演相同角色的狀況下更是如此。

大多數時候，需要提供一個新的設備時，會用相同的組態來作為模板，替換必要欄位內容，然後將檔案複製到新設備上。使用 Ansible，可以用模板化功能來自動化所有的工作（`https://docs.ansible.com/ansible/latest/user_guide/playbooks_templating.html`）。

Ansible 使用 Jinja 模板化（`https://jinja.palletsprojects.com/en/3.1.x/`）來開啟動態表達式和存取變數與 fact。Jinja 擁有自己的語法和函式來執行迴圈與條件判斷；幸運的是，對於我們的目的，只需知道它的基本用法即可。Ansible 模板模組是在日常任務中會使用的重要工具，在這一節中將會多加介紹。我們會從較簡單的任務開始，逐步增加劇本的複雜度，來學習它的語法。

模板使用的基本語法很簡單，只需指定來源檔案與想要複製它到哪個目的地位置。

讓我們建立一個名為 `Templates` 的新資料夾，並開始建立劇本。首先建立一個空的檔案：

```
(venv) $ mkdir Templates
(venv) $ cd Templates/
(venv) $ touch file1
```

然後我們使用以下的 `template_1.yml` 劇本，來將 `file1` 複製到 `file2`。注意，此劇本只在控制機器上執行：

```
---
```

```
- name: Template Basic
  hosts: localhost
  tasks:
    - name: copy one file to another
      template:
        src=/home/echou/Mastering_Python_Networking_Fourth_Edition/
Chapter04/Templates/file1
        dest=/home/echou/Mastering_Python_Networking_Fourth_Edition/
Chapter04/Templates/file2
```

執行劇本將會建立一個新的檔案：

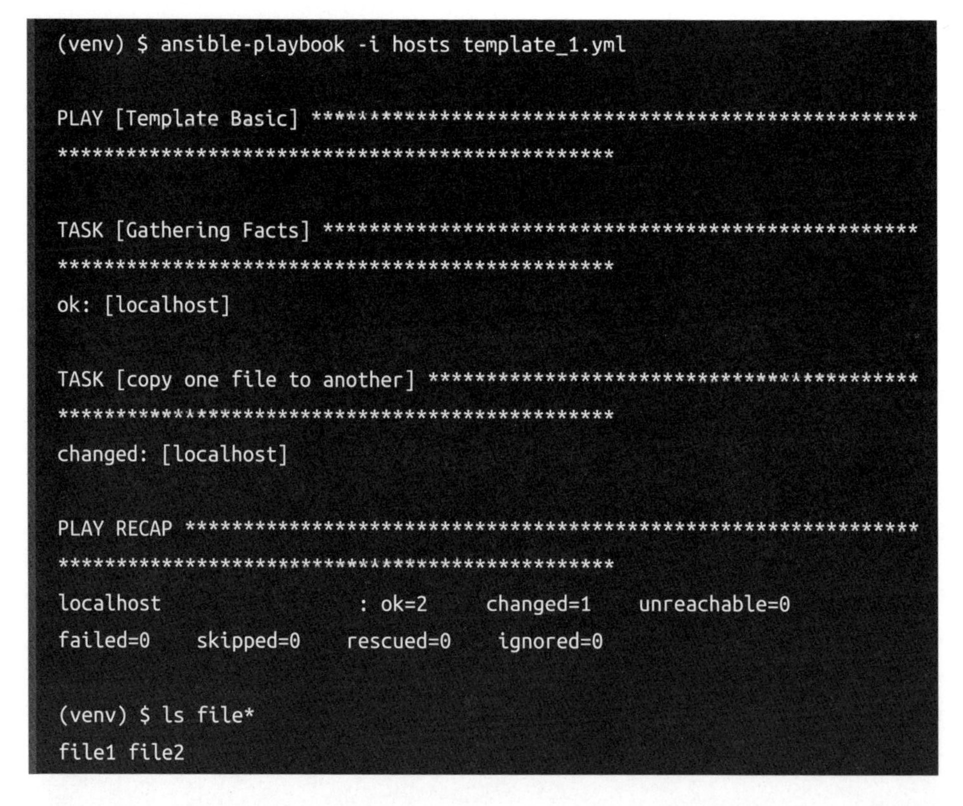

(venv) $ ansible-playbook -i hosts template_1.yml
PLAY [Template Basic] **
****
TASK [Gathering Facts] ***
****
ok: [localhost]
TASK [copy one file to another] **
****
changed: [localhost]
PLAY RECAP ***
****
localhost : ok=2 changed=1 unreachable=0
failed=0 skipped=0 rescued=0 ignored=0
(venv) $ ls file*
file1 file2

在模板中，來源檔案可以是任何的副檔名，但是因為它們是透過 Jinja2 模板引擎處理，所以此處建立一個 `nxos.j2` 文字檔來作為模板來源。此模板會遵循 Jinja 的慣例，使用雙大括號來指定變數，還有用大括號加上百分號來指定指令：

```
hostname {{ item.value.hostname }}

feature telnet
feature ospf
feature bgp
feature interface-vlan

{% if item.value.netflow_enable %}
feature netflow
{% endif %}

username {{ item.value.username }} password {{ item.value.password }}
role network-operator

{% for vlan_num in item.value.vlans %}
vlan {{ vlan_num }}
{% endfor %}

{% if item.value.l3_vlan_interfaces %}
{% for vlan_interface in item.value.vlan_interfaces %}
interface {{ vlan_interface.int_num }}
  ip address {{ vlan_interface.ip }}/24
{% endfor %}
{% endif %}
```

我們現在可以建立一個劇本，基於 `nxos.j2` 檔案產生網路組態模板。

Jinja 模板變數

`template_2.yml` 劇本以前一個模板範例為基礎，擴增了以下內容：

- 來源檔案是 `nxos.j2`。
- 目的地檔案名稱現在是一個變數，會從劇本裡定義的 `nexus_devices` 變數中取得。
- `nexus_devices` 裡的每個設備都包含要在模板中被替換或迴圈走訪的變數。

此劇本看起來可能較上一個複雜，但是若拿掉變數定義的部分，它就與先前較簡單模板的劇本很像：

```
---
- name: Template Looping
  hosts: localhost

  vars:
    nexus_devices: {
        "nx-osv-1": {
            "hostname": "nx-osv-1",
            "username": "cisco",
            "password": "cisco",
            "vlans": [100, 200, 300],
            "l3_vlan_interfaces": True,
            "vlan_interfaces": [
                {"int_num": "100", "ip": "192.168.10.1"},
                {"int_num": "200", "ip": "192.168.20.1"},
                {"int_num": "300", "ip": "192.168.30.1"}
            ],
            "netflow_enable": True
        },
        "nx-osv-2": {
            "hostname": "nx-osv-2",
            "username": "cisco",
            "password": "cisco",
            "vlans": [100, 200, 300],
            "l3_vlan_interfaces": False,
            "netflow_enable": False
        }
    }
  tasks:
    - name: create router configuration files
      template:
        src=/home/echou/Mastering_Python_Networking_Fourth_Edition/
Chapter04/Templates/nxos.j2
        dest=/home/echou/Mastering_Python_Networking_Fourth_Edition/
```

```
Chapter04/Templates/{{ item.key }}.conf
      with_dict: "{{ nexus_devices }}"
```

執行劇本前，需要先檢查 Jinja2 模板中用 {% %} 符號包圍的 if 條件句與 for 迴圈。

Jinja 模板迴圈

nxos.j2 模板中有兩個 for 迴圈，分別用來走訪 VLANs 與 VLAN 介面：

```
{% for vlan_num in item.value.vlans %}
vlan {{ vlan_num }}
{% endfor %}
{% if item.value.l3_vlan_interfaces %}
{% for vlan_interface in item.value.vlan_interfaces %}
interface {{ vlan_interface.int_num }}
  ip address {{ vlan_interface.ip }}/24
{% endfor %}
{% endif %}
```

請試著回想一下，迴圈不僅處理串列，也能用處理字典，這點在 Jinja 中也是如此。例如，在此範例中，vlans 變數就是串列，vlan_interfaces 變數則是包含多個字典的串列。

vlan_interfaces 迴圈嵌套於一個條件語句中，這檢查就是在執行劇本前，最後一件要做的事情。

Jinja 模板條件判斷

Jinja 支援 if 條件判斷檢查，在 nxos.j2 模板中有兩個地方加了 if 條件判斷，一個與 netflow 變數有關，一個是跟 l3_vlan_interfaces 變數相關。區塊中的語句只有當條件為 True 時才會執行：

```
<skip>
{% if item.value.netflow_enable %}
feature netflow
{% endif %}
<skip>
```

```
{% if item.value.l3_vlan_interfaces %}
<skip>
{% endif %}
```

在劇本內，我們將 nx-osv-1 的 netflow_enable 設為 True，把 nx-osv-2 的 netflow_enable 設成 False：

```
  vars:
    nexus_devices: {
        "nx-osv-1": {
            <skip>
            "netflow_enable": True
        },
        "nx-osv-2": {
            <skip>
            "netflow_enable": False
        }
    }
```

最後，我們就能開始執行此劇本了：

```
(venv) $ ansible-playbook -i hosts template_2.yml

PLAY [Template Looping] ***************************************************
*********************************************

TASK [Gathering Facts] ****************************************************
*********************************************
ok: [localhost]

TASK [create router configuration files] **********************************
*********************************************
changed: [localhost] => (item={'key': 'nx-osv-1', 'value': {'hostname':
'nx-osv-1', 'username': 'cisco', 'password': 'cisco', 'vlans': [100, 200,
300], 'l3_vlan_interfaces': True, 'vlan_interfaces': [{'int_num': '100',
'ip': '192.168.10.1'}, {'int_num': '200', 'ip': '192.168.20.1'}, {'int_
num': '300', 'ip': '192.168.30.1'}], 'netflow_enable': True}})
changed: [localhost] => (item={'key': 'nx-osv-2', 'value': {'hostname':
```

```
'nx-osv-2', 'username': 'cisco', 'password': 'cisco', 'vlans': [100, 200,
300], 'l3_vlan_interfaces': False, 'netflow_enable': False}})

PLAY RECAP *************************************************************
************************************************
localhost                  : ok=2    changed=1    unreachable=0
failed=0    skipped=0    rescued=0    ignored=0
```

我們是根據 `{{ item.key }}.conf` 格式來替目標文件命名，此處我們用設備名稱建立了兩個文件：

```
$ ls nx-os*
nx-osv-1.conf
nx-osv-2.conf
```

現在我們要檢查這兩個組態文件的異同，確保要改變的地方是否已變更完畢。兩個文件都應該有一些固定不變的項目，例如 `feature ospf`；而主機名稱與其他變數要相應替換。另外，只有 `nx-osv-1.conf` 要開啟 `netflow` 與設定第三層 `vlan` 介面組態：

```
$ cat nx-osv-1.conf
hostname nx-osv-1
feature telnet
feature ospf
feature bgp
feature interface-vlan
feature netflow
username cisco password cisco role network-operator
vlan 100
vlan 200
vlan 300
interface 100
  ip address 192.168.10.1/24
interface 200
  ip address 192.168.20.1/24
interface 300
  ip address 192.168.30.1/24
```

我們看看 `nx-osv-2.conf` 文件：

```
$ cat nx-osv-2.conf
hostname nx-osv-2
feature telnet
feature ospf
feature bgp
feature interface-vlan
username cisco password cisco role network-operator
vlan 100
vlan 200
vlan 300
```

不錯吧，不用像以前一樣要重複地複製貼上，可以省下許多時間。對我而言，模板模組極大地改變了我的生活，單單這個模組，就足以激勵幾年前的我開始學習使用 Ansible。

總結

這一章，我們全面地介紹了開源的自動化框架 Ansible。它不像基於 Pexpect 或 API 導向的網路自動化腳本，它使用更高層次的抽象化技術，也就是劇本，來自動化網路設備。

Ansible 是一個全功能的自動化框架，可以管理大型的基礎架構。我們主要是用來管理網路設備，但它也能管理伺服器、資料庫、雲端基礎架構等等。我們現在只是涉及一些皮毛，如果對 Ansible 感興趣，想要深入了解，Ansible 文件就是很好的參閱資料。如果您想參與 Ansible 社群，它們也很友好和熱情。

在第 5 章，**面向網路工程師的 *Docker* 容器**，我們將會學習 Docker 和容器。

5

面向網路工程師的 Docker 容器

電腦硬體虛擬化徹底改變了我們對基礎設施的處理方式。過去，我們必須將硬體專門用於一台主機與一種作業系統。現在，我們則是能將寶貴的硬體資源，例如 CPU、記憶體與磁碟空間，和多台虛擬機器共享，每台虛擬機器都有自己的作業系統與應用程式。由於虛擬機器上執行的軟體與底層硬體資源是分開的，因此可以依據虛擬機器的不同需求，自由調整硬體資源的組合。現在，很難想像這個世界沒有虛擬機器會是什麼樣子。

儘管虛擬機器很適合應用程式的建置，但是建立、運行與卸載它們卻要花一段時間，這是因為虛擬機器的虛擬化技術完全模擬了真實的硬體，使硬體與客端虛擬機器之間沒有區別。

現在的問題可能是，是否可以用更多的虛擬化來使應用程式加速完成它們的生命週期呢？答案是肯定的，只是需要借助容器的幫忙。

容器與虛擬機器的相似之處是，它們都能使多個隔絕的應用程式共享計算資源。不過它們之間的抽象化技術不同，虛擬機器是利用虛擬機器管理程式將實體硬體抽象化，而容器是利用容器引擎在作業系統裡面抽象化，容器通常被稱為作業系統層級的虛擬化。

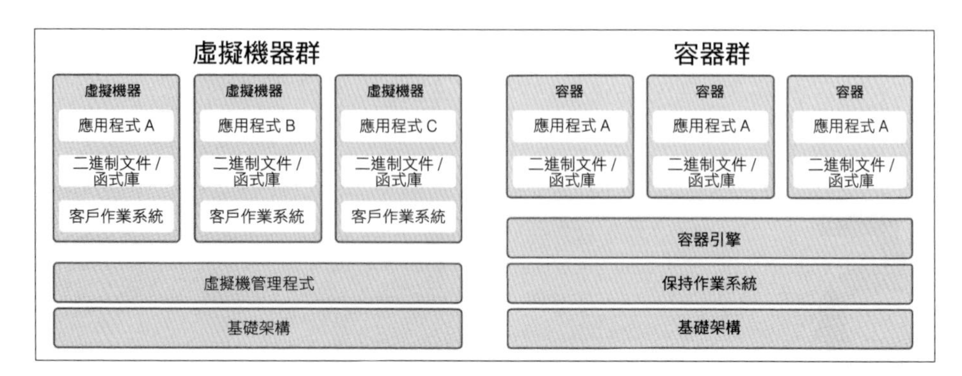

圖 5.1：虛擬機器與容器的比較
（資料來源：https://www.atlassian.com/microservices/cloud-computing/containers-vs-vms）

完整的虛擬機器可以在同一台機器上安裝不同的作業系統，像 Windows 或 Linux。由於虛擬化是由作業系統處理，因此每個容器都擁有相同的作業系統，然而，容器內的應用程式與相關資源仍會相互隔離與獨立運行。容器引擎會將每個容器的組態、軟體套件與函式庫分離出來。

容器虛擬化不是新技術；**Linux 容器（LXC）**、Solaris 容器、Docker 與 Podman 等都是這種技術的實作。在本章中，將會看一下現今最受歡迎的容器技術，也就是 Docker。我們會討論以下幾項與 Docker 容器相關的主題：

- Docker 概述
- 用 Docker 建立 Python 應用程式
- 容器聯網
- 容器在網路工程上的應用
- Docker 與 Kubernetes 的關係

我們將在本書學習一些使用容器的技術，這裡是個開始熟悉容器的好起點。

接著先來看一下 Docker 的概述。

Docker 概述

Docker 是一套支持容器交付的產品與工具，它最初是由 dotCloud 公司在 2008 年進行開發（在 2013 年更名為 Docker, Inc.）。這套工具包含了 Docker

的容器技術、Docker Engine 的容器引擎、Docker Hub 的雲端容器儲存庫，以及 Docker Desktop 的桌面圖形化使用者介面軟體。

Docker 有兩個版本，一個是 **Docker 社群版（Docker-CE）**，另一個是 **Docker 企業版（Docker-EE）**。Docker 社群版是基於 Apache 2.0 授權的免費開源平台，而 Docker 企業版則是面向企業的付費版本。本書提到「Docker」時，指的都是 Docker 社群版。

Docker 容器環境主要由三個部件組成：

1. 建置與開發：指的是建置容器所需的工具，包括 CLI 指令、映像檔與存放各種基礎映像檔的儲存庫。在 Docker 裡，會使用 Dockerfile 來指定容器的建置步驟。
2. Docker 引擎：是一個在後台運行的常駐程式，負責處理容器的操作，可以用 Docker 指令來管理它。
3. 容器協作：當開發時，通常會用 Docker 的 `Docker-compose` 來管理多個容器；而在正式環境上，常用的工具則是 Google 設計的 Kubernetes（`https://kubernetes.io/`）。

接下來，我們將來討論 Docker 的優點。

Docker 的優點

Docker 的優點很多，在此處只總結部分項目如下：

1. Docker 容器能快速地部署與銷毀。
2. 容器能夠優雅地重置。容器是短暫的，重啟後不會有任何殘留物，每當創建新的容器時都會是乾淨狀態。
3. 容器具自包含與確定性。容器通常交付時會帶有組態設定檔，說明如何重建容器，能確保每個容器映像檔都以同樣的方法構建。
4. 它讓應用程式開發與 DevOps 能無縫整合。由於前述之優點，許多公司都直接將 Docker 映像檔部署在正式環境上，容器可以完全重現開發人員的意圖，並在正式環境上測試。

現在你已經對 Docker 有了基本的認識，是時候用 Docker 容器來建立第一個 Python 應用程式了。

在 Docker 建立 Python 應用程式

使用 Docker 容器建立 Python 應用程式的方法非常受歡迎。

安裝 Docker

當然，要用 Docker 前，就得先安裝它，我們將遵循 DigitalOcean 提供的安裝教學，以在 Ubuntu 22.04 上安裝 Docker（https://www.digitalocean.com/community/tutorials/how-to-install-and-use-docker-on-ubuntu-22-04）。如果您用的是其他 Linux 版本，只需在下拉式選單上選擇對應版本即可。對於 Mac 或 Windows，建議安裝 Docker Desktop（https://docs.docker.com/desktop/），它包含了 Docker 引擎、CLI 客戶端與 GUI 應用程式。

```
$ sudo apt-get update
$ sudo apt-get -y upgrade
$ sudo apt install apt-transport-https ca-certificates curl software-
properties-common
$ curl -fsSL https://download.docker.com/linux/ubuntu/gpg | sudo gpg
--dearmor -o /usr/share/keyrings/docker-archive-keyring.gpg
$ echo "deb [arch=$(dpkg --print-architecture) signed-by=/usr/share/
keyrings/docker-archive-keyring.gpg] https://download.docker.com/linux/
ubuntu $(lsb_release -cs) stable" | sudo tee /etc/apt/sources.list.d/
docker.list > /dev/null
$ sudo apt update
$ apt-cache policy docker-ce
$ sudo apt install docker-ce
```

在 Linux 上安裝 Docker 完畢後，還有非必要但有幫助的選項可使用，您可以參考此處了解（https://docs.docker.com/engine/install/linux-postinstall/）。

我們可以檢查 Docker 的安裝狀態：

```
$ sudo systemctl status docker

● docker.service - Docker Application Container Engine
     Loaded: loaded (/lib/systemd/system/docker.service; enabled; vendor
preset: enabled)
     Active: active (running) since Sun 2022-09-11 15:02:27 PDT; 5s ago
TriggeredBy: ● docker.socket
       Docs: https://docs.docker.com
```

在下一節中，將見到如何在 Docker 容器中建立 Python 應用程式。

有用的 Docker 指令

我們會需要使用一些指令來建置、運行與測試容器。

要參閱更多 Docker CLI 的參考資料，請查看此文件：`https://docs.docker.com/engine/reference/run/`。

本章中，將會使用以下的指令：

- `docker run`：`docker run` 用來指定容器的映像檔（預設是 Docker Hub）、網路設定、名稱與其他設定。
- `docker container ls`：列出容器；預設只列出目前正在執行中的容器。
- `docker exec`：在正在運行的容器上執行指令。
- `docker network`：用於管理 Docker 網路，例如建立、列出與移除 Docker 網路。
- `docker image`：管理 Docker 映像檔。

尚有更多的 CLI 指令，但對於入門來說，這些已經足夠。想知道更完整的參考資料，請查看資訊方塊中提供的連結。

建立 hello world 程式

第一步是確認可以連接至 Docker Hub，以便取得映像檔。為此，Docker 提供了一個非常簡單的 `hello-world` 應用程式：

```
$ docker run hello-world

Hello from Docker!
This message shows that your installation appears to be working correctly.

To generate this message, Docker took the following steps:
 1. The Docker client contacted the Docker daemon.
 2. The Docker daemon pulled the "hello-world" image from the Docker Hub.
    (amd64)
 3. The Docker daemon created a new container from that image which runs
the
    executable that produces the output you are currently reading.
 4. The Docker daemon streamed that output to the Docker client, which
sent it
    to your terminal.
<skip>
```

我們可以見到 Docker 客戶端需進行各種步驟，才能顯示訊息。此外，也能查看運行過的 Docker 程序：

```
$ docker ps -a
CONTAINER ID   IMAGE                  COMMAND            CREATED
STATUS                          PORTS      NAMES
3cb4f91b6388   hello-world            "/hello"           About a minute
ago   Exited (0) About a minute ago              fervent_torvalds
```

也可以見到 `hello-world` 映像檔資訊：

```
$ docker images hello-world
REPOSITORY    TAG       IMAGE ID       CREATED         SIZE
hello-world   latest    feb5d9fea6a5   11 months ago   13.3kB
```

現在我們可以建立第一個 Python 應用程式了。

建立我們的應用程式

首先，我們先思考要建立什麼程式。由於前一章已經建立了幾個 Ansible 劇本，不如將 `ios_config_backup.yml` 劇本容器化，如此一來便能與其他團隊成員共享。

我們會建立新的資料夾來放置所有檔案，如果您還記得，要建立 Docker 映像檔，尚需擁有名為 Dockerfile 的檔案，因此，我們將在此資料夾中新增這個檔案：

```
$ mkdir ansible_container && cd ansible_container
$ touch Dockerfile
```

我們還需將 *host_vars* 資料夾、*ansible.cfg* 檔案、*hosts* 檔案與 *ios_config_backup.yml* 檔案都複製到此資料夾裡，在使用這些檔案建立 Docker 容器前，要先確認劇本能夠順利運行。

Docker 採用分層方式來建立，首先需要一個基礎映像檔。在 Dockerfile 裡，要撰寫以下內容：

```
# 取得基礎映像檔
FROM ubuntu:22.04

# 不需要互動式提示字元
ENV DEBIAN_FRONTEND=noninteractive
```

如同 Python 語法，以「`#`」開頭的行是註解。`FROM` 關鍵字用來指定從預設 Docker Hub 取得的基礎映像檔，所有官方的 Ubuntu 映像檔都能在此網站找到，`https://hub.docker.com/_/ubuntu`。在 `ENV` 語句中，我們指定不需要互動式提示字元。

Dockerfile 參考資料可以在此連結查閱，`https://docs.docker.com/engine/reference/builder/`。

現在，我們來打包此映像檔：

```
$ docker build --tag ansible-docker:v0.1 .
```

`build` 指令會根據本地端資料夾裡的 Dockerfile 來建置映像檔，並且將最後的映像檔標記為 `ansible-docker`，同時指定版本號碼為 0.1，完成後，就可以檢視映像檔了：

```
$ docker images
REPOSITORY              TAG         IMAGE ID        CREATED
SIZE
ansible-docker          v0.1        e99f103e2d36    3 seconds ago
864MB
```

如果要在重新建立前移除映像檔，可以使用「`docker rmi <image id>`」來移除。

我們可以基於映像檔來啟動容器：

```
$ docker run -it --name ansible-host1 ansible-docker:v0.1
root@96108c94e1d2:/# lsb_release -a
No LSB modules are available.
Distributor ID: Ubuntu
Description:    Ubuntu 22.04.1 LTS
Release:        22.04
Codename:       jammy
root@96108c94e1d2:/#
```

它會使我們進入 bash shell 命令提示字元，並在離開時停止容器。為了使它能在背景模式執行，需要在啟動時加上「`-d`」旗標。讓我們先移除容器，然後用此旗標重新建立：

```
$ docker ps -a
CONTAINER ID   IMAGE                       COMMAND   CREATED          STATUS
PORTS     NAMES
```

```
<container id>   ansible-docker:v0.1   "bash"   2 minutes ago   Exited
(0) 52 seconds ago              ansible-host1
$ docker rm <container id>
$ docker run -it -d --name ansible-host1 ansible-docker:v0.1
```

記得要替換成您的容器 ID。快速移除所有容器的方式是 `docker rm -f $(docker ps -a -q)`。

容器現在正於背景模式下執行，且我們能在容器上執行互動式提示字元：

```
$ docker ps
CONTAINER ID   IMAGE                 COMMAND   CREATED              STATUS
PORTS     NAMES
d3b6a6ec90e5   ansible-docker:v0.1   "bash"    About a minute ago   Up 58
seconds             ansible-host1
$ docker exec -it ansible-host1 bash
root@d3b6a6ec90e5:/# ls
```

我們可以停止容器，然後移除它：

```
$ docker stop ansible-host1
$ docker rm ansible-host1
```

接著，我們會介紹一些 Dockerfile 指令：

```
# 選擇基礎映像檔
FROM ubuntu:22.04

# 不需要互動式提示字元
ENV DEBIAN_FRONTEND=noninteractive

# 執行任何指令，例如安裝套件
RUN apt update && apt install -y python3.10 python3-pip ansible vim
RUN pip install ansible-pylibssh
```

```
# 指定一個工作資料夾
WORKDIR /app
COPY . /app
```

RUN 指令會執行 shell 指令，就如同我們在 shell 中輸入它們。我們能將容器裡的工作資料夾設成 /app，然後把目前工作資料夾中的所有檔案（host_vars、hosts 檔案、劇本等）都複製到遠端容器的 /app 資料夾內。

```
$ docker images
<find the image id>
$ docker rmi <image id>
$ docker build --tag ansible-docker:v0.1 .
```

我們會保持相同的標記，但如果要將它發佈為新的版本，可以將它標記為 v0.2。

我們會再次啟動容器，並且執行 ansible-playbook：

```
$ docker run -it -d --name ansible-host1 ansible-docker:v0.1
docker exec -it ansible-host1 bash
root@5ef5e9c85065:/app# pwd
/app
root@5ef5e9c85065:/app# ls
ansible.cfg dockerfile host_vars hosts ios_config_backup.yml
root@5ef5e9c85065:/app# ansible-playbook -i hosts ios_config_backup.yml

PLAY [Back Up IOS Device Configurations] ********************************
***********************************

TASK [backup] ***********************************************************
***********************************
changed: [iosv-2]
changed: [iosv-1]
```

```
PLAY RECAP *************************************************************
************************************
iosv-1                    : ok=1   changed=1    unreachable=0
failed=0    skipped=0    rescued=0   ignored=0
iosv-2                    : ok=1   changed=1    unreachable=0
failed=0    skipped=0    rescued=0   ignored=0

root@5ef5e9c85065:/app# ls backup/
iosv-1_config.2022-09-12@23:01:07 iosv-2_config.2022-09-12@23:01:07
```

容器一旦啟動，我們就能透過主機名來啟動或關閉：

```
$ docker stop ansible-host1
$ docker start ansible-host1
```

恭喜您完成了整個容器的工作流程！這或許看起來沒什麼，但其實是邁出了一大步。這些步驟現在可能使您覺得陌生，但不用擔心，只需多加練習，就會越來越熟悉。

分享 Docker 映像檔

最後一個步驟是分享容器映像檔，方法之一是將資料夾壓縮成 tar zip 檔案來分享。另一種是將映像檔上傳至任何需要的人都能存取的儲存庫，Docker Hub 是最受歡迎的儲存庫之一，當然也有其他選擇，它們一般會提供多種不同的訂閱方案。

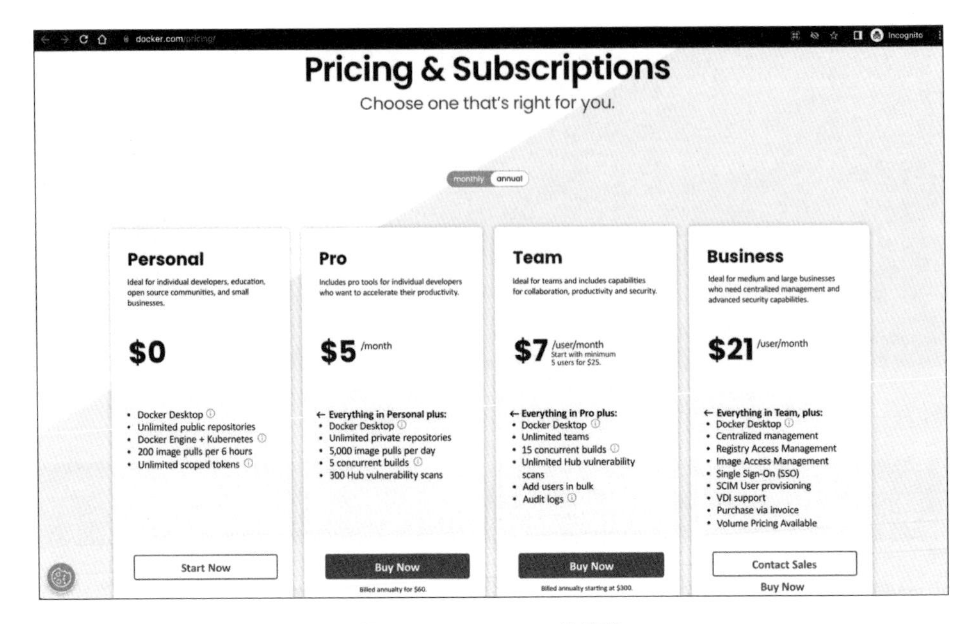

圖 5.2：Docker Hub 的價格
（資料來源：https://www.docker.com/pricing/）

除了分享容器映像檔之外，擁有能存取的儲存庫對於 DevOps 的 **CI/CD（持續整合／持續交付）**流程而言是很重要的，例如我們可能會透過自動化的建置和測試流程來檢查程式碼，一旦通過所有的驗證測試，就可以將映像檔自動推送至儲存庫並部署到正式環境。接下來，我們要在 Docker Hub 上建立一個私人的儲存庫：

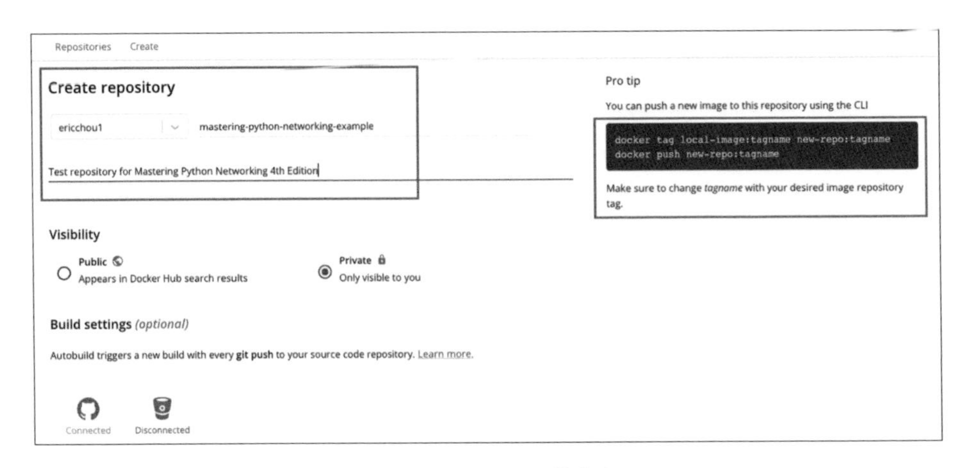

圖 5.3：Docker Hub 儲存庫

然後我們會透過 Docker CLI 登入：

```
$ docker login
```

接著，我們可以根據遠端儲存庫的規則，替現有的映像檔加上標籤，然後推送過去。從以下的輸出能見到，目的地的標籤名稱與 Docker Hub 上的儲存庫名稱一致，這使我們在遵守遠端團隊命名規則的同時，也能保有本地命名的靈活性。

```
$ docker tag ansible-docker:v0.1 ericchou1/mastering-python-networking-example:ch05-ansible-dockerv-v0.1
$ docker push ericchou1/mastering-python-networking-example:ch05-ansible-dockerv-v0.1
```

一旦映像檔上傳完畢後，我們就能存取映像檔，並直接使用，或把它作為另一個 Dockerfile 的基礎映像檔。

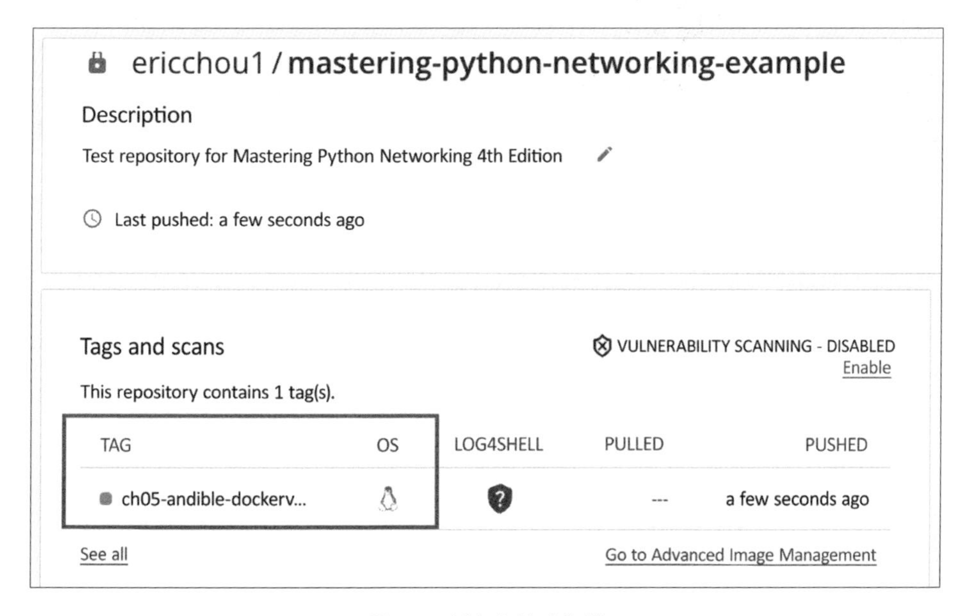

圖 5.4：新上傳的映像檔

在下一節中，我們將見到如何在本地端開發環境中協調多容器的設置。

使用 Docker-compose 進行容器協作

現代的應用程式通常相互依賴，例如對於一個 web 應用程式，我們通常需要應用程式的「堆疊」。熱門的 LAMP 堆疊是由 Linux、Apache、MySQL 與 PHP/Python 所組成的縮寫，用來表示提供 web 應用程式所需的元件。在 Docker 世界中，可以使用 docker-compose（`https://docs.docker.com/compose/`）來指定如何同時建置與執行多個容器。

如果是在 Mac 或 Windows 上安裝 Docker Desktop，那麼 docker-compose 就已經內建在裡面。在 Linux 環境中，docker-compose 則需要另行安裝。我們將遵循 DigitalOcean 的 docker-compose 教學來安裝（`https://www.digitalocean.com/community/tutorials/how-to-install-and-use-docker-compose-on-ubuntu-22-04`）：

```
$ mkdir -p ~/.docker/cli-plugins/
$ curl -SL https://github.com/docker/compose/releases/download/v2.3.3/
docker-compose-linux-x86_64 -o ~/.docker/cli-plugins/docker-compose
$ chmod +x ~/.docker/cli-plugins/docker-compose
$ docker compose version
Docker Compose version v2.3.3
```

Docker-compose 使用名為 `docker-compose.yml` 的檔案來構建環境。有許多參數可以指定不同服務之間的相依關係、持續性磁區（persistent volumes）與開放的連接埠。讓我們舉一個簡單的例子：

```
version: '3.9'
services:
  ansible:
    build:
      dockerfile: dockerfile
  db:
    image: postgres:14.1-alpine
    environment:
      - POSTGRES_USER=postgres
      - POSTGRES_PASSWORD=postgres
    ports:
      - '5432:5432'
```

```
    volumes:
      - db:/var/lib/postgresql/data
volumes:
  db:
    driver: local
```

這個檔案指定了以下內容：

1. 它指定了 `ansible` 與 `db` 服務，這兩個服務都類似於 `docker run` 指令。
2. `ansible` 服務使用當前工作資料夾中的 `dockerfile` 檔案來建立映像檔。
3. 將主機的 5434 連接埠與容器的 5434 連接埠映射。
4. 替 Postgres 資料庫指定兩個環境變數。
5. 使用名為 `db` 的磁區，使資料庫的資料可以永久保存在磁區中。

要獲得更多關於 Docker-compose 的資訊，請訪問 `https://docs.docker.com/compose/`。

我們能用 *docker-compose* 指令來運行組合好的服務。

```
$ docker compose up
...
 Container ansible_container-db-1       Created
0.0s
 Container ansible_container-ansible-1  Created
0.0s
ansible_container-db-1       |
ansible_container-db-1       | PostgreSQL Database directory appears to
contain a database; Skipping initialization
ansible_container-db-1       |
ansible_container-db-1       | 2022-09-13 00:18:45.195 UTC [1] LOG:
starting PostgreSQL 14.1 on x86_64-pc-linux-musl, compiled by gcc (Alpine
10.3.1_git20211027) 10.3.1 20211027, 64-bit
ansible_container-db-1       | 2022-09-13 00:18:45.196 UTC [1] LOG:
listening on IPv4 address "0.0.0.0", port 5432
```

```
ansible_container-db-1       | 2022-09-13 00:18:45.196 UTC [1] LOG:
listening on IPv6 address "::", port 5432
ansible_container-db-1       | 2022-09-13 00:18:45.198 UTC [1] LOG:
listening on Unix socket "/var/run/postgresql/.s.PGSQL.5432"
ansible_container-db-1       | 2022-09-13 00:18:45.201 UTC [21] LOG:
database system was shut down at 2022-09-13 00:18:36 UTC
ansible_container-db-1       | 2022-09-13 00:18:45.204 UTC [1] LOG:
database system is ready to accept connections
...
```

這些服務採並行啟動，我們能隨時終止這兩個服務：

```
$ docker compose down
[+] Running 3/3
  Container ansible_container-db-1       Removed
0.2s
  Container ansible_container-ansible-1  Removed
0.0s
  Network ansible_container_default      Removed
0.1s
```

在本書中目前只建立了一些簡單的應用程式，當後面學習如何建立 Web API 時，可能會學到更多。現在，我們要思考如何用 docker-compose 來啟動多個容器。

作為網路工程師，知道 Docker 環境中的網路聯網如何運作相當有趣，這就是下一節的主題。

容器聯網

容器聯網是一個涵蓋面廣且牽涉多種技術的主題，不太容易掌握。這個領域的範圍從 Linux 網路以及各種 Linux（Ubuntu、Red Hat 等）的聯網實作方式，到 Docker 聯網實作方法。更複雜的是，Docker 是一個快速發展的專案，且有許多第三方附加元件可以使用。

在此節中，我們只會介紹 Docker 預設聯網選項的基本概念，後面將會簡單地說明 overlay、Macvlan 與網路附加元件的選項。

當啟動容器時，預設情況下它是能連上網際網路的。讓我們啟動一個 Ubuntu 容器並與它連接來快速測試一下：

```
$ docker run -it ubuntu:22.04
<container launches and attached>
root@dcaa61a548be:/# apt update && apt install -y net-tools iputils-ping
root@dcaa61a548be:/# ifconfig
eth0: flags=4163<UP,BROADCAST,RUNNING,MULTICAST> mtu 1500
        inet 172.17.0.2 netmask 255.255.0.0 broadcast 172.17.255.255
<skip>

root@dcaa61a548be:/# ping -c 1 www.cisco.com
PING e2867.dsca.akamaiedge.net (104.71.231.76) 56(84) bytes of data.
64 bytes from a104-71-231-76.deploy.static.akamaitechnologies.com
(104.71.231.76): icmp_seq=1 ttl=53 time=11.1 ms

--- e2867.dsca.akamaiedge.net ping statistics ---
1 packets transmitted, 1 received, 0% packet loss, time 0ms
rtt min/avg/max/mdev = 11.147/11.147/11.147/0.000 ms
```

我們可以見到主機有一個與我們主機 IP 不同的私有 IP，且它也可以連上 Ubuntu 儲存庫來安裝軟體與 ping 外部網路，這是如何做到的？預設情況下，Docker 會建立三種網路：**橋接**（bridge）、**主機**（host）與 none。不要關閉第一個終端視窗，接著開啟第二個終端視窗：

```
$ docker network ls
NETWORK ID     NAME     DRIVER   SCOPE
78e7ab7ea276   bridge   bridge   local
93c142329fc9   host     host     local
da9fe0ed2308   none     null     local
```

none 網路選項很直觀，它會停用所有聯網，並讓容器獨處在網路孤島上。這樣的話，我們就剩下**橋接**與**主機**兩種選擇。預設情況下，Docker 會將主機置於名為 docker0 的橋接網路，並用一個**虛擬乙太網路（veth）**介面（https://man7.org/linux/man-pages/man4/veth.4.html）來使它能夠連上網際網路：

```
$ ip link show
3: docker0: <BROADCAST,MULTICAST,UP,LOWER_UP> mtu 1500 qdisc noqueue state
UP mode DEFAULT group default
    link/ether 02:42:86:7f:f2:40 brd ff:ff:ff:ff:ff:ff
21: veth3fda84e@if20: <BROADCAST,MULTICAST,UP,LOWER_UP> mtu 1500 qdisc
noqueue master docker0 state UP mode DEFAULT group default
    link/ether 9a:f8:83:ae:cb:ea brd ff:ff:ff:ff:ff:ff link-netnsid 0
```

如果我們啟動另一個容器，會發現多了一個 veth 介面，並加入至同一個橋接群組內。預設情況下，它們可以互相連線。

容器主機網路

我們也可以與容器共享主機網路，首先在主機網路中啟動一個 Ubuntu 容器，另外也需要安裝 Python 3.10 與其他軟體套件：

```
$ docker run -it --network host ubuntu:22.04
root@network-dev-4:/# apt update && apt install -y net-tools iputils-ping
python3.10 vim
root@network-dev-4:/# ifconfig ens160
ens160: flags=4163<UP,BROADCAST,RUNNING,MULTICAST> mtu 1500
        inet 192.168.2.126 netmask 255.255.255.0 broadcast 192.168.2.255
```

如果現在進行檢查，可以發現容器跟主機網路共享同樣的 IP。我們可以建立一個簡單的 HTML 頁面，並在容器裡啟動 Python 3 內建的網頁伺服器：

```
root@network-dev-4:/# cat index.html
<html>
<head></head>
<body><h1>Hello Networkers!</h1></body>
</html>
root@network-dev-4:/# python3.10 -m http.server
Serving HTTP on 0.0.0.0 port 8000 (http://0.0.0.0:8000/) ...
```

如果在瀏覽器中輸入 IP 位址與 8000 連接埠，就能見到我們所建立的頁面！

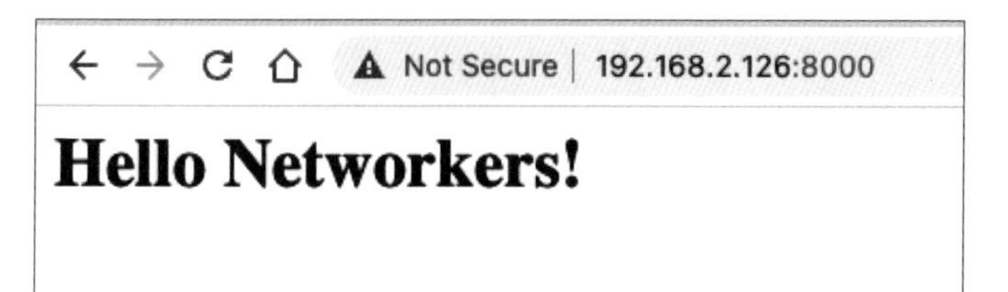

圖 5.5：容器主機的首頁

如果主機上有開啟防火牆（例如 iptables 或 ufw），請確認開放 8000 連接埠，如此，您才能看到頁面。

當我們需要將容器公開為公共服務時，主機網路選項就很有用。

客製化橋接網路

我們也可以創建自訂的橋接網路，並把容器分在一組。我們先創建網路：

```
$ docker network create network1
```

現在可以將容器分派至自訂的橋接網路：

```
$ docker run -it --network network1 ubuntu:22.04
root@41a977cd9c5b:/# apt update && apt install -y net-tools iputils-ping
root@41a977cd9c5b:/# ifconfig
eth0: flags=4163<UP,BROADCAST,RUNNING,MULTICAST> mtu 1500
        inet 172.18.0.2 netmask 255.255.0.0 broadcast 172.18.255.255
<skip>
root@41a977cd9c5b:/# ping -c 1 www.cisco.com
PING e2867.dsca.akamaiedge.net (23.206.3.148) 56(84) bytes of data.
64 bytes from a23-206-3-148.deploy.static.akamaitechnologies.com
(23.206.3.148): icmp_seq=1 ttl=53 time=13.2 ms
```

主機現在位於自訂的橋接網路下，它可以連上公共網際網路與相同橋接網路內的其他容器。如果想要讓自訂橋接網路中的容器開放某個特定連接埠，可以用 `-publish` 選項將連接埠映射至**本地端主機**（`local host`）：

```
$ docker run -it --network network1 --publish 8000:8000 ubuntu:22.04
```

我們可以用 `docker network rm` 來移除網路：

```
$ docker network ls
NETWORK ID     NAME       DRIVER   SCOPE
30aa5d7887bc   network1   bridge   local

$ docker network rm network1
```

自訂網路選項很適合開發需要互相隔離的多容器專案。到目前為止，我們了解了單一主機上的聯網選項，在下一節中，我們將見到容器間的跨主機通訊選項。

其他容器網路選項

如果我們仔細觀察 `docker network ls` 的結果，會發現 `driver` 和 `scope` 這兩個欄位。Docker 網路子系統是可插拔的，採用驅動程式來運作，核心的聯網功能是由預設的**橋接**、**主機**與 `none` 這三種驅動程式所提供。

其他重要的驅動程式有：

- Overlay：Overlay 網路可以在多個 Docker 常駐程式主機間建立一個分散式網路。
- Macvlan：Macvlan 網路選項適用於需要直接與實體網路連接的應用程式。
- 第三方網路附加元件：我們可以安裝第三方網路附加元件來增加更多的功能（`https://hub.docker.com/search?q=&type=plugin`）。例如，vSphere-storage 附加元件（`https://hub.docker.com/r/vmware/vsphere-storage-for-docker`）可以使客戶在 vSphere 環境中滿足容器的持續性儲存需求。

overlay 網路驅動程式可能是我們在開發階段之後要使用的選項，它處理從 Docker 常駐程式主機到正確目的地容器的封包路由，例如，一個 overlay 入口網路會處理進來的流量並採用負載平衡方式引導至正確的容器。因為它很複雜，所以通常是由所選擇的協作工具來負責，例如 Swarm 或 Kubernetes。如果使用公共雲端服務，像是 Google Kubernetes Engine，他們可能還會幫我們處理 overlay 網路。

網路工程領域中的容器

容器技術正在改變現代基礎設施的建設方式，現在擁有了額外的一層抽象層，可以用來克服物理空間、電力、冷卻與其他因素的限制，這對於要走向更環保的資料中心的發展而言非常重要。

在新的基於容器的世界裡，有許多新的挑戰與機會：

- 容器世界的聯網：如同在上一節中所見，容器的聯網有許多不同的選項可以選擇。
- DevOps：在網路工程中實作 DevOps 的挑戰之一，是缺少許多靈活的虛擬網路設備選項。如果能夠將網路與主機都虛擬化，容器可能就能解決此問題。
- 實驗環境與測試：如果我們能夠藉由容器映像檔來虛擬化網路，這會使實驗環境與測試更方便。

我們將會在*第 15 章，利用 GitLab 進行持續整合*中，談論 DevOps；在下一節中，我們會看一種測試與運行容器化網路作業系統的新方式。

Containerlab 虛擬網路開發系統

Containerlab（`https://containerlab.dev/`）是一種運行容器化網路作業系統的方式，它是由諾基亞團隊發起的專案，團隊領導人為 Roman Dodin（`https://twitter.com/ntdvps`）。該團隊也負責開發 **SR Linux（Service Router Linux）**，它是一個開放的**網路作業系統（NOS）**。儘管 Containerlab 是由諾基亞所開發，但是它也支援 Arista cEOS、Azure SONiC、Juniper cRPD 等諸多廠商的產品。讓我們嘗試一個簡單的範例，來說明 Containerlab 的工作流程。要安裝 Containerlab，可以遵循 Debian 系統的步驟來進行

（https://containerlab.dev/install/）。為了隔離安裝，可以建立一個新的資料夾：

```
$ mkdir container_lab && cd container_lab
$ echo "deb [trusted=yes] https://apt.fury.io/netdevops/ /" | sudo tee -a
/etc/apt/sources.list.d/netdevops.list
$ sudo apt update && sudo apt install containerlab
```

我們要用 clab 檔案來定義拓樸、映像檔與初始組態設定。在 /etc/containerlab/lab-examples/ 中有好幾個實驗環境的範例，此處將用兩個節點的實驗環境範例（https://github.com/srl-labs/containerlab/blob/main/lab-examples/srl02/srl2.cfg），它使用乙太網路介面將兩個 SR Linux 設備連起來。由於 SR Linux 容器映像檔能從公開的儲存庫下載，所以不用另外下載容器映像檔。我們將此實驗環境的拓樸稱為 srl02.clab.yml：

```
# 拓樸文件：http://containerlab.dev/lab-examples/two-srls/
# https://github.com/srl-labs/containerlab/blob/main/lab-examples/srl02/
srl02.clab.yml
name: srl02

topology:
  nodes:
    srl1:
      kind: srl
      image: ghcr.io/nokia/srlinux
      startup-config: srl1.cfg
    srl2:
      kind: srl
      image: ghcr.io/nokia/srlinux
      startup-config: srl2.cfg

  links:
    - endpoints: ["srl1:e1-1", "srl2:e1-1"]
```

如檔案中所示，拓樸是由節點與連結組成。節點是 NOS 系統，而連結定義了它們如何連接。兩個設備的設定檔需根據特定廠商來提供適合的設定，此處是採用 SR Linux 的設定：

```
$ cat srl1.cfg
set / interface ethernet-1/1
set / interface ethernet-1/1 subinterface 0
set / interface ethernet-1/1 subinterface 0 ipv4
set / interface ethernet-1/1 subinterface 0 ipv4 address 192.168.0.0/31
set / interface ethernet-1/1 subinterface 0 ipv6
set / interface ethernet-1/1 subinterface 0 ipv6 address
2002::192.168.0.0/127

set / network-instance default
set / network-instance default interface ethernet-1/1.0

$ cat srl2.cfg
set / interface ethernet-1/1
set / interface ethernet-1/1 subinterface 0
set / interface ethernet-1/1 subinterface 0 ipv4
set / interface ethernet-1/1 subinterface 0 ipv4 address 192.168.0.1/31
set / interface ethernet-1/1 subinterface 0 ipv6
set / interface ethernet-1/1 subinterface 0 ipv6 address
2002::192.168.0.1/127
```

現在可以用 `containerlab deploy` 來啟動實驗環境：

```
$ sudo containerlab deploy --topo srl02.clab.yml
[sudo] password for echou:
INFO[0000] Containerlab v0.31.1 started
INFO[0000] Parsing & checking topology file: srl02.clab.yml
...
```

從技術面來講，不一定要用 `-topo` 選項來指定拓樸。預設上，Containerlab 會自動尋找 `*.clab.y*ml` 的拓樸檔案，但是，若有許多拓樸檔案位於同一個資料夾內，我覺得指定拓樸檔案是很好的做法。

如果成功了，就會見到設備的資訊，其設備命名格式為 clab-{ 實驗環境的名字 }-{ 設備的名字 }：

```
+---+-----------------+-------------+----------------------+------+-----
----+----------------+---------------------+
| # |      Name       | Container ID |        Image         | Kind |
State  |  IPv4 Address  |     IPv6 Address     |
+---+-----------------+-------------+----------------------+------+-----
----+----------------+---------------------+
| 1 | clab-srl02-srl1 | 7cae81c710d8 | ghcr.io/nokia/srlinux | srl |
running | 172.20.20.2/24 | 2001:172:20:20::2/64 |
| 2 | clab-srl02-srl2 | c75f274284ef | ghcr.io/nokia/srlinux | srl |
running | 172.20.20.3/24 | 2001:172:20:20::3/64 |
+---+-----------------+-------------+----------------------+------+-----
----+----------------+---------------------+
```

我們可以用 ssh 來連上設備；預設帳號與密碼都是 admin：

```
$ ssh admin@172.20.20.3
admin@172.20.20.3's password:
Using configuration file(s): []
Welcome to the srlinux CLI.
Type 'help' (and press <ENTER>) if you need any help using this.
--{ running }--[ ]--
A:srl1# show version
-------------------------------------------------------------------------
-----------------------------------------------------
Hostname             : srl1
Chassis Type         : 7220 IXR-D2
Part Number          : Sim Part No.
Serial Number        : Sim Serial No.
System HW MAC Address: 1A:85:00:FF:00:00
Software Version     : v22.6.3
Build Number         : 302-g51cb1254dd
Architecture         : x86_64
Last Booted          : 2022-09-12T03:12:15.195Z
Total Memory         : 1975738 kB
Free Memory          : 219406 kB
```

```
--------------------------------------------------------------------------
-----------------------------------------------------
--{ running }--[ ]--
A:srl1#
A:srl1# quit
```

一個資料夾會被建立，裡面包含著與實驗環境相關的檔案：

```
$ ls clab-srl02/*
clab-srl02/ansible-inventory.yml clab-srl02/topology-data.json

clab-srl02/ca:
root srl1 srl2

clab-srl02/srl1:
config topology.yml

clab-srl02/srl2:
config topology.yml
```

我們也可以見到多了一個橋接網路，且有兩個 veth 介面連接至此橋接網路：

```
(venv) $ ip link show
11: br-4807fa9091c5: <BROADCAST,MULTICAST,UP,LOWER_UP> mtu 1500 qdisc
noqueue state UP mode DEFAULT group default
    link/ether 02:42:72:7a:9d:af brd ff:ff:ff:ff:ff:ff
13: veth3392afa@if12: <BROADCAST,MULTICAST,UP,LOWER_UP> mtu 1500 qdisc
noqueue master br-4807fa9091c5 state UP mode DEFAULT group default
    link/ether be:f0:1a:f2:12:23 brd ff:ff:ff:ff:ff:ff link-netnsid 1
15: veth7417e97@if14: <BROADCAST,MULTICAST,UP,LOWER_UP> mtu 1500 qdisc
noqueue master br-4807fa9091c5 state UP mode DEFAULT group default
    link/ether 92:53:d3:ac:20:93 brd ff:ff:ff:ff:ff:ff link-netnsid 0
```

我們能用 `containerlab destroy` 指令來卸載實驗環境：

```
$ sudo containerlab destroy --topo srl02.clab.yml
[sudo] password for echou:
INFO[0000] Parsing & checking topology file: srl02.clab.yml
```

```
INFO[0000] Destroying lab: srl02
INFO[0001] Removed container: clab-srl02-srl2
INFO[0001] Removed container: clab-srl02-srl1
INFO[0001] Removing containerlab host entries from /etc/hosts file
```

我不知道您怎麼想，但 Containerlab 是我見過最簡易的啟動網路實驗環境方法。若有更多廠商的支援，可能有一天它會成為測試網路時唯一需要的實驗環境與測試軟體。

下一節中，我們將簡單討論一下 Docker 與 Kubernetes 的關係，並且針對 Kubernetes 做一個簡短的概述。

Docker 與 Kubernates

如我們所見，Docker 映像檔與協作可以用 Docker 社群的工具來處理。然而，因為在容器協作方面，Kubernetes 已經是標準作法，所以幾乎不可能在沒有 Kubernetes 下考量 Docker 容器。這一章沒有足夠的篇幅介紹 Kubernetes，但因為它與容器協作有著密切的關係，所以至少要了解 Kubernetes 的基本知識。

Kubernetes（https://kubernetes.io/）起初是 Google 開發，現在是由 Cloud Native Computing Foundation 管理。它是一個開源的容器協作系統，能自動部署、擴充與管理容器，由於它具備了 Google 內部使用的良好實績，此專案一開始便受到社群的歡迎。

Kubernetes 用一個 master 作為控制單元來管理 worker 節點，使它們部署容器。每個 worker 節點可以有一個或多個 pod，它們是 Kubernetes 裡最小的單位，容器就是部署於 pod 之內。當容器部署時，它們一般會分成不同類型的集合，分散於各個 pod 之中。

大部分的公有雲供應商（AWS、Azure、Google 與 DigitalOcean）都有受管理的 Kubernetes 叢集供使用者試用。Kubernetes 的文件（https://kubernetes.io/docs/home/）也提供許多教學，採用逐步指導的方式教您學習更多關於此項技術的知識。

總結

這一章中，我們學習了容器虛擬化。容器與虛擬機器類似，都可以隔離計算資源，但在輕量化與快速部署上卻有所不同。

我們也介紹了如何用 Docker 容器來建立 Python 應用程式，還有如何用 docker-compose 在一台主機上建立多容器的應用程式。

本章後半部，我們學習到如何使用預設的橋接、自訂的橋接與主機模式，來建立 Docker 容器的網路，容器也能使用 Containerlab 專案來協助網路作業系統的測試。

下一章，我們將說明如何在網路安全上使用 Python。

6

使用 Python 來實現網路安全

我覺得撰寫網路安全主題是一件很棘手的事，原因不是技術的問題，而是寫作邊界的設定。網路安全的範圍很廣泛，OSI 模型的第一層到第七層都有牽涉，無論是是第一層的線路竊聽、第四層傳輸協定的漏洞或是第七層的中間人欺騙，所以網路安全無所不在。而新漏洞的發現使這個問題越趨嚴重，有時漏洞每天都會發生，而這些還尚未考慮到網路安全中人類社會工程學方面的因素。

因此，在這一章中，我要為討論的內容設定一個範圍。如同先前的作法，我們主要聚焦在使用 Python 來實現 OSI 模型第三層與第四層網路設備的安全，故會介紹管理網路設備安全的 Python 工具，以及用 Python 充當黏著劑接合不同的元件。希望我們能將 Python 使用在不同的 OSI 層級上，並全方位地解決網路安全問題。

在本章中，我們將介紹以下主題：

- 實驗環境的設置
- 使用 Python Scapy 進行安全測試

- 存取列表說明
- 使用 Python 對 Syslog 與**簡易防火牆**（**UFW**）進行鑑識分析
- 其他工具，例如 MAC 位址篩選器列表、私有 VLAN 與 Python IP table 綁定

我們先從實驗環境設置開始吧。

實驗環境設置

此章節使用的設備與前面幾章不同，前幾章只用了一組特定的設備，而此章將在實驗環境中，使用更多的 Linux 主機來說明所使用的工具功能。連線方式與作業系統的資訊相當重要，因為它們會影響後面要介紹的安全工具，例如，要用存取列表來保護伺服器，故需知道網路的拓樸，以及客戶端的連線方向。Ubuntu 主機的連線方式與先前見過的不同，如果需要，進展到後面的範例時，可以參考本實驗環境部分。

我們將使用 Cisco CML 工具，然後額外增加兩台 Ubuntu 主機在 NYC 的節點上。此實驗環境的網路拓樸圖已經放在課程檔案裡。

在 CML 中加入 Linux 主機的方式和加入網路節點的方式一樣，只要點選 **add nodes**，然後選擇 Ubuntu 即可。我們將連到 `nyc-cor-r1` 的外部主機命名為 Client，並把在 `nyc-cor-edg-r1` 後面的主機命名為 Server：

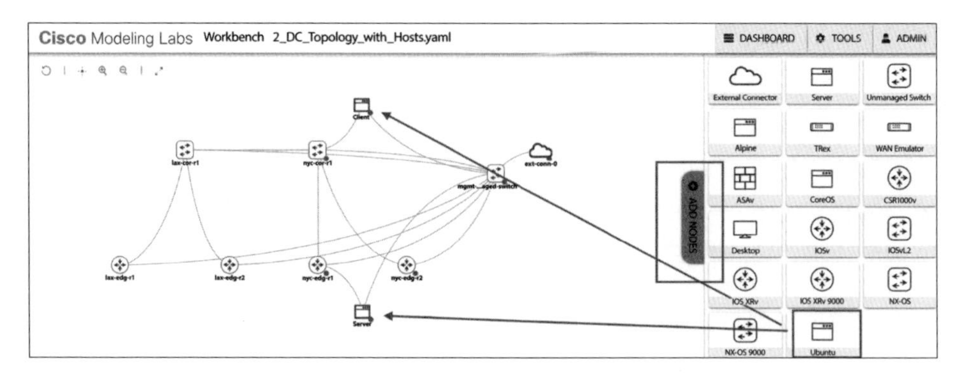

圖 6.1：加入 Ubuntu 主機

這是複習並學習 Ubuntu Linux 聯網的好時機，我們會花點時間，將此聯網設置的 Ubuntu Linux 選項列出來。此處為實驗環境網路的概觀：

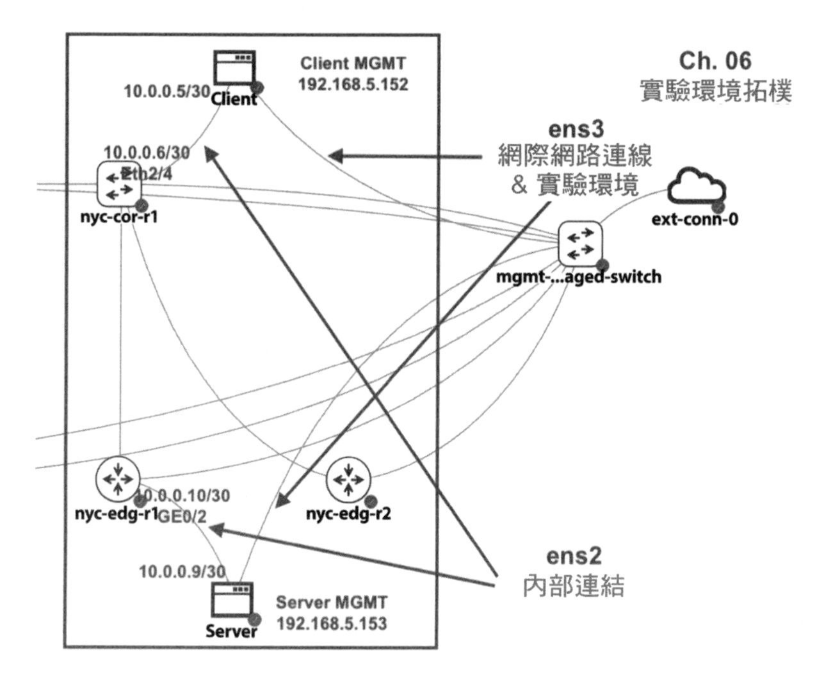

圖 6.2：實驗環境拓樸

此處列出的 IP 位址可能與您的實驗環境不同，為了在本章後面的程式碼範例中比較容易參考，因此詳細列出。

我們將替主機增加兩條雙連結，一條連至未管理的交換器，用來管理與連上網際網路，另一條則是用來路由網際網路流量。如圖所示，我們用 `hostname <name>` 指令，將上面的主機改名為 Client，下面的主機改名叫 Server，這情況如同網路上的客戶端，要連到我們網路裡的公司伺服器。CML 軟體裡的 Ubuntu Linux 版本是 18.04 LTS：

```
ubuntu@client:~$ lsb_release -a
No LSB modules are available.
Distributor ID:    Ubuntu
```

```
Description:	Ubuntu 18.04.3 LTS
Release:	18.04
Codename:	bionic
```

要列出與開啟連結，可以使用 `ip link` 與 `ifconfig` 指令：

```
ubuntu@client:~$ ip link
1: lo: <LOOPBACK,UP,LOWER_UP> mtu 65536 qdisc noqueue state UNKNOWN mode
DEFAULT group default qlen 1000
    link/loopback 00:00:00:00:00:00 brd 00:00:00:00:00:00
2: ens2: <BROADCAST,MULTICAST,UP,LOWER_UP> mtu 1500 qdisc fq_codel state
UP mode DEFAULT group default qlen 1000
    link/ether 52:54:00:1e:bc:51 brd ff:ff:ff:ff:ff:ff
3: ens3: <BROADCAST,MULTICAST,UP,LOWER_UP> mtu 1500 qdisc fq_codel state
UP mode DEFAULT group default qlen 1000
    link/ether 52:54:00:19:54:b5 brd ff:ff:ff:ff:ff:ff
ubuntu@ubuntu:~$ sudo ifconfig ens3 up
```

當主機第一次啟動時，會有初始的網路組態置於 `/etc/netplan/50-cloud-init.yaml` 之中。我們會先備份它，再建立自己的組態檔案：

```
ubuntu@ubuntu:/etc/netplan$ cd /etc/netplan/
ubuntu@ubuntu:/etc/netplan$ cp 50-cloud-init.yaml 50-cloud-init.yaml.bak
ubuntu@ubuntu:/etc/netplan$ sudo rm 50-cloud-init.yaml
ubuntu@ubuntu:/etc/netplan$ sudo touch 50-cloud-init.yaml
```

針對兩條網路連結，我們會用以下的組態來配置 `ens3`（管理和連上網際網路）的預設閘道，以及內部連結：

```
ubuntu@client:~$ cat /etc/netplan/50-cloud-init.yaml
```

```
network:
  version: 2
  renderer: networkd
  ethernets:
    ens3:
      dhcp4: no
      dhcp6: no
```

```
      addresses: [192.168.2.152/24]
      gateway4: 192.168.2.1
      nameservers:
        addresses: [192.168.2.1,8.8.8.8]
      ens2:
        dhcp4: no
        dhcp6: no
        addresses: [10.0.0.5/30]
```

要使網路變更生效，可使用 `netplan apply` 指令：

```
ubuntu@ubuntu:/etc/netplan$ sudo netplan apply
```

此處為 Server 端的快速輸出：

```
ubuntu@server:~$ ip link
1: lo: <LOOPBACK,UP,LOWER_UP> mtu 65536 qdisc noqueue state UNKNOWN mode
DEFAULT group default qlen 1000
    link/loopback 00:00:00:00:00:00 brd 00:00:00:00:00:00
2: ens2: <BROADCAST,MULTICAST,UP,LOWER_UP> mtu 1500 qdisc fq_codel state
UP mode DEFAULT group default qlen 1000
    link/ether 52:54:00:12:9c:5f brd ff:ff:ff:ff:ff:ff
3: ens3: <BROADCAST,MULTICAST,UP,LOWER_UP> mtu 1500 qdisc fq_codel state
UP mode DEFAULT group default qlen 1000
    link/ether 52:54:00:0e:f7:ab brd ff:ff:ff:ff:ff:ff
ubuntu@server:~$ cat /etc/netplan/50-cloud-init.yaml
```

```
network:
  version: 2
  renderer: networkd
  ethernets:
    ens3:
      dhcp4: no
      dhcp6: no
      addresses: [192.168.2.153/24]
      gateway4: 192.168.2.1
      nameservers:
        addresses: [192.168.2.1,8.8.8.8]
```

```
ens2:
  dhcp4: no
  dhcp6: no
  addresses: [10.0.0.9/30]
```

我們把連接上的網路，加入現有的 OSPF 網路中。此處為 nyc-cor-r1 的組態設定：

```
nyc-cor-r1# config t
Enter configuration commands, one per line. End with CNTL/Z.
nyc-cor-r1(config)# int ethernet 2/4
nyc-cor-r1(config-if)# ip add 10.0.0.6/24
nyc-cor-r1(config-if)# ip router ospf 200 area 0.0.0.200
nyc-cor-r1(config-if)# no shut
nyc-cor-r1(config-if)# end
nyc-cor-r1# ping 10.0.0.5
PING 10.0.0.5 (10.0.0.5): 56 data bytes
36 bytes from 10.0.0.6: Destination Host Unreachable
Request 0 timed out
64 bytes from 10.0.0.5: icmp_seq=1 ttl=63 time=4.888 ms
64 bytes from 10.0.0.5: icmp_seq=2 ttl=63 time=2.11 ms
64 bytes from 10.0.0.5: icmp_seq=3 ttl=63 time=2.078 ms
64 bytes from 10.0.0.5: icmp_seq=4 ttl=63 time=0.965 ms
^C
--- 10.0.0.5 ping statistics ---
5 packets transmitted, 4 packets received, 20.00% packet loss
round-trip min/avg/max = 0.965/2.51/4.888 ms
nyc-cor-r1#
```

nyc-cor-edg-r1 組態如下：

```
nyc-edg-r1#confi t
Enter configuration commands, one per line. End with CNTL/Z.
nyc-edg-r1(config)#int gig 0/2
nyc-edg-r1(config-if)#ip add 10.0.0.10 255.255.255.252
nyc-edg-r1(config-if)#no shut
nyc-edg-r1(config-if)#end
```

```
nyc-edg-r1#ping 10.0.0.9
Type escape sequence to abort.
Sending 5, 100-byte ICMP Echos to 10.0.0.9, timeout is 2 seconds:
.!!!!
Success rate is 80 percent (4/5), round-trip min/avg/max = 1/3/7 ms
nyc-edg-r1#
nyc-edg-r1#confi t
Enter configuration commands, one per line. End with CNTL/Z.
nyc-edg-r1(config)#router ospf 200
nyc-edg-r1(config-router)#net
nyc-edg-r1(config-router)#network 10.0.0.8 0.0.0.3 area 200
nyc-edg-r1(config-router)#end
nyc-edg-r1#
```

接下來的部分對於不熟悉基於主機聯網的工程師而言，可能較棘手。預設情形下，主機也有路由的選擇偏好，我們替 `ens3` 增加預設閘道，可以讓我們使用實驗環境的閘道作為「最後的目的地」。我們可以藉由 `route` 指令在主機上查看路由表：

```
ubuntu@client:~$ route -n
Kernel IP routing table
Destination     Gateway         Genmask         Flags Metric Ref    Use
Iface
0.0.0.0         192.168.2.1     0.0.0.0         UG    0      0        0
ens3
10.0.0.4        0.0.0.0         255.255.255.252 U     0      0        0
ens2
192.168.2.      0 0.0.0.0       255.255.255.0   U     0      0        0
ens3
```

我們將用以下指令，透過 `route` 指令把流量從 Client 導向 Server：

```
ubuntu@client:~$ sudo route add -net 10.0.0.8/30 gw 10.0.0.6
ubuntu@client:~$ route -n
Kernel IP routing table
Destination     Gateway         Genmask         Flags Metric Ref    Use
Iface
```

```
0.0.0.0         192.168.2.1     0.0.0.0         UG    0      0        0
ens3
10.0.0.4        0.0.0.0         255.255.255.252 U     0      0        0
ens2
10.0.0.8        10.0.0.6        255.255.255.252 UG    0      0        0
ens2
192.168.2.0     0.0.0.0         255.255.255.0   U     0      0        0
ens3
```

在 Server 端也要做相同的操作：

```
ubuntu@server:~$ sudo route add -net 10.0.0.4/30 gw 10.0.0.10
ubuntu@server:~$ route -n
Kernel IP routing table
Destination     Gateway         Genmask         Flags Metric Ref    Use
Iface
0.0.0.0         192.168.2.1     0.0.0.0         UG    0      0        0
ens3
10.0.0.4        10.0.0.10       255.255.255.252 UG    0      0        0
ens2
10.0.0.8        0.0.0.0         255.255.255.252 U     0      0        0
ens2
192.168.2.0     0.0.0.0         255.255.255.0   U     0      0        0
ens3
```

要驗證 Client 到 Server 的連線路徑，可以使用 ping 與 trace 來測試路由，確保主機之間的流量會通過網路設備，而非預設路由：

```
# 在 Client 和 Server 上安裝
ubuntu@ubuntu:~$ sudo apt install traceroute

# 從 Server 到 Client
ubuntu@server:~$ ping -c 1 10.0.0.5
PING 10.0.0.5 (10.0.0.5) 56(84) bytes of data.
64 bytes from 10.0.0.5: icmp_seq=1 ttl=62 time=3.38 ms

--- 10.0.0.5 ping statistics ---
```

```
1 packets transmitted, 1 received, 0% packet loss, time 0ms
rtt min/avg/max/mdev = 3.388/3.388/3.388/0.000 ms
ubuntu@server:~$ traceroute 10.0.0.5
traceroute to 10.0.0.5 (10.0.0.5), 30 hops max, 60 byte packets
 1  10.0.0.10 (10.0.0.10)  2.829 ms  5.832 ms  7.396 ms
 2  * * *
 3  10.0.0.5 (10.0.0.5)  11.458 ms  11.459 ms 11.744 ms

# 從 Client 到 Server
ubuntu@client:~$ ping -c 1 10.0.0.9
PING 10.0.0.9 (10.0.0.9) 56(84) bytes of data.
64 bytes from 10.0.0.9: icmp_seq=1 ttl=62 time=3.32 ms

--- 10.0.0.9 ping statistics ---
1 packets transmitted, 1 received, 0% packet loss, time 0ms
rtt min/avg/max/mdev = 3.329/3.329/3.329/0.000 ms
ubuntu@client:~$ traceroute 10.0.0.9
traceroute to 10.0.0.9 (10.0.0.9), 30 hops max, 60 byte packets
 1  10.0.0.6 (10.0.0.6)  3.187 ms  3.318 ms  3.804 ms
 2  * * *
 3  10.0.0.9 (10.0.0.9) 11.845 ms  12.030 ms  12.035 ms
```

最後一個任務是替本章後續的內容備好主機，並且更新資源庫：

```
$ sudo apt update && sudo apt upgrade -y
$ sudo apt install software-properties-common -y
$ sudo add-apt-repository ppa:deadsnakes/ppa
$ sudo apt install -y python3.10 python3.10-venv
$ python3.10 -m venv venv
$ source venv/bin/activate
```

太棒了！實驗環境已建置完成，接著可以來看看一些使用 Python 實作的安全工具與措施。

Python Scapy 工具

Scapy（`https://scapy.net`）是一個功能強大且基於 Python 的互動式封包製作程式。就我所知，除了少數價格高昂的商業程式外，很少有其他工具能做到像 Scapy 那樣，它是我在 Python 中最愛的工具之一。

Scapy 的主要優點是它能讓我們從最基礎的層級開始製作封包，用 Scapy 作者的話說：

> 「Scapy 是功能強大的互動式封包操作程式。它可以製作或解碼各種協定的封包，並且能夠在網路上發送、捕獲、匹配請求與回應，還有更多功能……您不會用其他工具創造出作者想像不到的東西，這些工具都是為了特定目的所設計，不會偏離太多。」

現在來看一下此工具吧。

安裝 Scapy

Scapy 在支援 Python 3 上曾有一段有趣過往。早在 2015 年，從 2.2.0 版本時 Scapy 就有名為 Scapy3k 的獨立分支，其目的是要支援 Python 3。在此書中所用的是原本 Scapy 專案的主要程式碼基底，如果您看過本書的上一版，並且使用了只能相容 Python 2 的 Scapy 版本，請務必確認一下每個 Scapy 版本對 Python 3 的支援情況：

Python versions support

Scapy version	Python 2.2-2.6	Python 2.7	Python 3.4-3.6	Python 3.7	Python 3.8	Python 3.9	Python 3.10-3.11
2.3.3	✓	✓	✗	✗	✗	✗	✗
2.4.0	✗	✓	✓	✗	✗	✗	✗
2.4.2	✗	✓	✓	✓	✗	✗	✗
2.4.3-2.4.4	✗	✓	✓	✓	✓	✗	✗
2.4.5	✗	✓	✓	✓	✓	✓	✗
2.5.0	✗	✓	✓	✓	✓	✓	✓

Python versions support

Scapy version	Python 2.2-2.6	Python 2.7	Python 3.4-3.6	Python 3.7	Python 3.8
2.2.X					
2.3.3					
2.4.0					
2.4.2					
2.4.3-2.4.4					

圖 6.3：Python 版本支援
（資料來源：https://scapy.net/download/）

我們將從原始碼安裝官方的發行版：

```
(venv) ubuntu@[server|client]:~$ git clone https://github.com/secdev/
scapy.git
(venv) ubuntu@[server|client]:~$ cd scapy/
(venv) ubuntu@[server|client]:~/scapy$ sudo python3 setup.py install
(venv) ubuntu@[server|client]:~/scapy$ pip install scapy
```

安裝完成後，我們能在命令提示字元裡輸入 **scapy** 來開啟 Scapy 互動式介面：

```
(venv) ubuntu@client:~$ sudo scapy
...


                    aSPY//YASa
            apyyyyCY//////////YCa       |
           sY//////YSpcs  scpCY//Pp     | Welcome to Scapy
ayp ayyyyyyySCP//Pp           syY//C    | Version 2.5.0rc1.dev16
AYAsAYYYYYYYY///Ps              cY//S   |
        pCCCCY//p          cSSps y//Y   | https://github.com/secdev/scapy
        SPPPP///a          pP///AC//Y   |
             A//A            cyP////C   | Have fun!
             p///Ac            sC///a   |
             P////YCpc           A//A   | What is dead may never die!
      scccccp///pSP///p          p//Y   |                     -- Python 2
     sY/////////y caa            S//P   |
      cayCyayP//Ya              pY/Ya
       sY/PsY////YCc          aC//Yp
        sc  sccaCY//PCypaapyCP//YSs
                 spCPY//////YPSps
                      ccaacs
```

在此進行快速測試，確保能從 Python 3 存取 Scapy 函式庫：

```
(venv) ubuntu@client:~$ python3.10
Python 3.10.7 (main, Sep 7 2022, 15:23:21) [GCC 7.5.0] on linux
Type "help", "copyright", "credits" or "license" for more information.
>>> from scapy.all import *
>>> exit()
```

太棒了！ Scapy 已經安裝完成，可以用 Python 直譯器來執行。下一節我們來看看在互動式 shell 中的使用方式。

互動範例

在第一個範例中，將在 Client 端製作一個**網際網路控制訊息協定（ICMP）**封包，然後傳送至 Server。在 Server 端，將會使用 tcpdump 與加上主機篩選器，來查看收到的封包：

```
## Client 端
ubuntu@client:~/scapy$ sudo scapy
>>> send(IP(dst="10.0.0.9")/ICMP())
.
Sent 1 packets.

# Server 端
ubuntu@server:~/scapy$ sudo tcpdump -i ens2
tcpdump: verbose output suppressed, use -v or -vv for full protocol decode
listening on ens2, link-type EN10MB (Ethernet), capture size 262144 bytes
02:02:24.402707 Loopback, skipCount 0, Reply, receipt number 0, data (40
octets)
02:02:24.658511 IP 10.0.0.5 > server: ICMP echo request, id 0, seq 0,
length 8
02:02:24.658532 IP server > 10.0.0.5: ICMP echo reply, id 0, seq 0, length
8
```

如您所見，用 Scapy 製作封包很簡單。Scapy 允許使用斜線（/）作為分隔符號，一層一層地建立封包。send 函式在第三層運作，它會幫您處理路由與第二層。也有一個在第二層運作的 sendp() 函式替代選項，這表示您需要指定介面與連結層協定。

我們來用 send-request（sr）函式抓取回傳的封包，此處使用 sr 的特殊變形，稱為 sr1，它只會回傳一個封包，此封包是對我們發出封包的回應：

```
>>> p = sr1(IP(dst="10.0.0.9")/ICMP())
Begin emission:
.Finished sending 1 packets.
*
Received 2 packets, got 1 answers, remaining 0 packets
>>> p
<IP version=4 ihl=5 tos=0x0 len=28 id=5717 flags= frag=0 ttl=62
proto=icmp chksum=0x527f src=10.0.0.9 dst=10.0.0.5 |<ICMP type=echo-reply
code=0 chksum=0xffff id=0x0 seq=0x0 |<Padding load='\x00\x00\x00\x00\x00\
x00\x00\x00\x00\x00\x00\x00\x00\x00\x00\x00\x00\x00' |>>>
>>>
```

有一點要注意，sr() 函式會回傳一個元組，裡面包含已回答與未回答的串列：

```
>>> p = sr(IP(dst="10.0.0.9")/ICMP())
.Begin emission:
.....Finished sending 1 packets.
*
Received 7 packets, got 1 answers, remaining 0 packets
>>> type(p)
<class 'tuple'>
```

現在，來看看元組裡面的內容：

```
>>> ans, unans = sr(IP(dst="10.0.0.9")/ICMP())
.Begin emission:
...Finished sending 1 packets.
..*
Received 7 packets, got 1 answers, remaining 0 packets
>>> type(ans)
<class 'scapy.plist.SndRcvList'>
>>> type(unans)
<class 'scapy.plist.PacketList'>
```

如果只看已回答的封包串列，會發現它是一個 `NamedTuple`，裡面包含著我們送出的封包與回傳的封包：

```
>>> for i in ans:
...     print(type(i))
...
<class 'scapy.compat.NamedTuple.<locals>._NT'>
>>>
>>>
>>> for i in ans:
...     print(i)
...
QueryAnswer(query=<IP  frag=0 proto=icmp dst=10.0.0.9 |<ICMP  |>>,
answer=<IP version=4 ihl=5 tos=0x0 len=28 id=10871 flags= frag=0 ttl=62
proto=icmp chksum=0x3e5d src=10.0.0.9 dst=10.0.0.5 |<ICMP  type=echo-reply
code=0 chksum=0xffff id=0x0 seq=0x0 |<Padding  load='\x00\x00\x00\x00\x00\
x00\x00\x00\x00\x00\x00\x00\x00\x00\x00\x00\x00\x00' |>>>)
```

Scapy 也提供第七層的封包結構，例如 DNS 查詢。在以下的例子中，我們會向公開的 DNS 伺服器查詢 `www.google.com` 的解析結果：

```
>>> p = sr1(IP(dst="8.8.8.8")/UDP()/DNS(rd=1,qd=DNSQR(qname="www.google.
com")))
Begin emission:
Finished sending 1 packets.
......*
Received 7 packets, got 1 answers, remaining 0 packets
>>> p
<IP version=4 ihl=5 tos=0x20 len=76 id=20467 flags= frag=0 ttl=58
proto=udp chksum=0x5d3e src=8.8.8.8 dst=192.168.2.152 |<UDP  sport=domain
dport=domain len=56 chksum=0xf934 |<DNS  id=0 qr=1 opcode=QUERY aa=0
tc=0 rd=1 ra=1 z=0 ad=0 cd=0 rcode=ok qdcount=1 ancount=1 nscount=0
arcount=0 qd=<DNSQR  qname='www.google.com.' qtype=A qclass=IN |>
an=<DNSRR  rrname='www.google.com.' type=A rclass=IN ttl=115 rdlen=4
rdata=142.251.211.228 |> ns=None ar=None |>>>
>>>
```

我們再來看看 Scapy 的其他功能，首先先用 Scapy 來抓取封包。

使用 Scapy 抓取封包

作為一名網路工程師，常常需要抓取在網路線路上的封包來排除故障。我們一般使用 Wireshark 或類似的工具，但 Scapy 也能輕易地抓取在線路上的封包：

```
>>> a = sniff(filter="icmp", count=5)
>>> a.show()
0000 Ether / IP / ICMP 192.168.2.152 > 8.8.8.8 echo-request 0 / Raw
0001 Ether / IP / ICMP 8.8.8.8 > 192.168.2.152 echo-reply 0 / Raw
0002 Ether / IP / ICMP 192.168.2.152 > 8.8.8.8 echo-request 0 / Raw
0003 Ether / IP / ICMP 8.8.8.8 > 192.168.2.152 echo-reply 0 / Raw
0004 Ether / IP / ICMP 192.168.2.152 > 8.8.8.8 echo-request 0 / Raw
```

我們能更詳細地查看封包，包括它的原始格式：

```
>>> for packet in a:
...     print(packet.show())
...
###[ Ethernet ]###
  dst       = 08:b4:b1:18:01:39
  src       = 52:54:00:19:54:b5
  type      = IPv4
###[ IP ]###
     version   = 4
     ihl       = 5
     tos       = 0x0
     len       = 84
     id        = 38166
     flags     = DF
     frag      = 0
     ttl       = 64
     proto     = icmp
     chksum    = 0xd242
     src       = 192.168.2.152
     dst       = 8.8.8.8
     \options \
###[ ICMP ]###
```

```
        type      = echo-request
        code      = 0
        chksum    = 0x6596
        id        = 0x502f
        seq       = 0x1
        unused    = ''
###[ Raw ]###
           load      = '\\xaa7%c\x00\x00\x00\x00\\xb2\\xcb\x01\x00\x00\
x00\x00\x00\x10\x11\x12\x13\x14\x15\x16\x17\x18\x19\x1a\x1b\x1c\x1d\x1e\
x1f !"#$%&\'()*+,-./01234567'
<skip>
```

我們已經見過 Scapy 的基本運作。現在來看看如何使用 Scapy 進行常見的安全測試吧。

掃描 TCP 連接埠

對於潛伏的駭客而言，第一步通常是找出網路上開放的服務，以便集中力量攻擊。當然，開放某些連接埠來提供客戶服務，這是不得不承擔的風險之一。然而，我們應該關掉不必開放的連接埠，減少暴露更多攻擊面。我們能用 Scapy 來製做簡單的 TCP 開放連接埠掃描，來掃描自己的主機。

我們可以送出一個 SYN 封包，並且查看伺服器是否會回傳 SYN-ACK 給不同的連接埠。首先先從 Telnet 的 TCP 連接埠 23 開始：

```
>>> p = sr1(IP(dst="10.0.0.9")/TCP(sport=666,dport=23,flags="S"))
Begin emission:
Finished sending 1 packets.
.*
Received 2 packets, got 1 answers, remaining 0 packets
>>> p.show()
###[ IP ]###
  version= 4
  ihl= 5
  tos= 0x0
  len= 40
  id= 14089
```

```
  flags= DF
  frag= 0
  ttl= 62
  proto= tcp
  chksum= 0xf1b9
  src= 10.0.0.9
  dst= 10.0.0.5
  \options\
###[ TCP ]###
     sport= telnet
     dport= 666
     seq= 0
     ack= 1
     dataofs= 5
     reserved= 0
     flags= RA
     window= 0
     chksum= 0x9911
     urgptr= 0
     options= []
```

注意，此處的輸出結果中，伺服器針對 TCP23 埠回覆了 RESET+ACK。然而，TCP22 埠（SSH）是開放的，所以會收到一個 SYN-ACK。

```
>>> p = sr1(IP(dst="10.0.0.9")/TCP(sport=666,dport=22,flags="S")).show()
###[ IP ]###
  version= 4
<skip>
  proto= tcp
  chksum= 0x28bf
  src= 10.0.0.9
  dst= 10.0.0.5
  \options\
###[ TCP ]###
     sport= ssh
     dport= 666
     seq= 1671401418
     ack= 1
```

```
    dataofs= 6
    reserved= 0
    flags= SA
<skip>
```

我們還可以掃描從 20 到 22 一定範圍的目的地連接埠，請注意，我們使用的是 `sr()` 來發送與接收，而非 `sr1()` 只收發一個封包的變形。

```
>>> ans,unans = sr(IP(dst="10.0.0.9")/
TCP(sport=666,dport=(20,22),flags="S"))
>>> for i in ans:
...     print(i)
...
QueryAnswer(query=<IP  frag=0 proto=tcp dst=10.0.0.9 |<TCP  sport=666
dport=ftp_data flags=S |>>, answer=<IP  version=4 ihl=5 tos=0x0 len=40
id=0 flags=DF frag=0 ttl=62 proto=tcp chksum=0x28c3 src=10.0.0.9
dst=10.0.0.5 |<TCP  sport=ftp_data dport=666 seq=0 ack=1 dataofs=5
reserved=0 flags=RA window=0 chksum=0x9914 urgptr=0 |<Padding  load='\x00\
x00\x00\x00\x00\x00' |>>>)
QueryAnswer(query=<IP  frag=0 proto=tcp dst=10.0.0.9 |<TCP  sport=666
dport=ftp flags=S |>>, answer=<IP  version=4 ihl=5 tos=0x0 len=40 id=0
flags=DF frag=0 ttl=62 proto=tcp chksum=0x28c3 src=10.0.0.9 dst=10.0.0.5
|<TCP  sport=ftp dport=666 seq=0 ack=1 dataofs=5 reserved=0 flags=RA
window=0 chksum=0x9913 urgptr=0 |<Padding  load='\x00\x00\x00\x00\x00\x00'
|>>>)
QueryAnswer(query=<IP  frag=0 proto=tcp dst=10.0.0.9 |<TCP  sport=666
dport=ssh flags=S |>>, answer=<IP  version=4 ihl=5 tos=0x0 len=44 id=0
flags=DF frag=0 ttl=62 proto=tcp chksum=0x28bf src=10.0.0.9 dst=10.0.0.5
|<TCP  sport=ssh dport=666 seq=4214084277 ack=1 dataofs=6 reserved=0
flags=SA window=29200 chksum=0x4164 urgptr=0 options=[('MSS', 1460)]
|<Padding  load='\x00\x00' |>>>)
```

我們也能選擇一個目的地網路，而非單一主機。從 10.0.0.8/29 網段中，可以發現，主機 10.0.0.9、10.0.0.10 與 10.0.0.14 均回傳了 SA，這與兩個網路設備和一個主機的拓樸相符合：

```
>>> ans,unans = sr(IP(dst="10.0.0.8/29")/
TCP(sport=666,dport=(22),flags="S"))
```

```
>>> for i in ans:
...     print(i)
...
(<IP  frag=0 proto=tcp dst=10.0.0.14 |<TCP  sport=666 dport=ssh flags=S
|>>, <IP  version=4 ihl=5 tos=0x0 len=44 id=7289 flags= frag=0 ttl=64
proto=tcp chksum=0x4a41 src=10.0.0.14 dst=10.0.0.5 |<TCP  sport=ssh
dport=666 seq=1652640556 ack=1 dataofs=6 reserved=0 flags=SA window=17292
chksum=0x9029 urgptr=0 options=[('MSS', 1444)] |>>)
(<IP  frag=0 proto=tcp dst=10.0.0.9 |<TCP  sport=666 dport=ssh flags=S
|>>, <IP  version=4 ihl=5 tos=0x0 len=44 id=0 flags=DF frag=0 ttl=62
proto=tcp chksum=0x28bf src=10.0.0.9 dst=10.0.0.5 |<TCP  sport=ssh
dport=666 seq=898054835 ack=1 dataofs=6 reserved=0 flags=SA window=29200
chksum=0x9f0d urgptr=0 options=[('MSS', 1460)] |>>)
(<IP  frag=0 proto=tcp dst=10.0.0.10 |<TCP  sport=666 dport=ssh flags=S
|>>, <IP  version=4 ihl=5 tos=0x0 len=44 id=38021 flags= frag=0 ttl=254
proto=tcp chksum=0x1438 src=10.0.0.10 dst=10.0.0.5 |<TCP  sport=ssh
dport=666 seq=371720489 ack=1 dataofs=6 reserved=0 flags=SA window=4128
chksum=0x5d82 urgptr=0 options=[('MSS', 536)] |>>)
>>>
```

根據目前為止所學到的內容，我們能製作一個簡單的腳本以重複使用，將之命名為 scapy_tcp_scan_1.py：

```
#!/usr/bin/env python3
from scapy.all import *
import sys
def tcp_scan(destination, dport):
    ans, unans = sr(IP(dst=destination)/
TCP(sport=666,dport=dport,flags="S"))
    for sending, returned in ans:
        if 'SA' in str(returned[TCP].flags):
            return destination + " port " + str(sending[TCP].dport) + " is
open."
        else:
            return destination + " port " + str(sending[TCP].dport) + " is
not open."
def main():
    destination = sys.argv[1]
```

```
    port = int(sys.argv[2])
    scan_result = tcp_scan(destination, port)
    print(scan_result)
if __name__ == "__main__":
    main()
```

在腳本裡，先匯入建議的 scapy 與 sys 模組，用於接收參數。tcp_scan() 函式的功能與先前見過的類似，唯一的不同是我們將它功能化，如此一來就能從參數裡取得輸入，並在 main() 函式中來呼叫 tcp_scan() 函式。

要記住，存取底層網路需要 root 權限，所以需使用 sudo 執行此腳本。我們使用此腳本來掃描 22 連接埠（SSH）與 80 連接埠（HTTP）：

```
ubunbu@client:~$ sudo python3 scapy_tcp_scan_1.py "10.0.0.14" 22
Begin emission:
......Finished sending 1 packets.
*
Received 7 packets, got 1 answers, remaining 0 packets
10.0.0.14 port 22 is open.
ubuntu@client:~$ sudo python3 scapy_tcp_scan_1.py "10.0.0.14" 80
Begin emission:
...Finished sending 1 packets.
*
Received 4 packets, got 1 answers, remaining 0 packets
10.0.0.14 port 80 is not open.
```

這是一個相對較長的 TCP 掃描腳本範例，它展示了用 Scapy 自訂封包的強大力量。我們在互動式 shell 裡測試了這些步驟，並且最終用一個簡單的腳本來完成。接下來，我們來看看更多 Scapy 在安全測試方面的範例。

ping 集合

假設網路中混合著 Windows、Unix 與 Linux 的機器，且網路使用者能根據**自攜設備（BYOD）**的政策加入他們的機器；這些機器不一定能支援 ICMP ping。我們現在能構建一個檔案，裡面包含網路常用的三種 ping 型態——ICMP、TCP 與 UDP ping，檔名為 scapy_ping_collection.py：

```
#!/usr/bin/env python3
from scapy.all import *
def icmp_ping(destination):
    # 正規的 ICMP ping
    ans, unans = sr(IP(dst=destination)/ICMP())
    return ans
def tcp_ping(destination, dport):
    ans, unans = sr(IP(dst=destination)/TCP(dport=dport,flags="S"))
    return ans
def udp_ping(destination):
    ans, unans = sr(IP(dst=destination)/UDP(dport=0))
    return ans
def answer_summary(ans):
    for send, recv in ans:
        print(recv.sprintf("%IP.src% is alive"))
```

然後，可以用腳本在網路上執行這三種 ping 型態：

```
def main():
    print("** ICMP Ping **")
    ans = icmp_ping("10.0.0.13-14")
    answer_summary(ans)
    print("** TCP Ping ***")
    ans = tcp_ping("10.0.0.13", 22)
    answer_summary(ans)
    print("** UDP Ping ***")
    ans = udp_ping("10.0.0.13-14")
    answer_summary(ans)
if __name__ == "__main__":
    main()
```

說到此，希望您能認同我的觀點：一旦擁有構建自訂封包的能力，就能掌控想要進行的操作與測試類型。按照使用 Scapy 構建封包的思路，我們能藉此對網路進行安全測試。

一般攻擊

在此範例中，將展示如何用 Scapy 來建立封包，進行典型的攻擊，例如**死亡之** *Ping*（https://en.wikipedia.org/wiki/Ping_of_death）與 *LAND* **攻擊**（https://en.wikipedia.org/wiki/Denial-of-service_attack）。這些屬於網路滲透測試，您以前可能需要花錢買類似的商用軟體，而現在使用 Scapy 就能在保持完全控制的同時進行測試，並於未來增加更多測試。

第一種攻擊是傳送一個偽造的 IP 標頭至目標主機，例如 IP 標頭長度為 2 且 IP 版本為 3：

```
def malformed_packet_attack(host):
        send(IP(dst=host, ihl=2, version=3)/ICMP())
```

`ping_of_death_attack` 是由負載超過 65,535 位元組的正規 ICMP 封包所組成：

```
def ping_of_death_attack(host):
    # https://en.wikipedia.org/wiki/Ping_of_death
    send(fragment(IP(dst=host)/ICMP()/("X"*60000)))
```

`land_attack` 則是想將客戶端的回應轉傳回到原客戶端，從而耗盡主機資源：

```
def land_attack(host):
    # https://en.wikipedia.org/wiki/Denial-of-service_attack
    send(IP(src=host, dst=host)/TCP(sport=135,dport=135))
```

這些都是老舊的漏洞或經典攻擊，現代的作業系統已經不受它們影響，對於 Ubuntu 20.04 主機，這些攻擊都無法使它當機。然而，隨著安全問題不斷被發現，Scapy 是一個能使我們對自己的網路與主機進行初步測試的最佳工具，不需等待受影響的廠商提供驗證工具。這對於網路上越來越常見的零日（沒有事先通知就發佈）攻擊而言特別有用。Scapy 是功能強大的工具，它能做的事情遠超於此章所能介紹的，幸運的是，有許多關於 Scapy 的開源資源可供參考。

Scapy 資源

在此章中，我們花了許多功夫學習 Scapy，這是因為我對此工具非常看好，也希望您能認同 Scapy 是值得網路工程師保留在工具組的好工具。Scapy 最好的部分是它持續與用戶社群一起不停地發展。

強烈建議您至少看一下 Scapy 的教學以及您有興趣的文件，網址是 `http://scapy.readthedocs.io/en/latest/usage.html#interactive-tutorial`。

當然，網路安全不只是自訂封包與測試漏洞。在下一節，我們將來看看如何以自動化方式來管理存取列表，這是一種保護敏感內部資源的常見方法。

存取列表

網路存取列表通常是防禦外來入侵與攻擊的第一道防線。一般而言，路由器與交換器利用高速記憶體硬體處理封包，例如**三元內容可定址記憶體（TCAM）**，因此能比伺服器更加迅速。它們不需查看應用層資訊，相反地，只需檢查第三層與第四層的標頭來決定是否轉送封包，因此，我們通常會使用網路設備的存取列表來作為保護網路資源的第一步。

根據經驗，我們會竭盡所能讓存取列表放在離源頭（客戶端）最近之處。從本質上來講，我們也會信任內部主機，而不信任網路邊界外的客戶端，因此存取列表通常放在面向外部網路介面的入口處。在我們的實驗環境中，`nyc-cor-r1` 與客戶主機直接以 Ethernet2/2 連接，這表示需要在 Ethernet2/2 上放置一個進入的存取列表。

如果您不確定存取列表的設定方向與位置，以下幾點有助於您：

- 以網路設備的角度來考慮存取列表。
- 把封包簡化成只有來源與目的地的 IP，並以一台主機為例。
- 在我們的實驗環境中，從 Server 到 Client 的流量，來源 IP 是 `10.0.0.9`，目的地 IP 則是 `10.0.0.5`。
- 從 Client 到 Server 的流量，來源 IP 是 `10.0.0.5`，目的地 IP 則是 `10.0.0.9`。

很顯然，每個網路都不同，存取列表的建立需要根據伺服器所提供的服務來決定。不過，作為一個入站邊界存取列表，您應該做到以下的事：

- 禁止 RFC 3030 特殊用途位址的來源，例如 `127.0.0.0/8`。
- 禁止 RFC 1918 網段，例如 `10.0.0.0/8`。
- 禁止來源 IP 為我們自己的網段；在此例則是 `10.0.0.4/30`。
- 允許入站 TCP 連接埠 `22`（SSH）與 `80`（HTTP）到主機 `10.0.0.9`。
- 禁止其他任何流量。

此處有個不錯的偽網路列表，以確認需要設定阻擋的 IP：`https://ipinfo.io/bogon`。

知道要加入什麼只是完成所有步驟中的一半。在下一節中，我們將看一下如何用 Ansible 來實作預期的存取列表。

使用 Ansible 實作存取列表

要實作這個存取列表，最簡單的方式就是用 Ansible。先前的章節中我們已經介紹過 Ansible，但在此情境中，Ansible 的好處還是值得再提一下：

- **管理更簡單**：對於較長的存取列表，能使用 `include` 指令將存取列表拆成更易管理的片段，這些片段能由其他團隊或服務擁有者來管理。
- **冪等性**：我們可以定期執行劇本，就只會進行必要的修改。
- **每個任務都是明確的**：我們可以區分條目的結構，以及將存取列表套用至適當的介面上。
- **複用性**：在未來，若我們新增其他的外部連接介面，只需將設備加入至存取列表中的設備列表裡即可。
- **可擴展性**：您會注意到能用同一個劇本來構建存取列表，並套用至正確的介面上。我們能先從小規模開始，並在未來需要時將它擴展成單獨劇本。

host 檔案格式相當標準，我們也會遵循我們的標準，把變數放至 host_vars 資料夾裡：

```
[nxosv-devices]
nyc-cor-r1

[iosv-devices]
nyc-edg-r1
```

```
$ cat host_vars/nyc-cor-r1
---
ansible_host: 192.168.2.60
ansible_user: cisco
ansible_ssh_pass: cisco
ansible_connection: network_cli
ansible_network_os: nxos
ansbile_become: yes
ansible_become_method: enable
ansible_become_pass: cisco
```

我們會在劇本中宣告變數：

```
---
- name: Configure Access List
  hosts: "nxosv-devices"
  gather_facts: false
  connection: local
  vars:
    cli:
      host: "{{ ansible_host }}"
      username: "{{ ansible_username }}"
      password: "{{ ansible_password }}"
```

為了減省篇幅，我們只展示如何禁止 RFC 1918 網段，禁止 RFC 3030 和自身網段的方法與此步驟相同。請注意，由於現在的組態是使用 10.0.0.0 網段來指派位址，所以我們沒有在劇本中禁止 10.0.0.0/8，當然，也能先允許單一主機，然後於後面的條目中禁止 10.0.0.0/8，但是此範例中，我們選擇省略此步驟：

```
    tasks:
      - nxos_acl:
          name: border_inbound
          seq: 20
          action: deny
          proto: tcp
          src: 172.16.0.0/12
          dest: any
          log: enable
          state: present
      - nxos_acl:
          name: border_inbound
          seq: 30
          action: deny
          proto: tcp
          src: 192.168.0.0/16
          dest: any
          state: present
          log: enable
<skip>
```

請注意，我們允許從內部伺服器發出的已建立連線能夠回傳。我們也在最後使用明確的 `deny ip any` 指令，並且給它高順序號碼（`1000`），如此一來我們就能在之後加入新條目。

然後我們就能將存取列表套用至正確的介面：

```
      - name: apply ingress acl to Ethernet 2/4
        nxos_acl_interface:
          name: border_inbound
          interface: Ethernet2/4
          direction: ingress
          state: present
```

這個存取列表看起來似乎很費工，對於有經驗的工程師而言，用 Ansible 完成此任務可能比直接登入設備並配置存取列表還要花時間。不過，請記住此劇本往後能重複利用，所以從長遠來看，它會省下不少時間。

根據我的經驗，通常較長的存取列表中，有些條目只針對一種服務，有些條目則是針對其他服務。存取列表通常會隨著時間的流逝而增加，並難以追蹤每個條目的來源與目的，我們能將它們拆分，使較長的存取列表在管理上能變得更加容易。

現在來執行劇本並在 `nx-osv-1` 上驗證（`verify`）：

```
$ ansible-playbook -i hosts access_list_nxosv.yml

PLAY [Configure Access List] ********************************************
**********************************

TASK [nxos_acl] *********************************************************
**********************************
ok: [nyc-cor-r1]

<skip>

TASK [nxos_acl] *********************************************************
**********************************
ok: [nyc-cor-r1]

TASK [apply ingress acl to Ethernet 2/4] *********************************
**********************************
changed: [nyc-cor-r1]

PLAY RECAP **************************************************************
**********************************
nyc-cor-r1                 : ok=7    changed=1    unreachable=0
failed=0    skipped=0    rescued=0    ignored=0
<skip>
```

我們應該登入 `nyc-cor-r1` 來驗證變更是否正確：

```
nyc-cor-r1# sh ip access-lists border_inbound

IP access list border_inbound
        20 deny tcp 172.16.0.0/12 any log
```

```
        30 deny tcp 192.168.0.0/16 any log
        40 permit tcp any 10.0.0.9/32 eq 22 log
        50 permit tcp any 10.0.0.9/32 eq www log
        60 permit tcp any any established log
        1000 deny ip any any log

nx-osv-1# sh run int eth 2/4
!
interface Ethernet2/1
  description to Client
  no switchport
  mac-address fa16.3e00.0001
  ip access-group border_inbound in
  ip address 10.0.0.6/30
  ip router ospf 1 area 0.0.0.0
  no shutdown
```

我們已經介紹了在網路上檢查第三層資訊的 IP 存取列表實作。下一節中，我們將展示如何在第二層環境中限制設備的存取。

媒體存取控制（MAC）存取列表

在擁有第二層環境，或是您的乙太網路介面使用的是非 IP 的通訊協定的情況下，還是能使用 MAC 位址存取列表，並根據 MAC 位址來允許或拒絕主機通過，其步驟與 IP 存取列表相似，但是其匹配的條件則是 MAC 位址。回想一下，對於 MAC 位址或是實體位址，前六個十六進位數字代表的是**組織唯一識別碼（OUI）**，因此我們可以用同樣的存取列表匹配模式，來拒絕某些主機群組。

我們正在利用 ios_config 模組在 IOSv 上進行測試，對於舊版的 Ansible，每次執行劇本時，都會執行變更；而新版的 Ansible，控制節點會先檢查是否有變更，並在必要時才執行變更。

host 檔案與劇本的上半部都與 IP 存取列表相似；tasks 部分則是使用不同的模組與參數：

```
<skip>
 tasks:
    - name: Deny Hosts with vendor id fa16.3e00.0000
      ios_config:
        lines:
          - access-list 700 deny fa16.3e00.0000 0000.00FF.FFFF
          - access-list 700 permit 0000.0000.0000 FFFF.FFFF.FFFF
    - name: Apply filter on bridge group 1
      ios_config:
        lines:
          - bridge-group 1
          - bridge-group 1 input-address-list 700
        parents
          - interface GigabitEthernet0/1
```

我們可以執行劇本並在 iosv-1 上驗證它的應用效果：

```
$ ansible-playbook -i hosts access_list_mac_iosv.yml
TASK [Deny Hosts with vendor id fa16.3e00.0000] **************************
**************************************************
changed: [nyc-edg-r1]
TASK [Apply filter on bridge group 1] ************************************
***************************************************
changed: [nyc-edg-r1]
```

如同先前的作法，登入設備來驗證變更：

```
nyc-edg-r1#sh run int gig 0/1
!
interface GigabitEthernet0/1
 description to nyc-cor-r1
 <skip>
 bridge-group 1
 bridge-group 1 input-address-list 700
end
```

隨著虛擬網路越來越流行，第三層資訊在底層的虛擬連結有時會變得不明顯。在此情況下，如果想要限制這些連結的存取，MAC 存取列表就是一個好選項。在此節中，我們使用 Ansible 自動化實作第二層與第三層存取列表。現在讓我們轉個方向，但是仍在確保安全的情境，來看看如何使用 Python 從 `syslog` 中獲取必要的安全資訊。

Syslog 搜尋

有很多網路安全入侵紀錄是發生在很長的一段時間內，在這些悄悄的入侵事件中，其實可以在日誌中發現有可疑活動的跡象與痕跡，這些均能在伺服器與網路設備的日誌中找到。這些活動沒有被偵測到，不是因為缺少資訊，而是因為資訊**太多**，我們要找的關鍵訊息通常深埋在堆積如山的資訊中，以至於難以挑揀出來。

除了 Syslog 外，UFW 也是伺服器上另一個很好的日誌資訊來源，它是 IP tables 的前端，IP tables 則是伺服器的防火牆。UFW 可以簡化防火牆規則的管理，且記錄大量的日誌資訊，如果您想了解更多 UFW，請參閱**其他工具**的章節。

在本節中，為了偵測我們想尋找的活動，將嘗試用 Python 來搜尋 Syslog 文本。當然，要搜尋的具體詞彙會根據使用的設備而有所不同，例如 Cisco 提供了一份列表，藉此得以在 Syslog 中查找任何存取違規日誌。您可以從以下網址找到此列表 `http://www.cisco.com/c/en/us/about/security-center/identify-incidents-via-syslog.html`。

若想進一步了解存取控制列表的日誌紀錄，請參閱此網址 `http://www.cisco.com/c/en/us/about/security-center/access-control-list-logging.html`。

在我們的練習中，將使用一個 Nexus 交換器的匿名化 Syslog 檔案，它記錄了約 65,000 行的日誌訊息，此檔案已放置於本書的 GitHub 儲存庫中：

```
$ wc -l sample_log_anonymized.log
65102 sample_log_anonymized.log
```

我們已經匯入來自 Cisco 文件（`http://www.cisco.com/c/en/us/support/docs/switches/nexus-7000-series-switches/118907-configure-nx7k-00.html`）的 Syslog 訊息，作為我們要查找的日誌內容：

```
2014 Jun 29 19:20:57 Nexus-7000 %VSHD-5-VSHD_SYSLOG_CONFIG_I: Configured
from vty by admin on console0
2014 Jun 29 19:21:18 Nexus-7000 %ACLLOG-5-ACLLOG_FLOW_INTERVAL: Src IP:
10.1 0.10.1,
Dst IP: 172.16.10.10, Src Port: 0, Dst Port: 0, Src Intf: Ethernet4/1, Pro
tocol: "ICMP"(1), Hit-count = 2589
2014 Jun 29 19:26:18 Nexus-7000 %ACLLOG-5-ACLLOG_FLOW_INTERVAL: Src IP:
10.1 0.10.1, Dst IP: 172.16.10.10, Src Port: 0, Dst Port: 0, Src Intf:
Ethernet4/1, Pro tocol: "ICMP"(1), Hit-count = 4561
```

我們將用正規表示式的簡單範例來展示，如果您熟悉 Python 的正規表示式模組，就能跳過此節的其餘內容。

利用正規表示式模組搜尋

對於第一次搜尋，我們只需使用正規表示式模組來搜尋要找的詞彙即可。以下將用簡單的迴圈來達成：

```
#!/usr/bin/env python3
import re, datetime
startTime = datetime.datetime.now()
with open('sample_log_anonymized.log', 'r') as f:
    for line in f.readlines():
        if re.search('ACLLOG-5-ACLLOG_FLOW_INTERVAL', line):
            print(line)
endTime = datetime.datetime.now()
elapsedTime = endTime - startTime
print("Time Elapsed: " + str(elapsedTime))
```

搜尋整個日誌檔案花了大約 0.04 秒的時間：

```
$ python3 python_re_search_1.py
2014 Jun 29 19:21:18 Nexus-7000 %ACLLOG-5-ACLLOG_FLOW_INTERVAL: Src IP:
10.1 0.10.1,
```

```
2014 Jun 29 19:26:18 Nexus-7000 %ACLLOG-5-ACLLOG_FLOW_INTERVAL: Src IP:
10.1 0.10.1,
Time Elapsed: 0:00:00.047249
```

為了提高搜尋效率，建議將搜尋詞彙先行編譯。因為腳本執行很快，這對我們沒什麼影響，可能就是 Python 的直譯性會拖慢速度。然而，當要搜尋更龐大的文本內容時，就會有所不同，故我們需做些改變：

```
searchTerm = re.compile('ACLLOG-5-ACLLOG_FLOW_INTERVAL')
with open('sample_log_anonymized.log', 'r') as f:
for line in f.readlines():
if re.search(searchTerm, line):
    print(line)
```

結果反而更慢了：

```
Time Elapsed: 0:00:00.081541
```

我們將此範例擴展一下，假設有許多檔案，要搜尋的詞彙也有很多，我們將原檔案複製一份成為另一個新檔案：

```
$ cp sample_log_anonymized.log sample_log_anonymized_1.log
```

我們還會搜尋 `PAM: Authentication failure` 詞彙，也會再加一個迴圈，讓它可以搜尋這兩個檔案：

```
term1 = re.compile('ACLLOG-5-ACLLOG_FLOW_INTERVAL')
term2 = re.compile('PAM: Authentication failure')
fileList = ['sample_log_anonymized.log', 'sample_log_anonymized_1.log']
for log in fileList:
    with open(log, 'r') as f:
        for line in f.readlines():
            if re.search(term1, line) or re.search(term2, line):
                print(line)
```

現在就能看出，擴大搜尋的詞彙與訊息數量時，它們之間的效能差異：

```
$ python3 python_re_search_2.py
2016 Jun 5 16:49:33 NEXUS-A %DAEMON-3-SYSTEM_MSG: error: PAM:
Authentication failure for illegal user AAA from 172.16.20.170 -
sshd[4425]
2016 Sep 14 22:52:26.210 NEXUS-A %DAEMON-3-SYSTEM_MSG: error: PAM:
Authentication failure for illegal user AAA from 172.16.20.170 -
sshd[2811]
<skip>
2014 Jun 29 19:21:18 Nexus-7000 %ACLLOG-5-ACLLOG_FLOW_INTERVAL: Src IP:
10.1 0.10.1,
2014 Jun 29 19:26:18 Nexus-7000 %ACLLOG-5-ACLLOG_FLOW_INTERVAL: Src IP:
10.1 0.10.1,
<skip>
Time Elapsed: 0:00:00.330697
```

當然，踏入效能調校時，就會是一場永無止盡、無法達到完美的競賽，且效能有時也會因為使用的硬體而有不同的影響。但最重要的是，要定期使用 Python 來稽核日誌，如此一來才能盡早發現任何潛在的入侵。

我們已經看過了一些用 Python 加強網路安全的關鍵方法，但其實尚有許多好用的工具，可以使這個過程更簡單、更有效率。在此章的最後一節，我們將會看一下這些工具。

其他工具

還有其他網路安全工具可以用 Python 來自動化，先來看看兩個最常用的工具吧。

私有虛擬區域網路（VLAN）

虛擬區域網路（VLAN）存在已久，它們本質上是廣播網域，所有的主機都連至同一台交換機上，但是會隔成不同的區域，所以就可以根據主機是否能用廣播互相見到來分開它們。讓我們思量一幅基於 IP 子網域的地圖，例如在一棟企業大樓裡，可能會看到每一層樓都有一個 IP 子網域：第一層是 `192.168.1.0/24`，第二層是 `192.168.2.0/24`，以此類推。在這種方式之下，

每一層都用一個 /24 的區塊，這樣就可以清楚地劃分實體網路和邏輯網路。如果一台主機要跟不同子網域的主機通訊，就要經過它的第三層閘道，我們可以在那裡使用存取列表來強制執行安全性。

當同一層樓有不同的部門會發生什麼事？或許財務部與銷售部都在二樓，而我不想讓銷售部的主機跟財務部在同一個廣播網域中，就可以進一步將子網域再細分，但這樣可能會很繁瑣，且會破壞原來設置的標準子網域規劃，而這裡便是私有 VLAN 能派上用場之處。

私有 VLAN 本質上是將現存的 VLAN 細分成子 VLAN。在私有 VLAN 中有三種類別：

- **混雜（P）連接埠（Promiscuous port）**：此種連接埠可以從 VLAN 上的任何其他連接埠發送與接收第二層的封包，通常連接至第三層路由器。
- **隔離（I）連接埠（Isolated port）**：此連接埠只能與 P 連接埠通訊，且通常連接至您不想讓它跟同一個 VLAN 其他設備聯繫的主機。
- **公共（C）連接埠（Community port）**：此連接埠可以和同一社群中的其他 C 連接埠以及 P 連接埠通訊。

我們可以再次使用 Ansible 或者任何至目前為止介紹過的 Python 腳本來完成這個任務。到了現在，應該已經有足夠的練習與信心，可藉由自動化來實作此功能，所以此處就不再重複相同步驟。當需要在第二層 VLAN 中進一步隔離連接埠時，了解私有 VLAN 的功能將會非常有用。

使用 Python 設定 UFW

我們簡要地提過 UFW 為 Ubuntu 主機上 IP tables 的前端，此處則是快速的概述：

```
$ sudo apt-get install ufw
$ sudo ufw status
$ sudo ufw default outgoing
$ sudo ufw allow 22/tcp
$ sudo ufw allow www
$ sudo ufw default deny incoming
```

```
We can see the status of UFW:
$ sudo ufw status verbose Status: active
Logging: on (low)
Default: deny (incoming), allow (outgoing), disabled (routed) New
profiles: skip
To Action From
-- ------ ----
22/tcp ALLOW IN Anywhere
80/tcp ALLOW IN Anywhere
22/tcp (v6) ALLOW IN Anywhere (v6)
80/tcp (v6) ALLOW IN Anywhere (v6)
```

如您所見，UFW 的優點是它提供了簡單的介面來構建複雜的 IP table 規則。有一些跟 Python 相關的工具可以與 UFW 一起使用，來讓事情更簡單：

- 可以用 Ansible 的 UFW 模組來簡化操作。更多的資訊可參考此處 `https://docs.ansible.com/ansible/latest/collections/community/general/ufw_module.html`。
- 也有一些 Python 的封裝模組可以將 UFW 作為 API 使用（請訪問 `https://gitlab.com/dhj/easyufw`），如果需要根據特定事件動態修改 UFW 規則，這能使整合變得更容易。
- UFW 本身是用 Python 所撰寫，因此如果需要擴展目前的指令集，可以用現有的 Python 知識來達成。更多的資訊可以瀏覽此處 `https://launchpad.net/ufw`。

UFW 證明了它是一個保護網路伺服器的好工具。

進一步學習 Python

在許多與安全相關的領域中，Python 是非常常用的語言，推薦以下幾部著作可供閱讀：

- **Violent Python**: A cookbook for hackers, forensic analysts, penetration testers, and security engineers，作者是 T.J. O'Connor（ISBN-10：1597499579）

- **Black Hat Python**: Python programming for hackers and pen-testers，作者是 Justin Seitz（ISBN-10：1593275900）

我個人是在 A10 Networks 的**分散式阻斷服務（DDoS）**研究工作中時，大量地使用到 Python。如果有興趣想了解更多資訊，可以免費下載這本指南：`https://www.a10networks.com/resources/ebooks/distributed-denial-service-ddos/`。

總結

在這一章裡，我們學習了用 Python 來實作網路安全。首先採用 Cisco CML 工具來設置我們的實驗環境，裡面包含著 NX-OSv 與 IOSv 這兩種主機與網路設備。還介紹了 Scapy，它可以從零開始構建封包。

Scapy 可以在互動模式下進行快速測試，一旦互動模式的測試完成後，就可以將所有步驟放入一個檔案內，這樣就能做更大規模的測試，可以用來對已知的漏洞進行各種網路滲透測試。

我們還展示怎麼用 IP 存取列表和 MAC 存取列表來保護我們的網路，它們通常是網路保護的第一道防線，我們可以用 Ansible 把存取列表快速且一致地部署至許多設備上。

Syslog 和其他日誌檔案中有許多有用資訊，我們要定期檢查才能偵測到被入侵的早期跡象。用 Python 的正規表示式，能有系統地搜尋一些已知的日誌條目，從而指出我們需要注意的安全事件。除了前面討論過的工具，私有 VLAN 與 UFW 也是可以幫忙提高安全防護的有用工具。

在*第 7 章，使用 Python 來進行網路監控——第 1 部分*，會看看如何用 Python 來做網路監控。監控可以使我們了解網路發生什麼事，以及網路的狀態。

7

使用 Python 來進行網路監控——第 1 部分

想像一下，在凌晨兩點接到公司網路營運中心的電話。電話那頭的人說：「嗨，我們遇到一個嚴重的問題，影響了我們的產品服務，我們懷疑可能與網路有關，您能幫我們檢查嗎？」針對如此緊急且開放的不確定問題，您會先做什麼呢？大多數情況下，會想到的是：網路從正常到故障之間，有什麼改變呢？我們會察看監控工具，看看前幾個小時是否有任何關鍵指標的變動。更好的情況是，可能已經收到指標偏離正常基準數值的監控警告。

本書一直在討論各種對網路進行可預期的系統性變更方法，企圖使網路能夠盡量順暢運行。然而，網路不是靜態的，恰恰相反，它們可能是整個基礎設施中流動性最高的部分之一。根據定義，網路連接基礎設施的各個部分，不停地來回傳送流量。

有許多移動部件都可能造成網路無法如預期運作：硬體故障、軟體缺陷、人為疏忽等等。重點不是事情會不會出錯，而是出錯的時間與原因。我們需要方法來監控網路，確保它能如期運行，並且在發生問題時能夠即時通知我們。

在接下來的兩章，我們將介紹各種執行網路監控任務的方式。目前我們已看過許多工具，都能整合在一起或由 Python 直接管理。像我們看過的工具一樣，網路監控也分為兩個部分。

首先，我們要了解設備能提供哪些與監控相關的資訊，然後從資料中識別有哪些有用且可操作的資訊。

本章會先看一些有助於有效監控網路的工具，主題如下：

- 實驗環境設置
- **簡單網路管理協定（SNMP）**和相關的 Python 函式庫，以便能使用 SNMP
- Python 視覺化函式庫：
    - Matplotlib 與範例
    - Pygal 與範例
- Python 和 MRTG、Cacti 的整合，能用於網路視覺化

此列表並不完整，再加上網路監控領域中也有許多商業廠商，不過我們還是會說明網路監控基礎，不管是對開源或商業工具，全都適用。

實驗環境設置

為了簡化設備組態，本章的實驗環境由 IOSv 所組成。我們將在此章與下一章使用相同實驗環境，其拓樸如下：

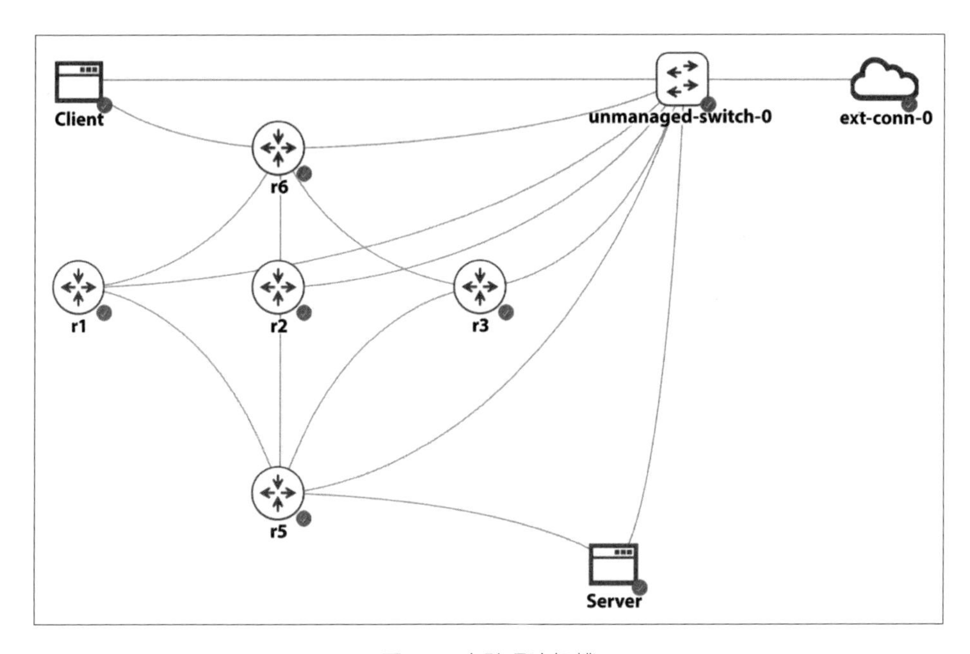

圖 7.1：實驗環境拓樸

設備組態如下：

設備	管理 IP	Loopback IP
r1	192.168.2.218	192.168.0.1
r2	192.168.2.219	192.168.0.2
r3	192.168.2.220	192.168.0.3
r5	192.168.2.221	192.168.0.4
r6	192.168.2.222	192.168.0.5

Ubuntu 主機資訊如下：

設備名稱	Eth0 外部連結 IP	Eth1 內部 IP
Client	192.168.2.211	10.0.0.9
Server	192.168.2.212	10.0.0.5

Linux 主機是從先前的 VIRL 轉移過來的微型核心 Linux（`tinycore-linux`，`http://tinycorelinux.net/`），預設使用者名稱與密碼均為 `cisco`。如果要修改介面的 IP 與預設閘道，可以用以下指令：

```
cisco@Client:~$ sudo ifconfig eth0 192.168.2.211 netmask 255.255.255.0
cisco@Client:~$ sudo route add default gw 192.168.2.1
cisco@Server:~$ sudo ifconfig eth0 192.168.2.212 netmask 255.255.255.0
cisco@Server:~$ sudo route add default gw 192.168.2.1
```

兩台 Ubuntu 主機將會在網路上產生流量，使我們看到非零的計數。實驗環境檔案會包含在本書的 GitHub 儲存庫裡。

簡單網路管理協定（SNMP）

SNMP 是用來蒐集與管理設備的標準協定。雖然這個標準允許使用 SNMP 來管理設備，但根據經驗，大部分的網路管理員更喜歡用 SNMP 來蒐集資訊。由於 SNMP 是在無連接模式的 UDP 上運作，且第一版與第二版的安全機制很弱，導致網路操作者覺得透過 SNMP 來修改設備的組態並不安全，因此 SNMP 第三版加入了加密安全與新的概念和術語到協定中，但網路設備廠商對 SNMP 第三版的支援程度不一致。

SNMP 廣泛用於網路監控，它從 1988 年起做為 RFC 1065 的一部分存在至今。其操作簡單，網路管理員向設備發送 `GET` 與 `SET` 請求，設備上的 SNMP 代理則根據請求回應相對應的資訊。最廣泛採用的標準是 SNMPv2c，定義於 RFC 1901–RFC 1908 中。它使用一種基於社群的簡易安全方案來確保安全，此外也引入了一些新功能，例如獲取大量資訊的能力。下圖展示了 SNMP 高層次的操作：

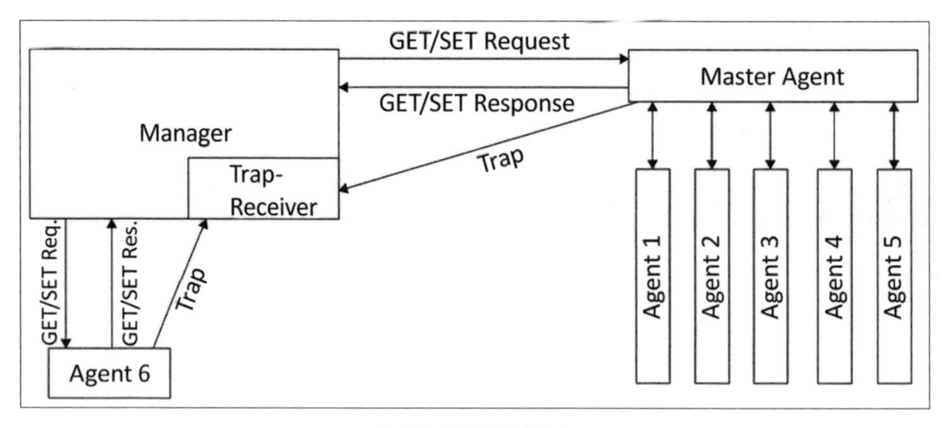

圖 7.2：SNMP 操作

設備裡的資訊是以**管理資訊庫（MIB）**的結構化方式存在，MIB 使用擁有**物件識別碼（OID）**的階層式命名空間，表示可以被讀取與回傳給請求者的資訊。當我們提到使用 SNMP 查詢設備資訊時，代表是用管理站來查詢我們想要的特定 OID 資訊。一些常見的 OID 結構，例如系統與介面的 OID，是在廠商之間共享的。除了常見的 OID，每個廠商也可以提供專屬的企業級 OID。

作為操作者，我們必須花功夫將資訊整合至我們環境的 OID 結構中，才能取得有用的資訊。這有時是很繁瑣的過程，要一個接著一個地尋找 OID，假設您請求一個設備的 OID，然後收到一個 10,000 的值，此值又代表什麼呢？介面流量嗎？用位元組還是位元來計算？還是表示封包數量？我們又要如何知道答案？這就需要參考標準或廠商的文件才能知道解答。此過程能用一些工具來協助，例如 MIB 瀏覽器，它能提供更多關於值的詮釋資料。但是依我的經驗，為網路建立基於 SNMP 的監控工具，有時候就像是一場貓抓老鼠的遊戲，要不斷地找尋遺失的值。

操作的幾個重點是：

- 實作的效果取決於設備代理提供的資訊量，而這又得依據廠商如何看待 SNMP：是核心功能還是附加功能。
- SNMP 代理一般要從控制平面取得 CPU 週期才會回傳數值。這對有許多 BGP 表格的設備而言，不只效率差，也不適合用 SNMP 在短時間內查詢資料。
- 使用者要知道 OID 才能查詢資料。

SNMP 已經存在許久，此處假設您有使用的經驗，我們就直接開始安裝套件與看第一個 SNMP 範例吧。

SNMP 設置

首先要確定所設置的 SNMP 管理裝置與代理均能正常運作，SNMP 套件可以裝在實驗環境的主機（客戶端或伺服器）或管理網路的管理設備上。只要 SNMP 管理者能用 IP 連上設備，且被管理的設備能允許進入連線，SNMP 就能運作。在正式環境中，您應該只在管理主機上安裝軟體，並將 SNMP 流量限制在控制平台中。

在此實驗環境中，我們已經在管理網路的 Ubuntu 主機和實驗環境的客戶端主機上安裝了 SNMP：

```
$ sudo apt update && sudo apt upgrade
$ sudo apt-get install snmp
```

下一步要開啟並配置網路設備的 SNMP 選項。有許多選擇性參數能配置在網路設備上，例如聯絡人、位置、機箱 ID 與 SNMP 封包大小。SNMP 的組態選項依據設備而定，您需要查看設備的文件來配置。針對 IOSv 設備，我們要配置存取列表，只允許查詢設備的主機存取，並且將存取列表與 SNMP 社群字串綁定。在範例中，我們用 `secret` 作為唯讀的社群字串，並且用 `permit_snmp` 作為存取列表的名稱：

```
!
ip access-list standard permit_snmp
 permit <management station> log
 deny   any log
!
snmp-server community secret RO permit_snmp
!
```

SNMP 社群字串就是管理者與代理者共享的密碼，所以每次查詢設備時，都需要加上它。

如本章前面所提，在使用 SNMP 時，找到正確的 OID 就是成功的一半，我們能用像 Cisco SNMP Object Navigator（`https://snmp.cloudapps.cisco.com/Support/SNMP/do/BrowseOID.do?local=en`）等工具找到特定的 OID，以進行後續查詢。

或者，我們也能從 Cisco 企業樹狀結構資訊的最上層 `.1.3.6.1.4.1.9` 走訪一遍 SNMP 樹。此步驟主要是確保 SNMP 代理與存取列表均能使用：

```
$ snmpwalk -v2c -c secret 192.168.2.218 .1.3.6.1.4.1.9
iso.3.6.1.4.1.9.2.1.1.0 = STRING: "
Bootstrap program is IOSv
"
iso.3.6.1.4.1.9.2.1.2.0 = STRING: "reload"
```

```
iso.3.6.1.4.1.9.2.1.3.0 = STRING: "iosv-1"
iso.3.6.1.4.1.9.2.1.4.0 = STRING: "virl.info"
<skip>
```

我們也可以清楚地指定要查詢的 OID：

```
$ snmpwalk -v2c -c secret 192.168.2.218 .1.3.6.1.4.1.9.2.1.61.0
iso.3.6.1.4.1.9.2.1.61.0 = STRING: "cisco Systems, Inc.
170 West Tasman Dr.
San Jose, CA  95134-1706
U.S.A.
Ph +1-408-526-4000
Customer service 1-800-553-6387 or +1-408-526-7208
24HR Emergency 1-800-553-2447 or +1-408-526-7209
Email Address tac@cisco.com
World Wide Web http://www.cisco.com"
```

舉例說明，如果在最後一個 OID 的結尾處，將 `0` 打成 `1`，會如何呢？我們應該會見到此畫面：

```
$ snmpwalk -v2c -c secret 192.168.2.218 .1.3.6.1.4.1.9.2.1.61.1
iso.3.6.1.4.1.9.2.1.61.1 = No Such Instance currently exists at this OID
```

不同於 API，此處沒有錯誤代碼或訊息；它只說 OID 不存在，有時候這讓人很沮喪。

最後要檢查我們配置的存取列表能否阻擋不必要的 SNMP 查詢。因為存取列表的 `permit` 和 `deny` 條目都加了 log 關鍵字，只有 `172.16.1.123` 能查詢設備：

```
*Sep 17 23:32:10.155: %SEC-6-IPACCESSLOGNP: list permit_snmp permitted 0
192.168.2.126 -> 0.0.0.0, 1 packet
```

如您所見，設置 SNMP 最大的挑戰就是找對 OID。有的 OID 是以標準的 MIB-2 定義，有的是在樹狀結構資料的企業部分。最好的參考資料就是廠商的文件，當然也有工具能協助尋找，例如 MIB 瀏覽器。您能將 MIB（由廠商提供）加到瀏覽器，查看企業型的 OID 說明。像 Cisco 的 SNMP Object Navigator（`http://snmp.cloudapps.cisco.com/Support/SNMP/do/BrowseOID.do?local=en`）這種工具，要找尋所需物件的 OID 時，就很有幫助。

PySNMP 函式庫

PySNMP 是跨平台的純 Python SNMP 引擎，由 Ilya Etingof 開發而成（`https://github.com/etingof`）。它抽象了許多 SNMP 的細節，且如同許多優良函式庫，PySNMP 支援 Python 2 和 Python 3。

PySNMP 會使用 PyASN1 套件。以下是維基百科的內容：

> 「ASN.1 是一種標準與符號，用來描述在電信和電腦聯網中如何表示、編碼、傳輸與解碼資料的規則和結構。」

PyASN1 提供了一個 Python 封裝器，能夠處理 ASN.1。讓我們先安裝此套件，注意，因為我們用的是虛擬環境，所以得用虛擬環境的 Python 直譯器：

```
(venv) $ cd /tmp
(venv) $ git clone https ://github.com/etingof/pyasn1.git
(venv) $ cd pyasn1
(venv) $ git checkout 0.2.3
(venv) $ python3 setup.py install # 注意 venv 路徑
```

接著來安裝 PySNMP 套件：

```
(venv) $ cd /tmp
(venv) $ git clone https://github.com/etingof/pysnmp
(venv) $ cd pysnmp/
(venv) $ git checkout v4.3.10
(venv) $ python3 setup.py install # 注意 venv 路徑
```

我們用的是舊版的 PySNMP，因為 `pysnmp.entity.rfc3413.oneliner` 從 5.0.0 版本起就被移除了（`https://github.com/etingof/pysnmp/blob/a93241007b970c458a0233c16ae2ef82dc107290/CHANGES.txt`），如果您用 `pip` 安裝套件，範例執行可能會出錯。

我們來看看如何用 PySNMP 查詢前一個範例用過的 Cisco 聯絡資訊。我們先匯入所需的模組，然後創建一個 CommandGenerator 物件：

```
>>> from pysnmp.entity.rfc3413.oneliner import cmdgen
>>> cmdGen = cmdgen.CommandGenerator()
>>> cisco_contact_info_oid = "1.3.6.1.4.1.9.2.1.61.0"
```

我們用 getCmd 方法執行 SNMP，結果會被分成好幾個變數，在這之中，要關注的是 varBinds，它包含查詢的結果：

```
>>> errorIndication, errorStatus, errorIndex, varBinds = cmdGen.getCmd(
        cmdgen.CommunityData('secret'),
        cmdgen.UdpTransportTarget(('192.168.2.218', 161)),
        cisco_contact_info_oid)
>>> for name, val in varBinds:
        print('%s=%s' % (name.prettyPrint(), str(val)))

SNMPv2-SMI::enterprises.9.2.1.61.0=cisco Systems, Inc.
170 West Tasman Dr.
San Jose, CA  95134-1706
U.S.A.
Ph +1-408-526-4000
Customer service 1-800-553-6387 or +1-408-526-7208
24HR Emergency 1-800-553-2447 or +1-408-526-7209
Email Address tac@cisco.com
World Wide Web http://www.cisco.com
>>>
```

請注意，回應的值是 PyASN1 物件。prettyPrint() 方法可以把部分值轉成人類易於閱讀的格式，但回傳變數裡的結果卻沒有被轉換，我們必須將它轉成字串。

我們可以根據前面的互動式範例撰寫一個腳本，將它命名為 pysnmp_1.py，並加入錯誤檢查的功能。此外，也能將多個 OID 置於 getCmd() 方法中：

```
#!/usr/bin/env/python3
from pysnmp.entity.rfc3413.oneliner import cmdgen
cmdGen = cmdgen.CommandGenerator()
```

```
system_up_time_oid = "1.3.6.1.2.1.1.3.0"
cisco_contact_info_oid = "1.3.6.1.4.1.9.2.1.61.0"
errorIndication, errorStatus, errorIndex, varBinds = cmdGen.getCmd(
    cmdgen.CommunityData('secret'),
    cmdgen.UdpTransportTarget(('192.168.2.218', 161)),
    system_up_time_oid,
    cisco_contact_info_oid
)
# 檢查錯誤並印出結果
if errorIndication:
    print(errorIndication)
else:
    if errorStatus:
        print('%s at %s' % (
            errorStatus.prettyPrint(),
            errorIndex and varBinds[int(errorIndex)-1] or '?'
            )
        )
    else:
        for name, val in varBinds:
            print('%s = %s' % (name.prettyPrint(), str(val)))
```

結果將會被拆開，並列出兩個 OID 的值：

```
$ python pysnmp_1.py
SNMPv2-MIB::sysUpTime.0 = 599083
SNMPv2-SMI::enterprises.9.2.1.61.0 = cisco Systems, Inc.
170 West Tasman Dr.
San Jose, CA  95134-1706
U.S.A.
Ph +1-408-526-4000
Customer service 1-800-553-6387 or +1-408-526-7208
24HR Emergency 1-800-553-2447 or +1-408-526-7209
Email Address tac@cisco.com
World Wide Web http://www.cisco.com
```

在接下來的範例中，我們要把查詢得到的值永久保存起來，然後用這些資料來執行其他的功能，例如視覺化。在範例中，我們會使用 MIB-2 樹狀結構資訊的 `ifEntry`，來繪製出與介面有關的值。

您能找到許多資源，可以映射出 `ifEntry` 的樹狀結構；此處是先前存取 `ifEntry` 的 Cisco SNMP Object Navigator 網站截圖：

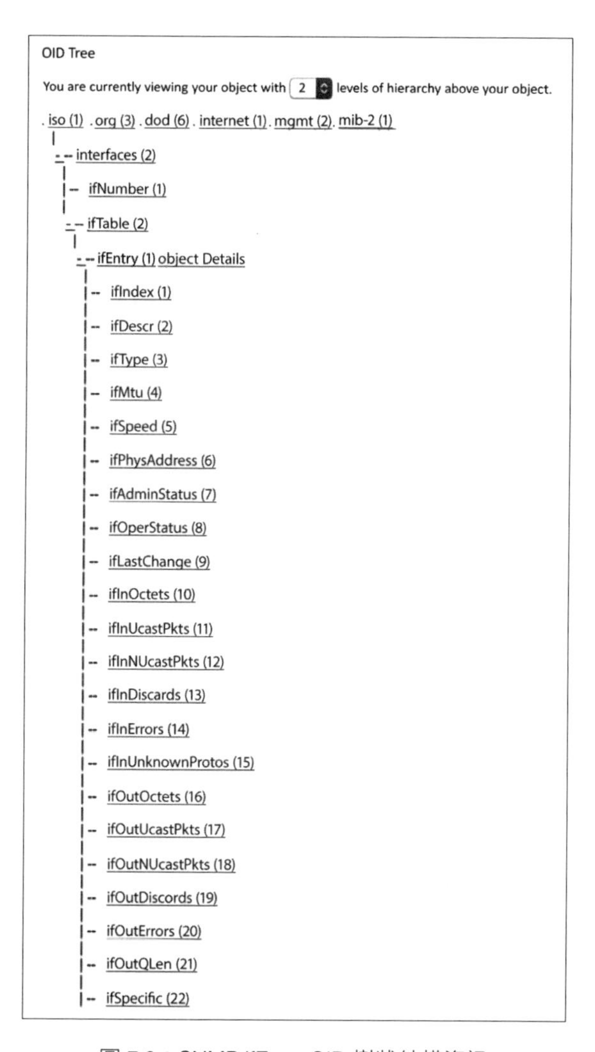

圖 7.3：SNMP ifEntry OID 樹狀結構資訊

下方的快速測試呈現出設備介面的 OID 映射：

```
$ snmpwalk -v2c -c secret 172.16.1.189 .1.3.6.1.2.1.2.2.1.2
iso.3.6.1.2.1.2.2.1.2.1 = STRING: "GigabitEthernet0/0"
iso.3.6.1.2.1.2.2.1.2.2 = STRING: "GigabitEthernet0/1"
iso.3.6.1.2.1.2.2.1.2.3 = STRING: "GigabitEthernet0/2"
iso.3.6.1.2.1.2.2.1.2.4 = STRING: "Null0"
iso.3.6.1.2.1.2.2.1.2.5 = STRING: "Loopback0"
```

根據文件，我們可以將 `ifInOctets(10)`、`ifInUcastPkts(11)`、`ifOutOctets(16)` 與 `ifOutUcastPkts(17)` 這些值映射到它們各自的 OID 值。快速查詢一下 CLI 與 MIB 文件，就能發現 `GigabitEthernet0/0` 的封包輸出值是映射到 OID `1.3.6.1.2.1.2.2.1.17.1`。我們將遵循同樣的流程，把映射介面統計的其他 OID 都找出來。當用 CLI 與 SNMP 檢查時，因為在 CLI 輸出和 SNMP 查詢之間，線路上可能會有一些流量，因此要注意這些值可能會相近但卻不同：

```
r1#sh int gig 0/0 | i packets
  5 minute input rate 0 bits/sec, 0 packets/sec
  5 minute output rate 0 bits/sec, 0 packets/sec
     6872 packets input, 638813 bytes, 0 no buffer
     4279 packets output, 393631 bytes, 0 underruns
$ snmpwalk -v2c -c secret 192.168.2.218 .1.3.6.1.2.1.2.2.1.17.1
iso.3.6.1.2.1.2.2.1.17.1 = Counter32: 4292
```

如果是在正式環境中，我們應該把結果寫進資料庫中，但因為這只是個範例，所以我們就將查詢的值寫入文字檔內。我們將會撰寫 `pysnmp_3.py` 腳本，以便用來查詢資訊，然後把結果寫至檔案中。在此腳本內，我們定義了一些需要查詢的 OID：

```
# 主機名稱 OID
system_name = '1.3.6.1.2.1.1.5.0'
# 介面 OID
gig0_0_in_oct = '1.3.6.1.2.1.2.2.1.10.1'
gig0_0_in_uPackets = '1.3.6.1.2.1.2.2.1.11.1'
gig0_0_out_oct = '1.3.6.1.2.1.2.2.1.16.1'
gig0_0_out_uPackets = '1.3.6.1.2.1.2.2.1.17.1'
```

snmp_query() 函式會使用這些值，它的輸入參數是 host、community 和 oid：

```
def snmp_query(host, community, oid):
    errorIndication, errorStatus, errorIndex, varBinds = cmdGen.getCmd(
        cmdgen.CommunityData(community),
        cmdgen.UdpTransportTarget((host, 161)),
        oid
    )
```

把所有的值放在有各種主鍵的字典內，然後寫入到 results.txt 檔案中：

```
result = {}
result['Time'] = datetime.datetime.utcnow().isoformat()
result['hostname'] = snmp_query(host, community, system_name)
result['Gig0-0_In_Octet'] = snmp_query(host, community, gig0_0_in_oct)
result['Gig0-0_In_uPackets'] = snmp_query(host, community, gig0_0_in_
uPackets)
result['Gig0-0_Out_Octet'] = snmp_query(host, community, gig0_0_out_oct)
result['Gig0-0_Out_uPackets'] = snmp_query(host, community, gig0_0_out_
uPackets)
with open('/home/echou/Master_Python_Networking/Chapter7/results.txt',
'a') as f:
    f.write(str(result))
    f.write('\n')
```

這個檔案就是最後的結果，它會顯示查詢時所表示的介面封包：

```
$ cat results.txt
{'Gig0-0_In_Octet': '3990616', 'Gig0-0_Out_uPackets': '60077', 'Gig0-
0_In_uPackets': '42229', 'Gig0-0_Out_Octet': '5228254', 'Time': '2017-03-
06T02:34:02.146245', 'hostname': 'iosv-1.virl.info'}
{'Gig0-0_Out_uPackets': '60095', 'hostname': 'iosv-1.virl.info', 'Gig0-
0_Out_Octet': '5229721', 'Time': '2017-03-06T02:35:02.072340', 'Gig0-0_In_
Octet': '3991754', 'Gig0-0_In_uPackets': '42242'}
<skip>
```

我們能將此腳本設成可執行檔，然後設置每五分鐘執行一次的 cron 排程：

```
$ chmod +x pysnmp_3.py
# crontab 組態設定
*/5 * * * * /home/echou/Mastering_Python_Networking_Fourth_Edition/
Chapter07/pysnmp_3.py
```

如前所述，在正式的環境裡，我們要將資訊放至資料庫中。針對 SQL 資料庫，您能使用一個唯一的 ID 當作主鍵。對於 NoSQL 資料庫，則可以使用時間作為主要的索引（或主鍵），因為時間永遠不會重複，然後再加上一些鍵值對。

我們將等待腳本執行幾次來填充值，如果沒有耐心，可以將 cron 排程的間隔改成 1 分鐘。等 results.txt 檔案裡有足夠的值，就能製作一張有趣的圖表，如此一來就可以進入下一節，看看如何用 Python 來視覺化資料。

Python 用於資料視覺化

蒐集網路資料，能使我們對網路有更深的了解。要清楚資料代表的意義，最好的方法之一就是用圖表來呈現，這方法適用於幾乎大部分的資料，而對於網路監控的時間序列資料更是如此。過去一個禮拜，網路上傳輸了多少資料？所有流量中，TCP 協定佔比多少？這些都能用像 SNMP 的資料蒐集機制找出答案，而我們可以用一些熱門 Python 函式庫來產生視覺化圖表。

在此節，會使用上一節 SNMP 蒐集的資料，然後藉由流行的 Matplotlib 和 Pygal 函式庫畫出圖表。

Matplotlib 函式庫

Matplotlib（http://matplotlib.org/）是一個 Python2D 繪圖函式庫，它用於 Python 與其數學擴充函式庫 NumPy 之上。只需幾行程式碼，即能製作出如圖表、直方圖與長條圖的高品質圖形。

NumPy 是 Python 程式語言的一個開源擴充函式庫，廣泛用於許多資料科學的專案中。您可以至 https://en.wikipedia.org/wiki/NumPy 學習更多關於它的資訊。

我們開始安裝它吧。

安裝說明

您可以用 Linux 的套件管理系統或 Python 的 pip 來安裝。在最新版的 Matplotlib 中，我們還需安裝 python3-tk 才能看到圖形。

```
(venv) $ pip install matplotlib
(venv) $ sudo apt install python3-tk
```

現在來進入第一個範例。

Matplotlib——第一個範例

在以下範例中，預設會把輸出的圖形顯示在標準輸出上。一般而言，標準輸出就是螢幕。開發期間，在用腳本完成程式碼前，通常會初步試著用程式碼去畫出圖形，並在標準輸出上顯示，這樣比較簡單。如果您是透過虛擬機器來跟著本書學習，建議用虛擬機器的視窗，而不是 SSH，如此一來才能看到圖形。如果無法使用標準輸出，也可以先儲存圖形，再下載來看。要注意，在此節的一些圖形中，將需要設定 $DISPLAY 變數。

以下 Ubuntu 桌面截圖為本章的視覺化範例。當您在終端機視窗輸入 plt.show() 指令，**Figure 1** 就會出現在螢幕上。關掉圖形後，就會回到 Python shell：

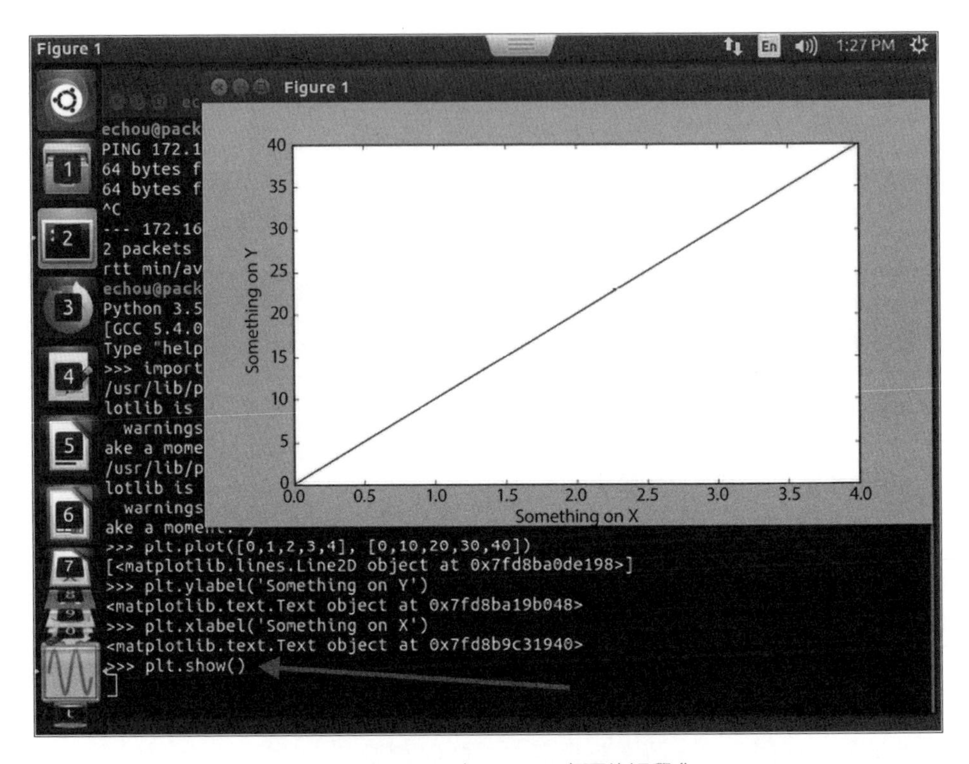

圖 7.4：Matplotlib 在 Ubuntu 桌面的視覺化

我們先來看看折線圖，折線圖只要兩組數字串列，它們分別代表 x 軸和 y 軸的值：

```
>>> import matplotlib.pyplot as plt
>>> plt.plot([0,1,2,3,4], [0,10,20,30,40])
[<matplotlib.lines.Line2D object at 0x7f932510df98>]
>>> plt.ylabel('Something on Y')
<matplotlib.text.Text object at 0x7f93251546a0>
>>> plt.xlabel('Something on X')
<matplotlib.text.Text object at 0x7f9325fdb9e8>
>>> plt.show()
```

圖將會是折線圖：

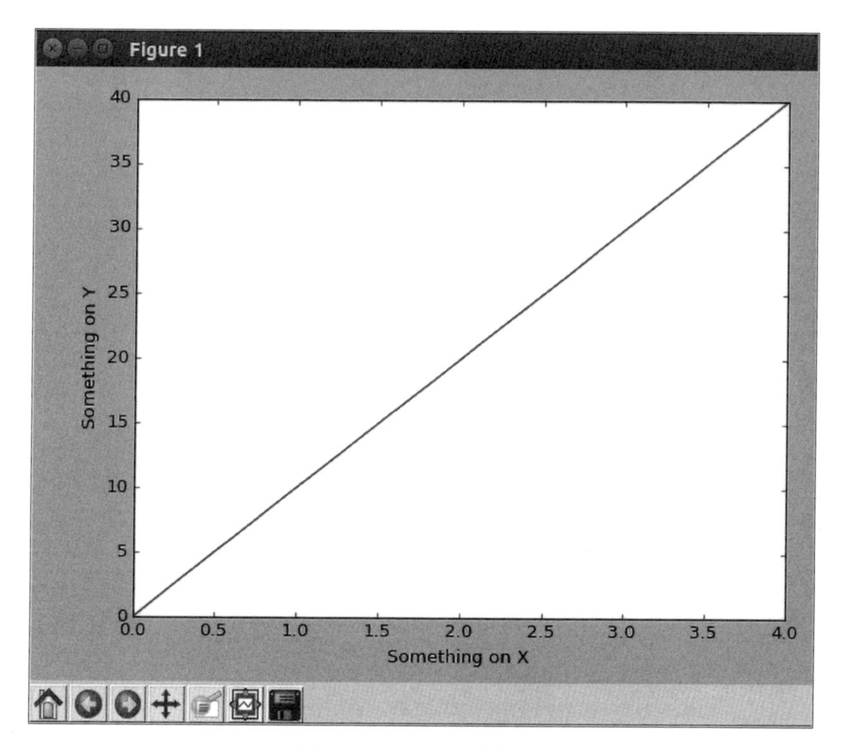

圖 7.5：Matplotlib 折線圖

如果無法使用標準輸出，另外一個方案是可以藉由 savefig() 函式先儲存圖形：

```
>>> plt.savefig('figure1.png') or
>>> plt.savefig('figure1.pdf')
```

有了這些繪圖的基礎，我們就能畫出從 SNMP 查詢得到的結果。

應用於 SNMP 結果的 Matplotlib

在第一個 matplotlib_1.py 的 Matplotlib 範例中，除了 pyplot 外，還需匯入 dates 模組。我們會採用 matplotlib.dates 模組，而非 Python 標準函式庫的 dates 模組。

不同於 Python 的 dates 模組，matplotlib.dates 函式庫會將表示日期的值在內部轉換成 Matplotlib 需要的浮點數型別：

```
import matplotlib.pyplot as plt
import matplotlib.dates as dates
```

Matplotlib 有很精密複雜的日期繪圖功能，可以瀏覽此網頁獲取更多資訊：https://matplotlib.org/stable/api/dates_api.html。

在腳本中，我們會建立兩個空的串列，分別代表 *x* 軸和 *y* 軸的值。第 12 行要注意，我們使用了 Python 內建的 eval() 函式，將輸入的資訊讀入成為字典型別，而不是預設的字串：

```
x_time = []
y_value = []
with open('results.txt', 'r') as f:
    for line in f.readlines():
        # eval(line) 以字典型別而非字串型別讀取每行內容
        line = eval(line)
        # 轉換成內部浮點數
        x_time.append(dates.datestr2num(line['Time']))
        y_value.append(line['Gig0-0_Out_uPackets'])
```

為了將讀入的 *x* 軸數值變回看得懂的日期格式，我們要使用 plot_date() 函式來代替 plot() 函式。我們也需要調整圖形大小，還有旋轉 *x* 軸數值的角度，如此才能看得清楚且完整：

```
plt.subplots_adjust(bottom=0.3)
plt.xticks(rotation=80)
plt.plot_date(x_time, y_value)
plt.title('Router1 G0/0')
plt.xlabel('Time in UTC')
plt.ylabel('Output Unicast Packets')
plt.savefig('matplotlib_1_result.png')
plt.show()
```

最後結果就會顯示 **Router1 G0/0** 與 **Output Unicast Packets** 的圖。如下所示：

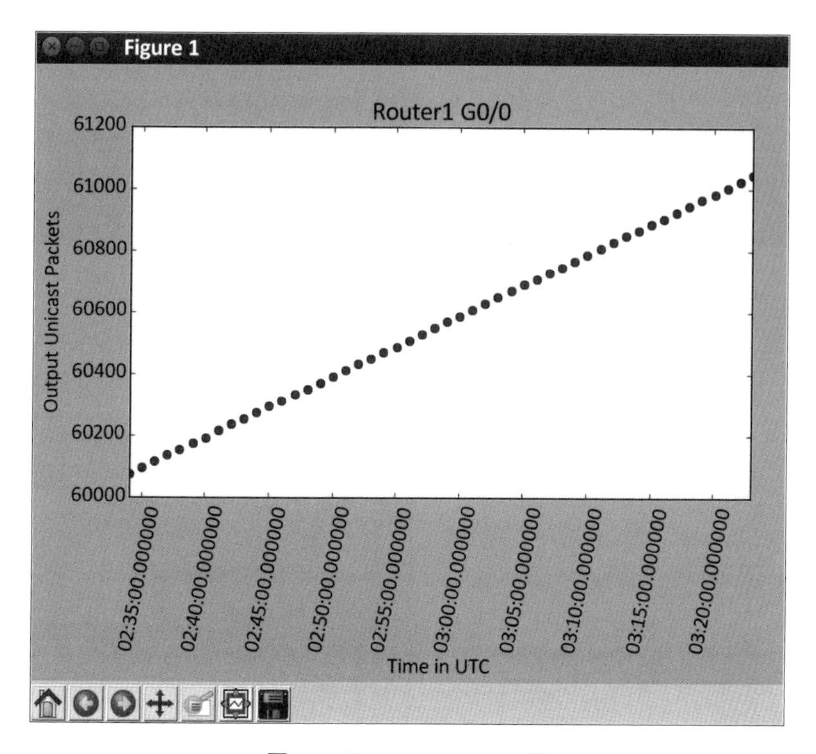

圖 7.6：Router1 Matplotlib 圖

注意，如果您想要用直線代替點，可以在 `plot_date()` 的第三個參數處設定：

```
plt.plot_date(x_time, y_value, "-")
```

我們可以重複這些步驟，將 output octets、input unicast packets 與 input 的值畫成圖。不過，在下一個 `matplotlib_2.py` 範例，會向您展示如何將同一時間區間的多個值畫在一張圖上，以及其他的 Matplotlib 選項。

在此情況下，我們將額外建立幾個串列把值放入：

```
x_time = []
out_octets = []
out_packets = []
in_octets = []
```

```
in_packets = []
with open('results.txt', 'r') as f:
    for line in f.readlines():
        # eval(line) 以字典型別而非字串型別讀取每行內容
        line = eval(line)
        # 轉換成內部浮點數
        x_time.append(dates.datestr2num(line['Time']))
        out_packets.append(line['Gig0-0_Out_uPackets'])
        out_octets.append(line['Gig0-0_Out_Octet'])
        in_packets.append(line['Gig0-0_In_uPackets'])
        in_octets.append(line['Gig0-0_In_Octet'])
```

由於 x 軸的刻度值都相同，所以我們只要把 y 軸的不同數值加到同張圖上即可：

```
# 使用 plot_date 將 x 軸轉回日期格式
plt.plot_date(x_time, out_packets, '-', label='Out Packets')
plt.plot_date(x_time, out_octets, '-', label='Out Octets')
plt.plot_date(x_time, in_packets, '-', label='In Packets')
plt.plot_date(x_time, in_octets, '-', label='In Octets')
```

也在圖中加入網格（grid）與圖例（legend）：

```
plt.title('Router1 G0/0')
plt.legend(loc='upper left')
plt.grid(True)
plt.xlabel('Time in UTC')
plt.ylabel('Values')
plt.savefig('matplotlib_2_result.png')
plt.show()
```

231 最後結果就會看到結合所有值的圖。請注意，左上角的一些值被圖例遮住，可以調整圖形大小，或是用平移／縮放功能來移動圖形，就能看到所有的值：

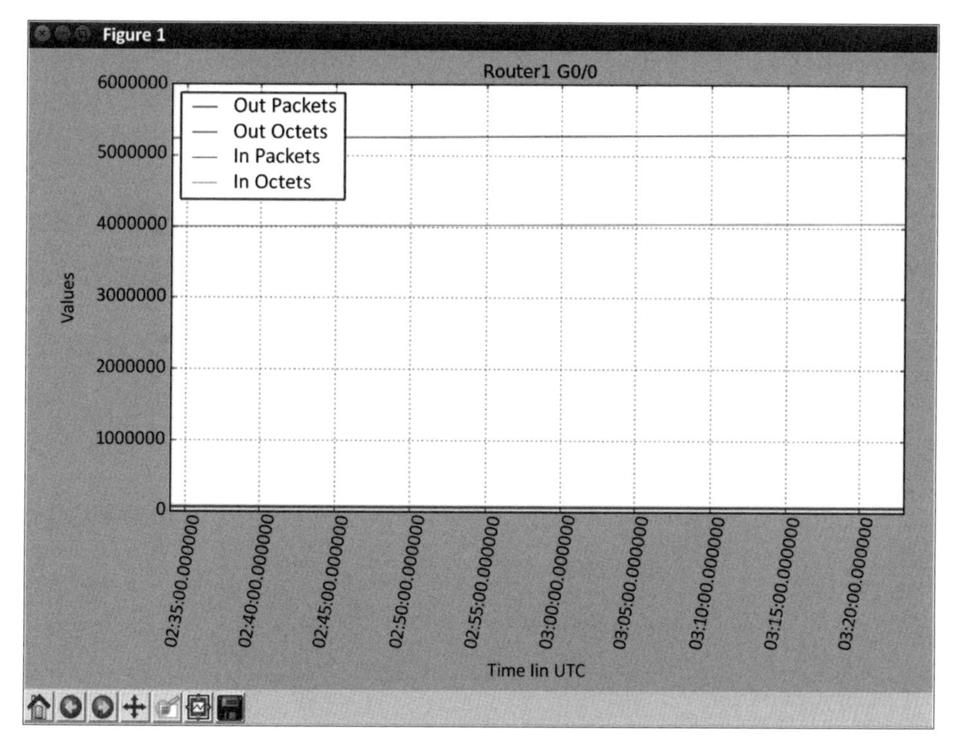

圖 7.7：Router1 – Matplotlib 多線圖

Matplotlib 尚有其他的繪圖選項，當然不僅限於繪製圖表。例如在 `matplotlib_3.py` 中，我們用以下的模擬資料，畫出我們在有線網路上看到的不同流量類型的比例：

```
#!/usr/bin/env python3
# 範例來自 http://matplotlib.org/2.0.0/examples/pie_and_polar_charts/
pie_demo_features.html
import matplotlib.pyplot as plt
# 圓餅圖，其中的切片將依照順序來排列，並以逆時針方向繪製：
labels = 'TCP', 'UDP', 'ICMP', 'Others'
sizes = [15, 30, 45, 10]
explode = (0, 0.1, 0, 0) # 讓 UDP 更突出
fig1, ax1 = plt.subplots()
ax1.pie(sizes, explode=explode, labels=labels, autopct='%1.1f%%',
        shadow=True, startangle=90)
ax1.axis('equal') # 長寬比相等（equal）能保證將餅畫成圓形
```

```
plt.savefig('matplotlib_3_result.png')
plt.show()
```

上面的程式碼會在 `plt.show()` 時顯示圓餅圖：

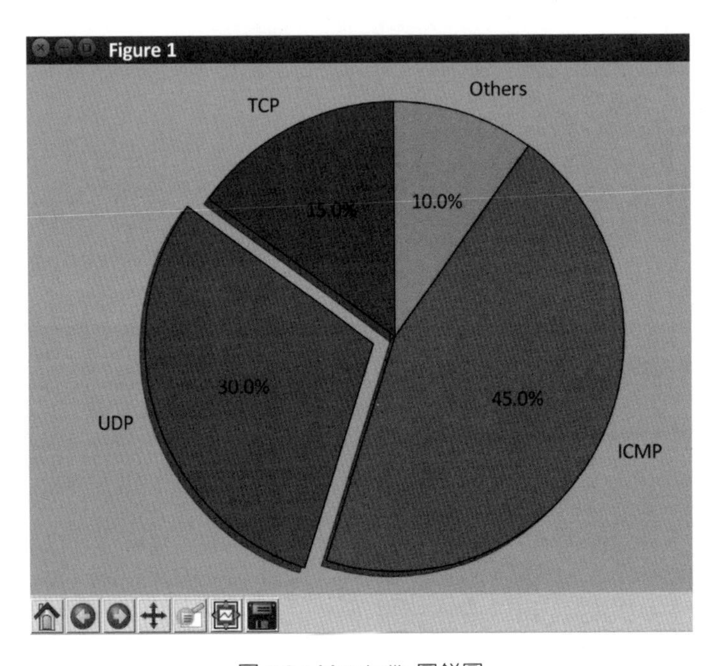

圖 7.8：Matplotlib 圓餅圖

本節使用 Matplotlib 將網路資料畫成很有吸引力的視覺化圖表，並繪製成適合這些資料的長條圖、折線圖與圓餅圖，來幫助我們理解網路的狀態。Matplotlib 是很強大的工具，不限定用於 Python 之上，作為一個開源專案，我們能利用許多額外的 Matplotlib 資源來學習這個工具。

額外的 Matplotlib 資源

Matplotlib 是 Python 最棒的繪圖函式庫之一，能夠產出高品質的圖形。就像 Python 一樣，目標都是為了讓複雜的任務變得簡單。它在 GitHub 上有超過 10,000 顆星（而且還在增加），也是最受歡迎的開源專案之一。

它受歡迎的程度使它會更快修復程式錯誤，且擁有友善的用戶社群、豐富的文件與易用性。雖然使用這個套件需要一些時間學習，但絕對值得您花上時間與精力。

這一節中，我們只是稍微介紹了 Matplotlib。您能瀏覽 `https://matplotlib.org/stable/index.html`（Matplotlib 的專案頁面）和 `https://github.com/matplotlib/matplotlib`（Matplotlib 的 GitHub 儲存庫）找到額外的資源。

下一節中，我們將看另一個熱門的 Python 圖表函式庫：**Pygal**。

Pygal 函式庫

Pygal（`https://www.pygal.org/en/stable/`）是以 Python 撰寫的動態**可縮放向量圖形（SVG）**繪圖函式庫。我認為，Pygal 最大的優點是它可以簡單且原生地製作 SVG 圖形。比其他圖形格式，SVG 有很多好處，最主要的兩點是，適合網頁瀏覽器，與縮放時不影響圖像品質。換句話說，您可以在現今的任何一個網頁瀏覽器中展示產生的圖像，並且可以放大或縮小圖像卻不會模糊。只需幾行 Python 程式碼便能做到這些，酷斃了吧？

我們先來安裝 Pygal，然後來看第一個範例。

安裝說明

透過 `pip` 完成安裝：

```
(venv)$ pip install pygal
```

Pygal——第一個範例

讓我們來看看 Pygal 文件上展示的折線圖範例，您可以訪問此網址找到它 `http://pygal.org/en/stable/documentation/types/line.html`：

```
>>> import pygal
>>> line_chart = pygal.Line()
>>> line_chart.title = 'Browser usage evolution (in %)'
>>> line_chart.x_labels = map(str, range(2002, 2013))
>>> line_chart.add('Firefox', [None, None,    0, 16.6,   25,   31, 36.4,
45.5, 46.3, 42.8, 37.1])
<pygal.graph.line.Line object at 0x7f4883c52b38>
>>> line_chart.add('Chrome',  [None, None, None, None, None, None,    0,
3.9, 10.8, 23.8, 35.3])
<pygal.graph.line.Line object at 0x7f4883c52b38>
```

```
>>> line_chart.add('IE',      [85.8, 84.6, 84.7, 74.5,   66, 58.6, 54.7,
44.8, 36.2, 26.6, 20.1])
<pygal.graph.line.Line object at 0x7f4883c52b38>
>>> line_chart.add('Others',  [14.2, 15.4, 15.3,  8.9,    9, 10.4, 8.9,
5.8, 6.7, 6.8, 7.5])
<pygal.graph.line.Line object at 0x7f4883c52b38>
>>> line_chart.render_to_file('pygal_example_1.svg')
```

在此範例中，我們建立了一個折線物件，且使 `x_labels` 自動顯示成 11 個單位的文字。每個物件都能以串列的格式加上標籤和數值，例如 Firefox、Chrome 與 IE。

值得注意的是，每個折線圖的項目數都與 x 軸的單位數相同。當沒有數值時，就會填入 None，例如 Chrome 在 2002–2007 年的部分，就會輸入 **None**。

此處是在 Firefox 瀏覽器中看到的結果圖：

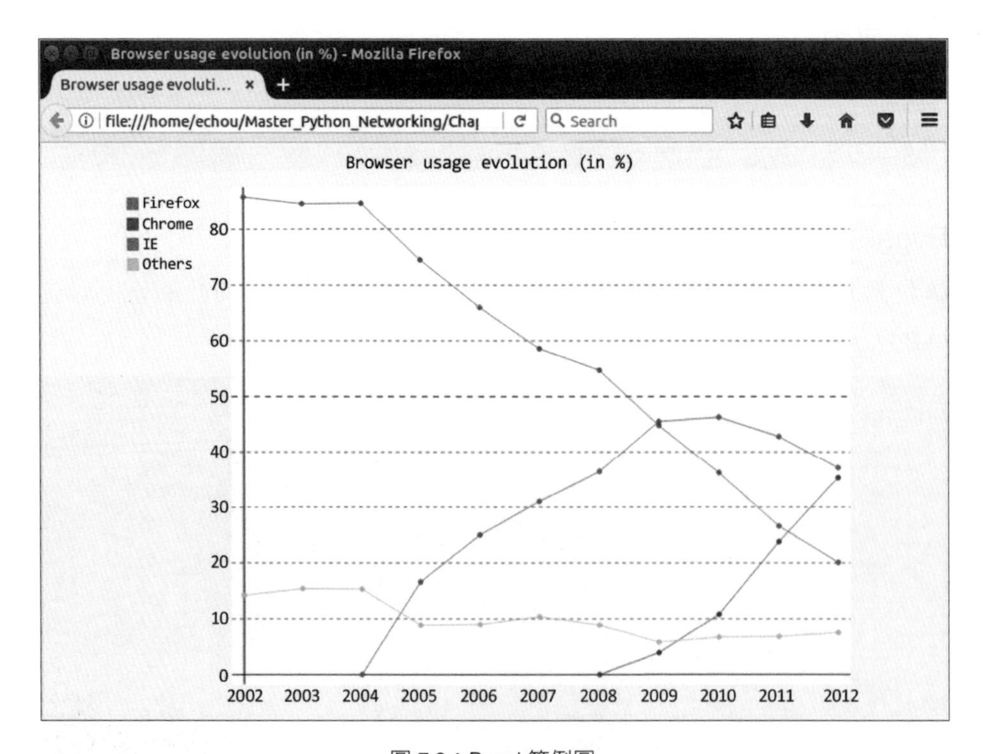

圖 7.9：Pygal 範例圖

現在已經看過 Pygal 的一般用法，便能用此方法畫出我們手上的 SNMP 結果，請見下一節範例。

將 SNMP 結果應用於 Pygal

對於 Pygal 折線圖，我們能遵循 Matplotlib 範例的模式，也就是讀取檔案來建立數值的串列。不用像 Matplotlib 那樣將 *x* 軸的數值轉成內部浮點數，不過還是需要將得到的每個數值都轉成一般浮點數：

```
#!/usr/bin/env python3
import pygal
x_time = []
out_octets = []
out_packets = []
in_octets = []
in_packets = []
with open('results.txt', 'r') as f:
    for line in f.readlines():
        # eval(line) 以字典型別而非字串型別讀取每行內容
        line = eval(line)
        x_time.append(line['Time'])
        out_packets.append(float(line['Gig0-0_Out_uPackets']))
        out_octets.append(float(line['Gig0-0_Out_Octet']))
        in_packets.append(float(line['Gig0-0_In_uPackets']))
        in_octets.append(float(line['Gig0-0_In_Octet']))
```

可以用我們見過的相同機制來建構折線圖：

```
line_chart = pygal.Line()
line_chart.title = "Router 1 Gig0/0"
line_chart.x_labels = x_time
line_chart.add('out_octets', out_octets)
line_chart.add('out_packets', out_packets)
line_chart.add('in_octets', in_octets)
line_chart.add('in_packets', in_packets)
line_chart.render_to_file('pygal_example_2.svg')
```

結果與我們先前看到的相似，但現在的圖表則是 SVG 格式，它能夠輕易地展示在網頁上，而我們可以在現今的網頁瀏覽器中查看：

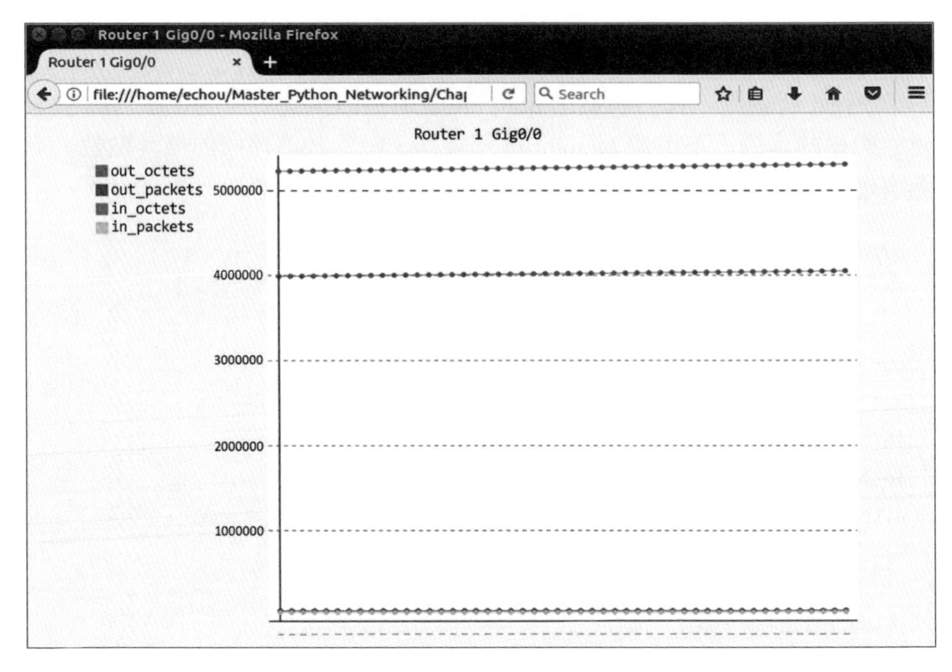

圖 7.10：Router1 — Pygal 多線圖

Pygal 跟 Matplotlib 一樣，都有許多圖表可以選擇，例如要畫出在 Matplotlib 裡見過的圓餅圖，能用 `pygal.Pie()` 物件來達成。這個在範例 `pygal_2.py` 中有展示：

```
#!/usr/bin/env python3
import pygal
line_chart = pygal.Pie()
line_chart.title = "Protocol Breakdown"
line_chart.add('TCP', 15)
line_chart.add('UDP', 30)
line_chart.add('ICMP', 45)
line_chart.add('Others', 10)
line_chart.render_to_file('pygal_example_3.svg')
```

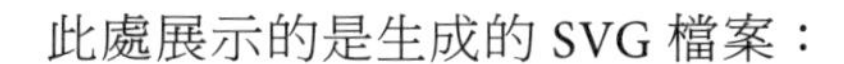

此處展示的是生成的 SVG 檔案：

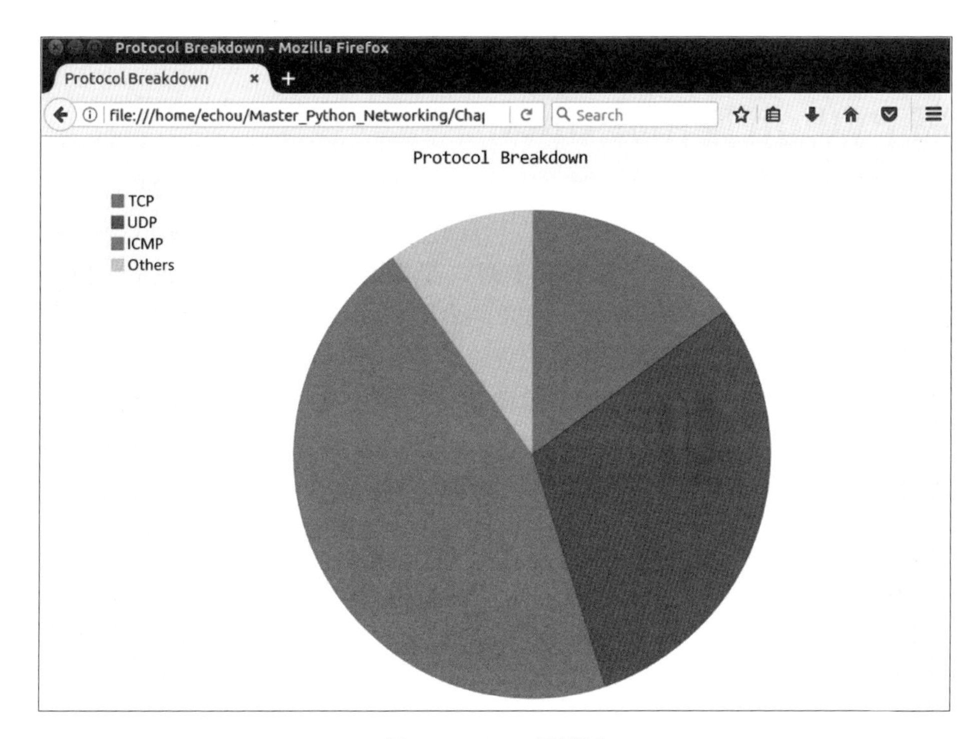

圖 7.11：Pygal 圓餅圖

Pygal 是很好的工具，可以畫出適合正式環境的 SVG 圖表，如果您需要這種圖表，Pygal 就能做到，不用再找其他函式庫了。這一節中，我們看了使用 Pygal 將網路資料繪製成圖表的範例，如同 Matplotlib 一樣，如果您有興趣想學更多，尚有額外的資源能幫助學習。

額外的 Pygal 資源

Pygal 提供了許多可自訂功能和繪圖能力，讓您可以在透過像 SNMP 的基本網路監控工具蒐集資料後，將其繪製成圖。在這一節中，便展示了簡單的折線圖與圓餅圖。關於這個專案的更多資訊，能在以下連結中找到：

- **Pygal 文件**：`http://www.pygal.org/en/stable/index.html`
- **Pygal GitHub 專案頁面**：`https://github.com/Kozea/pygal`

下一節中，我們還會繼續討論 SNMP 主題的網路監控，我們將會使用稱為 **Cacti** 的網路監控系統，它具有相當完整的功能。

將 Python 應用於 Cacti

在我早期成為區域 ISP 業者的菜鳥網路工程師時，曾使用一個開源的跨平台工具**多路由流量分析器（MRTG）**（`https://en.wikipedia.org/wiki/Multi_Router_Traffic_Grapher`），用來監測網路連接的流量，我們幾乎完全依靠此工具來監控流量。我很驚訝一個開源專案是如此地優秀與實用，它是最早的幾個開源高層級網路監控系統之一，它為網路工程師抽象了 SNMP、資料庫與 HTML 的細節。之後，**輪替型資料庫工具（RRDtool）**（`https://en.wikipedia.org/wiki/RRDtool`）問世，它在 1999 年首次發佈，被譽為「做對了的 MRTG」，顯著改善了後端資料庫與輪詢器的性能。

Cacti（`https://en.wikipedia.org/wiki/Cacti_(software)`）是一款於 2001 年推出的開源網路監控和圖表繪製工具，它被設計用來改進 RRDtool 的前端。由於承襲自 MRTG 與 RRDtool，您會發現它有著熟悉的圖表佈局、模板與 SNMP 輪詢器。作為整合好的工具，安裝與使用都需要在工具的範圍內。不過，Cacti 提供了自訂資料查詢功能，所以我們便能利用 Python 來處理。在此節，將看到如何使用 Python 作為 Cacti 的資料輸入方法。

首先，我們先從安裝流程講起。

安裝說明

由於 Cacti 是一款整合網頁前端、蒐集腳本及資料庫後端的全面性工具，除非您熟悉 Cacti，否則建議您在實驗環境的獨立虛擬機或容器上安裝。接下來的說明將以虛擬機為例，在容器中使用 Dockerfile 的操作也跟此說明相似。

在 Ubuntu 管理虛擬機上，使用 APT 進行安裝很簡單：

```
$ sudo apt-get install cacti
```

這會觸發一連串的安裝與設定步驟，包含 MySQL 資料庫、網頁伺服器（Apache 或 lighttpd），以及各種組態設定工作。安裝完畢後，請開啟 http://<ip>/cacti 頁面來啟動。最終步驟是用預設的使用者名稱和密碼（admin/admin）登入，之後系統將會提示您更改密碼。

在安裝過程中，當有疑問時，就選擇預設選項，維持單純的環境。

登入後，便可以根據文件來新增設備並將其與模板進行關聯，裡面有一個預先製作的 Cisco 路由器模板可供使用。Cacti 有個不錯的官方文件（http://docs.cacti.net/），說明如何新增設備與建立第一個圖表，所以我們將快速瀏覽一些可能會見到的截圖：

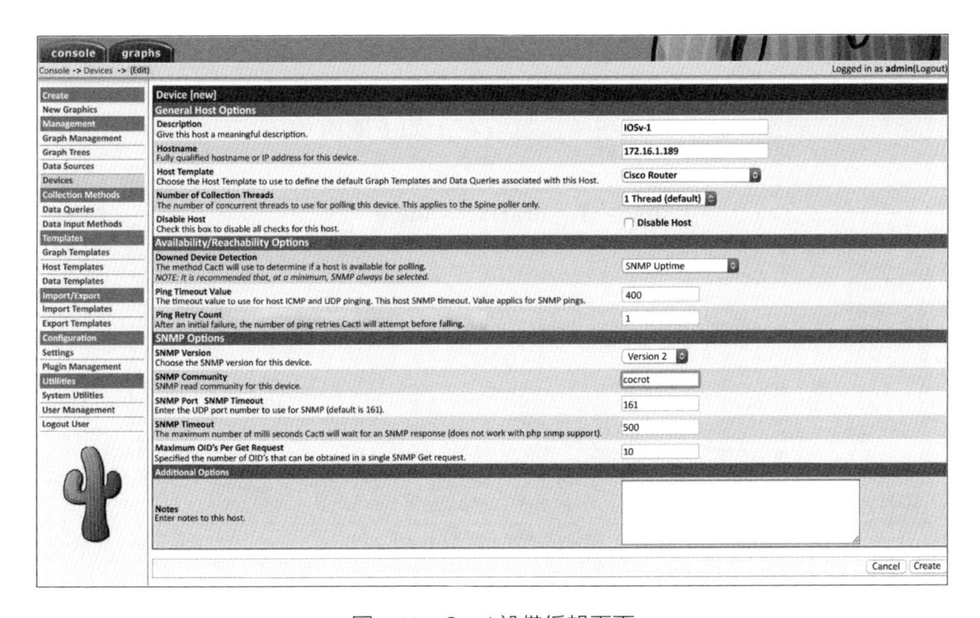

圖 7.12：Cacti 設備編輯頁面

當您能看到設備運行時間時，這表示 SNMP 通訊正常：

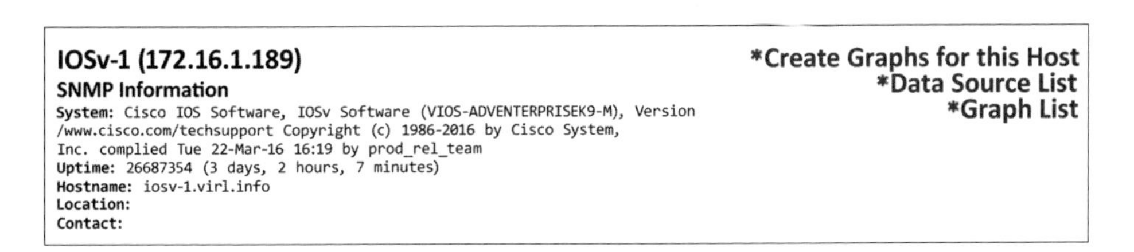

圖 7.13：設備編輯結果頁面

您可以替設備新增圖表，以顯示介面流量與其他統計資料：

New Graphs for [IOSv-1 (172.16.1189) Cisco Router]

Host: IOSv-1 (172.16.1.189) Graph Types: All

*Edit this Host
*Create New Host

Graph Templates

Graph Template Name
Create: Cisco -CPU Usage
Create: SNMP - Generate OID Template
Create: (Select a graph type to create)

Data Query [SNMP - Interface Statistics]

Showing All Items

Index	Status	Description	Name (IF-MIB)	Alias (IF-MIB)	Type	Speed	High Spend	Hardware Address	IP Address
1	Up	GigabitEthernet0/0	GI0/0	OOB Management	6	1000000000	1000	FA: 16: 3E:45:2B:47	172.16.1.189
2	Up	GigabitEthernet0/1	GI0/1	to Icsv-2	6	1000000000	1000	FA:16:3E:FD:FE:87	10.0.0.13
3	Up	GigabitEthernet0/2	GI0/2	to Client	6	1000000000	1000	FA:16:3E:71:63:50	10.0.0.6
4	Up	Null0	Nu0		1	4294967295	10000		
5	Up	Loopback0	Lo0	Loopback	24	4294967295	8000		192.168.0.1

Select a graph type: In/Out Uniset Packets

Cancel Create

圖 7.14：設備的新增圖表

經過一段時間後，就會開始看到流量資料，如下圖所示：

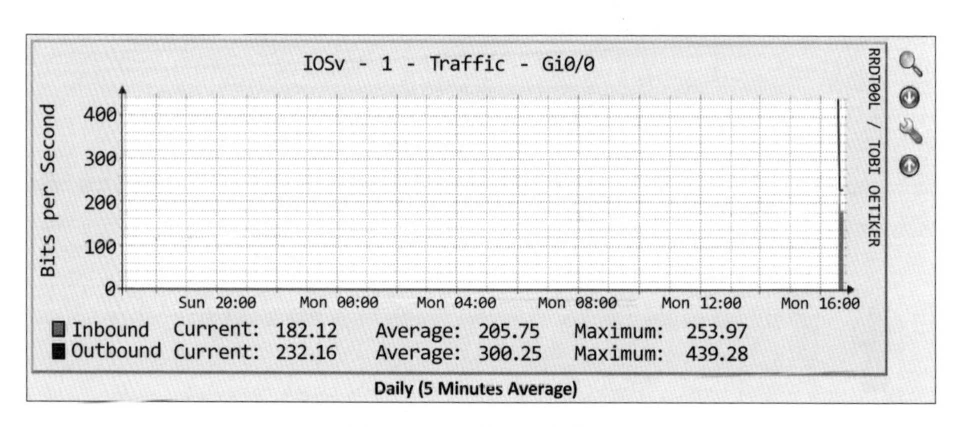

圖 7.15：5 分鐘平均流量圖

現在，我們準備好介紹如何使用 Python 腳本來擴充 Cacti 的資料蒐集功能。

使用 Python 腳本作為輸入來源

在我們嘗試使用 Python 腳本作為資料輸入來源前，有兩份文件是我們需要閱讀的：

- **資料輸入方法**：http://www.cacti.net/downloads/docs/html/data_input_methods.html

- **讓腳本與 Cacti 一起使用**：`http://www.cacti.net/downloads/docs/html/making_scripts_work_with_cacti.html`

您或許會好奇使用 Python 腳本作為資料輸入擴充的實際應用案例是什麼。其中一個案例是為那些沒有相應 OID 的資源進行監控，例如，若我們想知道如何繪製存取列表 `permit_snmp` 允許主機 `172.16.1.173` 進行 SNMP 查詢的次數。

此例子假設 SNMP 站點的 IP 位址是 `172.16.1.173`；請您將此 IP 位址替換為當前實驗環境的管理站點 IP 位址。

我們知道可以透過 CLI 來查看匹配次數。

```
iosv-1#sh ip access-lists permit_snmp | I 172.16.1.173 10 permit
172.16.1.173 log (6362 matches)
```

然而，這個值很可能沒有對應的 OID（或者我們可以假設沒有）。此時，便能利用外部腳本產生 Cacti 主機能夠讀取的輸出。

我們可以複用在*第 2 章，底層網路設備互動*中討論過的 `chapter1_1.py` 的 Pexpect 腳本，並將其重新命名為 `cacti_1.py`。除了執行 CLI 指令與儲存輸出外，其餘內容都應該與原始腳本保持一致：

```
<skip>
for device in devices.keys():
...
    child.sendline''sh ip access-lists permit_snmp | i 172.16.1.17'')
    child.expect(device_prompt)
    output = child.before
```

輸出的原始形式將如下所示：

```
''sh ip access-lists permit_snmp | i 172.16.1.173rn 10 permit 172.16.1.173
log (6428 matches)r''
```

我們將利用字串的 `split()` 函式來保留匹配數量，並在腳本中將其輸出至標準輸出上：

```
print(str(output).split'''')[1].split()[0])
```

為了測試，我們能透過多次執行腳本來查看數量的遞增：

```
$ ./cacti_1.py
6428
$ ./cacti_1.py
6560
$ ./cacti_1.py
6758
```

我們可以讓腳本設定為可執行檔，並將其放至 Cacti 預設的腳本位置：

```
$ chmod a+x cacti_1.py
$ sudo cp cacti_1.py /usr/share/cacti/site/scripts/
```

Cacti 的文件（`http://www.cacti.net/downloads/docs/html/how_to.html`）提供了如何將腳本結果加入到輸出圖表的詳細步驟。

這些步驟包含將腳本加入作為資料輸入方法，將此方法加至資料來源，然後創建圖形以供查看：

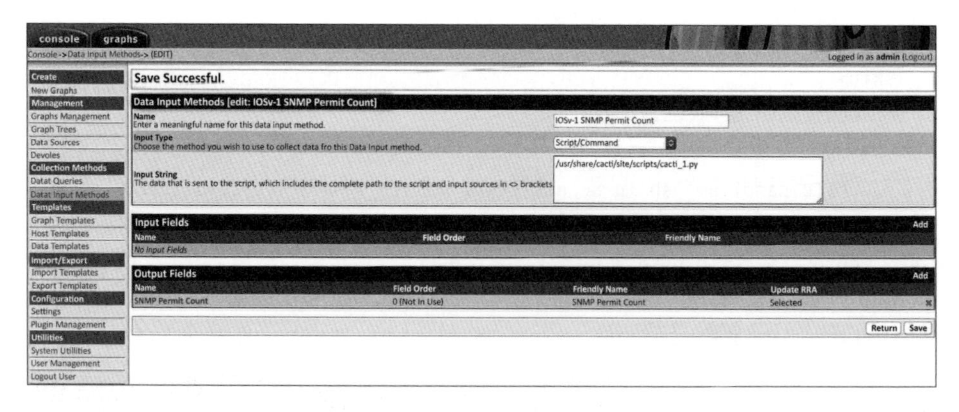

圖 7.16：資料輸入方法結果頁面

SNMP 是向設備提供網路監控服務的常見方法。RRDtool 與 Cacti 作為前端，透過 SNMP 替所有網路設備提供了良好的監控平台。此外，我們也可以使用 Python 腳本來擴充 SNMP 之外的資訊蒐集。

總結

本章節中，探究了多種使用 SNMP 達成網路監控的方式。在網路設備上，我們配置了 SNMP 相關的指令，並使用網路管理 VM 搭配 SNMP 輪詢器來查詢設備狀態。我們也利用 PySNMP 模組來簡化與自動化 SNMP 查詢過程。另外，我們也學習到如何將查詢結果儲存於平面文件或資料庫中，供未來的範例使用。

在本章節的後半部，我們利用兩種 Python 視覺化工具 Matplotlib 與 Pygal 將 SNMP 結果繪製成圖表。此兩種工具各有其特色，Matplotlib 是一個功能全面且成熟的函式庫，廣泛應用在資料科學領域之中；Pygal 則能直接創建 SVG 格式的圖表，這些圖表不僅靈活，而且非常適合用於網頁。此外，也展示過如何製作與網路監控相關的折線圖與圓餅圖。

在本章結尾部分，看了一款整合式的網路監控工具 Cacti。此工具主要透過 SNMP 進行網路監測，不過我們也有說明當在遠端主機上無法獲得 SNMP OID 的情況下，如何利用 Python 腳本作為資料來源，從而擴充平台的監控能力。

在第 *8* 章，*使用 Python 來執行網路監控——第 2 部分*中，會繼續探討各種能幫助我們監控網路並判斷是否如預期運行的工具。我們將看一下使用 NetFlow、sFlow 和 IPFIX 的流量式監測，此外，也會利用 Graphviz 等工具來使網路拓樸視覺化，並偵測拓樸的任何變化。

8

使用 Python 來執行網路監控——第 2 部分

在第 7 章，*使用 Python 來進行網路監控——第 1 部分*，我們利用 SNMP 查詢來自網路設備的資訊，此事是透過 SNMP 管理器向網路設備上的 SNMP 代理發送查詢要求來達到。SNMP 資訊是以分層的格式來結構化，並使用特定的物件 ID 來表示物件的值。大多數情況下，我們關心的值是一個數字，例如 CPU 負載、記憶體使用量或介面流量。可以將這些資料與時間對比，從而了解值隨時間變化的情況。

因為我們經常用 SNMP 向設備不斷尋求指定的回答，一般將此做法歸類為**拉取式**方法。不過，因為設備必須在控制平台上耗費 CPU 週期至子系統中尋找答案，再將此答案封裝入 SNMP 資料封包，接著回傳給請求者，所以此方法會替設備增加負擔。如果您曾經歷過在家族聚會上遇到某位親戚不斷地詢問相同問題，這種經歷就類似 SNMP 管理器不斷地輪詢被管理的節點。

隨著時間的流逝，如果有多個 SNMP 輪詢器每 30 秒就對同一設備發送查詢（此情況比想像的還要常見），管理上的負擔將會變得很大。用剛剛提到的家族聚會來比喻，這情況就像是有好幾位親戚每 30 秒就打斷您並提問。我不確定您的感受如何，但對我而言，即使問題很簡單，也會覺得很不悅（更糟的是，他們問的都是同一個問題）。

我們能提供另一種更有效率的網路監控方法，即反轉原本管理站點的關係，將**拉取模式**變成**推送模式**。換句話說，就是設備可以按照約定的格式推送資訊至管理站點，此方法正是流量式監測的根本理念。在基於流量式監測的方式下，網路設備會將流量資訊（或稱為流量）串流至管理站點。這些資訊格式可以是 Cisco 專有的 NetFlow 格式（第 5 或第 9 版）、業界標準的 IPFIX，或者是開源的 sFlow 格式。在此章節，我們將使用 Python 來研究 NetFlow、IPFIX 與 sFlow。

並非所有的監控都適合以時間序列資料的形式呈現，當然如果您願意，也能用時間序列格式來表示網路拓樸與 Syslog 等資訊，但這並不適合。我們可以使用 Python 來檢查網路拓樸資訊，並看看拓樸是否隨時間的變化；還能使用像是 Graphviz 的工具，並使用 Python 封裝器來用圖闡明拓樸。如同在**第 6 章，使用 *Python* 來實現網路安全**中所言，Syslog 包含了安全資訊，所以本書後續章節，將會介紹使用 Elastic Stack（Elasticsearch、Logstash、Kibana 和 Beat）蒐集與索引網路安全和日誌資訊，這是個很有效率的方法。

本章會涵蓋以下幾個主題：

- Graphviz，這是一款開源的圖形視覺化軟體，能協助我們快速且有效率地繪製網路圖
- 流量式監測，例如 NetFlow、IPFIX 和 sFlow
- 使用 ntop 來視覺化資訊流量

首先，我們將會看看如何利用 Graphviz 來監控網路拓樸的變化。

Graphviz 工具

Graphviz 是開源的圖形視覺化軟體。想像一下，若需要向同事解釋網路拓樸，而不借助圖片，我們可能會說，網路由三層構成：核心層、分配層和存取層。

核心層由兩台路由器組成，以提供備援。這兩台路由器都與四台分配層路由器完全互連，且分配層路由器同樣與存取層路由器完全互連。內部路由協定使用 OSPF，而外部則是透過 BGP 協定與服務供應商對接。雖然這段描述缺少了一些細節，但應該足以讓您的同事描繪出一個不錯的高層次網路圖。

Graphviz 的運作方式類似於藉由文字格式描寫圖形的過程，此格式能使 Graphviz 解讀文字檔的內容，因此能將此文字檔提供給 Graphviz 程式，以此來建立圖形。此處的圖形是以名為 DOT 的文字格式來描述（`https://en.wikipedia.org/wiki/DOT_(graph_description_language)`），即圖形描述語言，且 Graphviz 會依據此描述來渲染圖形。當然，由於電腦缺少人類的想像力，此語言必須非常精確且詳盡。

關於 Graphviz 指定的 DOT 語法定義，請參閱 Graphviz 官方文件（`http://www.graphviz.org/doc/info/lang.html`）。

在本節，我們會利用**鏈路層發現協定（LLDP）**來查詢設備的鄰近節點，並透過 Graphviz 來建立網路拓樸圖。當完成此範例後，我們會見到如何將新學到的技術，例如 Graphviz，與我們已經掌握的技術（網路 LLDP）相結合，來解決很有意思的問題（自動繪製當前的網路拓樸圖）。

讓我們先看一下將使用的實驗環境設置。

實驗環境設置

我們將使用與上一章相同的實驗環境拓樸。概括而言，會有一個三層拓樸，其中 r6 是對外的邊緣設備節點，而 r5 是連接至伺服器的機架頂部路由器。

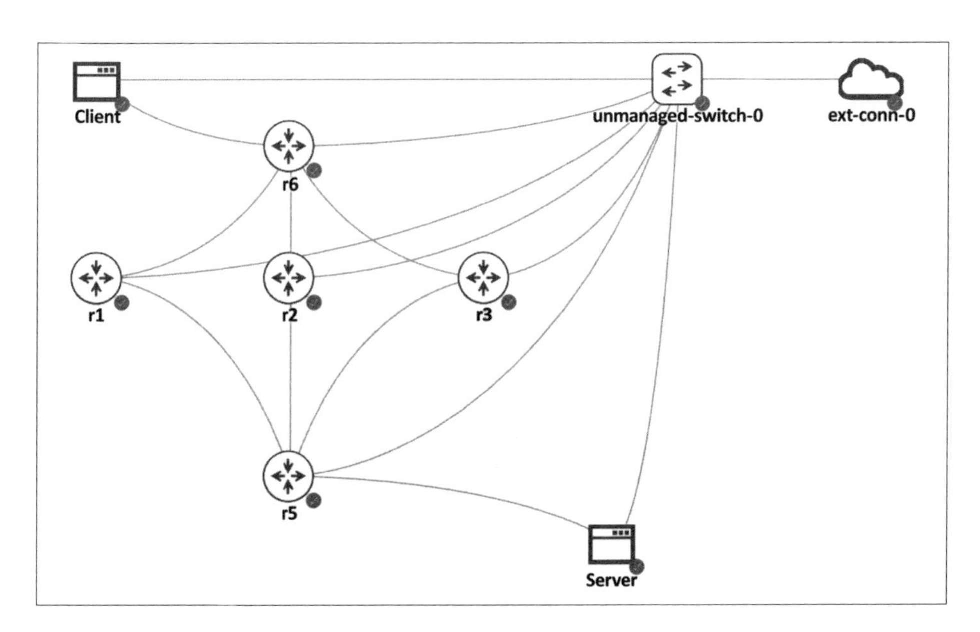

圖 8.1：實驗環境拓樸

設備為 vIOS，目的是節省實驗環境資源並簡化組態配置：

- 由 NX-OS 和 IOS-XR 虛擬化的節點會比 IOS 需要更多的記憶體。
- 若您希望使用 NX-OS，請考慮使用 NX-API 或其他會回傳結構化資料的 API 呼叫。

設備的資訊如下：

設備	管理 IP	Loopback IP
r1	192.168.2.218	192.168.0.1
r2	192.168.2.219	192.168.0.2
r3	192.168.2.220	192.168.0.3
r5	192.168.2.221	192.168.0.4
r6	192.168.2.222	192.168.0.5

Ubuntu 主機的資訊如下：

設備名稱	Eth0 外部連結 IP	Eth1 內部 IP
Client	192.168.2.211	10.0.0.9
Server	192.168.2.212	10.0.0.5

範例中，我們將使用 LLDP（`https://en.wikipedia.org/wiki/Link_Layer_Discovery_Protocol`），它是一種中立廠商的鏈路層鄰近節點發現協定。接著，繼續來安裝必要的套件。

安裝說明

Graphviz 可以透過 `apt` 取得：

```
$ sudo apt-get install graphviz
```

請注意，待安裝完成之後，我們仍需使用 `dot` 指令來驗證：

```
$ dot -V
dot - graphviz version 2.43.0 (0)$ dot -V
```

我們將使用 Graphviz 的 Python 封裝器，所以現在來安裝它：

```
(venv)$ pip install graphviz
>>> import graphviz
>>> graphviz.__version__
'0.20.1'
>>> exit()
```

讓我們來看一下此軟體的使用方式。

Graphviz 範例

如同大部分的熱門開源專案一樣，Graphviz 的文件內容相當豐富（https://www.graphviz.org/documentation/）。對於新手來說，最大的挑戰往往是從零到一的起步階段。為了我們的目標，此處將專注於點圖（dot graph），它會以層次化的結構來繪製有向圖（不要與 DOT 語言混淆，DOT 是一種圖形描述語言）。

讓我們從基礎概念開始談起：

- 節點指的是網路中的各種設備，例如路由器、交換器和伺服器
- 邊則是指連接這些網路設備的連結
- 圖形、節點和邊都設有屬性（https://www.graphviz.org/doc/info/attrs.html），我們可以對這些屬性進行調整
- 描述完網路後，我們可以把網路圖（https://www.graphviz.org/doc/info/output.html）以 PNG、JPEG 或 PDF 的格式輸出

第一個範例名為 chapter8_gv_1.gv，它是一張包含四個節點（**核心**、**分配**、**存取 1** 和**存取 2**）的無向點圖。邊以破折號（-）表示，核心節點與分配節點相連，且分配節點也與兩個存取節點相連：

```
graph my_network {
    core -- distribution;
    distribution -- access1;
    distribution -- access2;
}
```

圖形可以透過指令 `dot -T<格式> source -o <輸出檔案>` 來輸出：

```
$ mkdir output
$ dot -Tpng chapter8_gv_1.gv -o output/chapter8_gv_1.png
```

產生的圖形可以在以下的輸出資料夾中查看：

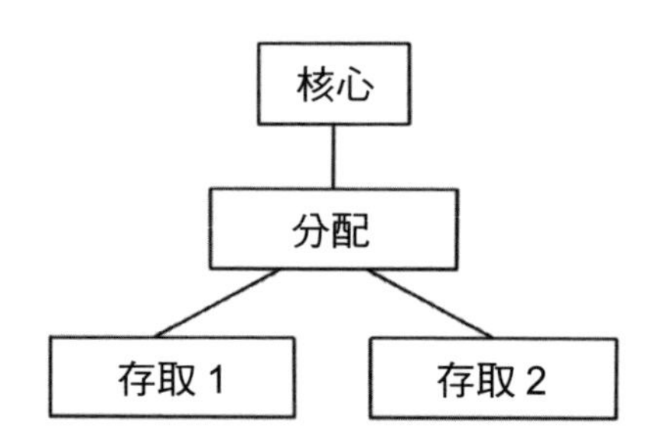

圖 8.2：Graphviz 無向點圖範例

就像第 *7* 章，使用 *Python* 來進行網路監控——第 *1* 部分所述，當處理這些圖形時，若在 Linux 桌面視窗中操作，因為可以立刻看到圖形，可能會更加簡單。

請注意，我們可以將圖形定義為有向圖（digraph），並使用箭頭（`->`）來表示邊，以便建立有向圖。在節點和邊方面，有許多屬性可以修改，例如節點形狀、邊的標籤等。在 `chapter8_gv_2.gv` 中，可以依照以下的內容來修改同一圖形：

```
digraph my_network {
    node [shape=box];
    size = "50 30";
    core -> distribution [label="2x10G"];
    distribution -> access1 [label="1G"];
    distribution -> access2 [label="1G"];
}
```

這次我們將以 PDF 格式輸出文件：

```
$ dot -Tpdf chapter8_gv_2.gv -o output/chapter8_gv_2.pdf
```

看一下新圖中的方向箭頭：

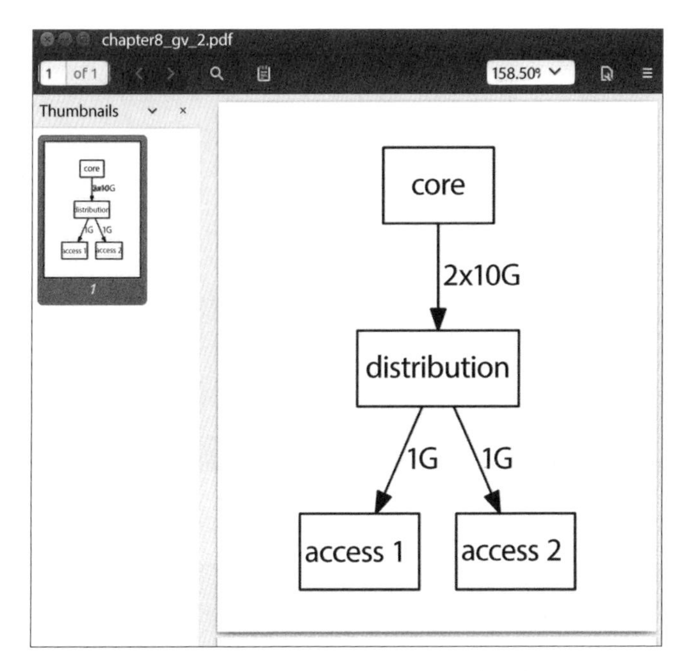

圖 8.3：帶有方向箭頭和線條說明的網路圖

接下來，我們來看一下 Graphviz 的 Python 封裝器。

Python 與 Graphviz 範例

利用 Python 的 Graphviz 套件，我們能夠重新繪製與先前相同的拓樸圖，並建立同樣的三層網路拓樸：

```
>>> from graphviz import Digraph
>>> my_graph = Digraph(comment="My Network")
>>> my_graph.node("core")
>>> my_graph.node("distribution")
>>> my_graph.node("access1")
>>> my_graph.node("access2")
>>> my_graph.edge("core", "distribution")
>>> my_graph.edge("distribution", "access1")
>>> my_graph.edge("distribution", "access2")
```

這段程式碼是以更具 Python 風格的方式，並依據用 DOT 語言寫出來的內容來產生圖形。您可以在產生圖形前查看其原始碼：

```
>>> print(my_graph.source)
// My Network
digraph {
    core
    distribution
    access1
    access2
    core -> distribution
    distribution -> access1
    distribution -> access2
}
```

圖形的渲染可以透過 `render()` 達到。預設輸出格式為 PDF：

```
>>> my_graph.render("output/chapter8_gv_3.gv")
'output/chapter8_gv_3.gv.pdf'
```

Python 的套件封裝器精準地仿照了 Graphviz 的所有 API 選項，可以在 Graphviz 的 Read the Docs 網站參閱相關選項的文件（`http://graphviz.readthedocs.io/en/latest/index.html`），您也能參考 GitHub 上的原始碼來獲取更多資訊（`https://github.com/xflr6/graphviz`）。準備工作已經完成，現在要使用此工具來繪製我們的網路。

LLDP 鄰近節點繪圖

此節中，將使用繪製 LLDP 鄰近節點的範例，並藉此說明一個多年來幫助我解決問題的模式：

1. 如果可行，將每個任務模組化成更小的部分。在範例中，我們能將步驟合併，但若將它們拆分成更小的部分，更能簡單地複用和改善。
2. 使用自動化工具與網路設備互動，但將更複雜的邏輯留在管理站點處理，例如，路由器提供了一個有點亂的 LLDP 鄰近節點輸出，在此情況下，我們將堅持使用工作指令和輸出，並在管理站使用 Python 腳本來解析我們需要的輸出。

3. 當同一任務有多個選擇時，選擇可以複用的選項。在我們的例子中，可以使用底層的 Pexpect、Paramiko 或 Ansible 劇本來查詢路由器，我認為 Ansible 是更具可複用性的選項，所以選擇它。

開始前，由於路由器預設並未啟用 LLDP，我們需要在設備上進行配置。至目前為止，我們知道有許多能選擇的選項；在此情況下，我選擇具有 `ios_config` 模組的 Ansible 劇本來完成此任務。`hosts` 文件包含了五個路由器：

```
$ cat hosts
[devices]
r1
r2
r3
r5-tor
r6-edge
[edge-devices]
r5-tor
r6-edge
```

每個主機在 `host_vars` 資料夾中都有對應的名稱，此處以 `r1` 為例來展示：

```
---
ansible_host: 192.168.2.218
ansible_user: cisco
ansible_ssh_pass: cisco
ansible_connection: network_cli
ansible_network_os: ios
ansbile_become: yes
ansible_become_method: enable
ansible_become_pass: cisco
```

`cisco_config_lldp.yml` 劇本包含一個具有 `ios_lldp` 模組的 play 任務：

```
---
- name: Enable LLDP
  hosts: "devices"
  gather_facts: false
  connection: network_cli
```

```
  tasks:
    - name: enable LLDP service
      ios_lldp:
        state: present
      register: output
    - name: show output
      debug:
        var: output
```

在 Ansible 2.5 或以上版本中，新增了 **ios_lldp** 模組。若您使用的是舊版本的 Ansible，請務必使用 **ios_config** 模組。

運行劇本來啟動 **lldp**：

```
$ ansible-playbook -i hosts cisco_config_lldp.yml
<skip>
PLAY RECAP *****************************************************************
*************
r1                          : ok=2    changed=0    unreachable=0
failed=0     skipped=0    rescued=0    ignored=0
r2                          : ok=2    changed=0    unreachable=0
failed=0     skipped=0    rescued=0    ignored=0
r3                          : ok=2    changed=0    unreachable=0
failed=0     skipped=0    rescued=0    ignored=0
r5-tor                      : ok=2    changed=0    unreachable=0
failed=0     skipped=0    rescued=0    ignored=0
r6-edge                     : ok=2    changed=0    unreachable=0
failed=0     skipped=0    rescued=0     ignored=0
```

因為 **lldp** 預設發送廣告封包的間隔是 30 秒，所以應當稍待一下，以便使設備間能夠交換 **lldp** 廣告封包。我們能驗證路由器上的 LLDP 已經運行以及它所發現的鄰近節點。

```
r1#sh lldp
Global LLDP Information:
    Status: ACTIVE
    LLDP advertisements are sent every 30 seconds
    LLDP hold time advertised is 120 seconds
```

```
    LLDP interface reinitialisation delay is 2 seconds

r1#sh lldp neighbors
Capability codes:
    (R) Router, (B) Bridge, (T) Telephone, (C) DOCSIS Cable Device
    (W) WLAN Access Point, (P) Repeater, (S) Station, (O) Other

Device ID          Local Intf     Hold-time  Capability      Port ID
r6.virl.info       Gi0/1          120        R               Gi0/1
r5.virl.info       Gi0/2          120        R               Gi0/1

Total entries displayed: 2
```

在舊版本的 CML，例如 VIRL 或其他實驗環境軟體，您可能會在 G0/0 MGMT 介面上見到 LLDP 鄰近節點。但實際上，我們關注的應該是直接與其他節點對接的 G0/1 和 G0/2 介面，這些資訊有助於解析輸出資料並建立拓樸圖。

資訊檢索

現在，我們可以利用另一個名為 cisco_discover_lldp.yml 的 Ansible 劇本，在設備上運行 LLDP 指令，並將每個設備的輸出資料複製到 tmp 資料夾中。

讓我們創建 tmp 資料夾：

```
$ mkdir tmp
```

此劇本包含三個任務。第一個任務是在每個設備上運行 show lldp neighbors 指令，第二個任務是顯示輸出資料，第三個任務是將輸出資料複製到輸出資料夾中的文字檔內。

```
  tasks:
    - name: Query for LLDP Neighbors
      ios_command:
        commands: show lldp neighbors
      register: output
    - name: show output
      debug:
```

```
        var: output
    - name: copy output to file
      copy: content="{{ output.stdout_lines }}" dest="./tmp/{{ inventory_
hostname }}_lldp_output.txt"
```

執行完畢後，`./tmp` 資料夾內已經包含了所有路由器的輸出資料（顯示 LLDP 鄰近節點），這些都寫在所屬的文件之中：

```
$ ls -l tmp
total 20
-rw-rw-r-- 1 echou echou 413 Sep 18 10:44 r1_lldp_output.txt
-rw-rw-r-- 1 echou echou 413 Sep 18 10:44 r2_lldp_output.txt
-rw-rw-r-- 1 echou echou 413 Sep 18 10:44 r3_lldp_output.txt
-rw-rw-r-- 1 echou echou 484 Sep 18 10:44 r5-tor_lldp_output.txt
-rw-rw-r-- 1 echou echou 484 Sep 18 10:44 r6-edge_lldp_output.txt
```

`r1_lldp_output.txt` 如同其他輸出文件，包含了 Ansible 劇本替每個設備產生的 `output.stdout_lines` 變數：

```
$ cat tmp/r1_lldp_output.txt
[["Capability codes:", "    (R) Router, (B) Bridge, (T) Telephone, (C)
DOCSIS Cable Device", "    (W) WLAN Access Point, (P) Repeater, (S)
Station, (O) Other", "", "Device ID            Local Intf     Hold-
time  Capability      Port ID", "r6.virl.info        Gi0/1          120
R               Gi0/1", "r5.virl.info        Gi0/2          120        R
Gi0/1", "", "Total entries displayed: 2"]]
```

至目前為止，我們已經在網路設備中完成資訊檢索了。現在，一切都準備就續，得以使用 Python 腳本來將所有的東西整合在一起。

Python 分析腳本

我們現在可以使用 Python 腳本來解析每個設備 LLDP 鄰近節點的輸出資料，並根據結果建立網路拓樸圖。其目的為自動檢查設備，確認是否有任何 LLDP 鄰近節點因連結出錯或其他問題而消失。接著來看看 `cisco_graph_lldp.py` 文件，並了解如何達到此目標。

首先從導入必要的套件開始，然後建立一個空的串列，之後我們將填入節點關聯的元組資料。由於知道設備上的 `Gi0/0` 連接至管理網路網域，因此在 `show lldp neighbors` 指令的輸出中，只用 `Gi0/[1234]` 的正規表示式模式來搜尋：

```
import glob, re
from graphviz import Digraph, Source
pattern = re.compile('Gi0/[1234]')
device_lldp_neighbors = []
```

我們將利用 `glob.glob()` 一一尋訪 `./tmp` 資料夾下的所有檔案，解析設備名稱，並找出設備所連接的鄰近節點。腳本中包含了一些嵌入的列印語句，這些在最終版本中可以將其註解掉，若這些語句未註解，我們會見到以下的解析結果：

```
$ python cisco_graph_lldp.py
device: r6-edge
  neighbors: r2
  neighbors: r1
  neighbors: r3
device: r2
  neighbors: r5
  neighbors: r6
device: r3
  neighbors: r5
  neighbors: r6
device: r5-tor
  neighbors: r3
  neighbors: r1
  neighbors: r2
device: r1
  neighbors: r5
  neighbors: r6
```

完整的邊串列包含由設備及其鄰近節點組成的元組：

```
Edges: [('r6-edge', 'r2'), ('r6-edge', 'r1'), ('r6-edge', 'r3'), ('r2',
'r5'), ('r2', 'r6'), ('r3', 'r5'), ('r3', 'r6'), ('r5-tor', 'r3'), ('r5-
tor', 'r1'), ('r5-tor', 'r2'), ('r1', 'r5'), ('r1', 'r6')]
```

現在，我們可以使用 Graphviz 套件構建網路拓樸圖，其中最重要的部分是解開代表邊關係的元組：

```
my_graph = Digraph("My_Network")
my_graph.edge("Client", "r6-edge")
my_graph.edge("r5-tor", "Server")
# 建構邊的關係
for neighbors in device_lldp_neighbors:
    node1, node2 = neighbors
    my_graph.edge(node1, node2)
```

如果我們印出此處產生的原始 dot 文件，它將準確地表示我們的網路結構：

```
digraph My_Network {
        Client -> "r6-edge"
        "r5-tor" -> Server
        "r6-edge" -> r2
        "r6-edge" -> r1
        "r6-edge" -> r3
        r2 -> r5
        r2 -> r6
        r3 -> r5
        r3 -> r6
        "r5-tor" -> r3
        "r5-tor" -> r1
        "r5-tor" -> r2
        r1 -> r5
        r1 -> r6
}
```

有時，見到相同的連結出現兩次會令人困惑，例如，在先前的圖表中，`r2` 到 `r5-tor` 的連結由於方向性，所以出現了兩次。作為網路工程師，我們都知道有時實體連結的故障會導致單向連結，這是我們不願見到的。

節點的擺放是自動渲染的，如果我們照原樣繪製圖表，節點的位置可能會有點怪異。下圖展示了預設佈局及 `neato` 佈局的渲染效果，也就是有向圖（`My_Network, engine='neato'`）：

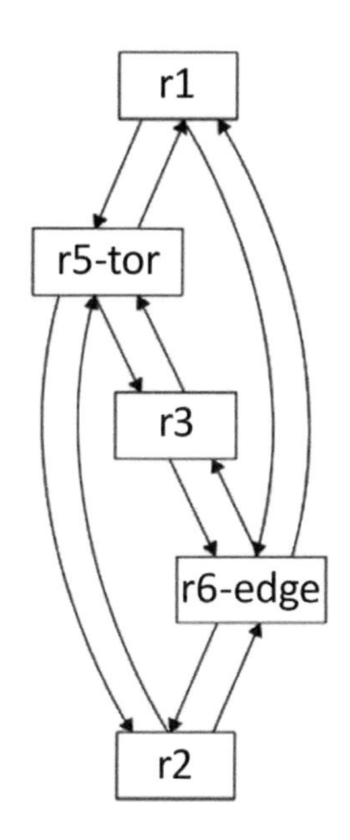

圖 8.4：拓樸圖 1

`neato` 佈局嘗試以更少的層次結構來畫無向圖：

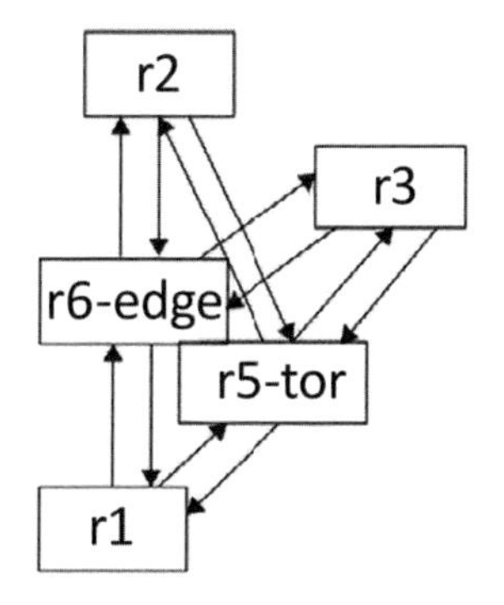

圖 8.5：拓樸圖 2

有時候，工具預設的佈局就不錯了，尤其是當您的目標為檢測錯誤，而非追求較具吸引力的視覺呈現。不過，在此案例下，我們可以來看看如何在來源文件中插入原生 DOT 語言的控制元素。從研究中發現，我們能利用 `rank` 指令來指定某些節點保持在同一層。然而，在 Graphviz 的 Python API 中卻未提供此選項，幸運的是，dot 來源文件僅是一串文字，我們能使用 `replace()` 替換原始的 dot 內容，以下為操作方式：

```
source = my_graph.source
original_text = "digraph My_Network {"
new_text = 'digraph My_Network {\n{rank=same Client "r6-edge"}\n{rank=same
r1 r2 r3}\n'
new_source = source.replace(original_text, new_text)
print(new_source)
new_graph = Source(new_source)
new_graph.render("output/chapter8_lldp_graph.gv")
```

最終會是一個新的來源文件，可以用它來渲染出最終的拓樸圖。

```
digraph My_Network {
{rank=same Client "r6-edge"}
{rank=same r1 r2 r3}
        Client -> "r6-edge"
        "r5-tor" -> Server
        "r6-edge" -> r2
        "r6-edge" -> r1
        "r6-edge" -> r3
        r2 -> r5
        r2 -> r6
        r3 -> r5
        r3 -> r6
        "r5-tor" -> r3
        "r5-tor" -> r1
        "r5-tor" -> r2
        r1 -> r5
        r1 -> r6
}
```

現在，圖表已經準備就緒，並具有正確的層次結構：

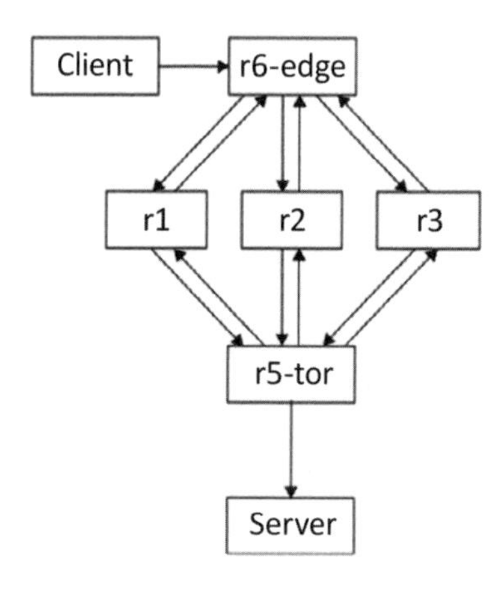

圖 8.6：拓樸圖 3

我們利用 Python 腳本從設備中自動檢索網路資訊，並自動產生拓樸圖。這是一項相當繁重的工作，但它確保了圖表的一致性，並保證圖表始終反映網路的最新狀態。接著，將進行一些驗證，以確認我們的腳本能夠透過圖表的變更，偵測到網路的最新變化。

測試劇本

我們現在準備執行一項測試，以檢查當連結發生變化時，劇本是否能正確地描繪拓樸變化。

我們可以透過關閉 `r6-edge` 上的 `Gi0/1` 和 `Go0/2` 介面來測試它：

```
r6#confi t
Enter configuration commands, one per line.  End with CNTL/Z.
r6(config)#int gig 0/1
r6(config-if)#shut
r6(config-if)#int gig 0/2
r6(config-if)#shut
r6(config-if)#end
r6#
```

當 LLDP 鄰近節點斷線超過存活偵測的時間後，它們將從 `r6-edge` 的 LLDP 表格中消失：

```
r6#sh lldp neighbors
Capability codes:
    (R) Router, (B) Bridge, (T) Telephone, (C) DOCSIS Cable Device
    (W) WLAN Access Point, (P) Repeater, (S) Station, (O) Other
Device ID           Local Intf     Hold-time Capability      Port ID
r1.virl.info        Gi0/0          120        R              Gi0/0
r2.virl.info        Gi0/0          120        R              Gi0/0
r3.virl.info        Gi0/0          120        R              Gi0/0
r5.virl.info        Gi0/0          120        R              Gi0/0
r3.virl.info        Gi0/3          120        R              Gi0/1

Device ID           Local Intf     Hold-time Capability      Port ID
Total entries displayed: 5
```

如果我們執行劇本與 Python 腳本，圖表將自動顯示 `r6-edge` 僅與 `r3` 連接，此時就能進行故障排除，了解故障的原因：

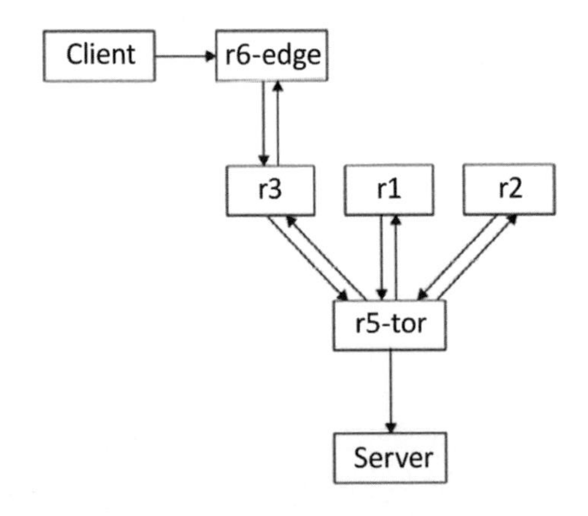

圖 8.7：拓樸圖 4

這是一個相對較長的範例，展示了使用多個工具共同解決問題的方式。我們使用學過的工具 Ansible 與 Python，將任務模組化並拆解成可複用的部分。

接著使用新工具 Graphviz，來協助監控網路的非時間序列資料，例如網路拓樸的關係。

在下一節，我們將稍微轉變方向，看一下如何利用網路設備蒐集的流量來監控網路。

流量式監測

如本章引言所述，除了輪詢技術（如 SNMP）外，我們還可以採用推送模式，使設備主動將網路資訊推送至管理站點。NetFlow 及其相關技術 IPFIX 和 sFlow，就是網路設備推送資訊至管理站點實例。因為網路設備本身就是負責分配資源來推送資訊，所以我們認為**推送方法**更具可持續性是有道理的，例如，如果設備的 CPU 處於忙碌狀態，它能略過流量導出程序，優先執行更重要的任務，像資料封包的路由。

根據 IETF 的定義（`https://www.ietf.org/proceedings/39/slides/int/ip1394-background/tsld004.htm`），流量是從發送端的應用程式到接收端應用程式的資料封包序列。回顧 OSI 模型，流量是兩個應用程式之間的單一通訊單元。每個流量都由一些封包所組成，有些流量擁有較多封包（例如視訊串流），而有些只有幾個（例如 HTTP 請求）。針對流量稍作思考，您會發現路由器與交換器在意的是封包和訊框，但應用程式與用戶更關心的是網路流量。

流量式監測通常指的是 NetFlow、IPFIX 與 sFlow：

- **NetFlow**：NetFlow v5 是一種使網路設備暫存流量條目，並透過匹配一組元組（來源端介面、來源端 IP / 連接埠、目的端 IP / 連接埠等）來匯聚封包的技術。一旦流量完成，網路設備會將包含總位元組數量與封包數量的流量特徵導出至管理站點。
- **IPFIX**：IPFIX 是結構化串流的建議標準，類似於 NetFlow v9，也被稱為靈活的 NetFlow。本質上，它是一種可定義的流量導出方式，允許用戶導出網路設備所知道的所有資訊。這種靈活性通常犧牲了簡單性，與 NetFlow v5 相比，IPFIX 的配置比傳統的 NetFlow v5 更複雜，額外的複雜性使其不太適合初學者入門。然而，一旦熟悉 NetFlow v5，只要符合模板定義，就能解析 IPFIX。

- **sFlow**：sFlow 本身未具備流量或封包匯聚的概念。它執行兩種類型的封包抽樣：第一種是從「n」個封包 / 應用程式中隨機抽樣一個，第二種為具有基於時間的抽樣計數器。它將資訊發送到管理站點，管理站點會根據收到的封包樣本類型以及計數器來推導網路流量資訊。由於它不在網路設備上進行任何匯聚，可以說 sFlow 比 NetFlow 和 IPFIX 具有更高的可擴充性。

要了解這些技術，最好的方式是直接透過範例來學習，在下一節中將會看一些基於流量的範例。

使用 Python 解析 NetFlow

可以利用 Python 解析在網路中傳輸的 NetFlow 資料包，這使我們能詳細檢視 NetFlow 封包，並排除任何不符合預期的 NetFlow 問題。

首先，我們要在實驗環境網路的客戶端與伺服器之間產生流量，可以利用 Python 內建的 HTTP 伺服器模組，在 VIRL 主機上快速啟動一個簡易的 HTTP 伺服器。先打開新的終端視窗並連接至伺服器主機，接著啟動 HTTP 伺服器，在實驗期間不要關閉此終端視窗：

```
cisco@Server:~$ python3 -m http.server
Serving HTTP on 0.0.0.0 port 8000 ...
```

對於 Python 2，此模組名稱為 `SimpleHTTPServer`，例如執行 `python2 -m SimpleHTTPServer`。

開啟另一個終端視窗並 `ssh` 到客戶端。在客戶端上，我們可以在 Python 腳本中建立一個短暫的 `while` 迴圈，向網路伺服器持續發送 `HTTP GET`：

```
cisco@Client:~$ cat http_get.py
import requests
import time
while True:
    r = requests.get("http://10.0.0.5:8000")
    print(r.text)
    time.sleep(5)
```

客戶端應該每 5 秒鐘會取得一個非常簡單的 HTML 頁面：

```
cisco@Client:~$ python3 http_get.py
<!DOCTYPE HTML PUBLIC "-//W3C//DTD HTML 4.01//EN" "http://www.w3.org/TR/
html4/strict.dtd">
<html>
<head>
<skip>
</body>
</html>
```

如果我們回頭看一下伺服器的終端視窗，應該也會見到客戶端持續不斷地發送請求，間隔為每 5 秒一次：

```
cisco@Server:~$ python3 -m http.server
Serving HTTP on 0.0.0.0 port 8000 ...
10.0.0.9 - - [02/Oct/2019 00:55:57] "GET / HTTP/1.1" 200 -
10.0.0.9 - - [02/Oct/2019 00:56:02] "GET / HTTP/1.1" 200 -
10.0.0.9 - - [02/Oct/2019 00:56:07] "GET / HTTP/1.1" 200 -
```

由於從客戶端到伺服器的流量會經過網路設備，我們便能從中間的任何設備導出 NetFlow 資料。`r6-edge` 是客戶端主機的第一個路過點，我們將使這台路由器把 NetFlow 導出至管理主機的 `9995` 連接埠。

在此範例中，我們只用一台設備進行展示，因此手動配置所需的指令。在下一節中，當所有設備上均啟用 NetFlow 時，我們就會用 Ansible 劇本同時配置所有路由器。

以下是在 Cisco IOS 設備上導出 NetFlow 所必需的組態：

```
!
ip flow-export version 5
ip flow-export destination 192.168.2.126 9995 vrf Mgmt-intf
!
interface GigabitEthernet0/4
 description to Client
 ip address 10.0.0.10 255.255.255.252
 ip flow ingress
```

```
  ip flow egress
<skip>
```

接著來看看 Python 的解析腳本，它能協助我們分隔從網路設備收到的不同流量欄位。

Python Socket 與 Struct 模組

netFlow_v5_parser.py 腳本是根據 Brian Rak 在 http://blog.devicenull.org/2013/09/04/python-netflow-v5-parser.html 的文章修改而成，這些修改主要是為了相容 Python 3 以及解析額外的 NetFlow v5 欄位。由於 NetFlow v9 比 NetFlow v5 更複雜，它使用模板來映射欄位，這將增加入門學習的困難，所以我們選擇使用 NetFlow v5。不過，NetFlow v9 是原始 NetFlow v5 的擴充格式，所以在這一節中介紹的所有概念也都適用於它。

由於 NetFlow 封包在網路傳輸中是以位元組形式來表示，我們將利用 Python 標準函式庫中的 struct 模組來將位元組轉成 Python 原生的資料型別。

關於這兩個模組，您可以在 https://docs.python.org/3.10/library/socket.html 和 https://docs.python.org/3.10/library/struct.html 找到更多相關資訊。

在腳本中，我們將先用 socket 模組來綁定並監聽 UDP 資料包。主要是透過 socket.AF_INET 來監聽 IPv4 位址的 socket，並用 socket.SOCK_DGRAM 來指定接收 UDP 資料包：

```
sock = socket.socket(socket.AF_INET, socket.SOCK_DGRAM)
sock.bind(('0.0.0.0', 9995))
```

我們將啟動一個迴圈，每次能從網路中檢索 1,500 位元組的資訊：

```
while True:
    buf, addr = sock.recvfrom(1500)
```

下面這行是開始解構或拆解封包之處。第一個參數 !HH 指定了網路 big-endian 位元組順序，驚嘆號表示 big-endian，以及 H = 2 位元組無號短整數型別，即 C 的型別：

```
(version, count) = struct.unpack('!HH',buf[0:4])
```

前 4 個位元組包含了該封包導出的版本與流量數量。如果您不記得 NetFlow v5 的標頭資訊（開個玩笑，我通常只在想要快速入睡時才會去閱讀它），以下供您參考：

表 B-3 版本 5 的標頭格式

位元組	內容	描述
0-1	版本	NetFlow 導出格式的版本號碼
2-3	流量計數	該封包中導出的流量數（1-30）
4-7	SysUptime	從導出設備啟動至今的時間（毫秒／ms）
8-11	unix_secs	自 1970 年 1 月 1 號 UTC 0 時至今的 Unix 時間（秒／s）
12-15	unix_nsecs	自 1970 年 1 月 1 號 UTC 0 時至今剩餘不足一秒的時間（奈秒／ns）
16-19	flow-sequence	總流量的序列計數
20	engine_type	流量交換引擎的類型
21	engine_id	流量交換引擎的編號
22-23	sampling_interval	前 2 位元保存取樣模式，其餘 14 位元保存取樣的間隔數值

圖 8.8：NetFlow v5 標頭（資料來源：http://www.cisco.com/c/en/us/td/docs/net_mgmt/netflow_collection_engine/3-6/user/guide/format.html#wp1006108）

剩餘的標頭部分可以根據位元組位置和資料類型進行相對應的解析。Python 可以讓我們在一行程式碼中拆解多個標頭項目：

```
    (sys_uptime, unix_secs, unix_nsecs, flow_sequence) = struct.
unpack('!IIII', buf[4:20])
    (engine_type, engine_id, sampling_interval) = struct.unpack('!BBH',
buf[20:24])
```

接下來的 `for` 迴圈將把流量的紀錄資訊填入 `nfdata` 字典中，該紀錄包含拆解封包的來源位址與連接埠、目的位址與連接埠、封包計數和位元組計數，然後將資訊輸出至螢幕上：

```
    nfdata = {}
    for i in range(0, count):
```

```
        try:
            base = SIZE_OF_HEADER+(i*SIZE_OF_RECORD)
            data = struct.unpack('!IIIIHH',buf[base+16:base+36])
            input_int, output_int = struct.unpack('!HH',
buf[base+12:base+16])
            nfdata[i] = {}
            nfdata[i]['saddr'] = inet_ntoa(buf[base+0:base+4])
            nfdata[i]['daddr'] = inet_ntoa(buf[base+4:base+8])
            nfdata[i]['pcount'] = data[0]
            nfdata[i]['bcount'] = data[1]
            nfdata[i]['stime'] = data[2]
            nfdata[i]['etime'] = data[3]
            nfdata[i]['sport'] = data[4]
            nfdata[i]['dport'] = data[5]
            print(i, " {0}:{1} -> {2}:{3} {4} packts {5} bytes".format(
                nfdata[i]['saddr'],
                nfdata[i]['sport'],
                nfdata[i]['daddr'],
                nfdata[i]['dport'],
                nfdata[i]['pcount'],
                nfdata[i]['bcount']),
                )
```

透過腳本的輸出，能夠一目了然地查看標頭以及流量內容。在以下輸出中，我們可以在 `r6-edge` 上見到 BGP 控制封包（TCP 連接埠 `179`）以及 HTTP 流量（TCP 連接埠 `8000`）：

```
$ python3 netFlow_v5_parser.py
Headers:
NetFlow Version: 5
Flow Count: 6
System Uptime: 116262790
Epoch Time in seconds: 1569974960
Epoch Time in nanoseconds: 306899412
Sequence counter of total flow: 24930
0 192.168.0.3:44779 -> 192.168.0.2:179 1 packts 59 bytes
1 192.168.0.3:44779 -> 192.168.0.2:179 1 packts 59 bytes
```

```
2 192.168.0.4:179 -> 192.168.0.5:30624 2 packts 99 bytes
3 172.16.1.123:0 -> 172.16.1.222:771 1 packts 176 bytes
4 192.168.0.2:179 -> 192.168.0.5:59660 2 packts 99 bytes
5 192.168.0.1:179 -> 192.168.0.5:29975 2 packts 99 bytes
**********
Headers:
NetFlow Version: 5
Flow Count: 15
System Uptime: 116284791
Epoch Time in seconds: 1569974982
Epoch Time in nanoseconds: 307891182
Sequence counter of total flow: 24936
0 10.0.0.9:35676 -> 10.0.0.5:8000 6 packts 463 bytes
1 10.0.0.9:35676 -> 10.0.0.5:8000 6 packts 463 bytes
<skip>
11 10.0.0.9:35680 -> 10.0.0.5:8000 6 packts 463 bytes
12 10.0.0.9:35680 -> 10.0.0.5:8000 6 packts 463 bytes
13 10.0.0.5:8000 -> 10.0.0.9:35680 5 packts 973 bytes
14 10.0.0.5:8000 -> 10.0.0.9:35680 5 packts 973 bytes
```

請注意，在 NetFlow v5 中，紀錄的大小固定為 48 位元組；因此，此迴圈與腳本相對簡單。

然而，在 NetFlow v9 或 IPFIX 中，標頭之後會有一個模板 FlowSet（`http://www.cisco.com/en/US/technologies/tk648/tk362/technologies_white_paper09186a00800a3db9.html`），它規定了欄位數目、欄位類型與長度，這使得蒐集器能夠在預先不知道資料格式的情況下解析資料。對於 NetFlow v9，我們需要在 Python 腳本中額外增加一些邏輯處理。

藉由在腳本中解析 NetFlow 資料，我們能深入了解每個欄位，但此程序非常繁瑣且難以擴充。當然針對此問題，還有其他工具可以用來解決逐一解析 NetFlow 記錄的麻煩。在下一節中，我們將介紹此種工具，其名為 **ntop**。

ntop 流量監測

就如同第 7 章，使用 *Python* 來進行網路監控——第 *1* 部分中的 PySNMP 腳本，以及本章中的 NetFlow 解析腳本一樣，我們可以使用 Python 腳本來處理底層任務。不過，也有像 Cacti 這樣的工具，這個全功能開源套件整合了資料蒐集（輪詢器）、儲存（RRDs）和用於視覺化的網頁前端。像這樣的工具也能透過將常用的功能和軟體打包在一個套件中，為您節省大量工作。

在 NetFlow 方面，我們可以選擇多個開源與商業 NetFlow 蒐集器。若我們快速搜索排名前 N 個的開源 NetFlow 分析器，就會看到針對不同工具比較的研究。

每個工具都有其優缺點，選擇哪一個取決於個人偏好、平台與對定制的需求。我推薦選擇一個支援 v5 和 v9，甚至支援 sFlow 的工具。此外，工具選用的另一種考量是它是否能用我們了解的語言撰寫，我認為具有 Python 擴充性是一件好事。

我喜歡 NfSen（以 NFDUMP 作為後端蒐集器）和 `ntop`（或 `ntopng`），這兩個是我實際使用過的開源 NetFlow 工具。在這兩款工具中，`ntop` 是著名的流量分析器，它能運行於 Windows 和 Linux 平台，且與 Python 相容性佳。因此，本節將以 `ntop` 為範例來說明。

ntop 與 Cacti 相似，是一款整合多功能的工具。我建議在正式環境中，將 ntop 安裝在與管理站點不同的主機上，或者在管理站點的容器內。

在 Ubuntu 主機上的安裝過程非常簡單：

```
$ sudo apt-get install ntop
```

安裝過程會要求設定必要的監聽介面與設置管理員密碼。預設情況下，`ntop` 網頁介面是監聽 `3000` 連接埠，探測器則監聽 UDP `5556` 連接埠。在網路設備上，我們則需指定 NetFlow 匯出的位置：

```
!
ip flow-export version 5
ip flow-export destination 192.168.2.126 5556 vrf Mgmt-intf
!
```

預設情況下，IOSv 會建立名為 `Mgmt-intf` 的 VRF，並將 `Gi0/0` 置於 VRF 之下。

我們還需要在介面組態配置中指定流量導出的方向，例如 `ingress` 或 `egress`：

```
!
interface GigabitEthernet0/0
...
ip flow ingress
ip flow egress
...
```

為了便於查閱，本書附上名為 `cisco_config_netflow.yml` 的 Ansible 劇本，用於配置實驗環境設備以進行 NetFlow 導出。

`r5-tor` 和 `r6-edge` 比起 `r1`、`r2` 及 `r3` 多出兩個介面，因此我們還準備了另一個劇本來啟動這些額外的介面。

執行劇本並確保修改已正確套用於設備：

```
$ ansible-playbook -i hosts cisco_config_netflow.yml
TASK [configure netflow export station] **********************************
********************************************
changed: [r2]
changed: [r1]
changed: [r3]
changed: [r5-tor]
changed: [r6-edge]
TASK [configure flow export on Gi0/0] ************************************
*****************************************
ok: [r1]
ok: [r3]
ok: [r2]
ok: [r5-tor]
ok: [r6-edge]
<skip>
```

在運行劇本後來驗證設備組態是一個好想法，所以讓我們來抽查 `r2`：

```
r2#sh run
!
interface GigabitEthernet0/0
 description OOB Management
 vrf forwarding Mgmt-intf
 ip address 192.168.2.126 255.255.255.0
 ip flow ingress
 ip flow egress
<skip>
!
ip flow-export version 5
ip flow-export destination 192.168.2.126 5556 vrf Mgmt-intf
!
```

一旦設置完畢，您可以檢查 **ntop** 網頁介面上的本地端 IP 流量：

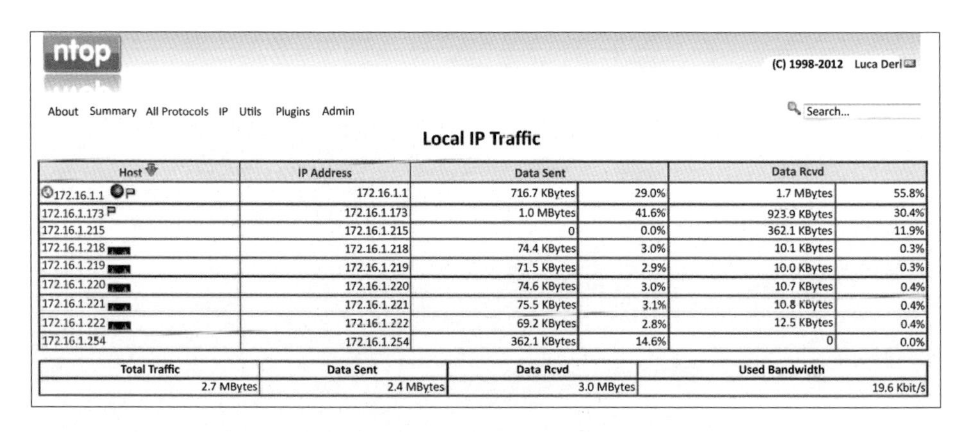

Host	IP Address	Data Sent		Data Rcvd	
172.16.1.1	172.16.1.1	716.7 KBytes	29.0%	1.7 MBytes	55.8%
172.16.1.173	172.16.1.173	1.0 MBytes	41.6%	923.9 KBytes	30.4%
172.16.1.215	172.16.1.215	0	0.0%	362.1 KBytes	11.9%
172.16.1.218	172.16.1.218	74.4 KBytes	3.0%	10.1 KBytes	0.3%
172.16.1.219	172.16.1.219	71.5 KBytes	2.9%	10.0 KBytes	0.3%
172.16.1.220	172.16.1.220	74.6 KBytes	3.0%	10.7 KBytes	0.4%
172.16.1.221	172.16.1.221	75.5 KBytes	3.1%	10.8 KBytes	0.4%
172.16.1.222	172.16.1.222	69.2 KBytes	2.8%	12.5 KBytes	0.4%
172.16.1.254	172.16.1.254	362.1 KBytes	14.6%	0	0.0%

Total Traffic	Data Sent	Data Rcvd	Used Bandwidth
2.7 MBytes	2.4 MBytes	3.0 MBytes	19.6 Kbit/s

圖 8.9：ntop 本地端 IP 流量

ntop 其中一個最常用的功能，就是使用它來查看 Top Talkers 圖表：

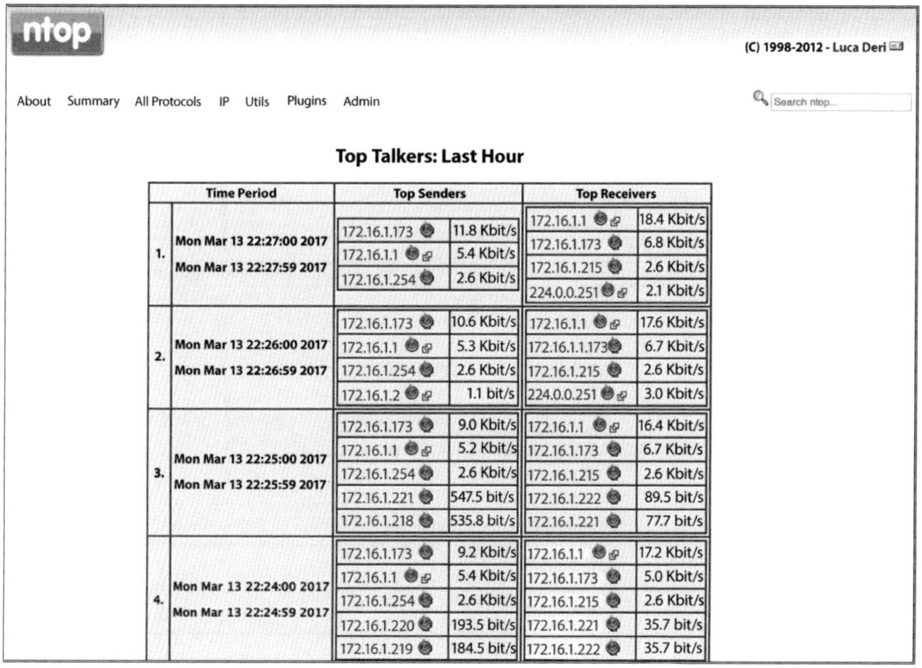

ntop

(C) 1998-2012 - Luca Deri

About Summary All Protocols IP Utils Plugins Admin

Search ntop...

Top Talkers: Last Hour

	Time Period	Top Senders		Top Receivers	
1.	Mon Mar 13 22:27:00 2017 Mon Mar 13 22:27:59 2017	172.16.1.173	11.8 Kbit/s	172.16.1.1	18.4 Kbit/s
		172.16.1.1	5.4 Kbit/s	172.16.1.173	6.8 Kbit/s
		172.16.1.254	2.6 Kbit/s	172.16.1.215	2.6 Kbit/s
				224.0.0.251	2.1 Kbit/s
2.	Mon Mar 13 22:26:00 2017 Mon Mar 13 22:26:59 2017	172.16.1.173	10.6 Kbit/s	172.16.1.1	17.6 Kbit/s
		172.16.1.1	5.3 Kbit/s	172.16.1.1.173	6.7 Kbit/s
		172.16.1.254	2.6 Kbit/s	172.16.1.215	2.6 Kbit/s
		172.16.1.2	1.1 bit/s	224.0.0.251	3.0 Kbit/s
3.	Mon Mar 13 22:25:00 2017 Mon Mar 13 22:25:59 2017	172.16.1.173	9.0 Kbit/s	172.16.1.1	16.4 Kbit/s
		172.16.1.1	5.2 Kbit/s	172.16.1.173	6.7 Kbit/s
		172.16.1.254	2.6 Kbit/s	172.16.1.215	2.6 Kbit/s
		172.16.1.221	547.5 bit/s	172.16.1.222	89.5 bit/s
		172.16.1.218	535.8 bit/s	172.16.1.221	77.7 bit/s
4.	Mon Mar 13 22:24:00 2017 Mon Mar 13 22:24:59 2017	172.16.1.173	9.2 Kbit/s	172.16.1.1	17.2 Kbit/s
		172.16.1.1	5.4 Kbit/s	172.16.1.173	5.0 Kbit/s
		172.16.1.254	2.6 Kbit/s	172.16.1.215	2.6 Kbit/s
		172.16.1.220	193.5 bit/s	172.16.1.221	35.7 bit/s
		172.16.1.219	184.5 bit/s	172.16.1.222	35.7 bit/s

圖 8.10：ntop top talkers 圖表

ntop 的報告引擎是用 C 語言所撰寫，其速度快、效率又高，但需具備充分的 C 語言知識才能做到像更換網頁前端這樣簡單的操作，這並不符合當今敏捷開發的思維。

在 2000 年代中期，歷經數次 Perl 的失敗嘗試後，ntop 的好夥伴們最終將 Python 嵌入作為可擴充的腳本引擎。接著，讓我們來看一下此部分。

ntop 的 Python 擴充

我們可以透過 ntop 網頁伺服器使用 Python 來擴充 ntop，且 ntop 網頁伺服器可以執行 Python 腳本，從高層次視角來看，這些腳本將包含以下內容：

- 存取 ntop 狀態的方法
- 使用 Python CGI 模組處理表單和 URL 參數

- 製作能產生動態 HTML 頁面的模板
- 每個 Python 腳本能夠從 `stdin` 讀取並輸出 `stdout/stderr`。`stdout` 的腳本就是回傳的 HTTP 頁面。

Python 整合時，有幾個資源非常實用。在網頁介面下，您可以點擊 **About | Show Configuration** 來查看 Python 直譯器版本與 Python 腳本資料夾：

Run time/Internal	
Web server URL	http://any:3000
GDBM version	GDBM version 1.8.3 10/15/2002 (built Nov 16 2014 23:11:58)
Embedded Python	2.7.12 (default, Nov 19 2016, 06:48:10) [GCC 5.4.0 20160609]

圖 8.11：Python 版本

您也能查看存放 Python 腳本的各個資料夾：

Directory (search) order	
Data Files	. /usr/share/ntop /usr/local/share/ntop
Config Files	. /usr/share/ntop /usr/local/etc/ntop /etc
Plugins	./plugins /usr/lib/ntop/plugins /usr/local/lib/ntop/plugins

圖 8.12：附加元件資料夾

在 **About | Online Documentation | Python ntop Engine** 下，有 Python API 和教學的連結：

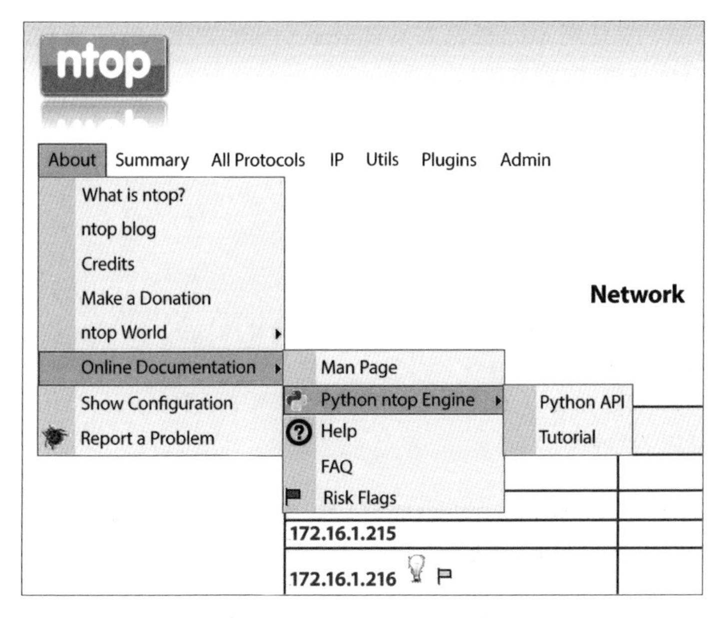

圖 8.13：Python ntop 文件

如前所述，ntop 的網頁伺服器會直接執行置於特定資料夾下的 Python 腳本：

```
$ pwd
/usr/share/ntop/python
```

我們將名為 chapter8_ntop_1.py 的腳本，置於資料夾之中。Python CGI 模組會負責處理表單與解析 URL 參數：

```
# 導入用於 CGI 處理的模組
import cgi, cgitb
import ntop
# 解析 URL cgitb.enable();
```

ntop 實做了三個 Python 模組，這些模組都有特定的用途：

- **ntop**：此模組與 ntop 引擎進行互動。
- **Host**：此模組深入掘取特定主機的資訊。
- **Interfaces**：此模組表示本地主機介面的資訊。

在腳本中，我們將使用 `ntop` 模組來獲取 `ntop` 引擎的資訊，並使用 `sendString()` 來發送 HTML 主體的文字：

```
form = cgi.FieldStorage();
name = form.getvalue('Name', default="Eric")
version = ntop.version()
os = ntop.os()
uptime = ntop.uptime()
ntop.printHTMLHeader('Mastering Python Networking', 1, 0) ntop.
sendString("Hello, "+ name +"<br>")
ntop.sendString("Ntop Information: %s %s %s" % (version, os, uptime))
ntop.printHTMLFooter()
```

我們將透過 `http://<ip>:3000/python/<腳本名稱>` 來執行 Python 腳本。以下為 `chapter8_ntop_1.py` 腳本執行的結果：

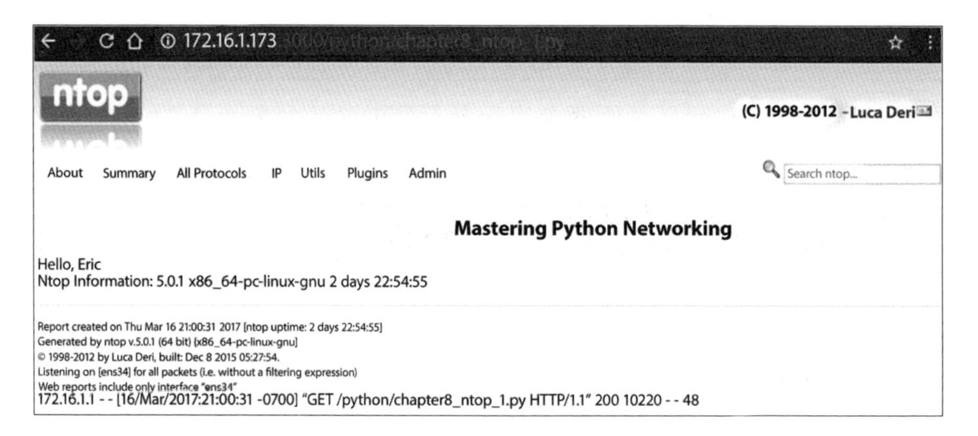

圖 8.14：ntop 腳本執行結果

我們還可以看另一個與介面模組互動的範例，也就是 `chapter8_ntop_2.py`，以下將利用 API 來逐一查看介面：

```
import ntop, interface, json
ifnames = []
try:
for i in range(interface.numInterfaces()):
    ifnames.append(interface.name(i))
except Exception as inst:
```

```
    print(type(inst)) # 異常實例
    print(inst.args) # 儲存在 .args 的參數
    print(inst) #   str_ 允許直接輸出參數
<skip>
```

結果頁面將顯示 ntop 介面資訊：

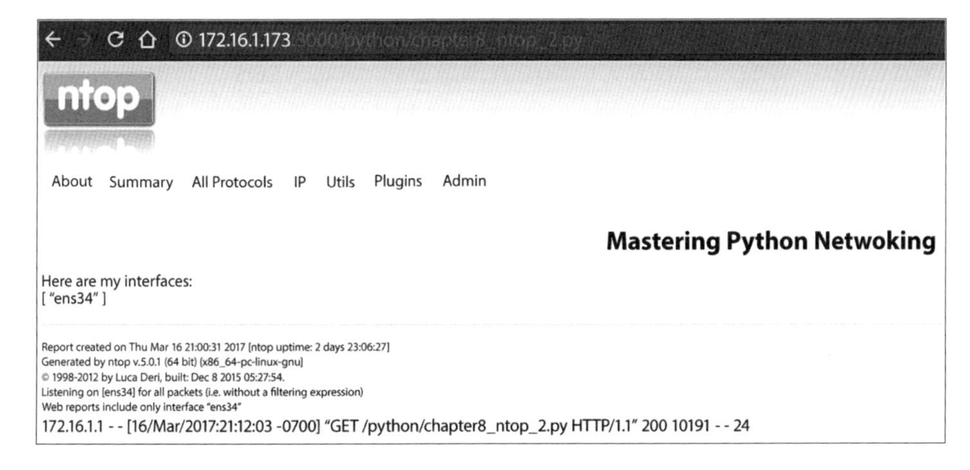

圖 8.15：ntop 介面資訊

ntop 不僅提供社群版本，也有數款商業產品可供選擇。憑藉其活躍的開源社群、商業資助以及 Python 的擴充性，ntop 是滿足您用 NetFlow 監控需求的不錯選擇。

接著，我們來看看 NetFlow 的表親：sFlow。

sFlow 工具

sFlow 代表抽樣流量，它是由 InMon（`http://www.inmon.com`）所開發，並透過 RFC 成為標準化的技術，目前版本為 v5。許多業界人士認為 sFlow 的主要優點在於高度可擴充性。

sFlow 使用隨機抽取「N 取一」的封包流量樣本，並結合計數器樣本的輪詢間隔來估算網路流量。此方法對網路設備的 CPU 負擔比 NetFlow 低，且 sFlow 的統計抽樣也與硬體整合，能提供即時的原始資料導出。

在可擴充性和競爭力的考量下，新興供應商通常傾向於選擇 sFlow 而非 NetFlow，例如 Arista Networks、Vyatta 與 A10 Networks。雖然 Cisco 在其 Nexus 系列產品上支援 sFlow，但在 Cisco 平台，通常並「不」支援 sFlow。

使用 Python 的 SFlowtool 和 sFlow-RT

不幸的是，目前 CML 實驗環境設備不支援 sFlow（就算是 NX-OSv 虛擬交換器也不行）。您可以使用 Cisco Nexus 3000 或其他支援 sFlow 的廠商交換器，例如 Arista。實驗環境中的另一個好選擇是使用 Arista vEOS 虛擬實例。我使用一台運行 7.0 (3) 的 Cisco Nexus 3048 交換器，在此節中作為 sFlow 資訊導出設備。

Cisco Nexus 3000 對於 sFlow 的組態配置很簡單：

```
Nexus-2# sh run | i sflow feature sflow
sflow max-sampled-size 256
sflow counter-poll-interval 10
sflow collector-ip 192.168.199.185 vrf management sflow agent-ip
192.168.199.148
sflow data-source interface Ethernet1/48
```

擷取 sFlow 資訊最簡單的方法是使用 `sflowtool`，其安裝指南請參閱 `http://blog.sflow.com/2011/12/sflowtool.html`：

```
$ wget http://www.inmon.com/bin/sflowtool-3.22.tar.gz
$ tar -xvzf sflowtool-3.22.tar.gz
$ cd sflowtool-3.22/
$ ./configure
$ make
$ sudo make install
```

在實驗環境中使用的為舊版的 `sFlowtool`，不過新版本的工作原理與之相同。

安裝完成後，您可以啟動 sflowtool 並查看 Nexus 3048 發送至標準輸出上的資料包：

```
$ sflowtool
startDatagram =================================
datagramSourceIP 192.168.199.148
datagramSize 88
unixSecondsUTC 1489727283
datagramVersion 5
agentSubId 100
agent 192.168.199.148
packetSequenceNo 5250248
sysUpTime 4017060520
samplesInPacket 1
startSample ----------------------
sampleType_tag 0:4 sampleType COUNTERSSAMPLE sampleSequenceNo 2503508
sourceId 2:1
counterBlock_tag 0:1001
5s_cpu 0.00
1m_cpu 21.00
5m_cpu 20.80
total_memory_bytes 3997478912
free_memory_bytes 1083838464 endSample ----------------------
endDatagram =================================
```

sflowtool 的 GitHub 儲存庫中有許多不錯的使用範例（https://github.com/sflow/sflowtool），其中一個是使用腳本來接收 sflowtool 的輸入並解析輸出。我們可以用 Python 腳本達到此目的，例如在 chapter8_sflowtool_1.py 範例中，我們將使用 sys.stdin.readline 來接收輸入，且在見到 sFlow 封包時便使用正規表示式搜索，來列印僅包含 agent 單字的那一行：

```
#!/usr/bin/env python3
import sys, re
for line in iter(sys.stdin.readline, ''):
    if re.search('agent ', line):
        print(line.strip())
```

該腳本可以透過「|」與 `sflowtool` 連接：

```
$ sflowtool | python3 chapter8_sflowtool_1.py
agent 192.168.199.148
agent 192.168.199.148
```

尚有許多有用的輸出範例，例如 `tcpdump`、輸出 NetFlow v5 的紀錄，以及緊湊的逐行輸出。如此多樣的輸出範例，使得 `sflowtool` 能靈活適應於不同的監控環境。

ntop 支援 sFlow，這表示您可以直接將 sFlow 導出至 ntop 蒐集器。若您的蒐集器僅支援 NetFlow，您也能使用 `sflowtool` 輸出的 `-c` 選項，以 NetFlow v5 格式輸出：

```
$ sflowtool --help
...
tcpdump output:
-t - (output in binary tcpdump(1) format)
-r file - (read binary tcpdump(1) format)
-x - (remove all IPV4 content)
-z pad - (extend tcpdump pkthdr with this many zeros
e.g. try -z 8 for tcpdump on Red Hat Linux 6.2)
NetFlow output:
-c hostname_or_IP - (netflow collector host)
-d port - (netflow collector UDP port)
-e - (netflow collector peer_as (default = origin_as))
-s - (disable scaling of netflow output by sampling rate)
-S - spoof source of netflow packets to input agent IP
```

另一種選擇是，您可以使用 InMon 的 sFlow-RT（`http://www.sflow-rt.com/index.php`）作為 sFlow 分析引擎。從操作者的角度來看，sFlow-RT 的特別之處在於提供 RESTful API，除了可以根據使用案例來自訂所需服務，也能輕鬆地從 API 中檢索指標資料。您可瀏覽 `http://www.sflow-rt.com/reference.php` 查看其豐富的 API 參考資料。

請注意，sFlow-RT 需要 Java 環境，可遵循以下方式安裝：

```
$ sudo apt-get install default-jre
$ java -version
openjdk version "1.8.0_121"
OpenJDK Runtime Environment (build 1.8.0_121-8u121-b13-0ubuntu1.16.04.2-
b13)
OpenJDK 64-Bit Server VM (build 25.121-b13, mixed mode)
```

一旦安裝完後，就能簡單地下載並直接運行 sFlow-RT（https://sflow-rt.com/download.php）：

```
$ wget http://www.inmon.com/products/sFlow-RT/sflow-rt.tar.gz
$ tar -xvzf sflow-rt.tar.gz
$ cd sflow-rt/
$ ./start.sh
2017-03-17T09:35:01-0700 INFO: Listening, sFlow port 6343
2017-03-17T09:35:02-0700 INFO: Listening, HTTP port 8008
```

我們能將網頁瀏覽器指向 HTTP 連接埠 8008 以驗證安裝是否成功：

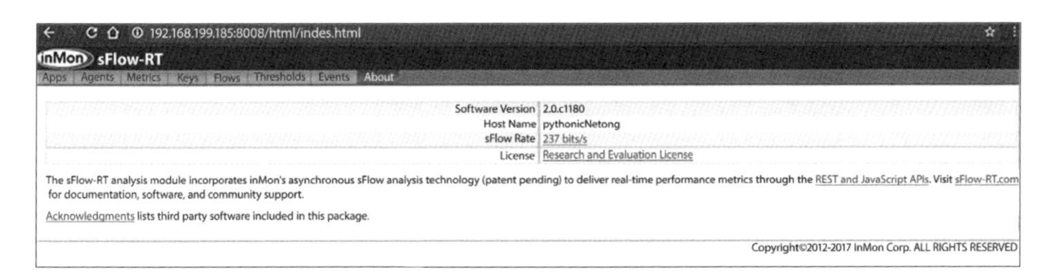

圖 8.16：sFlow-RT 版本

一旦 sFlow-RT 接收到任何 sFlow 封包，就會顯示代理與其他指標資訊：

192.168.199.185:8008/agents/html
inMon sFlow-RT
Apps Agents Metrics Keys Flows Thresholds Events About
192.168.199.148 1,686
Copyright © 2012-2017 InMon Corp. ALL RIGHTS RESERVED

圖 8.17：sFlow-RT 的代理 IP

此處兩個範例，展示如何使用 Python 透過 sFlow-RT 的 REST API 檢索資訊：

```
>>> import requests
>>> r = requests.get("http://192.168.199.185:8008/version")
>>> r.text '2.0-r1180'
>>> r = requests.get("http://192.168.199.185:8008/agents/json")
>>> r.text
'{"192.168.199.148": {n "sFlowDatagramsLost": 0,n
"sFlowDatagramSource": ["192.168.199.148"],n "firstSeen": 2195541,n
"sFlowFlowDuplicateSamples": 0,n "sFlowDatagramsReceived": 441,n
"sFlowCounterDatasources": 2,n "sFlowFlowOutOfOrderSamples": 0,n
"sFlowFlowSamples": 0,n "sFlowDatagramsOutOfOrder": 0,n "uptime":
4060470520,n "sFlowCounterDuplicateSamples": 0,n "lastSeen":
3631,n "sFlowDatagramsDuplicates": 0,n "sFlowFlowDrops": 0,n
"sFlowFlowLostSamples": 0,n "sFlowCounterSamples": 438,n
"sFlowCounterLostSamples": 0,n "sFlowFlowDatasources": 0,n
"sFlowCounterOutOfOrderSamples": 0n}}'
```

您能參閱參考文件以獲取適合需求的其他 REST 服務端點。

在本節中，我們看了基於 sFlow 的監控範例，這些範例不僅作為獨立工具使用，也能與 `ntop` 整合。sFlow 是較新的流量格式，目的在解決傳統 `netflow` 格式面臨的可擴充性問題，值得花時間來看看它是否適合目前手上的網路監控任務。本章最後，讓我們來看一下本章所看過的內容。

總結

在這一章中，我們看了一些可以利用 Python 來加強網路監控工作的方法。首先使用 Python 的 Graphviz 來建立具有即時 LLDP 資訊的網路拓樸圖，而這些 LLDP 資訊都是由網路設備所回報的。這讓我們能輕鬆顯示目前的網路拓樸，並能輕易地注意到任何可能的連結故障。

接下來，利用 Python 來解析 NetFlow v5 的封包，以增強我們對 NetFlow 的了解與故障排除能力。此外，也研究了如何使用 ntop 和 Python 來擴充 ntop 以執行 NetFlow 監控。sFlow 則是另一種封包抽樣技術，我們使用 `sflowtool` 與 sFlow-RT 來解讀 sFlow 的結果。

在第 9 章，*使用 Python 建立網路網頁伺服器*中，我們將探究如何使用 Python web 框架 Flask 來建立網路 web 服務。

9

使用 Python 建立網路網頁伺服器

在先前的章節中，我們扮演的是 API 使用者，提供者另有其人。在第 *3* 章，**應用程式介面（*API*）與意圖驅動網路開發**中，我們了解到可以使用 `HTTP POST` 請求 NX-API 存取 `http://< 您的設備 IP>/ins` 網址，將 `CLI` 命令嵌入 `HTTP POST` 的主體中，以便在 Cisco Nexus 設備上遠端執行指令；該設備隨後以 HTTP 回應回傳指令執行結果。在第 *8* 章，**使用 *Python* 來執行網路監控——第 *2* 部分**中，我們使用 `HTTP GET` 方法向 `http://< 您的主機 IP>:8008/version` 發送請求，並使用空的主體檢索 sFlow-RT 軟體的版本。這些請求（request）－回應（response）的交換是 RESTful web 服務的案例。

依據維基百科（https://en.wikipedia.org/wiki/Representational_state_transfer）所記載：

> 「表現狀態轉移（Representational state transfer，REST）或 RESTful web 服務是在網際網路上提供電腦系統之間互通性的方式。符合 REST 標準的 web 服務允許發出請求端的系統使用統一和預先定義的無狀態操作，來存取與操作 web 資源的文字表示方法。」

如前所述，使用 HTTP 協定的 RESTful web 服務僅僅是網路上眾多資訊交換的方法之一，當然也有其他形式的 web 服務。然而，它是當今最常用的 web 服務之一，具有相應的 `GET`、`POST`、`PUT` 和 `DELETE` 動詞，作為預先定義的資訊交換方式。

如果您對於 HTTPS 與 HTTP 的區別感到疑惑，就我們的討論而言，我們將 HTTPS 視為 HTTP 的安全延伸（https://en.wikipedia.org/wiki/HTTPS），並視其為 RESTful API 的相同底層協定。

若以提供者的觀點來看，提供 RESTful 服務給使用者的其中一個優勢，是能夠將內部操作對一般使用者隱藏起來。舉例來說，在 sFlow-RT 的情況下，如果我們不是使用其提供之 RESTful API，而是直接登入設備以查看安裝軟體的版本，我們就得對更深入的工具知識有所專精，才能夠知道要在哪裡檢視。然而，透過將資源提供以 URL 形式來表示，API 提供者能將版本檢查操作從請求者中抽象出來，使操作變得簡單。由於此種方式只會在需要的時候，才將端點開啟，故額外提供了一層安全性。

作為網路宇宙的大師，RESTful web 服務提供了許多顯著的好處供我們使用，例如：

- 可以將請求者行為抽象化，而無須去學習網路操作的內部細節。例如，我們可以提供一個 web 服務來查詢交換器版本，請求者不必精通確切的 CLI 指令或交換器 API。

- 我們可以整合並自定義符合網路需求的獨特操作，例如提供資源以升級所有我們的機架頂部交換器（top-of-rack switches）。
- 我們可以透過在需要時才公開的操作，來提供更好的安全性。例如，我們可以對核心網路設備提供唯讀的 URLs（`GET`），而對存取層交換器提供可讀取與可寫入的 URL（包含 `GET/POST/PUT/DELETE`）。

在本章中，我們將使用最受歡迎的 Python web 框架之一，**Flask**，來為我們的網路創建 RESTful web 服務。在這一章中，我們將學習以下內容：

- 比較 Python web 框架
- Flask 簡介
- 涵蓋靜態網路內容的實作
- 涵蓋動態網路操作的實作
- 身分驗證和授權
- 在容器中運行我們的 web 應用程式

讓我們先看一下，有哪些可用的 Python web 框架，以及為什麼選擇 Flask。

Python web 框架比較

Python 廣為大眾所知的其中一項特點，就是 web 框架的種類相當多。在 Python 社群中，流傳著一則關於「不使用任何 Python web 框架，是否能夠成為全職 Python 開發人員？」的笑話。目前有數個 Python web 開發人員會議，包括 DjangoCon US（`https://djangocon.us/`）、DjangoCon EU（`https://djangocon.eu/`）、FlaskCon（`https://flaskcon.com/`）、Python Web Conference（`https://pythonwebconf.com/`）以及許多區域性的聚會，每年當各個會議舉辦時，都吸引著數百名與會者。我有沒有提過 Python 有一個蓬勃發展的 web 開發社群呢？

如果您在 `https://hotframeworks.com/languages/python` 上對 Python web 框架進行排序，您會發現在 Python 和 web 框架方面有著多不勝數的選擇：

框架（Framework）	分數（Score）
Django	93
Flask	86
Tornado	71
FastAPI	66
AIOHTTP	64
Bottle	63
Pyramid	62
web.py	60
Sanic	58
web2py	58
CherryPy	55
Falcon	55
Grok	46
Zope	45
TurboGears	43
Quart	42
Masonite	39
Tipfy	32

圖 9.1：Python web 框架排名
（資料來源：https://hotframeworks.com/languages/python）

在最新的 2021 年 Python 開發人員調查中，Flask 在最受歡迎的 web 框架方面略微領先於 Django：

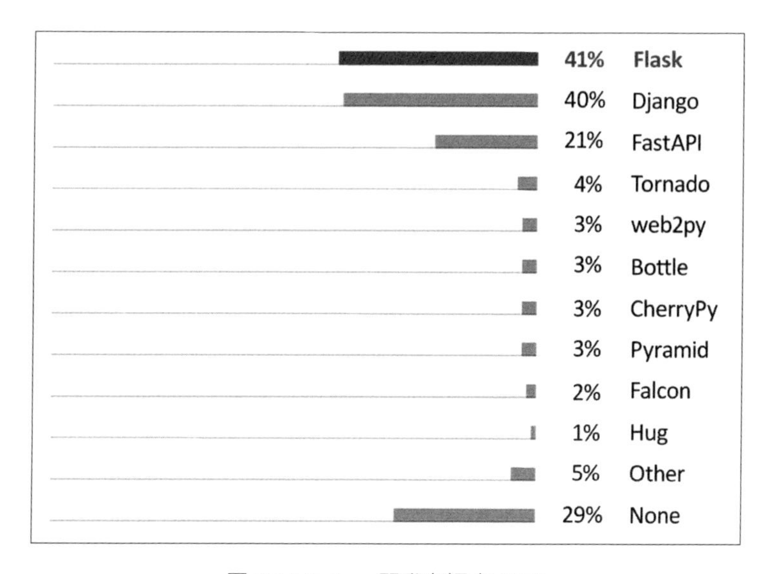

圖 9.2：Python 開發者調查 2021
（資料來源：https://lp.jetbrains.com/python-developers-survey-2021/）

面對如此多的選項，我們應該選擇哪個框架呢？若是逐一嘗試所有框架，將會非常耗時。關於「哪個 web 框架較好」的問題也是 web 開發人員之間的熱門話題。如果您在任何論壇上提出這個問題（如 Quora），或在 Reddit 上搜索，您必須要有面對一堆充滿主觀意見的回答和激烈辯論的心理準備。

談到 Quora 和 Reddit，這裡有一個有趣的事實：Quora 和 Reddit 都是使用 Python 編寫的。Reddit 使用 Pylons（`https://www.reddit.com/wiki/faq#wiki_so_what_python_framework_do_you_use.3F`），而 Quora 最初使用了 Pylons，但用其內部程式碼替換了部分框架（`https://www.quora.com/What-languages-and-frameworks-are-used-to-code-Quora`）。

當然，我偏愛程式語言（Python！）和 web 框架（Flask 和 Django！）。在這一節中，我希望傳達出在為任何特定專案選擇其中一個框架的背後理由。讓我們從前面的 HotFrameworks 列表中挑選出前兩個框架並進行比較：

- **Django**：這個自詡為「替有著截止期限的完美主義者設計的 web 框架」，屬於高層次 Python web 框架，鼓勵快速開發和乾淨實用的設計

(`https://www.djangoproject.com/`)。它是一個龐大的框架，具有預先構建的程式碼，提供管理面板和內建的內容管理功能。

- **Flask**：這是一個用於 Python 的微型框架，基於 Werkzeug、Jinja2 和其他應用程式（`https://palletsprojects.com/p/flask/`）。作為一個微型框架，Flask 的目標是保持核心的簡潔，並且易於擴充。微型框架中的「微型」並不意味著 Flask 缺乏功能，也不意味著它不能用於正式環境之中。

對於一些較大的專案計畫，我使用 Django，而對於需要開發快速雛型的案例，我會使用 Flask。Django 框架對事物應該如何完成有著強烈的主見；任何偏離它的行為有時會讓使用者感到他們在「與框架作對」。例如，如果查看 Django 資料庫文件（`https://docs.djangoproject.com/en/4.0/ref/databases/`），您會注意到該框架支援多種不同的 SQL 資料庫，然而它們都是 SQL 資料庫的變體，如 MySQL、PostgreSQL 與 SQLite 等。

如果我們想使用 NoSQL 資料庫，像是 MongoDB 或 CouchDB 呢？這也許是可行的，但由於 Django 沒有官方支援，我們可能得自行處理這部分的相容性。擁有強烈意見的框架當然不是壞事，這僅僅是一個觀點問題（無惡意雙關語）。

當我們想要用簡潔又快速的方式入門時，擁有一份簡潔的核心程式碼，在有需要時還可隨時擴充的方式是相當有吸引力的。文件中使 Flask 運行的初始範例僅包含六行程式碼，即使您沒有任何經驗，也很容易理解。由於 Flask 是以擴充為目的而建構的，編寫我們的擴充（例如裝飾器）相對簡單。即使它是一個微框架，Flask 核心仍然包括必要的組件，如開發伺服器、除錯器、與單元測試的整合、RESTful 請求分發等等，可以讓您快速入門。

正如您所看到的，從多數的衡量標準來看，Django 和 Flask 是最受歡迎的兩個 Python web 框架，以其中之一作為起點都是不錯的選擇。這兩個框架的盛行，意味著它們都有廣泛的社群貢獻和支援，可以快速開發現代化的功能。

出於部署的便利性考量，我認為在構建網路 web 服務時，Flask 對我們來說是一個理想的選擇。

Flask 與實驗環境設置

在這一章中，將繼續使用虛擬環境來隔離 Python 環境和相依套件。我們可以開啟一個新的虛擬環境，或者繼續使用先前用過的現有虛擬環境。個人比較傾向於開啟一個新的虛擬環境。我將其命名為 `ch09-venv`：

```
$ python3 -m venv ch09-venv
$ source ch09-venv/bin/activate
```

在這一章中，我們將安裝相當多的 Python 套件。為了使生活更輕鬆，本書的 GitHub 儲存庫中包含一個 `requirements.txt` 文件；我們可以使用它來安裝所有必要的套件（記得啟動您的虛擬環境）。在安裝過程中，您應該會看到套件正在被下載和成功安裝：

```
(ch09-venv) $ cat requirements.txt
click==8.1.3
Flask==2.2.2
itsdangerous==2.1.2
Jinja2==3.1.2
MarkupSafe==2.1.1
Werkzeug==2.2.2
...

(ch09-venv) $ pip install -r requirements.txt
```

針對網路拓樸的部分，我們將使用在前幾章中持續使用的 `2_DC_Topology`，如下所示：

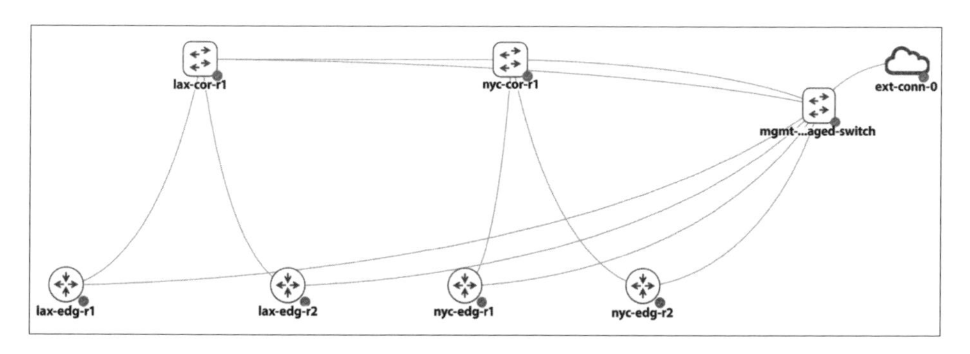

圖 9.3：實驗環境拓樸

下一節，我們來看看 Flask。

請注意，從現在開始，我將假設您將始終在虛擬環境中執行，並且已經安裝了 `requirements.txt` 文件中的必要套件。

Flask 的介紹

如同大多數熱門的開源專案，Flask 的文件支援相當好，可在 `https://flask.palletsprojects.com/en/2.0.x/` 上找到。如果您想更深入了解 Flask，專案文件將是很好的起點。

我強烈推薦 Miguel Grinberg 與 Flask 相關的網站（`https://blog.miguelgrinberg.com/`），他的部落格、書籍和影片訓練讓我對 Flask 有了深入的了解。Miguel 的課程「*使用 Flask 構建 Web API*」啟發了我建立第一個基於 Flask 的 API，並激發了本章的撰寫。您可以在 GitHub 上查看他發佈的程式碼：`https://github.com/miguelgrinberg/`。

Flask 版本

截至本書撰稿時，Flask 的最新版本是 2.2.2。Flask 2.0.0 版本於 2021 年 5 月發佈，從版本 1.1.4 升級而來。在這次發佈中引入了一些重大變更，因此發佈版本號有較大的跳躍。以下是一些主要變更：

- Flask 2.0 正式停止對 Python 2 和 Python 3.5 的支援。
- 支援 Python 3 型別提示。
- 引入了 HTTP 方法裝飾器。

因為我們剛開始使用 Flask，所以目前這些變更可能對我們來說意義不大。暫時只需牢記這個大版本更動，以便在尋找答案和範例時能夠更為精確。如果可能的話，尋找基於版本 2 及以上的範例。

Flask 範例

我們的第一個 Flask 應用程式包含在一個獨立文件中，名為 chapter9_1.py：

```
from flask import Flask
app = Flask(__name__)

@app.route('/')
def hello_networkers():
    return 'Hello Networkers!'

if __name__ == '__main__':
    app.run(host='0.0.0.0', debug=True)
```

這是用於 Flask 應用程式的簡單設計模式。我們使用 Flask 類別的實例，第一個參數是應用程式模組套件的名稱。在這種情況下，使用了可以作為應用程式啟動的單一模組；稍後，將看到如何將其作為套件來導入。然後，藉由 route 裝飾器告訴 Flask 哪個 URL 應由 hello_networkers() 函式處理；在這種情況下，我們指定了根路徑。我們以一般常用的名稱範圍結束文件，檢查腳本是否自行執行（https://docs.python.org/3.10/library/__main__.html）。

我們還添加了 host 和 debug 選項，這些會讓我們得到更詳細的輸出資訊，並允許我們監聽所有主機介面。我們可以在開發伺服器上執行此應用程式：

```
(ch09-venv) $ python chapter9_1.py
 * Serving Flask app 'chapter9_1'
 * Debug mode: on
WARNING: This is a development server. Do not use it in a production
deployment. Use a production WSGI server instead.
 * Running on all addresses (0.0.0.0)
 * Running on http://127.0.0.1:5000
 * Running on http://192.168.2.126:5000
Press CTRL+C to quit
 * Restarting with stat
 * Debugger is active!
 * Debugger PIN: 218-520-639
```

如果您從開發伺服器收到**「位址已被使用」（Address already in use）**的錯誤訊息，可以透過 `port=xxxx` 選項更改 Flask 開發伺服器運行的 port 介面，參見 `https://flask.palletsprojects.com/en/2.2.x/server/`。

現在，我們已有一個伺服器正運行中，接著讓我們用另一個 HTTP 客戶端來測試伺服器的回應。

HTTPie 客戶端工具

透過 `requirements.txt` 文件，我們已安裝了 `HTTPie`（`https://httpie.org/`）。由於本書採黑白印刷，所以範例無法以特殊色彩將其反白或高亮度強調，但在您的安裝中，可以看到 `HTTPie` 對 HTTP 交易具有更好的語法反白或高亮度顯示。它還具有與 RESTful HTTP 伺服器更直觀的命令列互動。

我們可以使用它來測試我們的第一個 Flask 應用程式（後面會有更多有關 `HTTPie` 的例子）。首先在管理主機上啟動第二個終端視窗，啟動虛擬環境，然後輸入以下內容：

```
(ch09-venv) $ http http://192.168.2.126:5000
HTTP/1.1 200 OK
Connection: close
Content-Length: 17
Content-Type: text/html; charset=utf-8
Date: Wed, 21 Sep 2022 02:54:54 GMT
Server: Werkzeug/2.2.2 Python/3.10.4

Hello Networkers!
```

相比之下，如果使用 `curl`，將需要使用 `-i` 參數來達成相同的輸出：`curl -i http://192.168.2.126:5000`。

我們將在本章中使用 `HTTPie` 作為客戶端，因此值得花一兩分鐘來看看它的用法。此處將使用免費的網站 HTTPBin（`https://httpbin.org/`）來展示 `HTTPie` 的使用方式，`HTTPie` 的使用遵循以下簡單的模式：

```
$ http [flags] [METHOD] URL [ITEM]
```

按照前面的模式，GET 請求非常直觀，就像我們在 Flask 開發伺服器中所見：

```
(ch09-venv) $ http GET https://httpbin.org/user-agent
HTTP/1.1 200 OK
Access-Control-Allow-Credentials: true
Access-Control-Allow-Origin: *
Connection: keep-alive
Content-Length: 35
Content-Type: application/json
Date: Wed, 21 Sep 2022 02:56:07 GMT
Server: gunicorn/19.9.0

{
    "user-agent": "HTTPie/3.2.1"
}
```

JSON 是 HTTPie 的預設隱性內容型別。如果您的 HTTP 主體僅包含字串，則無須進行其他操作；如果需要套用非字串的 JSON 欄位，請使用 := 或其他在文件當中記載的特殊字元。在以下範例中，我們希望「married」變數是一個布林值（Boolean）而不是一個字串（string）：

```
(ch09-venv) $ http POST https://httpbin.org/post name=eric twitter=at_
ericchou married:=true
...
Content-Type: application/json
...

{...
    "headers": {
        "Accept": "application/json, */*;q=0.5",
        ...
        "Host": "httpbin.org",
        "User-Agent": "HTTPie/3.2.1",
      ...
    },
    "json": {
        "married": true,
        "name": "eric",
```

```
        "twitter": "at_ericchou"
    },
    "url": "https://httpbin.org/post"
}
```

正如您所看到的，相較於傳統的 curl 語法而言，HTTPie 使測試 REST API 的工作變得非常輕鬆。

更多使用範例請參考 https://httpie.io/docs/cli/usage。

回到 Flask 程式，API 構建的一大部分是基於 URL 路由的流程。讓我們更深入地看一下 app.route() 裝飾器。

URL 路由

在 chapter9_2.py 中，我們添加了兩個額外的函式，並將它們與適當的 app.route() 路由進行配對：

```
from flask import Flask
app = Flask(__name__)
@app.route('/')
def index():
    return 'You are at index()'
@app.route('/routers/')
def routers():
    return 'You are at routers()'
if __name__ == '__main__':
    app.run(host='0.0.0.0', debug=True)
```

執行的結果是：不同的端點會被傳遞給不同的函式。我們可以使用兩個 http 請求來驗證這一點：

```
# 伺服器端
$ python chapter9_2.py
```

```
<skip>
 * Running on http://0.0.0.0:5000/ (Press CTRL+C to quit)
# 客戶端
$ http http://192.168.2.126:5000
<skip>
You are at index()
$ http http://192.168.2.126:5000/routers/
<skip>
You are at routers()
```

由於請求是從客戶端發起的，伺服器端的螢幕將看到請求被送過來：

```
(ch09-venv) $ python chapter9_2.py
<skip>
192.168.2.126 - - [20/Sep/2022 20:00:27] "GET / HTTP/1.1" 200 -
192.168.2.126 - - [20/Sep/2022 20:01:05] "GET /routers/ HTTP/1.1" 200 -
```

正如我們所看到的，不同的端點對應到不同的函式；函式回傳的內容，將作為伺服器回傳給請求方的內容。當然，如果我們必須始終保持靜態路由，那麼路由將非常有限。有一些方法可以將動態變數藉 URL 傳遞給 Flask，我們將在下一節中看一個範例。

URL 變數

我們可以像在 chapter9_3.py 範例中看到的那樣，將動態變數傳遞到 URL 中：

```
<skip>
@app.route('/routers/<hostname>')
def router(hostname):
    return 'You are at %s' % hostname

@app.route('/routers/<hostname>/interface/<int:interface_number>')
def interface(hostname, interface_number):
    return 'You are at %s interface %d' % (hostname, interface_number)
<skip>
```

在這兩個函式中，我們在客戶端進行請求時傳入動態資訊，例如主機名稱和介面編號。請注意，在 `/routers/<hostname>` URL 中，我們將 `<hostname>` 變數作為字串傳遞；在 `/routers/<hostname>/interface/<int:interface_number>` 中，我們指定 `int` 變數應該只能是一個整數。讓我們執行這個範例並進行一些請求：

```
# 伺服器端
(ch09-venv) $ python chapter9_3.py
# 客戶端
(ch09-venv) $ http http://192.168.2.126:5000/routers/host1
HTTP/1.0 200 OK
<skip>
You are at host1
(venv) $ http http://192.168.2.126:5000/routers/host1/interface/1
HTTP/1.0 200 OK
<skip>
You are at host1 interface 1
```

如果 int 變數不是整數，將會拋出一個錯誤：

```
(venv) $ http http://192.168.2.126:5000/routers/host1/interface/one
HTTP/1.0 404 NOT FOUND
<skip>
<!doctype html>
<html lang=en>
<title>404 Not Found</title>
<h1>Not Found</h1>
<p>The requested URL was not found on the server. If you entered the URL
manually please check your spelling and try again.</p>
```

轉換器包括整數、浮點數和路徑（它可接受斜線符號 /）。

除了使用動態變數匹配靜態路由之外，我們還可以在應用程式啟動時生成 URL。這點非常有用，特別是在我們事先不知道端點變數的情況下，或者如果端點是基於其他條件，例如從資料庫查詢的值。讓我們看一個這方面的例子。

URL 生成

在 chapter9_4.py 中，我們想在應用程式啟動時動態創建一個 URL，形式為 /<hostname>/list_interfaces，其中主機名可以是 r1、r2 或 r3。我們已經知道可以靜態配置三個路由和三個相關的函式，但讓我們看看在應用程式啟動時如何實現這一點：

```
from flask import Flask, url_for
app = Flask(__name__)
@app.route('/<hostname>/list_interfaces')
def device(hostname):
    if hostname in routers:
        return 'Listing interfaces for %s' % hostname
    else:
        return 'Invalid hostname'
routers = ['r1', 'r2', 'r3']
for router in routers:
    with app.test_request_context():
        print(url_for('device', hostname=router))
if __name__ == '__main__':
    app.run(host='0.0.0.0', debug=True)
```

在它執行後，我們將得到一些很棒且邏輯清晰的 URL，它們在不需要靜態定義每個 URL 的情況下循環造訪路由器列表：

```
# 伺服器端
$ python chapter9_4.py
<skip>
/r1/list_interfaces
/r2/list_interfaces
/r3/list_interfaces
# 客戶端
(venv) $ http http://192.168.2.126:5000/r1/list_interfaces
<skip>
Listing interfaces for r1
(venv) $ http http://192.168.2.126:5000/r2/list_interfaces
<skip>
Listing interfaces for r2
```

```
# 不當的請求
(venv) $ http http://192.168.2.126:5000/r1000/list_interfaces
<skip>
Invalid hostname
```

目前，您可以將 `app.text_request_context()` 視為為演示目的所需的虛擬請求物件。如果對局部性場景感興趣，請隨意查看以下網址內容：https://werkzeug.palletsprojects.com/en/2.2.x/local/。動態生成 URL 端點盡可能地簡化我們的程式碼，節省了時間，並使程式碼更易讀。

jsonify 函式回傳

在 Flask 中的另一個節省時間功能是 `jsonify()` 回傳，它封裝了 `json.dumps()` 並將 JSON 輸出轉換為帶有 `application/json` 作為 HTTP 標頭中內容型別的回應物件。我們可以對 `chapter9_3.py` 腳本進行一些微調，如 `chapter9_5.py` 中所示：

```
from flask import Flask, jsonify
app = Flask(__name__)
@app.route('/routers/<hostname>/interface/<int:interface_number>')
def interface(hostname, interface_number):
    return jsonify(name=hostname, interface=interface_number)
if __name__ == '__main__':
    app.run(host='0.0.0.0', debug=True)
```

僅需幾行，現在回傳結果是一個帶有適當標頭的 `JSON` 物件：

```
$ http http://192.168.2.126:5000/routers/r1/interface/1
HTTP/1.0 200 OK
Content-Length: 38
Content-Type: application/json
Date: Tue, 08 Oct 2019 21:48:51 GMT
Server: Werkzeug/0.16.0 Python/3.6.8
{
    "interface": 1,
    "name": "r1"
}
```

只要將迄今為止學到的所有 Flask 功能結合起來，便可以準備為我們的網路構建一個 API。

網路資源 API

當我們的網路設備投入營運時，每個設備都會有一定的狀態和資訊，希望將這些資訊保存在固定留存位置，以利日後輕鬆檢索。這通常是透過將資料儲存在資料庫中來完成。在監控章節中，我們看到了許多這樣的資訊儲存範例。

然而，我們通常不會以直接存取資料庫的方式向其他非網路管理用戶提供這些資訊，而且他們也不希望學習所有複雜的 SQL 查詢語言。對於這些情況，我們可以利用 Flask 和 Flask 的擴充套件 **Flask-SQLAlchemy**，透過網路 API 向他們提供必要的資訊。

您可以在 `https://flask-sqlalchemy.palletsprojects.com/en/2.x/` 了解有關 Flask-SQLAlchemy 的更多資訊。

Flask-SQLAlchemy 模組

SQLAlchemy 和 Flask-SQLAlchemy 擴充套件分別是資料庫抽象化和物件關係（object-related）對映器，這是一種使用 `Python` 物件進行資料庫操作的高級方法。為簡化工作，我們將使用 SQLite 作為資料庫，這是一個充當自包含 SQL 資料庫的平面檔案。此處將以 `chapter9_db_1.py` 的內容為例，演示使用 Flask-SQLAlchemy 創建網路資料庫並將一些資料表專案插入資料庫。這是一個多步驟的程序，我們將在本節中逐步進行介紹。

首先，我們將創建一個 Flask 應用程式，並載入 SQLAlchemy 的配置，例如資料庫的路徑和名稱，然後透過應用程式傳遞給它，用以創建 `SQLAlchemy` 物件：

```
from flask import Flask
from flask_sqlalchemy import SQLAlchemy
# 建立 Flask 應用程式，載入組態設定，並建立
# SQLAlchemy 物件
app = Flask(__name__)
```

```
app.config['SQLALCHEMY_DATABASE_URI'] = 'sqlite:///network.db'
db = SQLAlchemy(app)
```

然後，我們可以創建一個設備資料庫 **database** 物件及其相應的主鍵，還有各個欄位：

```
# 這是資料庫模型物件
class Device(db.Model):
    __tablename__ = 'devices'
    id = db.Column(db.Integer, primary_key=True)
    hostname = db.Column(db.String(120), index=True)
    vendor = db.Column(db.String(40))
    def __init__(self, hostname, vendor):
        self.hostname = hostname
        self.vendor = vendor
    def __repr__(self):
        return '<Device %r>' % self.hostname
```

我們可以呼叫 **database** 物件，建立資料項，並將它們插入資料庫的表格中。請注意，我們添加到會話的任何內容都需要提交到資料庫中以便永久保存：

```
if __name__ == '__main__':
    db.create_all()
    r1 = Device('lax-dc1-core1', 'Juniper')
    r2 = Device('sfo-dc1-core1', 'Cisco')
    db.session.add(r1)
    db.session.add(r2)
    db.session.commit()
```

我們將執行 Python 腳本，並檢查資料庫檔案是否存在：

```
$ python chapter9_db_1.py
$ ls -l network.db
-rw-r--r-- 1 echou echou 28672 Sep 21 10:43 network.db
```

可以使用互動式提示字元來檢查資料庫表的資料項：

```
>>> from flask import Flask
>>> from flask_sqlalchemy import SQLAlchemy
>>> app = Flask(__name__)
>>> app.config['SQLALCHEMY_DATABASE_URI'] = 'sqlite:///network.db'
>>> db = SQLAlchemy(app)
>>> from chapter9_db_1 import Device
>>> Device.query.all()
[<Device 'lax-dc1-core1'>, <Device 'sfo-dc1-core1'>]
>>> Device.query.filter_by(hostname='sfo-dc1-core1')
<flask_sqlalchemy.BaseQuery object at 0x7f09544a0e80>
>>> Device.query.filter_by(hostname='sfo-dc1-core1').first()
<Device 'sfo-dc1-core1'>
```

還可以用相同的方式創建新的資料項：

```
>>> r3 = Device('lax-dc1-core2', 'Juniper')
>>> db.session.add(r3)
>>> db.session.commit()
>>> Device.query.filter_by(hostname='lax-dc1-core2').first()
<Device 'lax-dc1-core2'>
```

接下來，讓我們刪除 `network.db` 文件，以免與其他使用相同資料庫名（`db`）的範例產生衝突：

```
$ rm network.db
```

現在準備繼續構建我們的網路內容 API。

網路內容 API

在深入編寫 API 程式碼之前，讓我們花點時間思考一下我們將創建的 API 結構。規劃 API 通常更像是一門藝術而不是科學；這真的取決於您的情況和偏好。在本節中提出的建議絕不是唯一的方法，不過現階段還是請跟隨我進行初步操作。

回想一下，在我們的圖表中，我們有四個 Cisco IOSv 設備。假設在網路服務中，其中兩個設備，`lax-edg-r1` 和 `lax-edg-r2`，擔任主幹（spine）的網路角色。另外兩個設備，`nyc-edg-r1` 和 `nyc-edg-r2`，作為枝葉（leaf）設備。這些是任意選擇的，稍後可以進行修改，但重點是我們想要提供有關網路設備的資料並透過 API 將它們公開。

為了使事情簡化，我們將創建兩個 API，一個是針對多個設備 API，另一個是單一設備 API：

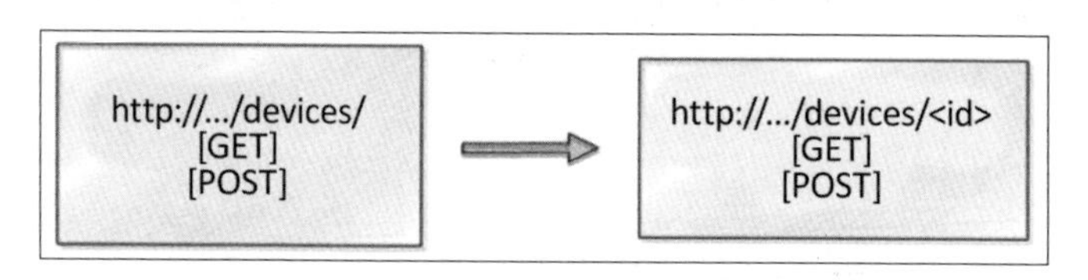

圖 9.4：網路內容 API

第一個 API 是我們的 `http://192.168.2.126/devices/` 端點，它支援兩種方法：`GET` 和 `POST`。`GET` 請求會傳回當前設備列表，而具有適當 JSON 本體的 `POST` 請求將會創建新設備。當然，您可以選擇不同的端點來創建和查詢，但在此設計中，我們選擇透過 HTTP 方法區分這兩個端點。

第二個 API 是與設備相關的指定設備 API，形式為 `http://192.168.2.126/devices/<device id>`。`GET` 請求的 API 將顯示我們輸入到資料庫中的設備的詳細資訊。

`PUT` 請求將透過更新的方式來修改資料項。請注意，我們使用 `PUT` 而不是 `POST`。這是 HTTP API 的典型用法，當我們需要修改現有資料項時，我們將使用 `PUT` 而不是 `POST`。

此時，您應該對 API 的概觀有很好的了解。為了更清楚地將最終結果視覺化，我會先在查看程式碼之前快速地展示結果。如果您想跟著該範例操作，可以啟動 `Chapter9_6.py` 作為 Flask 伺服器。

對 `/devices/` API 發出 `POST` 請求，將會建立一個資料項。在本例中，我想建立具有主機名稱、loopback IP、管理 IP、角色、供應商及其運行的作業系統等屬性的網路設備：

```
$ http POST http://192.168.2.126:5000/devices/ 'hostname'='lax-edg-r1'
'loopback'='192.168.0.10' 'mgmt_ip'='192.168.2.51' 'role'='spine'
'vendor'='Cisco' 'os'='15.8'
HTTP/1.1 201 CREATED
Connection: close
Content-Length: 3
Content-Type: application/json
Date: Wed, 21 Sep 2022 18:01:33 GMT
Location: http://192.168.2.126:5000/devices/1
Server: Werkzeug/2.2.2 Python/3.10.4

{}
```

可以對另外三個設備重複上述步驟：

```
$ http POST http://192.168.2.126:5000/devices/ 'hostname'='lax-edg-r2'
'loopback'='192.168.0.11' 'mgmt_ip'='192.168.2.52' 'role'='spine'
'vendor'='Cisco' 'os'='15.8'
$ http POST http://192.168.2.126:5000/devices/ 'hostname'='nyc-edg-r1'
'loopback'='192.168.0.12' 'mgmt_ip'='192.168.2.61' 'role'='leaf'
'vendor'='Cisco' 'os'='15.8'
$ http POST http://192.168.2.126:5000/devices/ 'hostname'='nyc-edg-r2'
'loopback'='192.168.0.13' 'mgmt_ip'='192.168.2.62' 'role'='leaf'
'vendor'='Cisco' 'os'='15.8'
```

如果使用相同的 API 端點發送 GET 請求，將能夠看到我們建立的網路設備列表：

```
$ http GET http://192.168.2.126:5000/devices/
HTTP/1.1 200 OK
Connection: close
Content-Length: 193
Content-Type: application/json
Date: Wed, 21 Sep 2022 18:07:16 GMT
Server: Werkzeug/2.2.2 Python/3.10.4

{
    "device": [
```

```
        "http://192.168.2.126:5000/devices/1",
        "http://192.168.2.126:5000/devices/2",
        "http://192.168.2.126:5000/devices/3",
        "http://192.168.2.126:5000/devices/4"
    ]
}
```

同樣地，針對 /devices/<id> 使用 GET 請求，將回傳與設備相關的特定資訊：

```
$ http GET http://192.168.2.126:5000/devices/1
HTTP/1.1 200 OK
Connection: close
Content-Length: 199
Content-Type: application/json
Date: Wed, 21 Sep 2022 18:07:50 GMT
Server: Werkzeug/2.2.2 Python/3.10.4

{
    "hostname": "lax-edg-r1",
    "loopback": "192.168.0.10",
    "mgmt_ip": "192.168.2.51",
    "os": "15.8",
    "role": "spine",
    "self_url": "http://192.168.2.126:5000/devices/1",
    "vendor": "Cisco"
}
```

假設我們已將 lax-edg-r1 作業系統從 15.6 降版到 14.6，可以使用 PUT 請求來更新設備紀錄：

```
$ http PUT http://192.168.2.126:5000/devices/1 'hostname'='lax-edg-r1'
'loopback'='192.168.0.10' 'mgmt_ip'='192.168.2.51' 'role'='spine'
'vendor'='Cisco' 'os'='14.6'
HTTP/1.1 200 OK
# Verification
$ http GET http://192.168.2.126:5000/devices/1
HTTP/1.1 200 OK
```

```
Connection: close
Content-Length: 199
Content-Type: application/json
Date: Wed, 21 Sep 2022 18:10:37 GMT
Server: Werkzeug/2.2.2 Python/3.10.4

{
    "hostname": "lax-edg-r1",
    "loopback": "192.168.0.10",
    "mgmt_ip": "192.168.2.51",
    "os": "14.6",
    "role": "spine",
    "self_url": "http://192.168.2.126:5000/devices/1",
    "vendor": "Cisco"
}
```

現在，讓我們來看看 chapter9_6.py 中建立上述 API 的程式碼。在我看來，最酷的是所有這些 API 都在一個檔案中完成，包括資料庫互動。接下來，當手邊的 API 不夠用時，隨時可以將元件分離，例如為資料庫類別建立一個單獨的檔案。

設備 API

檔案 chapter9_6.py 以匯入（import）其所需開始。請注意，以下請求匯入是來自客戶端的請求物件（request object），而不是我們在前面的章節中使用的請求套件（requests package）：

```
from flask import Flask, url_for, jsonify, request
from flask_sqlalchemy import SQLAlchemy
app = Flask(__name__)
app.config['SQLALCHEMY_DATABASE_URI'] = 'sqlite:///network.db'
db = SQLAlchemy(app)
```

我們宣告了一個資料庫 database 物件，其中 id 作為主鍵，字串欄位為 hostname、loopback、mgmt_ip、role、vendor 和 os：

```
class Device(db.Model):
    __tablename__ = 'devices'
    id = db.Column(db.Integer, primary_key=True)
    hostname = db.Column(db.String(64), unique=True)
    loopback = db.Column(db.String(120), unique=True)
    mgmt_ip = db.Column(db.String(120), unique=True)
    role = db.Column(db.String(64))
    vendor = db.Column(db.String(64))
    os = db.Column(db.String(64))
```

`Device` 類別下的 `get_url()` 函式從 `url_for()` 函式傳回一個 URL。請注意，所呼叫的 `get_device()` 函式尚未在 `/devices/<int:id>` 路由下定義：

```
    def get_url(self):
        return url_for('get_device', id=self.id, _external=True)
```

`export_data()` 和 `import_data()` 函式是彼此的鏡像。一種是當我們使用 `GET` 方法時，用來從資料庫取得資訊給使用者（`export_data()`）；另一種是當我們使用 `POST` 或 `PUT` 方法時，從使用者獲取資訊到資料庫（`import_data()`）：

```
    def export_data(self):
        return {
            'self_url': self.get_url(),
            'hostname': self.hostname,
            'loopback': self.loopback,
            'mgmt_ip': self.mgmt_ip,
            'role': self.role,
            'vendor': self.vendor,
            'os': self.os
        }
    def import_data(self, data):
        try:
            self.hostname = data['hostname']
            self.loopback = data['loopback']
            self.mgmt_ip = data['mgmt_ip']
            self.role = data['role']
            self.vendor = data['vendor']
            self.os = data['os']
```

```
        except KeyError as e:
            raise ValidationError('Invalid device: missing ' + e.args[0])
        return self
```

在 database 物件就位並建立匯入和匯出函式後，設備操作的 URL 分派就變得簡單。GET 請求將傳回設備列表，方式是透過查詢 devices 表中的所有資料項目，並傳回每個資料專案的 URL。POST 方法將使用 import_data() 函式，並將全域**請求**物件作為輸入，然後添加設備並將資訊提交到資料庫：

```
@app.route('/devices/', methods=['GET'])
def get_devices():
    return jsonify({'device': [device.get_url()
                               for device in Device.query.all()]})
@app.route('/devices/', methods=['POST'])
def new_device():
    device = Device()
    device.import_data(request.json)
    db.session.add(device)
    db.session.commit()
    return jsonify({}), 201, {'Location': device.get_url()}
```

如果您查看 POST 方法，則傳回的本體是一個空的 JSON 本體，狀態程式碼為 201（已建立），以及額外的標頭：

```
HTTP/1.0 201 CREATED
Content-Length: 2
Content-Type: application/json Date: ...
Location: http://192.168.2.126:5000/devices/4
Server: Werkzeug/2.2.2 Python/3.10.4
```

讓我們看一下查詢和傳回各個設備資訊的 API。

設備 ID API

各個設備的路由指定 ID 應該是一個整數，這可以作為我們抵禦不良請求的第一道防線。這兩個端點遵循與 /devices/ 端點相同的設計模式，其中我們使用相同的 import 和 export 函式。

```
@app.route('/devices/<int:id>', methods=['GET'])
def get_device(id):
    return jsonify(Device.query.get_or_404(id).export_data())
@app.route('/devices/<int:id>', methods=['PUT'])
def edit_device(id):
    device = Device.query.get_or_404(id)
    device.import_data(request.json)
    db.session.add(device)
    db.session.commit()
    return jsonify({})
```

請注意，如果資料庫查詢對傳入的 ID 傳回負值，就要回傳 `404`（未找到，`not found`），使用 `query_or_404()` 會是相當便捷的方式，這是一種對資料庫查詢提供快速檢查的優雅方法。

最後，程式碼的最後一部分會建立資料庫表並啟動 Flask 開發伺服器：

```
if __name__ == '__main__':
    db.create_all()
    app.run(host='0.0.0.0', debug=True)
```

這是本書中較長的 Python 腳本之一，因此我們花了更多的時間來詳細解釋它。該腳本提供了一種方法來說明如何利用後端的資料庫來追蹤網路設備，並僅使用 Flask 將它們作為 API 公開給外部世界。

在下一節中，我們將了解如何使用 API 在單一設備或一組設備上執行非同步任務。

網路動態操作

我們的 API 現在可以提供有關網路的靜態資訊；我們可以將儲存在資料庫中的任何內容都傳回給請求者。如果可以直接與網路互動，例如查詢設備資訊或將組態變更推送到設備，那就太好了。

我們將利用第 *2* 章，**底層網路設備互動**中已經見過的腳本來開始此流程，即透過 Pexpect 與設備進行互動。我們將腳本稍微修改使其成為可以在 `chapter9_pexpect_1.py` 中重複使用的函式：

```
import pexpect
def show_version(device, prompt, ip, username, password):
    device_prompt = prompt
    child = pexpect.spawn('telnet ' + ip)
    child.expect('Username:')
    child.sendline(username)
    child.expect('Password:')
    child.sendline(password)
    child.expect(device_prompt)
    child.sendline('show version | i V')
    child.expect(device_prompt)
    result = child.before
    child.sendline('exit')
    return device, result
```

我們可以透過互動式提示字元來測試新函式：

```
>>> from chapter9_pexpect_1 import show_version
>>> print(show_version('lax-edg-r1', 'lax-edg-r1#', '192.168.2.51',
'cisco', 'cisco'))
('lax-edg-r1', b'show version | i V\r\nCisco IOS Software, IOSv Software
(VIOS-ADVENTERPRISEK9-M), Version 15.8(3)M2, RELEASE SOFTWARE (fc2)\r\
nProcessor board ID 98U40DKV403INHIULHYHB\r\n')
```

在繼續之前得確保我們的 Pexpect 腳本有效。以下程式碼假設已輸入上一節中必要的資料庫資訊。

我們可以在 chapter9_7.py 中新增一個新的 API 來查詢設備版本：

```
from chapter9_pexpect_1 import show_version
<skip>
@app.route('/devices/<int:id>/version', methods=['GET'])
def get_device_version(id):
    device = Device.query.get_or_404(id)
    hostname = device.hostname
    ip = device.mgmt_ip
    prompt = hostname+"#"
```

```
    result = show_version(hostname, prompt, ip, 'cisco', 'cisco')
    return jsonify({"version": str(result)})
```

結果將回傳給請求者：

```
$ http GET http://192.168.2.126:5000/devices/1/version
HTTP/1.1 200 OK
Connection: close
Content-Length: 216
Content-Type: application/json
Date: Wed, 21 Sep 2022 18:19:52 GMT
Server: Werkzeug/2.2.2 Python/3.10.4

{
    "version": "('lax-edg-r1', b'show version | i V\\r\\nCisco IOS
Software, IOSv Software (VIOS-ADVENTERPRISEK9-M), Version 15.8(3)M2,
RELEASE SOFTWARE (fc2)\\r\\nProcessor board ID 98U40DKV403INHIULHYHB\\
r\\n')"
}
```

我們還可以新增另一個端點，該端點允許我們根據一般欄位對多個裝置執行批次操作。在下列範例中，端點將採用 URL 中的 device_role 屬性並將其與適當的設備進行配對：

```
@app.route('/devices/<device_role>/version', methods=['GET'])
def get_role_version(device_role):
    device_id_list = [device.id for device in Device.query.all() if
device.role == device_role]
    result = {}
    for id in device_id_list:
        device = Device.query.get_or_404(id)
        hostname = device.hostname
        ip = device.mgmt_ip
        prompt = hostname + "#"
        device_result = show_version(hostname, prompt, ip, 'cisco',
'cisco')
```

```
        result[hostname] = str(device_result)
    return jsonify(result)
```

當然，如前面的程式碼所示，在 `Device.query.all()` 中循環走訪所有設備的效率並不高。在正式營運中，我們將使用專門針對設備角色的 SQL 查詢。

當使用 RESTful API 時，可以看到所有的主幹設備和枝葉設備都能夠同時查詢：

```
$ http GET http://192.168.2.126:5000/devices/spine/version
HTTP/1.1 200 OK
Connection: close
Content-Length: 389
Content-Type: application/json
Date: Wed, 21 Sep 2022 18:20:57 GMT
Server: Werkzeug/2.2.2 Python/3.10.4

{
    "lax-edg-r1": "('lax-edg-r1', b'show version | i V\\r\\nCisco IOS
Software, IOSv Software (VIOS-ADVENTERPRISEK9-M), Version 15.8(3)M2,
RELEASE SOFTWARE (fc2)\\r\\nProcessor board ID 98U40DKV403INHIULHYHB\\
r\\n')",
    "lax-edg-r2": "('lax-edg-r2', b'show version | i V\\r\\nCisco IOS
Software, IOSv Software (VIOS-ADVENTERPRISEK9-M), Version 15.8(3)M2,
RELEASE SOFTWARE (fc2)\\r\\n')"
}
```

如圖所示，新的 API 端點能即時查詢設備並將結果傳回給請求者。當您可以保證操作會在交易逾時（預設情況下 30 秒）前得到回應，或者可以接受操作完成之前 HTTP 會話（session）逾時時，這種方法的效果相對較好。處理超時問題的一種方法是非同步執行任務，我們將在下一節中看一下如何做到這一點。

非同步操作

在我看來，非同步操作（不按正常時間順序執行任務）是 Flask 的一個進階主題。

幸運的是，我非常喜歡的 Flack 作品創作者 Miguel Grinberg（`https://blog.miguelgrinberg.com/`），在他的部落格和 GitHub 儲存庫上提供了許多貼文和範例。對於非同步操作，`chapter9_8.py` 中的範例程式碼引用了 Miguel 在 GitHub 上關於 `Raspberry Pi` 檔案（`https://github.com/miguelgrinberg/oreilly-flask-apis-video/blob/master/camera/camera.py`）的後台裝飾器程式碼。我們首先將匯入更多模組：

```
from flask import Flask, url_for, jsonify, request,\
    make_response, copy_current_request_context
from flask_sqlalchemy import SQLAlchemy
from chapter9_pexpect_1 import show_version
import uuid
import functools
from threading import Thread
```

後台裝飾器接收一個函式並使用執行緒和 UUID 作為任務 ID，將其作為後台任務運行。它會傳回狀態代碼 `202`（已接受）和新資源的位置供請求者檢查。我們將建立一個新的 URL 用於狀態檢查：

```
@app.route('/status/<id>', methods=['GET'])
def get_task_status(id):
    global background_tasks
    rv = background_tasks.get(id)
    if rv is None:
        return not_found(None)
    if isinstance(rv, Thread):
        return jsonify({}), 202, {'Location': url_for('get_task_status',
id=id)}
    if app.config['AUTO_DELETE_BG_TASKS']:
        del background_tasks[id]
    return rv
```

一旦我們檢索到資源，它就會被刪除。這是透過在應用程式頂部將 `app.config['AUTO_DELETE_BG_TASKS']` 設為 `true` 來達成。我們將這個裝飾器添加到我們的版本端點，而不更動其他部分的程式碼，因為所有複雜性都隱藏在裝飾器中（這很酷吧）：

```
@app.route('/devices/<int:id>/version', methods=['GET'])
@background
def get_device_version(id):
    device = Device.query.get_or_404(id)
<skip>
@app.route('/devices/<device_role>/version', methods=['GET'])
@background
def get_role_version(device_role):
    device_id_list = [device.id for device in Device.query.all() if
device.role == device_role]
<skip>
```

最終結果是一個由兩部分所組成的程序。我們將對端點執行 GET 請求並接收位置標頭：

```
$ http GET http://192.168.2.126:5000/devices/spine/version
HTTP/1.1 202 ACCEPTED
Connection: close
Content-Length: 3
Content-Type: application/json
Date: Wed, 21 Sep 2022 18:25:25 GMT
Location: /status/bb57f6cac4c64e0aa2e67415eb7cabd0
Server: Werkzeug/2.2.2 Python/3.10.4

{}
```

接下來，我們可以向該位置發出第二個請求以檢索結果：

```
$ http GET http://192.168.2.126:5000/status/
bb57f6cac4c64e0aa2e67415eb7cabd0
HTTP/1.1 200 OK
Connection: close
Content-Length: 389
Content-Type: application/json
Date: Wed, 21 Sep 2022 18:28:30 GMT
Server: Werkzeug/2.2.2 Python/3.10.4

{
```

```
    "lax-edg-r1": "('lax-edg-r1', b'show version | i V\\r\\nCisco IOS
Software, IOSv Software (VIOS-ADVENTERPRISEK9-M), Version 15.8(3)M2,
RELEASE SOFTWARE (fc2)\\r\\nProcessor board ID 98U40DKV403INHIULHYHB\\
r\\n')",
    "lax-edg-r2": "('lax-edg-r2', b'show version | i V\\r\\nCisco IOS
Software, IOSv Software (VIOS-ADVENTERPRISEK9-M), Version 15.8(3)M2,
RELEASE SOFTWARE (fc2)\\r\\n')"
}
```

為了驗證資源未就緒時是否回傳狀態碼 202，我們將使用下列腳本 Chapter9_request_1.py 立即向新資源發出請求：

```
import requests, time

server = 'http://192.168.2.126:5000'
endpoint = '/devices/1/version'

# 第一次發出請求以取得新資源
r = requests.get(server+endpoint)
resource = r.headers['location']
print("Status: {} Resource: {}".format(r.status_code, resource))

# 第二次發出請求以取得資源最新狀態
r = requests.get(server+"/"+resource)
print("Immediate Status Query to Resource: " + str(r.status_code))
print("Sleep for 2 seconds")
time.sleep(2)
# 第三次發出請求以取得資源狀態
r = requests.get(server+"/"+resource)
print("Status after 2 seconds: " + str(r.status_code))
```

從結果中可以看到，資源仍在背景執行時，傳回的狀態程式碼為 202：

```
$ python chapter9_request_1.py
Status: 202 Resource: /status/960b3a4a81d04b2cb7206d725464ef71
Immediate Status Query to Resource: 202
Sleep for 2 seconds
Status after 2 seconds: 200
```

我們的 API 進展順利！由於網路資源很寶貴，因此應該確保只有經過授權的人員才能存取 API。我們將在下一節中為 API 添加基本的安全措施。

身分驗證與授權

對於基本的使用者身分驗證，我們將使用 Miguel Grinberg 編寫的 Flask 之 httpauth（https://flask-httpauth.readthedocs.io/en/latest/）擴充元件，以及 Werkzeug 中的密碼函式。httpauth 擴充功能應該已包含在本章開頭的 requirements.txt 一同安裝。說明安全功能的新檔案名稱為 chapter9_9.py，在腳本中，我們將從更多的模組匯入開始：

```
from werkzeug.security import generate_password_hash, check_password_hash
from flask_httpauth import HTTPBasicAuth
```

我們將建立一個 HTTPBasicAuth 物件以及使用者資料庫物件。請注意，在使用者建立過程中，我們將傳遞密碼值；然而，我們只儲存 password_hash 而不是明文密碼本身：

```
auth = HTTPBasicAuth()
<skip>
class User(db.Model):
    __tablename__ = 'users'
    id = db.Column(db.Integer, primary_key=True)
    username = db.Column(db.String(64), index=True)
    password_hash = db.Column(db.String(128))
    def set_password(self, password):
        self.password_hash = generate_password_hash(password)
    def verify_password(self, password):
        return check_password_hash(self.password_hash, password)
```

物件 auth 有一個我們可以使用的 verify_password 裝飾器，以及使用者要求開始時建立的 Flask 全域環境物件。因為 g 變數是全域的，如果我們將使用者儲存到 g 變數中，它將貫穿整個交易（transaction）：

```
@auth.verify_password
def verify_password(username, password):
    g.user = User.query.filter_by(username=username).first()
```

```
    if g.user is None:
        return False
    return g.user.verify_password(password)
```

有一個方便的 before_request 處理程序，可以在呼叫任何 API 端點之前使用。我們將 auth.login_required 裝飾器與 before_request 處理程序結合起來，該處理程序將套用於所有 API 路由：

```
@app.before_request
@auth.login_required
def before_request():
    pass
```

最後，我們將使用未經授權（unauthorized）的錯誤處理程序，傳回 401 未經授權錯誤的 response 回應物件：

```
@auth.error_handler
def unathorized():
    response = jsonify({'status': 401, 'error': 'unauthorized',
                        'message': 'please authenticate'})
    response.status_code = 401
    return response
```

在測試使用者身分驗證之前，我們需要在資料庫中建立使用者：

```
>>> from chapter9_9 import db, User
>>> db.create_all()
>>> u = User(username='eric')
>>> u.set_password('secret')
>>> db.session.add(u)
>>> db.session.commit()
>>> exit()
```

一旦啟動 Flask 開發伺服器，請嘗試發出請求，就像我們之前所做的那樣。您應該能夠看到，這一次，伺服器將拒絕請求並傳回 401 未經授權的錯誤：

```
$ http GET http://192.168.2.126:5000/devices/
HTTP/1.1 401 UNAUTHORIZED
```

```
Connection: close
Content-Length: 82
Content-Type: application/json
Date: Wed, 21 Sep 2022 18:39:06 GMT
Server: Werkzeug/2.2.2 Python/3.10.4
WWW-Authenticate: Basic realm="Authentication Required"

{
    "error": "unahtorized",
    "message": "please authenticate",
    "status": 401
}
```

我們現在需要為請求提供身分驗證標頭：

```
$ http --auth eric:secret GET http://192.168.2.126:5000/devices/
HTTP/1.1 200 OK
Connection: close
Content-Length: 193
Content-Type: application/json
Date: Wed, 21 Sep 2022 18:39:42 GMT
Server: Werkzeug/2.2.2 Python/3.10.4

{
    "device": [
        "http://192.168.2.126:5000/devices/1",
        "http://192.168.2.126:5000/devices/2",
        "http://192.168.2.126:5000/devices/3",
        "http://192.168.2.126:5000/devices/4"
    ]
}
```

現在，已經為我們的網路設定好一個不錯的 RESTful API。當使用者想要檢索網路設備資訊時，可以查詢網路的靜態內容；他們還可以為單一設備或一組設備執行網路操作。我們還添加了基本的安全措施，以確保只有我們創建的用戶才能從 API 檢索資訊。最酷的部分是，這一切都是在一個文件中用不到 250 行程式碼完成的（如果減去註釋，則不到 200 行）！

有關用戶會話管理、登入、登出和記住使用者連線的更多資訊，我強烈建議使用 Flask-Login（`https://flask-login.readthedocs.io/en/latest/`）擴充。

我們現在已經將底層供應商 API 從我們的網路中獨立出來抽象化，並用我們的 RESTful API 取代它們。透過提供抽象，我們可以自由地使用後端所需的內容，例如 Pexpect，同時為請求者提供統一的前端。甚至可以向前邁出一步，更換底層網路設備，而不影響到向我們進行 API 呼叫的用戶。Flask 以一種小巧且易於使用的方式為我們提供了這種抽象，也可以用更小的佔用空間運行 Flask，例如使用容器。

容器內執行 Flask

容器在過去幾年中變得非常流行，相較於基於管理程式的虛擬機器，它們提供了更多抽象和虛擬化。對於有興趣的讀者，我們將提供一個簡單的範例，說明如何在 Docker 容器中執行 Flask 應用程式。

我們將根據在 Ubuntu 20.04 上建立容器的免費 DigitalOcean Docker 教學來構成範例（`https://www.digitalocean.com/community/tutorials/how-to-build-and-deploy-a-flask-application-using-docker-on-ubuntu-20-04`）。如果您是容器新手，我強烈建議在閱讀該教學後，再返回到本部分。

請務必確保 Docker 已經安裝完成：

```
$ sudo docker -version
Docker version 20.10.18, build b40c2f6
```

建立一個名為 `TestApp` 的資料夾來存放我們的程式碼：

```
$ mkdir TestApp
$ cd TestApp/
```

在該資料夾中，我們將建立另一個名為 `app` 的資料夾並建立 `__init__.py` 檔案：

```
$ mkdir app
$ touch app/__init__.py
```

在 app 資料夾下，我們將包含應用程式的邏輯。由於到目前為止我們一直在使用單一文件應用程式，因此我們可以簡單地將 chapter9_6.py 檔案的內容複製到 app/__init__.py 檔案中：

```
$ cat app/__init__.py
from flask import Flask, url_for, jsonify, request
from flask_sqlalchemy import SQLAlchemy
app = Flask(__name__)
app.config['SQLALCHEMY_DATABASE_URI'] = 'sqlite:///network.db'
db = SQLAlchemy(app)
@app.route('/')
def home():
    return "Hello Python Networking!"
<skip>
class Device(db.Model):
    __tablename__ = 'devices'
    id = db.Column(db.Integer, primary_key=True)
    hostname = db.Column(db.String(64), unique=True)
    loopback = db.Column(db.String(120), unique=True)
    mgmt_ip = db.Column(db.String(120), unique=True)
    role = db.Column(db.String(64))
    vendor = db.Column(db.String(64))
    os = db.Column(db.String(64))
<skip>
```

也可以將我們建立的 SQLite 資料庫檔案複製到該資料夾中：

```
$ tree app/
app/
├── __init__.py
├── network.db
```

另外，把 requirements.txt 檔案放在 TestApp 資料夾中：

```
$ cat requirements.txt
Flask==1.1.1
Flask-HTTPAuth==3.3.0
Flask-SQLAlchemy==2.4.1
Jinja2==2.10.1
MarkupSafe==1.1.1
Pygments==2.4.2
```

```
SQLAlchemy==1.3.9
Werkzeug==0.16.0
httpie==1.0.3
itsdangerous==1.1.0
python-dateutil==2.8.0
requests==2.20.1
```

由於 `tiangolo/uwsgi-nginx-flask` 映像檔和 Flask 軟體套件的某些更高版本發生衝突，此 requirement 檔案中的版本將改為 Flask 1.1.1。我們處理的程式碼部分適用於 1.1.1 版本和最新的 Flask 版本。

我們將建立 `main.py` 檔案作為入口點，以及一個給 `uwsgi` 的 `ini` 檔案：

```
$ cat main.py
from app import app
$ cat uwsgi.ini
[uwsgi]
module = main
callable = app
master = true
```

我們將使用預製的 Docker 映像檔，並創建一個用於建立 Docker 映像檔的 `Dockerfile`：

```
$ cat Dockerfile
FROM tiangolo/uwsgi-nginx-flask:python3.7-alpine3.7
RUN apk --update add bash vim
RUN mkdir /TestApp
ENV STATIC_URL /static
ENV STATIC_PATH /TestApp/static
COPY ./requirements.txt /TestApp/requirements.txt
RUN pip install -r /TestApp/requirements.txt
```

我們的 `start.sh` shell 腳本將建置映像檔，將其作為後台常駐程序運行，然後將連接埠 `8000` 轉送到 Docker 容器：

```
$ cat start.sh
#!/bin/bash
```

```
app="docker.test"
docker build -t ${app} .
docker run -d -p 8000:80 \
  --name=${app} \
  -v $PWD:/app ${app}
```

現在可以使用 `start.sh` 腳本來建立映像檔，並啟動我們的容器了：

```
$ sudo bash start.sh
Sending build context to Docker daemon  48.13kB
Step 1/7 : FROM tiangolo/uwsgi-nginx-flask:python3.8
python3.8: Pulling from tiangolo/uwsgi-nginx-flask
85bed84afb9a: Pulling fs layer
5fdd409f4b2b: Pulling fs layer
<skip>
```

我們的 Flask 目前已運行於容器中，可以從主機連接埠 `8000` 來查看：

```
$ sudo docker ps
CONTAINER ID   IMAGE         COMMAND                  CREATED
STATUS         PORTS                                                    NAMES
25c83da6082c   docker.test   "/entrypoint.sh /sta…"  2 minutes ago Up 2
minutes   443/tcp, 0.0.0.0:8000->80/tcp, :::8000->80/tcp   docker.test
```

可以看到網址列顯示的**管理主機 IP** 如下：

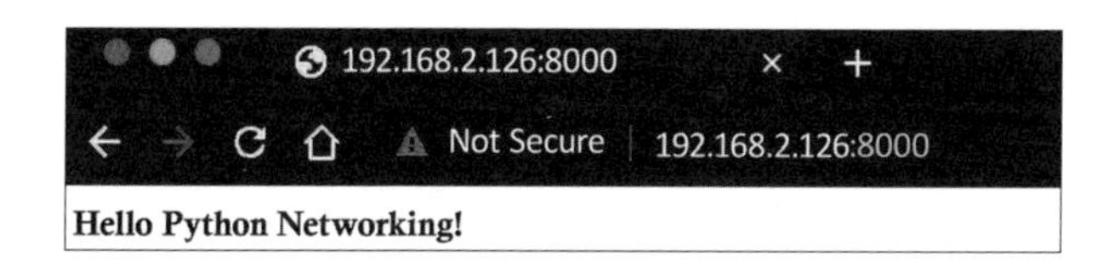

圖 9.5：管理主機 IP 轉送

如下所示，我們可以看到 **Flask API 端點**：

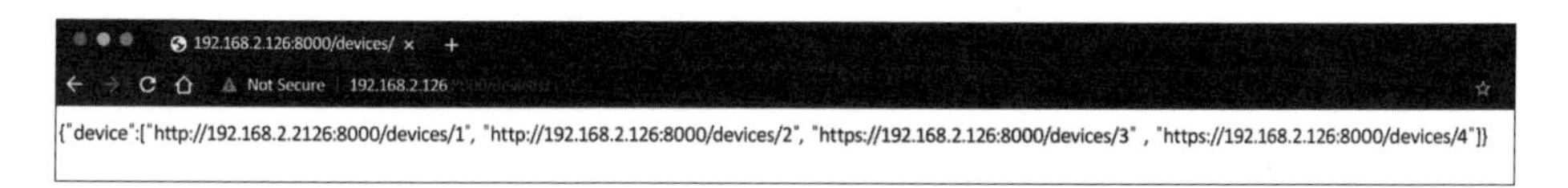

圖 9.6：API 端點

完成後，可以使用以下命令來停止並刪除容器：

```
$ sudo docker stop <container id>
$ sudo docker rm <containter id>
```

也可刪除 Docker 映像檔。

```
$ sudo docker images -a -q #find the image id
$ sudo docker rmi <image id>
```

正如我們所看到的，在容器中執行 Flask 提供了更大的靈活性以及在正式環境中部署 API 抽象化的選項。當然，容器也帶來複雜度並增加更多管理任務，因此在部署方法方面我們需要權衡優點和代價。在此已經接近本章的結尾，所以在展望下一章之前，先看看到目前為止我們已經做了什麼。

總結

在本章中，我們開始走上構建網路 RESTful API 的道路。我們查看了盛行的 Python web 框架，即 Django 和 Flask，並進行了比較和對比。透過選擇 Flask，我們可以從小處開始，並藉由使用 Flask 擴充來推展功能。

在實驗環境中，我們使用虛擬環境將 Flask 安裝基礎與全域網站套件分開。實驗環境的網路由多個 IOSv 節點組成，其中兩個被指定為主幹路由器，而另外兩個被指定為枝葉路由器。我們導覽了 Flask 的基礎知識，並使用簡單的 HTTPie 客戶端測試了我們的 API 設置。

在 Flask 的不同設定中，特別強調 URL 調度和 URL 變數，因為它們是請求者和我們的 API 系統之間的初始邏輯。我們研究了使用 Flask-SQLAlchemy 和 SQLite 來儲存和傳回本質上靜態的網路元素。對於操作任務，也建立了 API 端點，同時呼叫其他程式（例如 Pexpect）來完成組態設定任務。還透過向 API 添加非同步處理和用戶身分驗證來改進設定。最後，也研究了如何在 Docker 容器中執行 Flask API 應用程式。

在第 *10* 章，*Async IO* 介紹中，我們將重點放在 Python 3 中的一項新功能：Async IO，以及如何將其應用於網路工程。

10

Async IO 介紹

在前面的章節中，我們已經直接透過 API 或其他 Python 函式庫與網路設備進行互動，這些函式庫將我們與遠端設備的底層互動操作抽象化。當需要與多個設備互動時，我們使用多次循環來務實地執行命令。此處可能會遇到的一個問題是，當我們需要與許多設備互動時，端點到端點的流程會變慢，瓶頸通常是卡在發送命令到收到遠端設備的正確回應之間的等待時間。如果每次操作需要花費 5 秒鐘的等待時間，那麼當需要對 30 台設備進行操作時，或許得等待數分鐘。

此部分確實如此，這是因為我們的操作是循序的，一次僅按順序在一台設備上進行操作。如果我們可以同時處理多個設備又會怎麼樣呢？這樣會加快速度，對嗎？是的，您說對了。但這並不像「告知」我們的 Python 腳本同時「存取」許多設備那麼簡單。我們必須考慮電腦安排任務的方式、語言限制以及手邊可用的工具。

在本章中，將討論非同步 IO（Async IO），這是一個允許同時執行多個任務的 Python 套件，我們還將討論相關主題，例如多工處理、並行性、執行緒等。我認為 Python 中的非同步操作屬於中高階等級的主題，非同步 IO 模組本身是從 Python 3.4 中才引入的，它也經歷了 Python 3.4 到 Python 3.7 之間的快速變化。無論如何，這對於網路自動化來說是高度相關的話題，我相信對於任何想要熟悉網路自動化的網路工程師來說，這都值得研究。

在本章中，我們將討論以下與非同步 IO 相關的主題：

- 非同步操作概述
- 多工處理和執行緒
- Python 非同步 IO（asyncio）模組
- Scrapli 專案

更多與 Python 相關的非同步操作的資訊，Real Python（https://realpython.com/search?q=asyncio）和 Python 文件（https://docs.python.org/3/library/asyncio.html）都提供良好的學習資源。

讓我們先來看看非同步操作的概述。

非同步操作概述

在《Python 的理念》中，我們知道 Python 的指導原則之一是最好有「做某事的最佳方法」。當涉及到非同步操作時，就有點複雜了。我們知道，如果能夠同時執行多項任務將會有所幫助，但要確認正確的解決方案可能並非如此簡單。

首先，需要確認是什麼原因拖慢了我們的程式。一般而言，瓶頸可能是 CPU 密集（CPU-bound），也可能是 I/O 密集（I/O bound）。在 CPU 密集的情況下，程式會將 CPU 的運算量推至其上限，解決數學問題或影像處理等操作是 CPU 密集型程式的事例。例如，當為 VPN 選擇加密演算法時，我們知道演算法越複雜，消耗的 CPU 就越多。對於 CPU 密集型任務，緩解瓶頸的方法是增加 CPU 能力或允許任務同時使用多個 CPU。

在 IO 密集型操作中，程式大部分時間都在等待已完成的輸入作業後續的某些輸出作業。當我們對設備進行 API 呼叫時，在收到所需的答案之前，無法繼續下一步。如果時間至關重要，那麼這段等待的時間其實可以用來做其他事情。緩解 IO 密集型任務的方法就是同時處理多個任務。

如果手邊的工作受到 CPU 運算能力或輸入輸出延遲的限制，我們可以嘗試一次執行多個操作，這稱為並行性。當然，並非所有任務都可以並行性，正如偉大的沃倫．巴菲特所說：「就算九個女人同時懷孕，也無法在一個月內生出孩子」。然而，如果您的任務可以達成並行性，我們會有一些並行處理選項：多工處理、執行緒或新的 asyncio 模組。

Python 多工處理

Python 的多工處理允許將 CPU 密集型任務分解為子任務，並產生子程序來處理它們。這非常適合 CPU 密集型任務，因為它允許多個 CPU 同時工作。如果我們回顧計算的歷史，會注意到在 2005 年左右，單一 CPU 已經無法再變得更快了。由於干擾和熱量問題，根本無法在單一 CPU 上安裝更多電晶體。要獲得更多運算能力的方法是擁有多核心 CPU，這有利於我們在多核心 CPU 之間將任務分散。

在 Python 的多工處理模組中，程序是透過建立 `Process` 物件，然後呼叫其 `start()` 方法來產生的。讓我們來看一個簡單的例子，`multiprocess_1.py`：

```
#!/usr/bin/env python3
# 從以下網頁修改
# https://docs.python.org/3/library/multiprocessing.html
from multiprocessing import Process
import os

def process_info():
    print('process id:', os.getpid())

def worker(number):
    print(f'Worker number {number}')
    process_info()

if __name__ == '__main__':
    for i in range(5):
        p = Process(target=worker, args=(i,))
        p.start()
```

在範例中，我們有一個 worker 函式呼叫另一個 `process_info()` 函式來取得程序 ID。然後，我們啟動 Process 物件五次，每次都針對 Worker 函式。執行的輸出如下：

```
(venv) $ python multiprocess_1.py
Worker number 0
process id: 109737
Worker number 2
process id: 109739
Worker number 3
process id: 109740
Worker number 1
process id: 109738
Worker number 4
process id: 109741
```

我們可以看到，每個程序都有自己的程序和程序 ID。多工處理非常適合 CPU 密集型任務。如果工作是 IO 密集型，那麼在 asyncio 模組之前，我們最好的選擇是使用執行緒（threading）模組。

Python 多執行緒

正如大家所知的，Python 有一個**全域直譯器鎖（Global Interpreter Lock）**，稱之為 **GIL**。Python 直譯器（準確地說是 CPython）使用它來確保一次只有一個執行緒執行 Python 位元組碼。這主要是一種安全措施，旨在防止記憶體內容洩漏中的競爭狀況，但它可能成為 IO 密集型任務的效能瓶頸。

相關更多資訊，請查看 `https://realpython.com/python-gil/` 上的文章。

允許多個執行緒運行的一種方法是使用 `threading` 模組，它允許程式同時運行多個操作。我們可以在 `threading_1.py` 中看到一個簡單的範例：

```
#!/usr/bin/env python3
# 修改自此網頁：https://pymotw.com/3/threading/index.html
import threading

# 取得執行緒 ID
def thread_id():
    print('thread id:', threading.get_ident())

# Worker 函式
def worker(number):
    print(f'Worker number {number}')
    thread_id()


threads = []
for i in range(5):
    t = threading.Thread(target=worker, args=(i,))
    threads.append(t)
    t.start()
```

該腳本與我們的多程序範例類似，不同之處在於顯示執行緒 ID 而不是程序 ID。腳本執行的輸出如下：

```
(venv) $ python threading_1.py
Worker number 0
thread id: 140170712495680
Worker number 1
thread id: 140170704102976
Worker number 2
thread id: 140170695710272
Worker number 3
thread id: 140170704102976
Worker number 4
thread id: 140170695710272
```

threading 模組是緩解多執行緒 Python GIL 問題的不錯選擇。然而，當 Python 將任務傳遞給執行緒時，主程序在執行緒程序中的可見性有限。執行緒更難處理，特別是在不同執行緒之間進行協調並處理出現的錯誤時。對於 IO 密集型任務，Python 3 中的 asyncio 是另一種取代執行緒的好選擇。

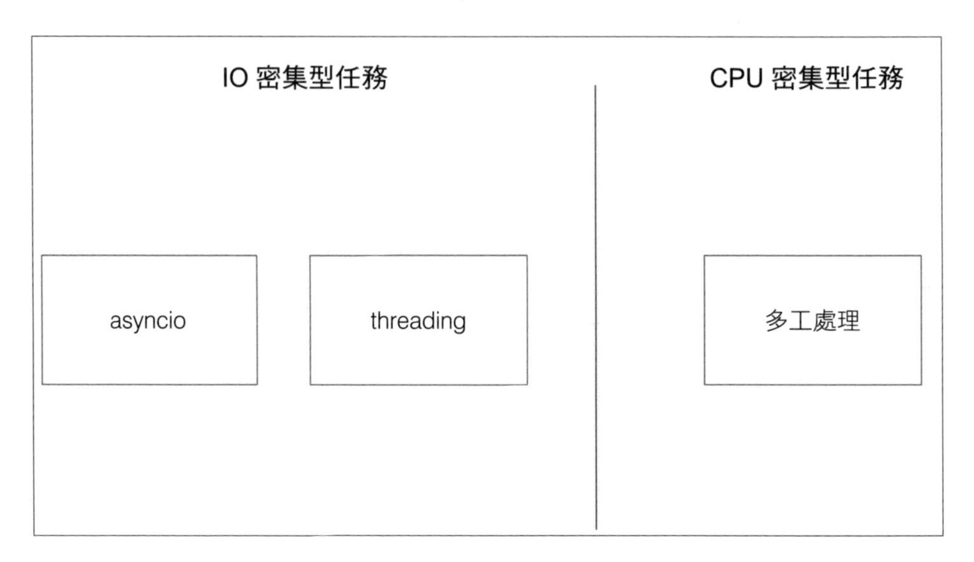

圖 10.1：CPU 密集型與 IO 密集型 Python 模組

讓我們更深入地研究 asyncio 模組。

Python asyncio 模組

我們可以將 asyncio 模組視為 Python 讓我們編寫程式碼來同時運行任務的方式，它使用新引入的 `async` 和 `await` 關鍵字。它可以幫助我們提高許多可能受 IO 密集型操作所限制的效能，例如 web 伺服器、資料庫，當然還有透過網路與設備進行的通訊。asyncio 模組是熱門新框架的基礎，例如 FastAPI（`https://fastapi.tiangolo.com/`）。

然而，需要特別點出的是，asyncio 既不是多工處理也不是多執行緒。它被設計為單一程序的單執行緒。Python asyncio 使用**協作式多工處理**來給人一致性的感覺。

與執行緒不同的是，Python 是從頭到尾控制程序，而不是將執行緒程序傳遞給作業系統。這讓 Python 知道任務何時開始和完成，從而在程序之間進行協調。當我們在等待結果而「暫停」部分程式碼時，Python 將繼續執行程式碼的其他部分，然後再回到「暫停」的程式碼。

這是在編寫非同步程式碼之前需要掌握的重要概念。我們需要決定程式碼的哪一部分可以暫停，以允許 Python 暫時離開前往其他部分。我們必須告訴 Python，「嘿，我只是在等待一些事情。先去做點別的事情後再回來看看我。」

讓我們從 `asyncio_1.py` 中 asyncio 模組語法的簡單範例開始：

```
#!/usr/bin/env python3
import asyncio

async def main():
    print('Hello ...')
    await asyncio.sleep(1)
    print('... World!')
    await asyncio.sleep(2)
    print('... and again.')

asyncio.run(main())
```

當我們執行它時，輸出如下：

```
$ python asyncio_1.py
Hello ...
... World!
... and again.
```

在這個例子中，我們可以注意以下幾點：

1. asyncio 模組位於 Python 3.10 的標準函式庫中。
2. 函式前面使用 `async` 關鍵字。在 asyncio 中，這稱為共常式（coroutine）。
3. `await` 關鍵字是等待某些操作的回傳。
4. 我們不是簡單地呼叫函式 / 共常式，而是使用 `asyncio.run()` 來執行此操作。

asyncio 模組的核心是共常式，使用 async 關鍵字定義。共常式是 Python 生成器函式的特殊版本，可以在等待時暫時將控制權交還給 Python 直譯器。

生成器函式是一種可以像列表一樣迭代的函式，但無須先將內容載入到記憶體中。例如，當資料集太龐大以至於可能淹沒電腦記憶體時，這非常有用。有關更多資訊，請查看此文件：https://wiki.python.org/moin/Generators。

```
async def main():
    print('Hello ...')
    await asyncio.sleep(1)
    print('... World!')
    await asyncio.sleep(2)
    print('... and again.')
```

Coroutine
共常式暫停並等待其他工作完成

圖 10.2：帶有 async 和 await 的共常式

我們進一步研究這個例子，看看如何以它為基礎進行建構。以下範例取自 *RealPython.com* 的優秀教學（https://realpython.com/async-io-python/#the-asyncio-package-and-asyncawait）。我們將從 sync_count.py 的同步計數函式開始：

```
#!/usr/bin/env python3
# 修改自此網頁：https://realpython.com/async-io-python/#the-asyncio-
package-and-asyncawait countsync.py example
import time

def count():
    print("One")
    time.sleep(1)
    print("Two")

def main():
    count()
    count()
    count()
```

```
if __name__ == "__main__":
    s = time.perf_counter()
    main()
    elapsed = time.perf_counter() - s
    print(f"Completed in {elapsed:0.2f} seconds.")
```

執行後，我們可以看到腳本在三秒鐘內執行完畢，如實地連續執行該函式三次：

```
(venv) $ python sync_count.py
One
Two
One
Two
One
Two
Completed in 3.00 seconds.
```

現在，讓我們看看是否可以建立它的非同步版本——async_count.py：

```
#!/usr/bin/env python3
# 取自此網頁的範例：https://realpython.com/async-io-python/#the-asyncio-
package-and-asyncawait countasync.py

import asyncio

async def count():
    print("One")
    await asyncio.sleep(1)
    print("Two")

async def main():
    await asyncio.gather(count(), count(), count())

if __name__ == "__main__":
    import time
    s = time.perf_counter()
    asyncio.run(main())
```

```
    elapsed = time.perf_counter() - s
    print(f"Completed in {elapsed:0.2f} seconds.")
```

當執行這個檔案時，我們看到類似的任務在原本 1/3 的時間內完成：

```
(venv) $ python async_count.py
One
One
One
Two
Two
Two
Completed in 1.00 seconds.
```

這是為什麼？這是因為現在當我們計數並進入睡眠暫停時，我們將控制權交還給直譯器，以允許它處理其他任務。

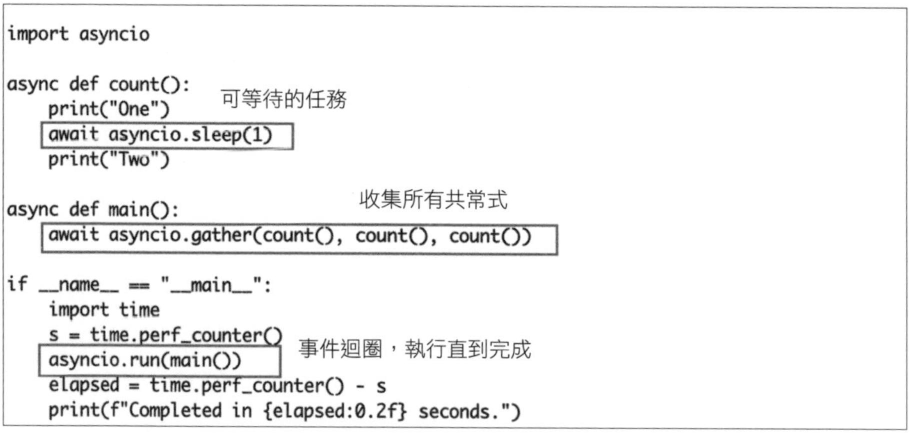

```
import asyncio

async def count():
    print("One")
    await asyncio.sleep(1)
    print("Two")

async def main():
    await asyncio.gather(count(), count(), count())

if __name__ == "__main__":
    import time
    s = time.perf_counter()
    asyncio.run(main())
    elapsed = time.perf_counter() - s
    print(f"Completed in {elapsed:0.2f} seconds.")
```


圖 10.3：事件循環

在這個範例中，有幾個要點要注意：

1. `sleep()` 函式改為 `asyncio.sleep()` 函式，這是一個可等待的函式。
2. `count()` 和 `main()` 函式現在都是共常式。
3. 我們使用 `ansyncio.gather()` 來蒐集所有共常式。
4. `asyncio.run()` 是一個循環，運行直到所有內容完成。

從範例中，可以看到我們需要對常規函式進行一些更改，以允許 asyncio 提供的效能增益。還記得我們討論過協作式多工處理嗎？ Asyncio 需要 Python 程式中的所有元件協同工作才能實現此目標。

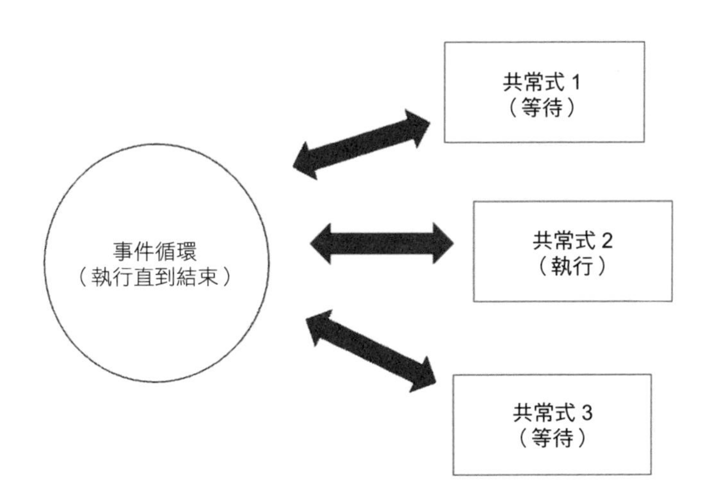

圖 10.4：事件循環

在下一節中，我們將了解 Scrapli 專案，該專案利用 Python 3 asyncio 功能的優勢，幫助我們加快網路設備互動程序。

Scrapli 專案

Scrapli 是一個開源網路函式庫（`https://github.com/carlmontanari/scrapli`），使用 Python 3 的 asyncio 功能來幫助我們更快地連接到網路設備。它是由 Carl Montanari（`https://github.com/carlmontanari`）在從事網路自動化專案時創建的。它的安裝很簡單：

```
(venv) $ pip install scrapli
(venv) $ mkdir scrapli && cd scrapli
```

讓我們開始使用 Scrapli 進行網路設備通訊吧！

Scrapli 範例

可以使用以下範例 `scrapli_example_1.py` 在我們實驗環境的 NX-OS 設備 `lax-cor-r1` 上執行 `show` 指令：

```
# 修改自此網站：https://github.com/carlmontanari/scrapli
from scrapli import Scrapli

device = {
    "host": "192.168.2.50",
    "auth_username": "cisco",
    "auth_password": "cisco",
    "auth_strict_key": False,
    "ssh_config_file": True,
    "platform": "cisco_nxos",
}

conn = Scrapli(**device)
conn.open()
response = conn.send_command("show version")
print(response.result)
```

執行腳本將會顯示版本指令 `show version` 的輸出結果。請注意，這是字串格式：

```
(venv) $ python scrapli_example_1.py
Cisco Nexus Operating System (NX-OS) Software
TAC support: http://www.cisco.com/tac
...
Software
  loader:    version N/A
  kickstart: version 7.3(0)D1(1)
  system:    version 7.3(0)D1(1)

Hardware
  cisco NX-Osv Chassis ("NX-Osv Supervisor Module")
  IntelI CITM) i5-7260U C with 3064740 kB of memory.
  Processor Board ID TM000940CCB
```

```
    Device name: lax-cor-r1
    bootflash:    3184776 kB
...
```

表面上，它可能與我們見過的其他函式庫並沒有任何差異。但在底層，核心驅動程式和相關平台正在使用 asyncio 模組，能夠變成可等待（awaitable）的共常式：

Platform/OS	Scrapli Driver	Scrapli Async Driver	Platform Name
Cisco IOS-XE	IOSXEDriver	AsyncIOSXEDriver	cisco_iosxe
Cisco NX-OS	NXOSDriver	AsyncNXOSDriver	cisco_nxos
Cisco IOS-XR	IOSXRDriver	AsyncIOSXRDriver	cisco_iosxr
Arista EOS	EOSDriver	AsyncEOSDriver	arista_eos
Juniper JunOS	JunosDriver	AsyncJunosDriver	juniper_junos

圖 10.5：Scrapli 核心驅動程式
（資料來源：https://carlmontanari.github.io/scrapli/user_guide/basic_usage/）

我們可以透過造訪專案的 GitHub 頁面來驗證程式碼，https://github.com/carlmontanari/scrapli。NXOS 非同步驅動程式（https://github.com/carlmontanari/scrapli/blob/main/scrapli/driver/core/cisco_nxos/async_driver.py）可以追溯到基本非同步驅動程式（https://github.com/carlmontanari/scrapli/blob/main/scrapli/driver/base/async_driver.py），以及基本驅動程式（https://github.com/carlmontanari/scrapli/blob/main/scrapli/driver/base/base_driver.py）。這是開源專案之美的一部分，我們可以自由地探索和借鑒彼此的知識。謝謝您，卡爾！

核心驅動程式包括 Cisco IOS-XE、Cisco NX-OS、Cisco IOS-XR、Arista EOS 和 Juniper JunOS。透過簡單地指定平台，Scrapli 就能夠將其與特定的驅動程式關聯起來。還有一個 `scrapli_community` 專案（`https://github.com/scrapli/scrapli_community`）只是它超出了核心驅動程式的範圍。

在我們的實驗環境中，我們指定了其他 `ssh` 組態配置。因此，我們需要將 `ssh_config_file` 設為 `true`：

```
$ cat ~/.ssh/config
...
Host 192.168.2.50
  HostKeyAlgorithms +ssh-rsa
  KexAlgorithms +diffie-hellman-group-exchange-sha1
```

Scrapli 的文件檔案（`https://carlmontanari.github.io/scrapli/`）是一個很好的起點。Packet Coders（`https://www.packetcoders.io/`）也提供了良好的網路自動化課程，包括 Scrapli。

我們現在可以將這個等待任務放入 asyncio 運行循環中。

Scrapli 非同步範例

在此範例中，我們將更精確地了解驅動程式和傳輸。我們將從 Scrapli 安裝 `asyncssh` 附加元件（`https://carlmontanari.github.io/scrapli/api_docs/transport/plugins/asyncssh/`）以供使用：

```
(venv) $ pip install scrapli[asyncssh]
```

下面列出腳本 `scraplie_example_2.py` 的內容：

```
#!/usr/bin/env python3
# 修改自此網頁之程式碼：
# https://github.com/carlmontanari/scrapli/blob/main/examples/async_usage/
async_multiple_connections.py
import asyncio
from scrapli.driver.core import AsyncNXOSDriver
```

```
async def gather_cor_device_version(ip, username, password):
    device = {
        "host": ip,
        "auth_username": username,
        "auth_password": password,
        "auth_strict_key": False,
        "ssh_config_file": True,
        "transport": "asyncssh",
        "driver": AsyncNXOSDriver
    }

    driver = device.pop("driver")
    conn = driver(**device)
    await conn.open()
    response = await conn.send_command("show version")
    await conn.close()
    return response

async def main():
    results = await asyncio.gather(
                        gather_cor_device_version('192.168.2.50', 'cisco',
'cisco'),
                        gather_cor_device_version('192.168.2.60', 'cisco',
'cisco')
                      )
    for result in results:
        print(result.result)


if __name__ == "__main__":
    import time
    s = time.perf_counter()
    asyncio.run(main())
    elapsed = time.perf_counter() - s
    print(f"Completed in {elapsed:0.2f} seconds.")
```

該腳本創建了兩個新的共常式，一個用於蒐集設備資訊，另一個用於蒐集 main() 函式中的共常式任務。我們也建立了一個 asyncio.run() 循環，以便在腳本自行執行時運行 main() 函式。我們執行此腳本：

```
(venv) $ python scrapli_example_2_async.py
Cisco Nexus Operating System (NX-OS) Software
…
  loader:    version N/A
  kickstart: version 7.3(0)D1(1)
  system:    version 7.3(0)D1(1)
…
  Device name: lax-cor-r1
  bootflash:    3184776 kB
…
  Device name: nyc-cor-r1
  bootflash:    3184776 kB
…
Completed in 1.37 seconds.
```

除了兩個設備的 show version 輸出之外，我們還看到執行作業在約 1 秒左右的時間內完成。

來比較一下同步和非同步操作的效能差異。Scrapli 提供了同步操作的 GenericDriver，在範例腳本 scrapli_example_3_sync.py 中，我們將使用 GenericDriver 重複蒐集資訊。純粹用來說明，該腳本連接到每個設備三次：

```
#!/usr/bin/env python3
# 修改自此網頁之程式碼：
# https://github.com/carlmontanari/scrapli/blob/main/examples/async_usage/
async_multiple_connections.py
import asyncio
# from scrapli.driver.core import Paramiko
from scrapli.driver import GenericDriver

def gather_cor_device_version(ip, username, password):
    device = {
        "host": ip,
```

```
        "auth_username": username,
        "auth_password": password,
        "auth_strict_key": False,
        "ssh_config_file": True,
        "driver": GenericDriver
    }

    driver = device.pop("driver")
    conn = driver(**device)
    conn.open()
    response = conn.send_command("show version")
    conn.close()
    return response

def main():
    results = []
    for device in [
                    '192.168.2.50',
                    '192.168.2.60',
                    '192.168.2.50',
                    '192.168.2.60',
                    '192.168.2.50',
                    '192.168.2.60',
                    '192.168.2.50',
                    '192.168.2.60',
                  ]:
        results.append(gather_cor_device_version(device, 'cisco',
'cisco'))
    return results


if __name__ == "__main__":
    import time
    s = time.perf_counter()
    main()
    elapsed = time.perf_counter() - s
    print(f"Completed in {elapsed:0.2f} seconds.")
```

還有一個類似的非同步版本 scrapli_example_3_async.py。當我們運行兩個腳本時，效能差異如下：

```
(venv) $ python scrapli_example_3_sync.py
Completed in 5.97 seconds.
(venv) $ python scrapli_example_3_async.py
Completed in 4.67 seconds.
```

這看起來可能沒什麼太大的改進，但隨著我們擴大營運規模，效能提升將變得更加顯著。

總結

在本章中，我們了解了非同步處理的概念，也討論到 CPU 密集型任務和 IO 密集型任務背後的概念，並透過多工處理和多執行緒解決了它們造成的瓶頸。

從 Python 3.4 開始，引入了新的 asyncio 模組來解決 IO 密集型任務。它與多執行緒類似，但使用特殊的協作型多工設計。它們使用特殊的關鍵字——async 來建立特殊類型 Python 產生器函式；await 來指定可以暫時「暫停」的任務。然後，asyncio 模組可以蒐集這些任務並循環地運行它們，直到完成。

在本章的後半部分，我們學習如何使用 Scrapli，這是 Carl Montanari 為網路工程社群創建的一個專案，旨在利用 Python 3 中的 asyncio 功能進行網路設備管理。

非同步輸入 / 輸出並不容易，非同步、等待、循環和生成器等新術語可能會讓人感到不知所措。asyncio 模組隨著 Python 版本 3.4 到 3.7 也一直在快速發展，使得一些網路文件變得過時，希望本章提供的資訊有助於理解這個有用的功能。

在下一章中，我們將轉向雲端運算以及圍繞雲端運算的網路功能。

11

AWS 雲端網路開發

雲端運算是當今運算的主要趨勢之一，並且已經存在多年。公有雲供應商已經改變了新創產業以及從零開始推出服務的意義，我們不再需要建造自己的基礎設施；我們可以付費給公有雲供應商，租用他們的部分資源來滿足我們的基礎設施需求。如今，在任何技術會議或聚會中，我們很難找到對雲端服務完全不了解或完全沒使用的人。雲端運算已經到來，所以我們最好習慣使用它。

雲端運算服務模型有多種服務模式，大致分為**軟體即服務**（**SaaS**，https://en.wikipedia.org/wiki/Software_as_a_service）、**平台即服務**（**PaaS**，https://en.wikipedia.org/wiki/Cloud_computing#Platform_as_a_service_(PaaS)）和**基礎設施即服務**（**IaaS**，https://en.wikipedia.org/wiki/Infrastructure_as_a_service）。從使用者的角度來看，每種服務模型都提供不同的抽象層級。對我們來說，聯網是 IaaS 產品的一部分，也是本章的重點。

Amazon 網頁服務（**Amazon Web Services**，**AWS**，https://aws.amazon.com/）是第一家提供 IaaS 公有雲服務的公司，並且以 2022 年市佔率計算，明顯在該領域處於領導地位（https://www.statista.com/chart/18819/worldwide-market-share-of-leading-cloud-infrastructureservice-providers/）。如果我們將**軟體定義網路**（**SDN**）一詞定義為一組共同建立網路建構的軟體服務——IP 位址、存取列表、負載平衡器和**網路位址轉換**（**Network Address**

Translation，NAT），我們可以說 AWS 是全球最大的 SDN 實施者。他們利用大規模的全球網路、資料中心和伺服器，來提供一系列令人驚嘆的聯網服務。

如果您有興趣了解 Amazon 的規模和網路，我強烈建議您觀看 James Hamilton 的 AWS re:Invent 2014 演講：`https://www.youtube.com/watch?v=JIQETrFC_SQ`，這是內部人士對 AWS 規模和創新的罕見看法。

在本章中，我們將討論 AWS 雲端服務提供的聯網服務以及如何利用 Python 來使用它們：

- AWS 設置與網路概述
- 虛擬私有雲
- 專用網路連線和 VPN
- 網路擴充服務
- 其他 AWS 網路服務

讓我們先了解如何設定 AWS。

AWS 設置

如果您還沒有 AWS 帳戶並希望按照這些範例進行操作，請登錄 `https://aws.amazon.com/` 並註冊。這個過程非常簡單，會需要一張信用卡和某種方式來驗證您的身分，例如可以接受簡訊的手機。

當剛開始使用 AWS 時，它的好處之一是在免費方案（tier）就提供許多種服務（`https://aws.amazon.com/free/`）。例如，本章將使用**彈性運算雲端**（**Elastic Compute Cloud，EC2**）服務；EC2 的免費方案是前 12 個月內，每月前 750 小時的 t2.micro 或 t3.micro 實例。

我建議，永遠都從免費方案開始，並在需要時逐漸擴充您的方案。請查看 AWS 網站以取得最新產品：

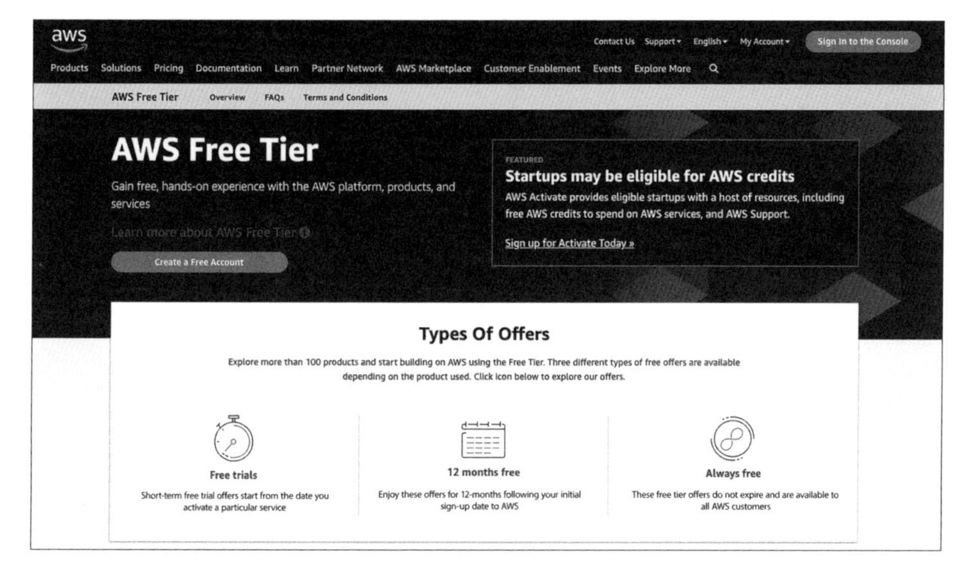

圖 11.1：AWS 免費方案

擁有帳戶後，您可以透過 AWS 主控台（`https://console.aws.amazon.com/`）登入並查看 AWS 提供的不同服務。

AWS 主控台佈局會不斷變化，當您閱讀本章時，您的螢幕可能與本書呈現的有所不同。但是，AWS 聯網概念不會改變，我們應該始終關注這個概念，無論佈局發生什麼變化，都應該不會有太大的問題。

控制台是我們可以配置所有服務並查看每月帳單的地方：

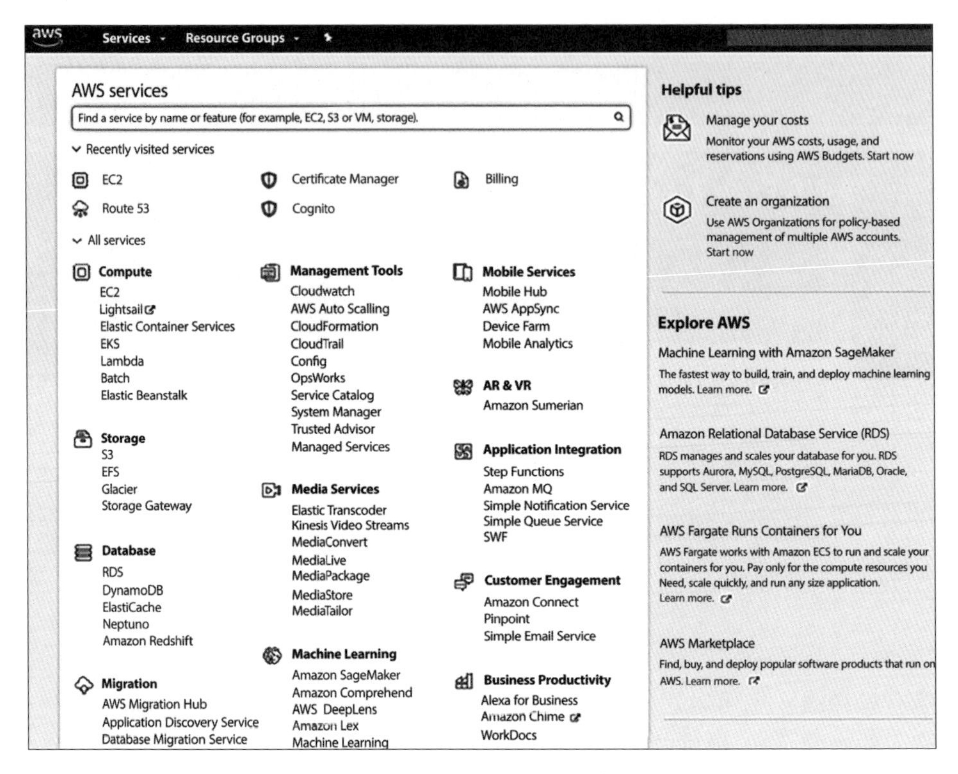

圖 11.2：AWS 控制台

既然設定了帳戶，現在讓我們看看如何使用 AWS CLI 工具和 Python SDK 來管理我們的 AWS 資源。

AWS CLI 與 Python 軟體開發工具包（SDK）

除了控制台之外，我們還可以透過**命令列介面（Command Line Interface，CLI）**和各種 SDK 來管理 AWS 服務。**AWS CLI 是一個可以透過 PIP 安裝的 Python 套件**（`https://docs.aws.amazon.com/cli/latest/userguide/installing.html`）。我們將其安裝在 Ubuntu 主機上：

```
$ curl "https://awscli.amazonaws.com/awscli-exe-linux-x86_64.zip" -o
"awscliv2.zip"
$ unzip awscliv2.zip
```

```
$ sudo ./aws/install
$ which aws
/usr/local/bin/aws
$ aws --version
aws-cli/2.7.34 Python/3.9.11 Linux/5.15.0-47-generic exe/x86_64.ubuntu.22
prompt/off
```

安裝 AWS CLI 後，為了更輕鬆、更安全地存取，我們將建立一個使用者並以使用者憑證配置 AWS CLI。讓我們回到 AWS 控制台並選擇**身分存取管理器**（**Identity and Access Management，IAM**）進行使用者和存取管理：

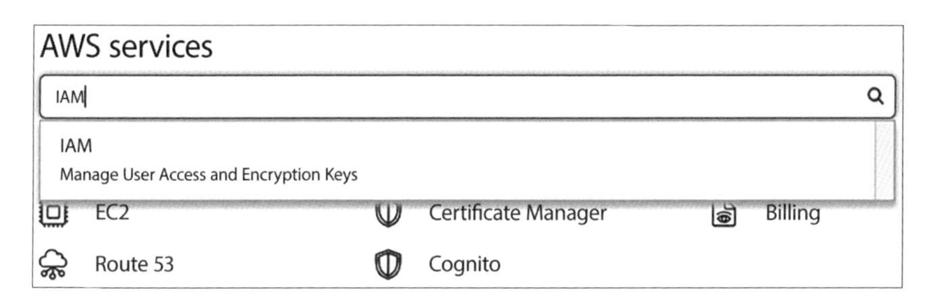

圖 11.3：AWS IAM

我們可以在左側面板中選擇 **Users** 來建立用戶：

圖 11.4：AWS IAM 用戶

選擇 **Programmatic access**，並將使用者指派到預設管理員群組：

Add user

1 2 3 4

Set user details

You can add miltiple users at once with the same access type and permissions. Learn more

User name* echou-packt

Add another user

Select AWS access type

Select how these users will access AWS. Access keys and autogenerated passwords are provided in the last step. Learn more

Access type* Programmatic access
Enables an **access key ID** and **secret access key** for the AWS API, CLI, SDK, and other development tools.

AWS Management Console access
Enables a **password** that allows users to sign-in to the AWS Management Console.

圖 11.5：AWS IAM 新增用戶

下一步將把用戶加入群組：我們現在可以將使用者新增到管理員群組，不需要為該用戶新增任何標籤。最後一步將顯示**存取金鑰 ID**（**Access key ID**）和**祕密存取金鑰**（**Secret access key**），將它們複製到文字檔案中並保存在安全的地方：

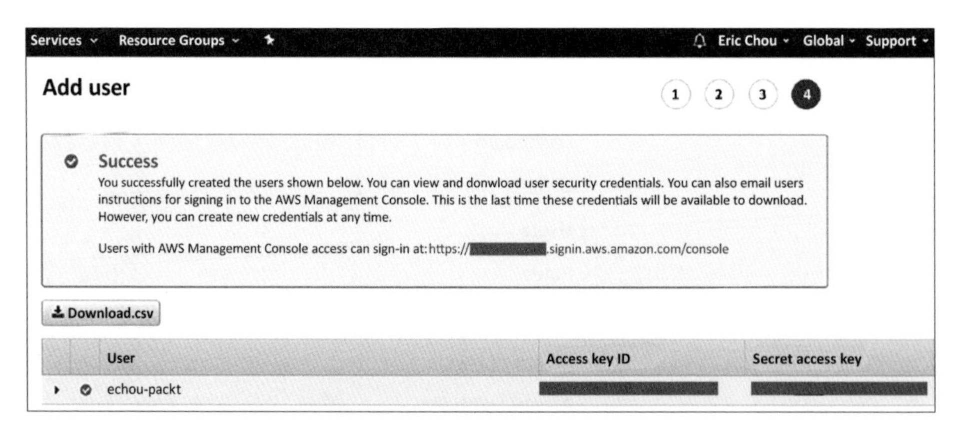

圖 11.6：AWS IAM 使用者安全憑證

接著將透過終端中的 `aws configure` 完成 AWS CLI 身分驗證憑證設置。下一節中會介紹 AWS 區域。我們現在將使用 `us-east-1`，因為這是服務最多的區域，稍後可以隨時返回設定以更改區域：

```
$ aws configure
AWS Access Key ID [None]: <key>
AWS Secret Access Key [None]: <secret>
Default region name [None]: us-east-1
Default output format [None]: json
```

我們也會安裝 AWS Python SDK Boto3（`https://boto3.readthedocs.io/en/latest/`）：

```
(venv) $ pip install boto3
(venv) $ python
Python 3.10.4 (main, Jun 29 2022, 12:14:53) [GCC 11.2.0] on linux
Type "help", "copyright", "credits" or "license" for more information.
>>> import boto3
>>> boto3.__version__
'1.24.78'
>>> exit()
```

我們現在準備好進入後續部分，首先介紹 AWS 雲端網路服務。

AWS 網路概述

當我們討論 AWS 服務時，需要從區域（Regions）和**可用區域（Availability Zones，AZ）**開始，它們對我們所有的服務都有重大影響。在撰寫本書時，AWS 已列出全球 27 個地理區域和 87 個**可用區域**。在 AWS 全球雲端基礎設施網站（`https://aws.amazon.com/about-aws/global-infrastructure/`）上的介紹：

> 「AWS 雲端基礎設施是圍繞區域和可用區域（AZ）建構的。AWS 區域提供多個實體上分離且隔離的可用區域，這些可用區域透過低延遲、高吞吐量和高度備援的網路連線進行連接。」

有關可用區域（AZ）、區域（Regions）等條件篩選的 AWS 區域的良好視覺化呈現方式，請參閱 `https://aws.amazon.com/about-aws/global-infrastructure/regions_az/`。

AWS 提供的一些服務是全球性的（例如我們創建的 IAM 用戶），但大多數服務是基於區域型。區域是地理足跡，例如美國東部、美國西部、歐盟 - 倫敦、亞太 - 東京等。對於我們來說，這意味著應該在距離目標用戶最近的區域建立基礎設施，這將減少客戶的服務延遲。如果我們的用戶位於美國**東海岸**，若服務是基於區域型，就應該選擇**美國東部（維吉尼亞北部）**或**美國東部（俄亥俄）**作為我們的區域：

圖 11.7：AWS 區域

除了用戶延遲之外，AWS 區域還對服務和成本產生影響。AWS 的新用戶可能會感到驚訝，因為並非所有區域都提供所有服務。我們在本章中將討論的服務，在大多數區域中均有提供，但一些較新的服務可能僅在某些選定的區域中提供。

在下面的範例中，我們可以看到 **Alexa for Business** 和 **Amazon Chime** 僅在美國維吉尼亞州北部地區提供：

Americas | Europe / Middle East / Africa | Asia Pacific

Services Offered:	Northern Virginia	Ohio	Oregon	Northern California	Montreal	São Paulo	AWS GovCloud (US-West)	AWS GovCloud (US-East)
Alexa for Business	✓							
Amazon API Gateway	✓	✓	✓	✓	✓	✓	✓	✓
Amazon AppStream 2.0	✓		✓				✓	
Amazon Athena	✓	✓	✓		✓		✓	✓
Amazon Aurora - MySQL-compatible	✓	✓	✓	✓	✓		✓	✓
Amazon Aurora - PostgreSQL-compatible	✓	✓	✓	✓	✓		✓	✓
Amazon Chime	✓							

圖 11.8：每個區域的 AWS 服務

除了服務可用性之外，區域之間的產品成本可能略有不同。例如，對於我們將在本章中討論的 EC2 服務，**a1.medium** 實例的成本在**美國東部（維吉尼亞北部）**為**每小時 0.0255 美元**；在**歐盟（法蘭克福）**，同一實例的成本高出 14%，**每小時 0.0291 美元**：

Linux | RHEL | SLES | Windows | Windows with SQL Standard | Windows with SQL Web | Windows with SQL Enterprise | Linux with SQL Standard | Linux with SQL Web | Linux with SQL Enterprise

Region: US East (N. Virginia)

	vCPU	ECU	Memory (GiB)	Instance Storage (GB)	Linux/UNIX Usage
General Purpose - Current Generation					
a1.medium	1	N/A	2 GiB	EBS Only	$0.0255 per Hour
a1.large	2	N/A	4 GiB	EBS Only	$0.051 per Hour
a1.xlarge	4	N/A	8 GiB	EBS Only	$0.102 per Hour
a1.2xlarge	8	N/A	16 GiB	EBS Only	$0.204 per Hour
a1.4xlarge	16	N/A	32 GiB	EBS Only	$0.408 per Hour
a1.metal	16	N/A	32 GiB	EBS Only	$0.408 per Hour
t3.nano	2	Variable	0.5 GiB	EBS Only	$0.0052 per Hour
t3.micro	2	Variable	1 GiB	EBS Only	$0.0104 per Hour

圖 11.9：AWS EC2 美國東部價格

Linux | RHEL | SLES | Windows | Windows with SQL Standard | Windows with SQL Web | Windows with SQL Enterprise | Linux with SQL Standard | Linux with SQL Web | Linux with SQL Enterprise

Region: EU (Frankfurt)

	vCPU	ECU	Memory (GiB)	Instance Storage (GB)	Linux/UNIX Usage
General Purpose - Current Generation					
a1.medium	1	N/A	2 GiB	EBS Only	$0.0291 per Hour
a1.large	2	N/A	4 GiB	EBS Only	$0.0582 per Hour
a1.xlarge	4	N/A	8 GiB	EBS Only	$0.1164 per Hour
a1.2xlarge	8	N/A	16 GiB	EBS Only	$0.2328 per Hour
a1.4xlarge	16	N/A	32 GiB	EBS Only	$0.4656 per Hour
a1.metal	16	N/A	32 GiB	EBS Only	$0.466 per Hour
t3.nano	2	Variable	0.5 GiB	EBS Only	$0.006 per Hour
t3.micro	2	Variable	1 GiB	EBS Only	$0.012 per Hour
t3.small	2	Variable	2 GiB	EBS Only	$0.024 per Hour

圖 11.10：AWS EC2 歐盟價格

如有疑問，請選擇美國東部（維吉尼亞北部）；它是最古老的區域，而且很可能是最便宜的，提供的服務也最多。

並非所有區域都可供所有使用者使用。例如，美國用戶預設無法使用 **GovCloud** 和**中國區域**。您可以透過 `aws ec2 describe-regions` 列出可用的區域：

```
$ aws ec2 describe-regions
{
    "Regions": [
        {
            "Endpoint": "ec2.eu-north-1.amazonaws.com",
            "RegionName": "eu-north-1",
            "OptInStatus": "opt-in-not-required"
        },
        {
            "Endpoint": "ec2.ap-south-1.amazonaws.com",
            "RegionName": "ap-south-1",
            "OptInStatus": "opt-in-not-required"
        },
<skip>
```

正如 Amazon 所說，所有區域都是完全獨立的。因此，大多數資源不會跨區域複製，這意味著，如果我們有多個區域提供相同的服務（例如**美國東部**和**美國西部**），並且需要服務相互支援，將需要自己複製必要的資源。

我們可以在 AWS 控制台右上角的下拉式選單中選擇所需的區域：

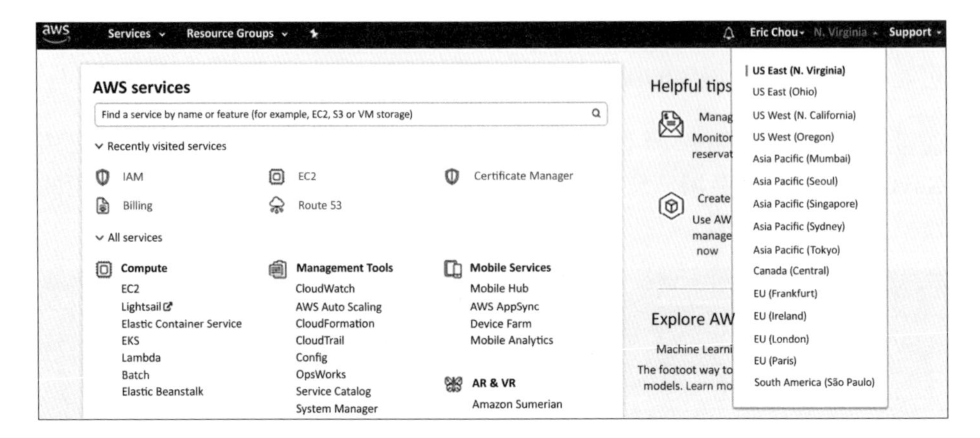

圖 11.11：AWS 區域

我們只能在入口網站上查看該區域內可用的服務。例如，如果在美國東部區域有 EC2 實例並選擇美國西部區域，則任何 EC2 實例都不會顯示。我已經多次犯過這個錯誤，並且很好奇：我的所有實例都去了哪裡！

每個區域（Region）內有許多可用區域（Availability Zone），可用區域使用區域和字母的組合進行標記，例如 `us-east-1a`、`us-east-1b` 等。每個區域通常都有三個以上的可用區域，每個可用區域都有其獨立的基礎設施，包括備援電源、資料中心內部網路連線和設施。相同區域中的所有可用區域都透過低延遲光纖路由連接，而在同一區域內，這些可用區域之間的距離通常在 100 公里以內：

Amazon 網頁服務

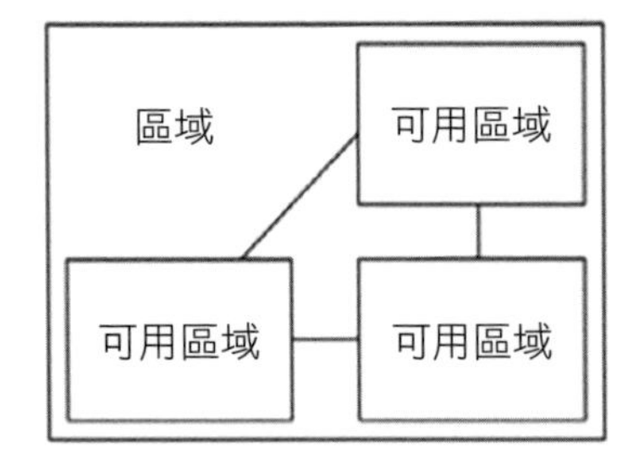

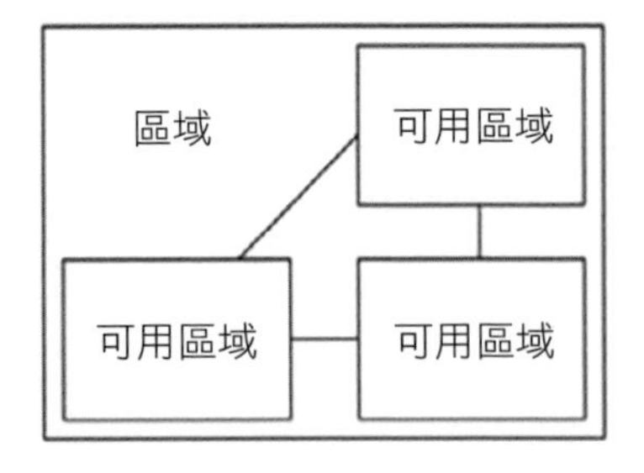

圖 11.12：AWS 區域和可用區域

與區域不同，我們在 AWS 中建立的許多資源可以自動跨可用區域進行複製。例如，我們可以將託管關聯式資料庫（Amazon RDS）配置為跨可用區域複製。當涉及到服務備援時，可用區域的概念非常重要，它的限制對於我們將要建置的網路服務也很重要。

AWS 會獨立地將可用區域對應到每個帳戶的識別碼。例如，我的可用區域 `us-east-1a` 可能與另一個帳戶的 `us-east-1a` 不同，即使它們都標記為 `us-east-1a`。

我們可以在 AWS CLI 中查看某個區域中的可用區域：

```
$ aws ec2 describe-availability-zones --region us-east-1
{
    "AvailabilityZones": [
        {
            "State": "available",
            "Messages": [],
            "RegionName": "us-east-1",
            "ZoneName": "us-east-1a",
            "ZoneId": "use1-az2"
        },
        {
            "State": "available",
            "Messages": [],
            "RegionName": "us-east-1",
            "ZoneName": "us-east-1b",
            "ZoneId": "use1-az4"
        },
<skip>
```

為什麼我們如此關心區域和可用區域？正如我們將在接下來的幾節中看到的，AWS 聯網服務通常受區域和可用區域約束。例如，**虛擬私有雲（Virtul Private Cloud，VPC）**必須完全駐留在一個區域中，並且每個子網路都需要完全駐留在一個可用區域中。另一方面，NAT 閘道是受可用區域限制的，因此如果需要備援，我們需要為每個可用區域建立一個閘道。

我們將更詳細地介紹這兩種服務，此處先提供一個範例，說明作為區域和可用區域如何成為 AWS 網路服務產品基礎：

每個區域的 VPC

VPC		IPv4 CIDR	Available IPv4	IPv6 CIDR	Availability Zone
vpc-	mastering_python_networking_demo	10.0.0.0/24	251	-	us-east-1a
vpc-	mastering_python_networking_demo	10.0.1.0/24	251	-	us-east-1b
vpc-	mastering_python_networking_demo	10.0.2.0/24	251	-	us-east-1c

每個可用區域與一個子網路相互對應

圖 11.13：每個區域的 VPC 和 AZ

截至 2022 年 5 月，**AWS 邊緣站點**是 **AWS CloudFront** 內容傳遞網路的一部分，涵蓋 48 個國家 / 地區的 90 多個城市（`https://aws.amazon.com/cloudfront/features/`）。這些邊緣站點用於以低延遲的連線向客戶分發內容。邊緣節點的佔地面積比 Amazon 為該區域和可用區建構的完整資料中心要小，人們有時會將邊緣站點的存在點誤認為是整個 AWS 區域。如果某個位置被列為邊緣站點，則不會提供 EC2 或 S3 等 AWS 服務。我們將重新討論 **AWS CloudFront CDN 服務**部分中的邊緣站點。

AWS 轉運中心是 AWS 網路中紀錄最少的方面之一。James Hamilton 在 2014 年 AWS re:Invent 主題演講（`www.youtube.com/watch?v=JIQETrFC_SQ`）中提到它們是該區域不同可用區域的聚合點。老實說，我們不知道這麼多年過去了，這個轉運中心是否仍然存在，是否仍然以同樣的方式運作。然而，對轉運中心的位置及其與 AWS Direct Connect 服務的相關性，仍可以做出有根據的合理猜測，我們將在本章後面討論。

AWS 副總裁兼傑出工程師 James Hamilton 是 AWS 最具影響力的技術專家之一。我認為若說到 AWS 聯網方面的權威，那一定是他。您可以在他的部落格 Perspectives（`https://perspectives.mvdirona.com/`）上，閱讀有關他的想法的更多資訊。

在一章的篇幅中不可能涵蓋與 AWS 相關的所有服務，有一些與網路沒有直接關係的相關服務，我們沒有足夠的篇幅來介紹。但我們應該熟悉：

- IAM 服務（`https://aws.amazon.com/iam/`）使我們能夠安全地管理對 AWS 服務和資源的存取。

- **Amazon 資源名稱**（**ARN**，https://docs.aws.amazon.com/general/latest/gr/aws-arns-and-namespaces.html），AWS 資源在整個 AWS 中的唯一識別名稱。當我們需要識別需要存取 VPC 資源的服務（例如 DynamoDB 和 API Gateway）時，這些資源名稱就非常重要。
- Amazon **彈性運算雲端**（**EC2**，https://aws.amazon.com/ec2/），這是一項使我們能夠透過 AWS 取得和供應運算能力（例如 Linux 和 Windows 實例）的服務。我們將在本章的範例中使用 EC2 實例。

為了方便學習，我們將排除 AWS GovCloud（美國）和中國區域，這兩個區域均不使用 AWS 全球基礎設施，並且每個區域都有其獨特的功能和限制。

這是對 AWS 網路服務相對較長的介紹，但卻很重要，這些概念和術語將在其餘章節中引用。在接下來的部分中，我們將討論 AWS 聯網中（我認為）最重要的概念：VPC。

虛擬私有雲

Amazon 虛擬私有雲（**Amazon VPC**，https://docs.aws.amazon.com/vpc/latest/userguide/what-is-amazon-vpc.html）可讓客戶在專屬於其帳戶的虛擬網路中啟動 AWS 資源。它是真正的可自訂網路，可讓您定義 IP 位址範圍、新增和刪除子網路、建立路由、新增 VPN 閘道、關聯安全策略、將 EC2 實例連接到您自己的資料中心等等。

在早期，當 VPC 不可用時，可用區域中的所有 EC2 實例都位於所有客戶共享的單一扁平網路上。客戶是否願意將其資訊放入雲端？我想不太可能。從 2007 年推出 EC2 到 2009 年推出 VPC，VPC 功能成為 AWS 最受歡迎的功能之一。

離開 VPC 中的 EC2 主機的資料封包會被虛擬機器管理程式攔截，虛擬機器管理程式將根據理解 VPC 結構的對應服務來檢查封包，然後封包會被封裝並添加真實 AWS 伺服器的來源位址和目標位址。封裝和映射服務實現了 VPC 的靈活性，但也產生出 VPC 的一些限制（多播、監聽封包）。畢竟，這是一個虛擬網路。

自 2013 年 12 月起，所有 EC2 實例均僅限 VPC；您無法再建立非 VPC（EC2-Classic）的 EC2 實例，也不會想這樣做。如果我們使用啟動精靈建立 EC2 實例，它將自動放入具有虛擬網際網路閘道的預設 VPC 中，以供公開存取。在我看來，只有最基本的使用案例才應該使用預設 VPC。在大多數情況下，我們應該定義自己的非預設、客製化的 VPC。

讓我們使用 **us-east-1** 中的 AWS 主控台建立以下 VPC：

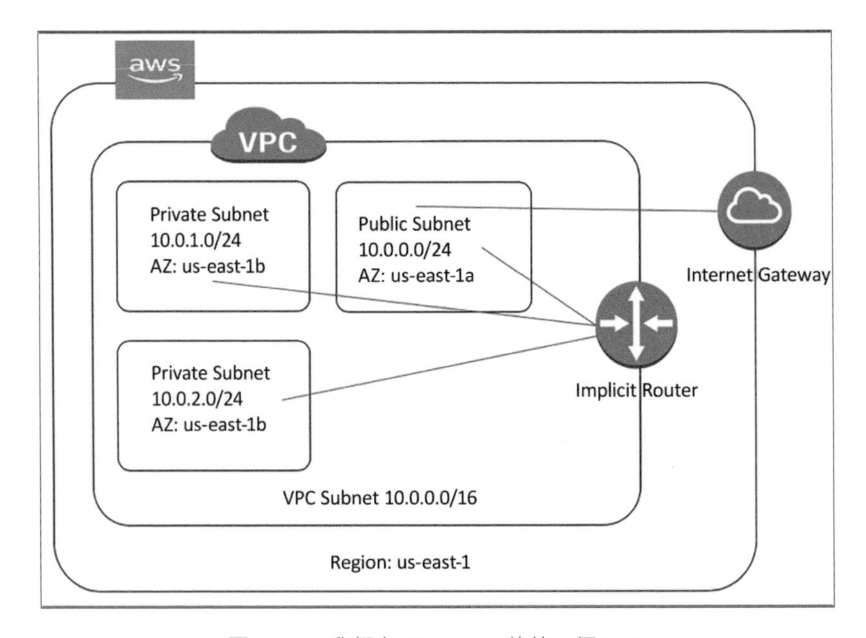

圖 11.14：我們在 US-East-1 的第一個 VPC

如果您還記得的話，VPC 是受 AWS 區域限制的，並且子網路是基於可用區域。我們的第一個 VPC 將位於 `us-east-1`；這三個子網路將分配給 `us-east-1a` 和 `us-east-1b` 中的兩個不同可用區域。

使用 AWS 控制台建立 VPC 和子網路非常簡單，而且 AWS 提供了一些很好的線上教學。我已在 VPC 儀表板上列出了這些步驟以及每個步驟的關聯位置：

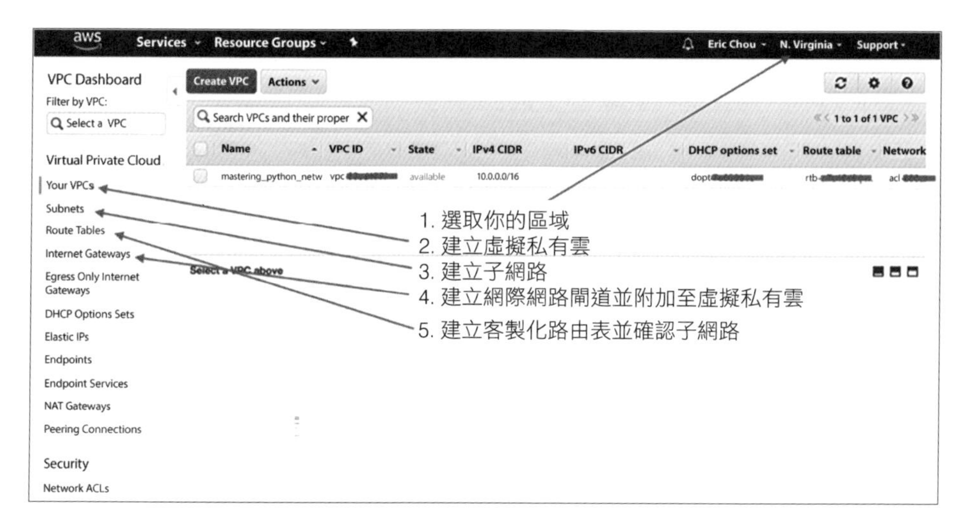

圖 11.15：建立 VPC、子網路和其他功能的步驟

前兩個步驟是點擊式流程，大多數網路工程師即使沒有相關經驗也可以完成。預設情況下，VPC 只包含本地路由 `10.0.0.0/16`。現在，我們將建立一個網際網路閘道並將其與 VPC 關聯：

圖 11.16：AWS 網際網路閘道到 VPC 的分配

接下來，我們可以建立一個自訂路由表，其中預設路由指向網際網路閘道，從而允許存取網際網路。我們將以此路由表與位於 `us-east-1a` 的子網路——`10.0.0.0/24` 關聯起來，從而允許 VPC 存取網際網路：

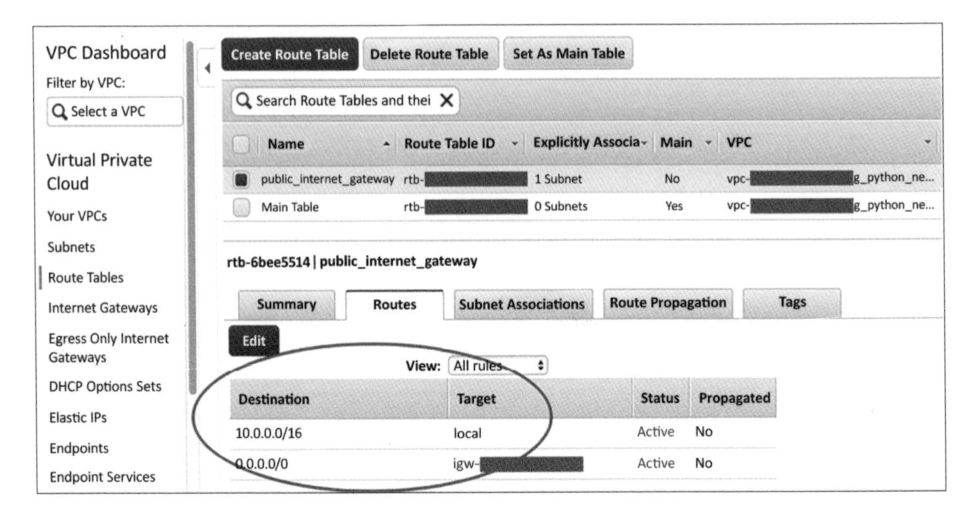

圖 11.17：路由表

讓我們使用 Boto3 Python SDK 來看看創建了什麼；我使用 `mastering_python_networking_demo` 作為 VPC 的標籤，我們可以將其用作篩選器：

```
#!/usr/bin/env python3
import json, boto3
region = 'us-east-1'
vpc_name = 'mastering_python_networking_demo'
ec2 = boto3.resource('ec2', region_name=region)
client = boto3.client('ec2')
filters = [{'Name':'tag:Name', 'Values':[vpc_name]}]
vpcs = list(ec2.vpcs.filter(Filters=filters))
for vpc in vpcs:
    response = client.describe_vpcs(
                 VpcIds=[vpc.id,]
                )
    print(json.dumps(response, sort_keys=True, indent=4))
```

該腳本將允許我們查詢以程式設計方式建立的 VPC 的區域：

```
(venv) $ python Chapter11_1_query_vpc.py
{
    " ResponseMetadata " : {
      <skip>
```

```
        " HTTPStatusCode " : 200,
        " RequestId " : " 9416b03f-<skip> " ,
        " RetryAttempts " : 0
    },
    " Vpcs " : [
        {
            " CidrBlock " : " 10.0.0.0/16 ",
            " CidrBlockAssociationSet " : [
                {
                    " AssociationId " : " vpc-cidr-assoc-<skip> ",
                    "CidrBlock": "10.0.0.0/16",
                    "CidrBlockState": {
                        "State": "associated"
                    }
                }
            ],
            "DhcpOptionsId": "dopt-<skip>",
            "InstanceTenancy": "default",
            "IsDefault": false,
            "OwnerId": "<skip>",
            "State": "available",
            "Tags": [
                {
                    "Key": "Name",
                    "Value": "mastering_python_networking_demo"
                }
            ],
            "VpcId": "vpc-<skip>"
        }
    ]
}
```

Boto3 VPC API 文件可在 https://boto3.readthedocs.io/en/latest/reference/services/ec2.html#vpc 中找到。

如果我們建立 EC2 實例並將它們原樣放置在不同的子網路中，則主機將能夠跨子網路相互存取。您可能想知道子網路如何在 VPC 內相互訪問，因為我們僅在子網路 1a 中建立了一個網際網路閘道。在實體網路中，網路需要連接到路由器才能到達其自身的本地網路之外。

這點在 VPC 中沒有太大不同，只是它是一個**隱式路由器**（**implicit router**），具有本地網路的預設路由表，在我們的範例中為 `10.0.0.0/16`。這個隱式路由器是在我們創建 VPC 時產生的。任何不與自訂路由表關聯的子網路都與主表相關。

路由表與路由目標

路由是網路工程中最重要的主題之一，值得更仔細地研究一下它在 AWS VPC 中是如何完成的。我們已經看到，當建立 VPC 時，會有一個隱式路由器和主路由表。在上一個範例中，我們建立了一個網際網路閘道、一個自訂路由表，其中預設路由使用路由目標指向網際網路閘道，並且將自訂路由表與子網路相關聯起來。

到目前為止，只有路由目標的概念是 VPC 與傳統網路略有不同的地方，我們可以粗略地將路由目標視為等同於傳統路由中的下一跳（next hop）。

總之：

- 每個 VPC 都有一個隱性路由器
- 每個 VPC 都有主路由表，其中填入了本地路由
- 您可以建立自訂路由表
- 每個子網路都可以遵循自訂路由表或預設主路由表
- 路由表路由目標可以是網際網路閘道、NAT 閘道、VPC 對等點等

我們可以使用 Boto3 查看自訂路由表以及與 `Chapter11_2_query_route_tables.py` 中的子網路關聯：

```
#!/usr/bin/env python3
import json, boto3
region = 'us-east-1'
vpc_name = 'mastering_python_networking_demo'
ec2 = boto3.resource('ec2', region_name=region)
```

```
client = boto3.client('ec2')
response = client.describe_route_tables()
print(json.dumps(response['RouteTables'][0], sort_keys=True, indent=4))
```

主路由表是隱性的，不會由 API 傳回。由於我們只有一個自訂路由表，因此我們將看到以下內容：

```
(venv) $ python Chapter11_2_query_route_tables.py
{
    " Associations " : [
        <skip>
    ],
    " OwnerId " : " <skip> ",
    " PropagatingVgws " : [],
    " RouteTableId " : " rtb-<skip> ",
    " Routes " : [
        {
            "DestinationCidrBlock": "10.0.0.0/16",
            "GatewayId": "local",
            "Origin": "CreateRouteTable",
            "State": "active"
        },
        {
            "DestinationCidrBlock": "0.0.0.0/0",
            "GatewayId": "igw-041f287c",
            "Origin": "CreateRoute",
            "State": "active"
        }
    ],
    "Tags": [
        {
            "Key": "Name",
            "Value": "public_internet_gateway"
        }
    ],
    "VpcId": "vpc-<skip>"
}
```

我們已經創建了第一個公共子網路，接著將按照相同的步驟建立另外兩個私有子網路 `us-east-1b` 和 `us-east-1c`。結果將是三個子網：`us-east-1a` 中的 `10.0.0.0/24` 公有子網，以及 `us-east-1b` 和 `us-east-1c` 中的 `10.0.1.0/24` 和 `10.0.2.0/24` 私有子網。

我們現在擁有一個可運作的 VPC，其中包含三個子網路：一個公有子網路和兩個私有子網路。到目前為止，我們已經使用 AWS CLI 和 Boto3 函式庫與 AWS VPC 進行互動。讓我們來看看 AWS 的另一個自動化工具 **CloudFormation**。

使用 CloudFormation 達到自動化

AWS CloudFormation（`https://aws.amazon.com/cloudformation/`）是我們使用文字檔案來描述和啟動所需資源的一種方法，可以使用 CloudFormation 在 **us-west-1** 區域配置另一個 VPC：

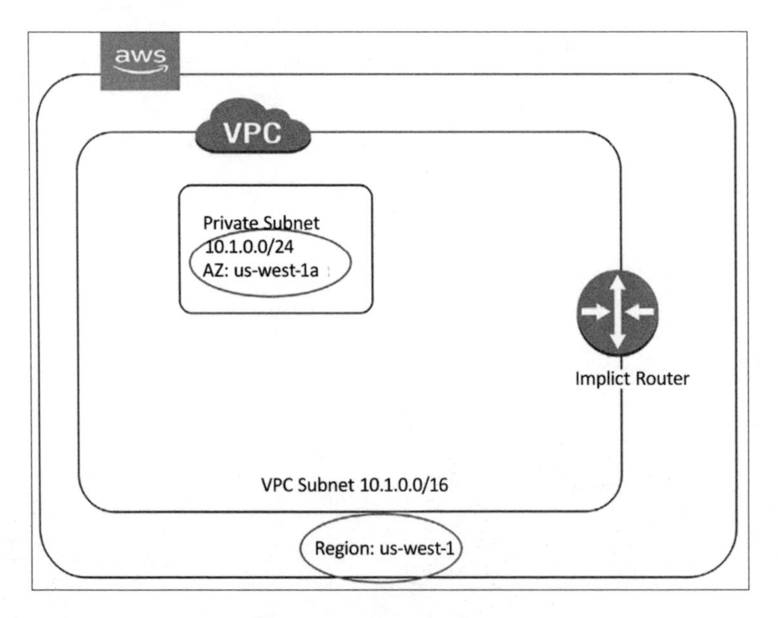

圖 11.18：us-west-1 的 VPC

CloudFormation 模板可以採用 YAML 或 JSON 格式；我們將使用 YAML 作為第一個模板，`Chapter10_3_cloud_formation.yml`：

```
AWSTemplateFormatVersion: '2010-09-09'
Description: Create VPC in us-west-1
Resources:
  myVPC:
    Type: AWS::EC2::VPC
    Properties:
      CidrBlock: '10.1.0.0/16'
      EnableDnsSupport: 'false'
      EnableDnsHostnames: 'false'
      Tags:
        - Key: Name
        - Value: 'mastering_python_networking_demo_2'
```

我們可以透過 AWS CLI 執行該模板。請注意，我們在執行中指定了 `us-west-1` 區域：

```
(venv) $ aws --region us-west-1 cloudformation create-stack --stack-name
'mpn-ch10-demo' --template-body file://Chapter11_3_cloud_formation.yml
{
"StackId": "arn:aws:cloudformation:us-west-1:<skip>:stack/mpn-ch10-
demo/<skip>"
}
```

也可以透過 AWS CLI 驗證狀態：

```
(venv) $ aws --region us-west-1 cloudformation describe-stacks --stack-
name mpn-ch10-demo
{
    "Stacks": [
        {
            "StackId": "arn:aws:cloudformation:us-west-1:<skip>:stack/mpn-
ch10-demo/bbf5abf0-8aba-11e8-911f-500cadc9fefe",
            "StackName": "mpn-ch10-demo",
            "Description": "Create VPC in us-west-1",
            "CreationTime": "2018-07-18T18:45:25.690Z",
            "LastUpdatedTime": "2018-07-18T19:09:59.779Z",
            "RollbackConfiguration": {},
            "StackStatus": "UPDATE_ROLLBACK_COMPLETE",
            "DisableRollback": false,
```

```
            "NotificationARNs": [],
            "Tags": [],
            "EnableTerminationProtection": false,
            "DriftInformation": {
            "StackDriftStatus": "NOT_CHECKED"
        }
      }
   ]
}
```

最後一個 CloudFormation 模板建立了一個沒有任何子網路的 VPC。我們刪除該 VPC 並使用 `Chapter11_4_cloud_formation_full.yml` 模板來建立 VPC 和子網路。請注意，在創建 VPC 之前我們不會擁有 VPC-ID，因此我們將在子網路建立時使用特殊變數來引用 VPC-ID。同樣的技術可用於其他資源，例如路由表和網際網路閘道：

```
AWSTemplateFormatVersion: '2010-09-09'
Description: Create subnet in us-west-1
Resources:
  myVPC:
    Type: AWS::EC2::VPC
    Properties:
      CidrBlock: '10.1.0.0/16'
      EnableDnsSupport: 'false'
      EnableDnsHostnames: 'false'
      Tags:
        - Key: Name
          Value: 'mastering_python_networking_demo_2'
  mySubnet:
    Type: AWS::EC2::Subnet
    Properties:
      VpcId: !Ref myVPC
      CidrBlock: '10.1.0.0/24'
      AvailabilityZone: 'us-west-1a'
      Tags:
        - Key: Name
          Value: 'mpn_demo_subnet_1'
```

我們可以執行並驗證資源的創建，如下所示：

```
(venv) $ aws --region us-west-1 cloudformation create-stack --stack-name
mpn-ch10-demo-2 --template-body file://Chapter11_4_cloud_formation_full.
yml
{
"StackId": "arn:aws:cloudformation:us-west-1:<skip>:stack/mpn-ch10- demo-
2/<skip>"
}
$ aws --region us-west-1 cloudformation describe-stacks --stack-name mpn-
ch10-demo-2
{
"Stacks": [
{
"StackStatus": "CREATE_COMPLETE",
...
"StackName": "mpn-ch10-demo-2", "DisableRollback": false
}
]
}
```

可以從 AWS 控制台驗證 VPC 和子網路資訊，請記得從右上角的下拉式選單中選擇正確的區域：

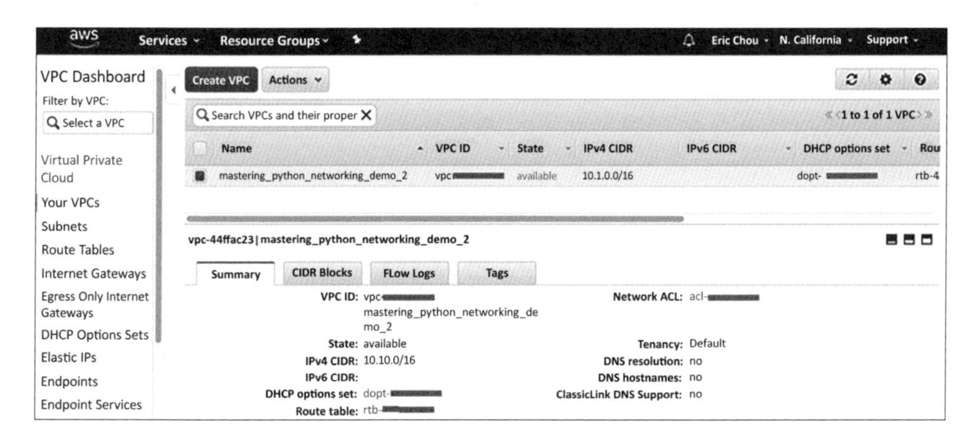

圖 11.19：us-west-1 中的 VPC

我們還可以瀏覽一下子網路：

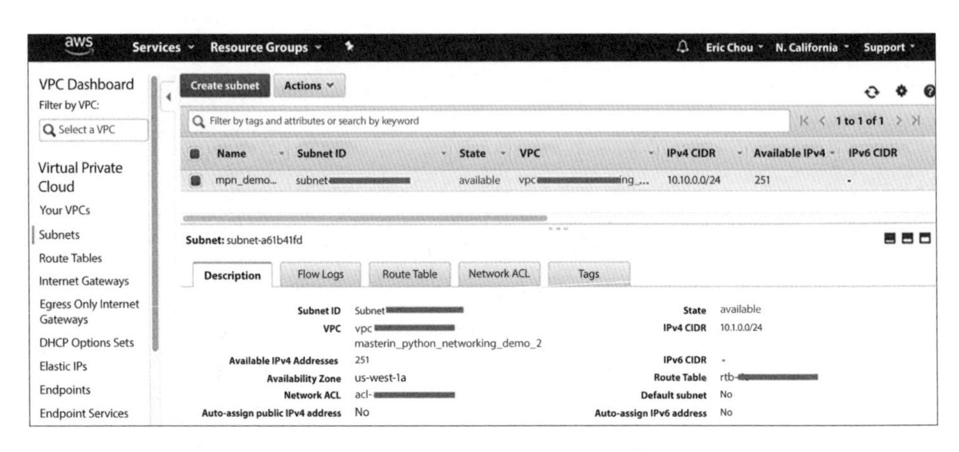

圖 11.20：us-west-1 中的子網路

我們目前在美國的兩個海岸有兩個 VPC。它們目前的表現就像兩個島嶼，各自獨立。這可能是也可能不是您想要的操作狀態。如果希望連接兩個 VPC，可以使用 VPC 對等連接（VPC peering，`https://docs.aws.amazon.com/AmazonVPC/latest/PeeringGuide/vpc-peering-basics.html`）來允許直接通訊。

有一些 VPC 對等限制，例如不允許重疊 IPv4 或 IPv6 CIDR 區塊。除此之外，區域間 VPC 對等還有其他限制，請務必查看文件。

VPC 對等不限於相同帳戶，您可以跨不同帳戶連接 VPC，只要接受請求並考慮其他方面（安全性、路由和 DNS 名稱）即可。

在接下來的部分中，我們將了解 VPC 安全群組和網路**存取控制列表（Access Control Lists，ACL）**。

安全群組與網路存取控制列表（ACL）

AWS **安全群組**和**網路 ACLs** 可以在 VPC 的 **Security** 區塊下找到：

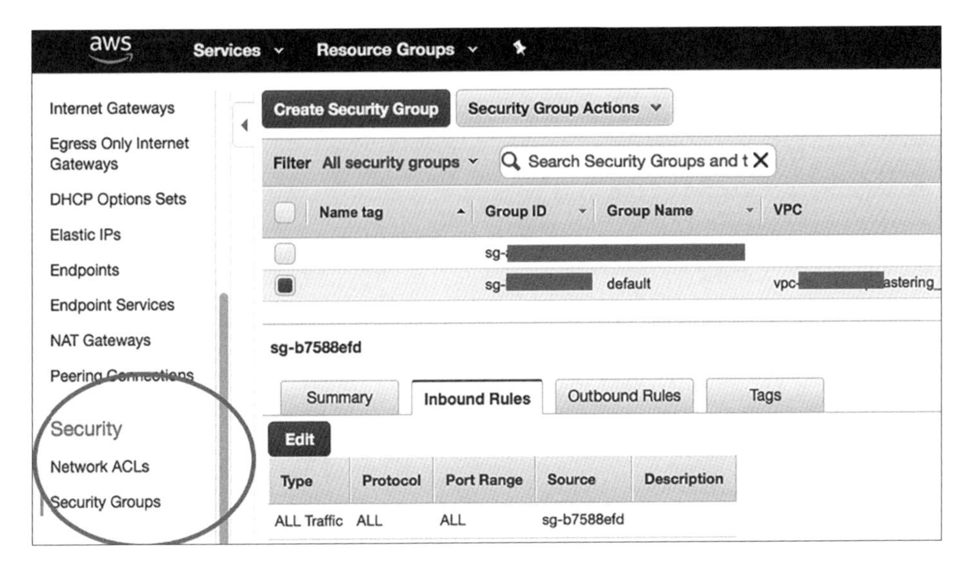

圖 11.21：VPC 安全性

安全群組（security group）是一個有狀態的虛擬防火牆，用於控制對資源的入站和出站存取。大多數時候，我們使用安全群組來限制對 EC2 實例的公共存取。目前限制為每個 VPC 中最多 500 個安全群組，每個安全群組最多可包含 50 條入站規則和 50 條出站規則。

您可以使用以下範例腳本 `Chapter11_5_security_group.py` 建立一個安全性群組和兩個簡單的入口規則：

```
#!/usr/bin/env python3
import boto3
ec2 = boto3.client('ec2')
response = ec2.describe_vpcs()
vpc_id = response.get('Vpcs', [{}])[0].get('VpcId', '')
# 查詢安全性群組 ID
response = ec2.create_security_group(GroupName='mpn_security_group',
                                     Description='mpn_demo_sg',
                                     VpcId=vpc_id)
security_group_id = response['GroupId']
data = ec2.authorize_security_group_ingress(
    GroupId=security_group_id,
    IpPermissions=[
```

```
        {'IpProtocol': 'tcp',
         'FromPort': 80,
         'ToPort': 80,
         'IpRanges': [{'CidrIp': '0.0.0.0/0'}]},
        {'IpProtocol': 'tcp',
         'FromPort': 22,
         'ToPort': 22,
         'IpRanges': [{'CidrIp': '0.0.0.0/0'}]}
    ])
print('Ingress Successfully Set %s' % data)
#描述安全性群組
#response = ec2.describe_security_groups(GroupIds=[security_group_id])
print(security_group_id)
```

我們可以執行該腳本並收到安全群組建立的確認，該安全群組可以與其他 AWS 資源相互關聯：

```
(venv) $ python Chapter11_5_security_group.py
Ingress Successfully Set {'ResponseMetadata': {'RequestId': '<skip>',
'HTTPStatusCode': 200, 'HTTPHeaders': {'server': 'AmazonEC2', 'content-
type':'text/xml;charset=UTF-8', 'date': 'Wed, 18 Jul 2018 20:51:55 GMT',
'content-length': '259'}, 'RetryAttempts': 0}} sg-<skip>
```

網路 **ACLs** 是無狀態的附加安全層，VPC 中的每個子網路都與一個網路 ACL 關聯，由於 ACL 是無狀態的，因此需要指定入站和出站規則。

安全群組和 ACLs 之間的重要區別如下：

- 安全群組在網路介面層級運行，而 ACL 在子網路層級運作。
- 對於安全性群組，我們只能指定**允許**規則，不能指定**拒絕**規則，而 ACL 同時支援**允許**和**拒絕**規則。
- 安全群組是有狀態的，因此自動允許返回流量；若要 ACL 中的回傳流量，則需特別允許。

來看看 AWS 聯網最酷的功能之一：彈性 IP（Elastic IP）。我最初了解彈性 IP 時，對它們動態地分配和重新分配 IP 位址的能力感到震驚。

彈性 IP

彈性 IP（EIP）是一種使用可透過網際網路存取的公共 IPv4 位址的方法。

截至 2022 年末，EIP 目前不支援 IPv6。

EIP 可以動態指派給 EC2 實例、網路介面或其他資源。EIP 有以下幾個特徵：

- EIP 與帳戶關聯且針對特定區域。例如，`us-east-1` 中的 EIP 只能關聯 `us-east-1` 中的資源。
- 您可以取消 EIP 與資源的關聯，然後將其與不同的資源重新關聯。這種靈活性有時可用於確保高可用性。例如，您可以透過將相同的 IP 位址從小型 EC2 實例重新指派給較大的 EC2 實例，來從較小的 EC2 實例遷移到較大的 EC2 實例。
- EIP 按使用時數（小時）收取少量費用。

可以從入口網站請求 EIP。分配後，您可以將其與所需的資源關聯：

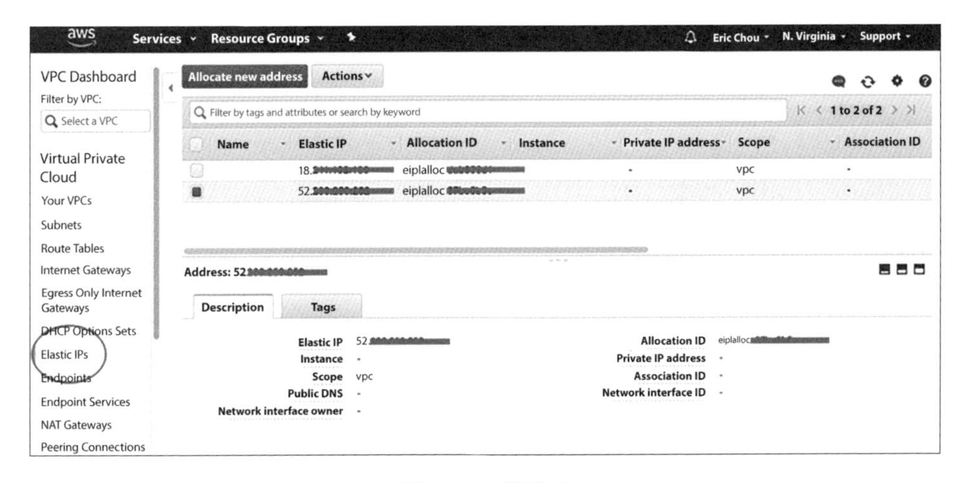

圖 11.22：彈性 IP

不幸的是，每個區域的 EIP 限制為 5 個，以防止浪費（https://docs.aws.amazon.com/vpc/latest/userguide/amazon-vpc-limits.html）。不過，如果需要的話，還是可以透過向 AWS Support 提交票證來增加此數字。

在接下來的部分中，我們將了解如何使用 NAT 閘道來允許私有子網路與網際網路進行通訊。

NAT 閘道

為了允許從網際網路存取 EC2 公用子網路中的主機，我們可以指派一個 EIP 並將其與 EC2 主機的網路介面關聯。然而，在撰寫本文時，每個 EC2-VPC 的彈性 IP 數量限制為 5 個（https://docs.aws.amazon.com/AmazonVPC/latest/UserGuide/VPC_Appendix_Limits.html#vpc-limits-eips）。有時，最好允許私有子網路中的主機在需要時進行出站存取，而無須在 EIP 和 EC2 主機之間建立永久的一對一對應。

NAT 閘道可以透過執行 NAT 來允許私有子網路中的主機進行臨時出站存取，此操作類似於通常在企業防火牆上執行的**連接埠位址轉換**（**port address translation，PAT**）。要使用 NAT 閘道，我們可以執行以下步驟：

1. 在子網路中建立 NAT 閘道，並存取網際網路閘道，此步驟可透過 AWS CLI、Boto3 函式庫或 AWS 主控台完成。NAT 閘道需要指派一個 EIP。
2. 將私有子網路中的預設路由指向 NAT 閘道。
3. NAT 閘道將依照預設路由到網際網路閘道進行外部存取。

這個操作可以用下圖來說明：

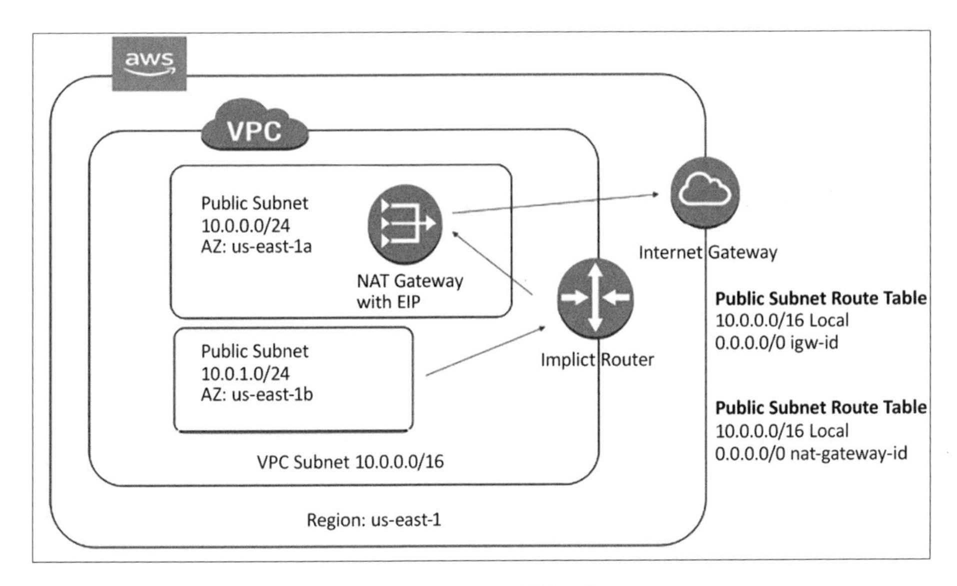

圖 11.23：NAT 閘道操作

有關 NAT 閘道最常見的問題之一，通常涉及 NAT 閘道應駐留在哪個子網路中。經驗法則是記住 NAT 閘道需要公共存取，因此應在具有公共網際網路存取權限的子網路中建立它，並為其分配可用的 EIP：

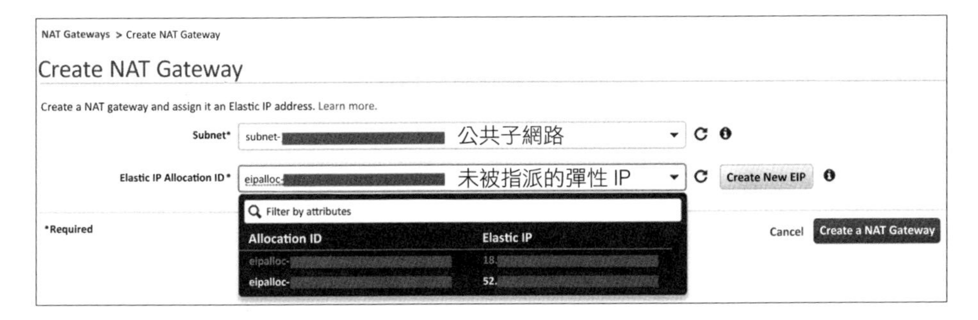

圖 11.24：NAT 閘道創建

請記得刪除您不使用的任何 AWS 服務，以避免產生費用。

在接下來的部分中，我們將了解如何將 AWS 中閃亮的虛擬網路連接到我們的實體網路。

專用網路連線（Direct Connect）與 VPN

到目前為止，我們的 VPC 已經是駐留在 AWS 網路中的獨立網路。它靈活且實用，但要存取 VPC 內的資源，我們需要使用面向網際網路的服務來存取它們，例如 SSH 和 HTTPS。

在本節中，我們將了解 AWS 允許我們從私有網路連接到 VPC 的方式：IPSec VPN 閘道和專用網路連線（Direct Connect）。

虛擬私人網路（VPN）閘道

將我們的本地網路連接到 VPC 的第一種方法是使用傳統的 IPSec VPN 連線，我們需要一個可公開存取的設備來建立與 AWS VPN 設備的 VPN 連線。

客戶閘道需要支援基於路由的 IPSec VPN，其中 VPN 連線被視為路由協定和正常用戶流量可以穿越的連線。目前，AWS 建議使用**邊界閘道協定（Border Gateway Protocol，BGP）**來交換路由。

在 VPC 端，可以遵循類似的路由表，其中我們可以將特定子網路路由到**虛擬私有閘道器（virtual private gateway，VPG）**：

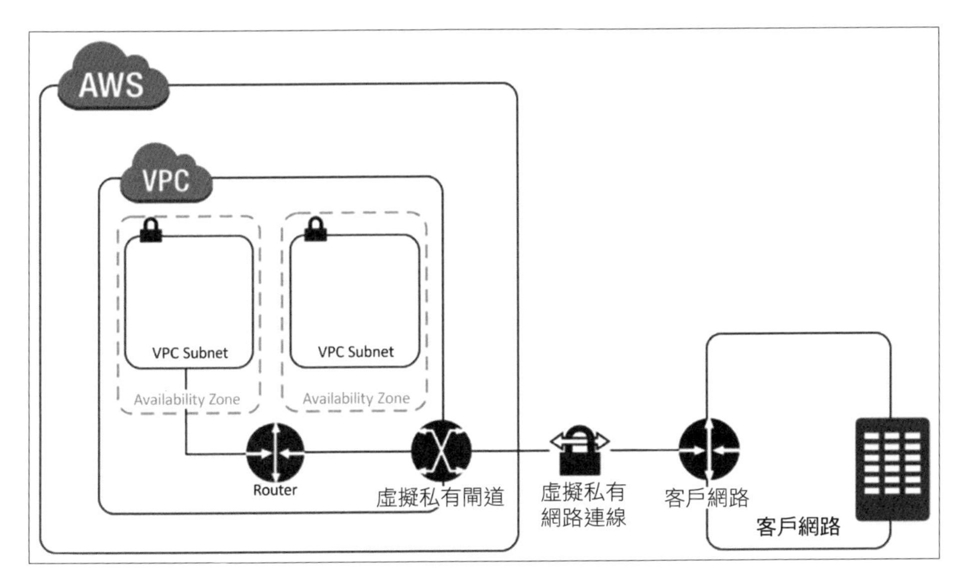

圖 11.25：VPC VPN 連接

除了 IPSec VPN 之外，我們還可以使用專用電路來連接，這就是**專用網路連線（Direct Connect）**。

專用網路連線

我們研究的 IPSec VPN 連線是一種為本地設備提供的簡單方法，來與 AWS 雲端資源連線。然而，它與網際網路上的 IPSec 總是存在同樣的缺陷：它不可靠，而且我們對其可靠性幾乎無法控制。在連接到達我們可以控制的網際網路部分之前，幾乎沒有效能監控，也沒有**服務等級協定（service-level agreement，SLA）**。

基於上述這些原因，任何正式環境層級的關鍵任務流量，更有可能透過 Amazon 提供的第二個選項，即 AWS 專用網路連線。AWS 專用網路連線讓客戶可以透過專用虛擬電路將其資料中心和主機託管連接到 AWS VPC。

此操作中有些困難的部分，通常是將我們的網路帶到可以與 AWS 實體連接的地方，一般是在主機代管機房（carrier hotel）中。

您可以在此處找到 AWS Direct Connect 位置列表：`https://aws.amazon.com/directconnect/details/`。Direct Connect 連結只是光纖跳線連接（fiber patch connection），您可以從特定主機代管機房訂購，將網路跳線接到網路連接埠，並設定 dot1q 主幹的連接。

透過**多重協定標籤交換（Multi-Protocol Label Switching，MPLS）**電路和聚合連結，第三方營運商提供的 Direct Connect 連線選項也越來越多。我發現並使用的最實惠選項之一是 Equinix Cloud Exchange Fabric（`https://www.equinix.com/services/interconnection-connectivity/cloud-exchange/`）。透過使用 Equinix Cloud Exchange Fabric，我們可以利用相同的電路並以專用電路成本的一小部分連接到不同的雲端供應商：

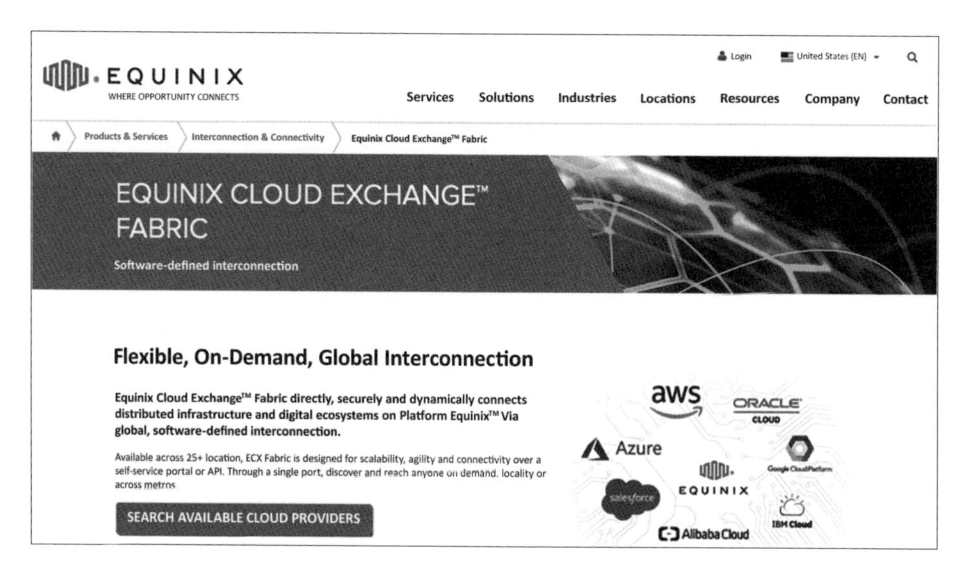

圖 11.26：Equinix 雲端交換結構

在接下來的部分中，我們將了解 AWS 提供的一些網路擴充服務。

網路擴充服務

AWS 提供的許多網路服務並沒有對網路產生直接的影響，例如 DNS 和內容傳遞網路。由於它們與網路和應用程式效能的關係密切，因此與我們的討論相關。

彈性負載平衡

彈性負載平衡（Elastic Load Balancing，ELB）允許將來自網際網路的傳入流量自動指派到多個 EC2 實例。就像實體世界中的負載平衡器一樣，這使我們能夠擁有更好的冗餘和容錯能力，同時減少每台伺服器的負載。ELB 有兩種類型：應用程式負載平衡（application load balance）和網路負載平衡（network load balance）。

網路負載平衡器透過 **HTTP** 和 **HTTPS** 處理 web 流量；應用程式負載平衡器在 TCP 層級上運作。如果您的應用程式在 **HTTP** 或 **HTTPS** 上執行，那麼使用應用程式負載平衡器通常是個好主意。否則，使用網路負載平衡器是一個不錯的選擇。

有關應用程式和網路負載平衡器的詳細比較，請參考 `https://aws.amazon.com/elasticloadbalancing/details/`：

Comparison of Elastic Load Balancing Products

You Can select the appropriate load balancer based on your application need. If you need flexible application management, we recommend that you use an **Application Load Balancer**. If extreme performance and static IP is needed for your application, we recommend that you use a **Network Load Balancer**. If you have an existing application that was built within the EC2-Classic network, then you should use a **Classic Load Balancer**.

Features	Application Load Balancer	Network Load Balancer	Classic Load Balancer
Protocols	HTTP, HTTPS	TCP	TCP, SSL, HTTP, HTTPS
Platforms	VPC	VPC	EC2-Classic, VPC
Health checks	✔	✔	✔
CloudWatch metrics	✔	✔	✔
Logging	✔	✔	✔
Zonal fall-over	✔	✔	✔

圖 11.27：ELB 比較

在流量進入我們區域的資源後，ELB 提供了一種對其進行負載平衡的方法。AWS Route 53 DNS 服務允許區域之間的地理負載平衡，有時稱為全域伺服器負載平衡。

Route 53 網域名稱系統（DNS）服務

我們都知道什麼是網域服務——Route 53 是 AWS 的 DNS 服務。Route 53 是一家提供全方位服務的網域註冊商，您可以直接從 AWS 購買和管理網域。

關於網路服務，DNS 允許使用服務網域以區域之間的循環方式，在地理區域之間進行負載平衡。

在使用 DNS 進行負載平衡之前，我們需要達成以下幾項條件：

- 每個預期負載平衡區域中的負載平衡器
- 已註冊的網域名稱。我們不需要 Route 53 作為網域名註冊商
- Route 53 是網域的 DNS 服務

然後，我們可以在兩個彈性負載平衡器之間的主動－主動環境中，使用基於延遲的 Route 53 路由策略和運行狀況檢查。在下一節中，我們將重點介紹 AWS 建構的內容傳遞網路，稱為 CloudFront。

CloudFront 內容傳遞網路服務

CloudFront 是 Amazon 的**內容傳遞網路（Content Delivery Network，CDN）**，它透過在距離客戶更近的實體位置提供內容，以減少內容交付的延遲。內容可以是靜態網頁內容、影片、應用程式、API，或是最近的 Lambda 函式。CloudFront 邊緣站點包括現有的 AWS 區域和全球許多其他地點。CloudFront 的進階操作如下：

1. 使用者存取您網站中的一個或多個物件。
2. DNS 針對這項請求設定一個到距離使用者最近的 Amazon CloudFront 邊緣站點之路由。
3. CloudFront 邊緣節點將透過快取提供內容服務或從來源請求物件。

一般來說，AWS CloudFront 和 CDN 服務通常由應用程式開發人員或開發營運工程師處理。然而，了解它們的操作總是好的。

其他 AWS 網路服務

還有許多其他 AWS 網路服務，我們在此無法一一介紹。本節列出了一些較受歡迎的服務：

- **AWS Transit VPC**（`https://aws.amazon.com/blogs/aws/aws-solution-transit-vpc/`）：這種方法可將多個 VPC 連接到作為轉運中心的公共

VPC。這是一項相對較新的服務，但它可以最大限度地減少您需要設定和管理的連線數量。當您需要時，這也可以作為一個在不同的 AWS 帳戶之間共享資源的工具。

- **Amazon 智慧威脅偵測**（**Amazon GuardDuty**，`https://aws.amazon.com/guardduty/`）：這是一項託管威脅偵測服務，可持續監控惡意或未經授權的行為，有助於保護我們的 AWS 工作負載。它監視 API 呼叫或潛在未經授權的部署。
- **AWS 網路應用程式防火牆**（**AWS WAF**，`https://aws.amazon.com/waf/`）：這是 web 應用程式防火牆，可協助保護 web 應用程式免於常見攻擊。我們可以定義自訂的 web 安全性規則來允許或封鎖 web 流量。
- **AWS Shield**（`https://aws.amazon.com/shield/`）：這是一項託管**分散式阻斷服務（DDoS）**保護服務，可保護在 AWS 上執行的應用程式。保障服務對所有基層客戶免費；AWS Shield 的進階版本則是收費服務。

目前有許多令人興奮的新 AWS 聯網服務持續推出，例如我們在本節中介紹的服務。並非所有都像 VPC 或 NAT 閘道屬於基礎服務；然而，它們都在各自的領域中發揮作用。

總結

我們在本章研究了 AWS 雲端網路服務，也檢閱了區域、可用區域、邊緣站點和轉運中心的 AWS 網路定義。了解整個 AWS 網路可以讓我們更了解其他 AWS 網路服務的限制和約束。在本章中，我們使用 AWS CLI、Python Boto3 函式庫和 CloudFormation 來自動執行一些任務。

我們深入介紹了 AWS VPC，包括路由表和路由目標的配置；安全群組和網路 ACL 的範例負責 VPC 的安全；還研究了允許外部存取的 EIP 和 NAT 閘道。

將 AWS VPC 連接到本地網路有兩種方法：Direct Connect 和 IPSec VPN。我們簡要介紹了每種方法以及使用它們的優點。在本章末尾，我們研究了 AWS 提供的網路擴充服務，包括 ELB、Route 53 DNS 和 CloudFront。

在下一章中，我們將看一下另一家公有雲供應商 Microsoft Azure 提供的聯網服務。

12

Azure 雲端網路開發

正如我們在*第 11 章，AWS 雲端網路開發*中所看到的，基於雲端的聯網可以幫助我們連接組織中基於雲端的資源。**虛擬網路（virtual network，VNet）**可用於分段和保護虛擬機器，還可以將本地資源連接到雲端。作為該領域的先驅，AWS 通常被視為市場領導者，擁有最大的市場份額。在本章中，我們將關注另一家重要的公有雲供應商 Microsoft Azure，並聚焦於其基於雲端的網路產品之上。

Microsoft Azure 最初於 2008 年以代號為「Project Red Dog」的專案啟動，並於 2010 年 2 月 1 日公開發佈。當時，它被命名為「Windows Azure」，然後在 2014 年更名為「Microsoft Azure」。在 2006 年 AWS 推出第一款產品 S3 時，基本上它領先了 Microsoft Azure 6 年。即使對於擁有微軟大量資源的公司來說，試圖趕上 AWS 也不是一件容易的事。同時，微軟憑藉著多年成功的產品以及與企業客戶群的關係而擁有獨特的競爭優勢。

由於 Azure 專注於利用現有的 Microsoft 產品和客戶關係，因此 Azure 雲端網路存在一些重要的影響。例如，刺激客戶與 Azure 建立 ExpressRoute 連線（相當於 AWS Direct Connect）的主要驅動力之一，可能是使用 Office 365 來獲得更好的體驗；另一種案例則是，客戶可能已經與 Microsoft 簽訂了可以擴展到 Azure 的服務等級協定。

我們將在本章討論 Azure 提供的聯網服務、以及如何利用 Python 來使用它們。由於在上一章中已經介紹了一些雲端聯網概念，因此我們將汲取這些知識經驗，在適當時比較 AWS 和 Azure 聯網。

我們將特別討論：

- Azure 設置和網路概述。
- Azure **虛擬網路**（以 VNet 的形式）。Azure VNet 類似於 AWS VPC，它為客戶提供 Azure 雲端中的專用網路。
- ExpressRoute 和 VPN。
- Azure 網路負載平衡器。
- 其他 Azure 網路服務。

在上一章已經學過許多重要的雲端聯網概念，讓我們利用這些知識來對比 Azure 和 AWS 提供的服務。

Azure 與 AWS 網路服務比較

當 Azure 推出時，他們更專注於**軟體即服務（Software-as-a-Service，SaaS）**和**平台即服務（Platformas-a-Service，PaaS）**，而較少關注**基礎設施即服務（Infrastructure-as-a-Service，IaaS）**。對於 SaaS 和 PaaS，對用戶而言較底層的聯網服務通常是抽象化的。例如，Office 365 的 SaaS 產品通常是作為可透過公共網際網路存取的遠端託管端點；使用 Azure 應用程式服務建立 web 應用程式的 PaaS 產品，通常是透過完全託管的流程、流行的框架（例如 .NET 或 Node.js）完成的。

另一方面，IaaS 產品要求我們在 Azure 雲端建置基礎架構。AWS 作為該領域無可爭議的領導者，許多目標受眾已經擁有 AWS 的經驗，為了幫助過渡，Azure 在其網站上提供了「AWS 與 Azure 服務比較」（`https://docs.microsoft.com/en-us/azure/architecture/aws-professional/services`）。這是一個很方便的頁面，當我對與 AWS 相同的 Azure 產品感到困惑時，尤其是當服務名稱無法直接說明其提供的服務時，就會經常造訪該頁面。（我的意思是，您能從名字中看出 SageMaker 是什麼嗎？這就不再多說了。）

我也經常使用此頁面進行競爭分析，例如，當需要比較 AWS 和 Azure 的專用連線成本時，我會從此頁面開始驗證 AWS Direct Connect 的同等服務是否為 Azure ExpressRoute，然後使用該連結取得更多有關該服務的詳細資訊。

如果將頁面向下捲動到 **Networking** 部分，我們可以看到 Azure 提供了許多與 AWS 類似的產品，例如 VNet、VPN 閘道和負載平衡器。有些服務可能有不同的名稱，例如 Route 53 和 Azure DNS，但底層服務是相同的。

聯網

領域	AWS 服務	Azure 服務	描述
雲端虛擬聯網	虛擬私有雲	虛擬網路	在雲端提供隔離的私有環境。使用者可以控制自己的虛擬網路環境，包括選擇自己的 IP 位址範圍、建立子網路以及設定路由表和網路閘道。
跨界連結	AWS 虛擬私有網路閘道	Azure 虛擬私有網路閘道	將 Azure 虛擬網路連接到其他 Azure 虛擬網路或客戶本機網路（站台對站台）。允許最終使用者透過 VPN 隧道連接到 Azure 服務（點到站台）。
DNS 管理	Route 53 服務	Azure DNS	使用與其他 Azure 服務相同的憑證、計費和支援合約來管理您的 DNS 紀錄。
	Route 53	流量管理器	此服務提供託管網域名稱、將使用者路由導到網際網路應用程式、將使用者請求連接到資料中心、管理應用程式流量，與透過自動故障轉移提高應用程式的可用性。
專用網路連線	專用網路連線	ExpressRoute	建立從某個位置到雲端供應商的專用網路連線（並非透過網際網路）。
負載平衡	網路負載平衡器	負載平衡器	Azure 負載平衡器在第 4 層（TCP 或 UDP）對流量進行負載平衡。
	應用程式負載平衡器	應用程式閘道	應用程式閘道是第 7 層負載平衡器，支援 SSL 終止、基於 cookie 的會話關聯以及用於負載平衡流量的循環。

圖 12.1：Azure 網路服務

（資料來源：https://docs.microsoft.com/en-us/azure/architecture/aws-professional/services）

Azure 和 AWS 聯網產品之間存在一些功能差異，例如，在使用 DNS 的全球流量負載平衡方面，AWS 使用相同的 Route 53 產品，而 Azure 將其拆分成名為流量管理器的獨立產品。當我們深入研究產品時，根據使用情況，一些差異可能會產生影響。例如，預設情況下，Azure 負載平衡器允許會話關聯（也稱為黏性會話），而 AWS 負載平衡器需要明確配置。

好消息是，在大多數情況下，Azure 的高級網路產品和服務與我們從 AWS 學到的類似。壞消息是，僅僅因為功能相同，並不意味著我們可以在兩者之間進行 1:1 的疊加。

由於建置工具不同，實作細節有時會讓剛接觸 Azure 平台的新手感到困惑。當我們在以下討論產品時，將會指出一些差異。首先來討論 Azure 的設置過程。

Azure 設置說明

設置 Azure 帳戶非常簡單，就像 AWS 一樣，為了在競爭激烈的公有雲市場中吸引用戶，Azure 提供了許多服務和激勵措施。請查看 `https://azure.microsoft.com/en-us/free/` 頁面以取得最新產品資訊。在撰寫本文時，Azure 提供了許多熱門服務免費 12 個月，以及 40 多項其他服務永久免費：

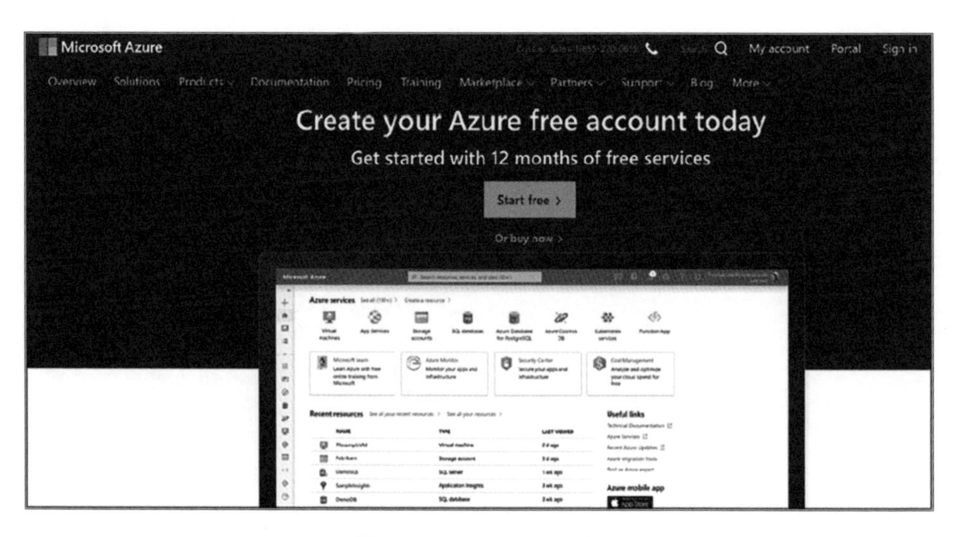

圖 12.2：Azure 入口網站
（資料來源：https://azure.microsoft.com/en-us/free/）

建立帳戶後，我們可以在 Azure 入口網站（`https://portal.azure.com`）上看到可用的服務：

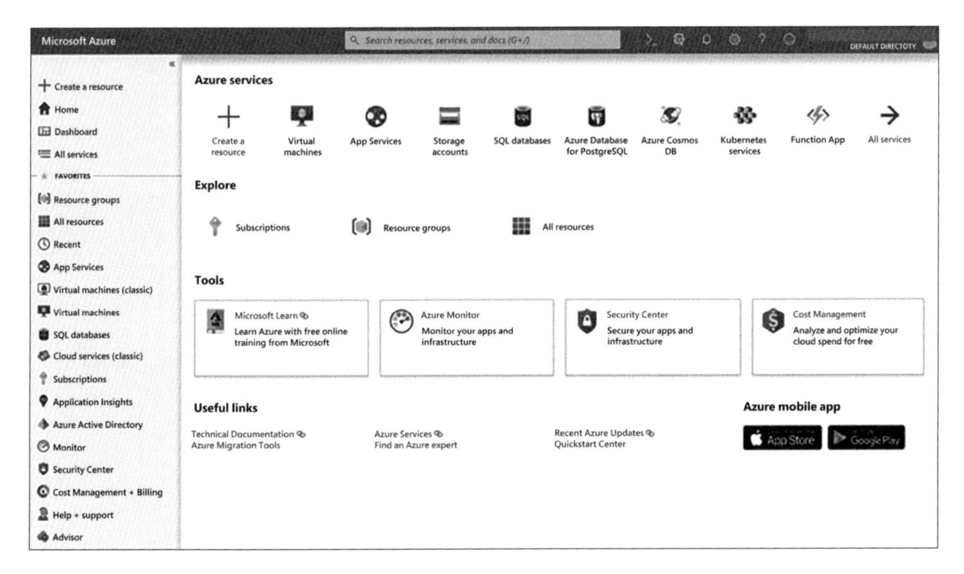

圖 12.3：Azure 服務

當您閱讀本章時，網頁可能會發生變動。它們通常是直觀的導航更改，因此即使它們看起來有些不一樣，但也易於操作。

然而，在啟動任何服務之前，我們需要提供一種付款方式，透過新增訂閱服務來完成這個步驟：

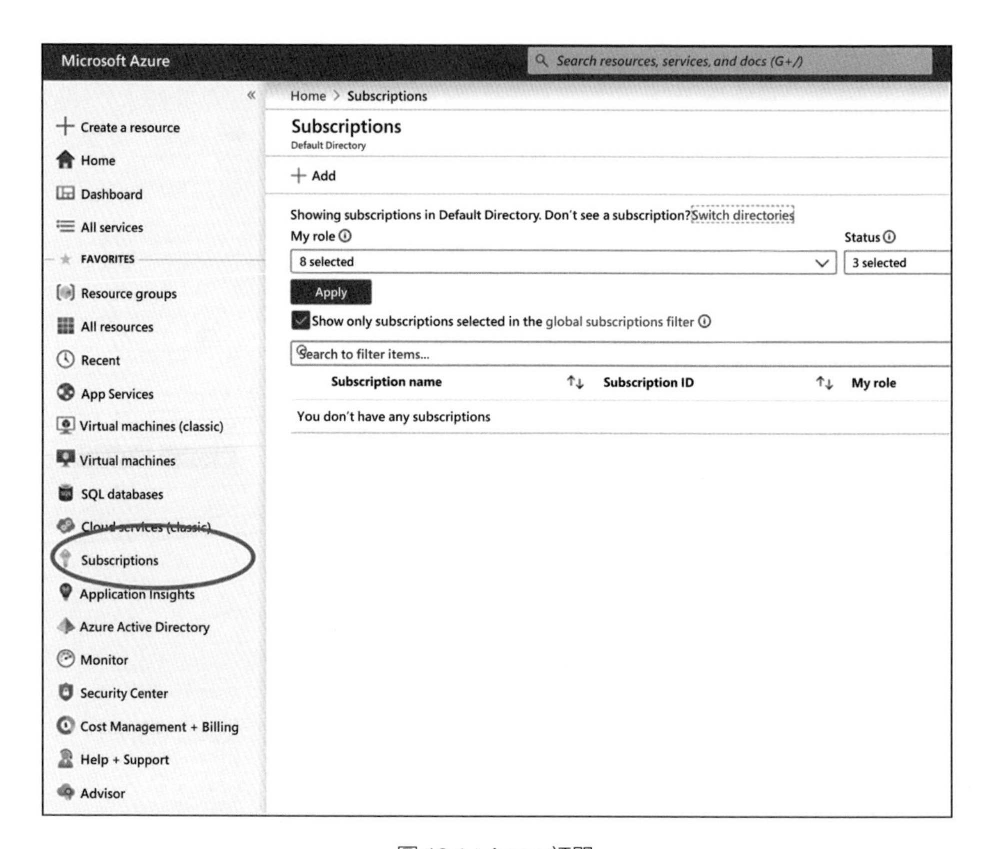

圖 12.4：Azure 訂閱

我建議添加即用即付計畫，該計畫沒有前期成本，也沒有長期合約，但我們也可以選擇透過訂閱計畫購買各種級別的支援。

在新增訂閱後，我們就可以開始研究在 Azure 雲端中管理和建置的各種方法，如下一節詳細介紹。

Azure 管理與 API

Azure 入口網站是頂級公有雲供應商當中（包括 AWS 和 Google Cloud）最時尚、最現代的入口網站。我們可以透過頂部管理列上的設置圖示更改入口網站的設置，包括語言和區域：

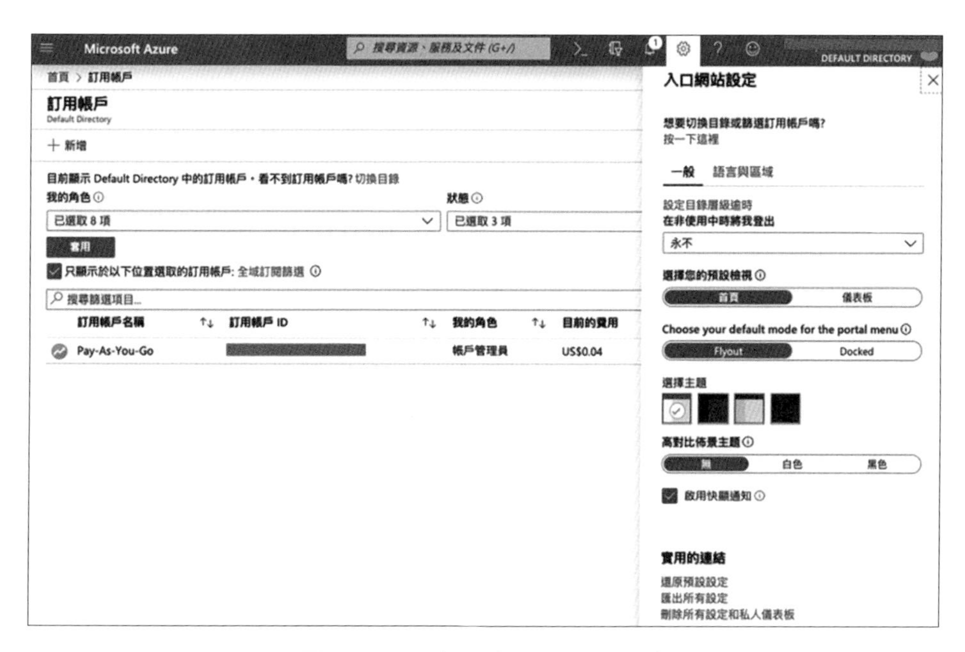

圖 12.5：不同語言的 Azure 入口網站

管理 Azure 服務的方法有很多：入口網站、Azure CLI、RESTful API 和各種客戶端函式庫。除了點擊式管理介面之外，Azure 入口網站還提供了名為 Azure Cloud Shell 的便利 shell。

它可以從入口網站的右上角啟動：

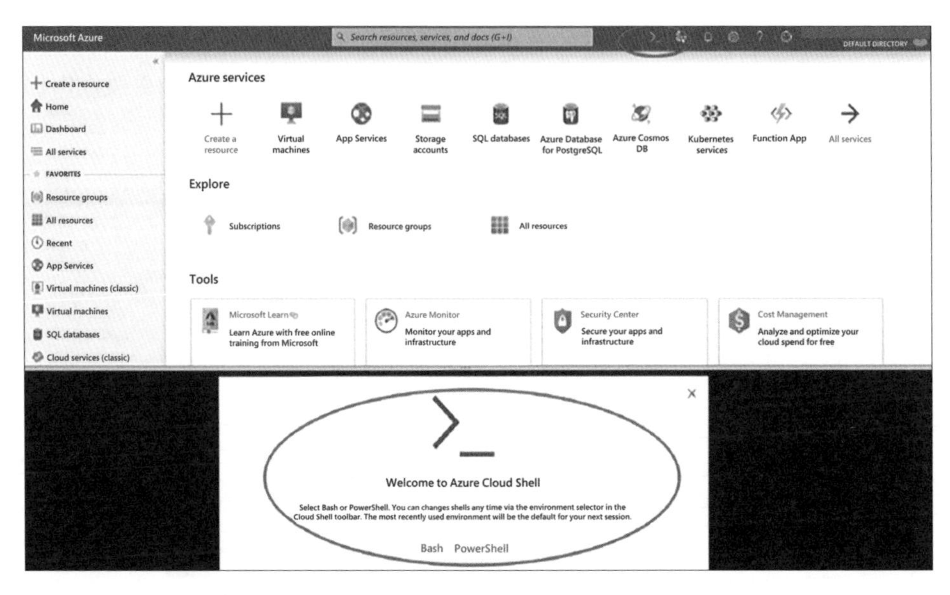

圖 12.6：Azure Cloud Shell

首次啟動時，系統會要求您在 **Bash** 和 **PowerShell** 之間進行選擇。shell 介面之後也可以切換，但不能同時運作：

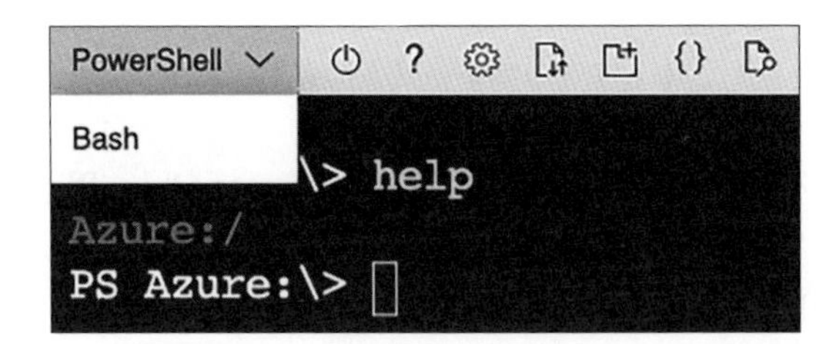

圖 12.7：帶有 PowerShell 的 Azure Cloud Shell

我個人偏好使用 **Bash** shell，因為它能讓我使用預先安裝的 Azure CLI 和 Python SDK：

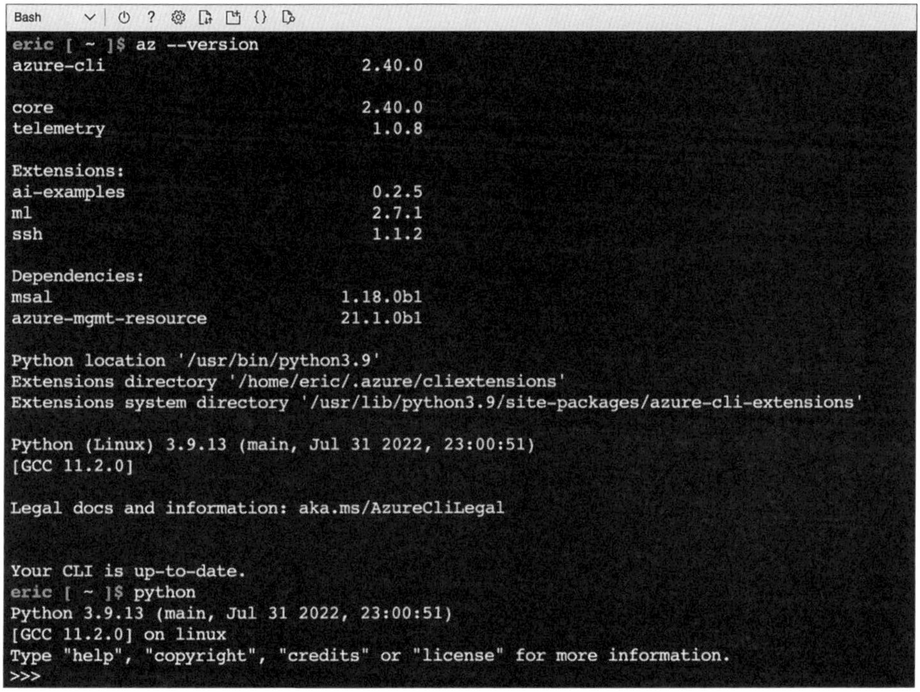

```
Bash
eric [ ~ ]$ az --version
azure-cli                         2.40.0

core                              2.40.0
telemetry                          1.0.8

Extensions:
ai-examples                        0.2.5
ml                                 2.7.1
ssh                                1.1.2

Dependencies:
msal                            1.18.0b1
azure-mgmt-resource             21.1.0b1

Python location '/usr/bin/python3.9'
Extensions directory '/home/eric/.azure/cliextensions'
Extensions system directory '/usr/lib/python3.9/site-packages/azure-cli-extensions'

Python (Linux) 3.9.13 (main, Jul 31 2022, 23:00:51)
[GCC 11.2.0]

Legal docs and information: aka.ms/AzureCliLegal


Your CLI is up-to-date.
eric [ ~ ]$ python
Python 3.9.13 (main, Jul 31 2022, 23:00:51)
[GCC 11.2.0] on linux
Type "help", "copyright", "credits" or "license" for more information.
>>>
```

圖 12.8：Cloud Shell 中的 Azure AZ 工具與 Python

Cloud Shell 非常方便，由於它基於瀏覽器的特性，因此幾乎可以從任何地方存取。它是根據唯一的使用者帳戶分配，並在每個會話中自動進行身分驗證，因此我們無須擔心要為其產生獨立的金鑰。但由於我們將頻繁使用 Azure CLI，故在管理主機上安裝本機副本：

```
(venv) $ curl -sL https://aka.ms/InstallAzureCLIDeb | sudo bash
(venv) $ az --version
azure-cli                         2.40.0

core                              2.40.0
telemetry                          1.0.8

Dependencies:
msal                            1.18.0b1
azure-mgmt-resource             21.1.0b1
```

我們也將 Azure Python SDK 安裝在管理主機上。從版本 5.0.0 開始，Azure Python SDK 要求我們安裝在 `https://aka.ms/azsdk/python/all` 中的指定套件：

```
(venv) $ pip install azure-identity
(venv) $ pip install azure-mgmt-compute
(venv) $ pip install azure-mgmt-storage
(venv) $ pip install azure-mgmt-resource
(venv) $ pip install azure-mgmt-network
```

Azure for Python 開發人員頁面（`https://docs.microsoft.com/en-us/azure/python/`）是一個包羅萬象的資源，用於開始以 Python 來使用 Azure。Azure SDK for Python 頁面（`https://learn.microsoft.com/en-us/azure/developer/python/sdk/azure-sdk-overview`）提供了有關使用 Python 函式庫進行 Azure 資源管理的詳細文件。

我們現在已準備好來了解 Azure 的一些服務主體，並啟動 Azure 服務。

Azure 服務主體

Azure 將服務主體物件的概念用於自動化工具。最小權限的網路安全最佳實例，只授予任何人或工具恰好足夠的存取權限，用以執行其工作，僅此而已。Azure 服務主體會根據角色限制資源和存取等級。首先，我們將使用 Azure CLI 自動建立的角色，並使用 Python SDK 來測試身分驗證。使用 `az login` 指令接收令牌（token）：

```
(venv) $ az login --use-device-code
To sign in, use a web browser to open the page https://microsoft.com/
devicelogin and enter the code <your code> to authenticate.
```

遵循 URL 網頁操作並貼上在命令列中看到的程式碼，並使用我們先前建立的 Azure 帳戶進行身分驗證：

Microsoft

Microsoft Azure Cross-platform Command Line Interface

You have signed in to the Microsoft Azure Cross-platform Command Line Interface application on your device. You may now close this window.

圖 12.9：Azure 跨平台命令列介面

我們能夠以 `json` 格式建立憑證文件，然後將其移至 Azure 資料夾。當我們安裝 Azure CLI 工具時，Azure 資料夾就會被創建：

```
(venv) $ az ad sp create-for-rbac --sdk-auth > credentials.json
(venv) $ cat credentials.json
{
  "clientId": "<skip>",
  "clientSecret": "<skip>",
  "subscriptionId": "<skip>",
  "tenantId": "<skip>",
  "<skip>"
}
(venv) echou@network-dev-2:~$ mv credentials.json ~/.azure/
```

確保憑證檔案的安全，並將其匯出為環境變數：

```
(venv) $ chmod 0600 ~/.azure/credentials.json
(venv) $ export AZURE_AUTH_LOCATION=~/.azure/credentials.json
```

也將各種憑證匯出到我們的環境中：

```
$ cat ~/.azure/credentials.json
$ export AZURE_TENANT_ID="xxx"
$ export AZURE_CLIENT_ID="xxx"
$ export AZURE_CLIENT_SECRET="xxx"
$ export SUBSCRIPTION_ID="xxx"
```

我們將授予角色對訂閱的存取權限：

```
(venv) $ az ad sp create-for-rbac --role 'Owner' --scopes '/
subscriptions/<subscription id>'
{
  "appId": "<appId>",
  "displayName": "azure-cli-2022-09-22-17-24-24",
 "password": "<password>",
  "tenant": "<tenant>"
}
(venv) $ az login --service-principal --username "<appId>" --password
"<password>" --tenant "<tenant>"
```

有關 Azure RBAC 的更多資訊，請訪問 `https://learn.microsoft.com/en-us/cli/azure/create-an-azure-service-principal-azure-cli`。

如果我們瀏覽到入口網站中的 **Access control** 部分（**Home → Subscriptions → Pay-As-YouGo → Access control**），就能夠看到新建立的角色：

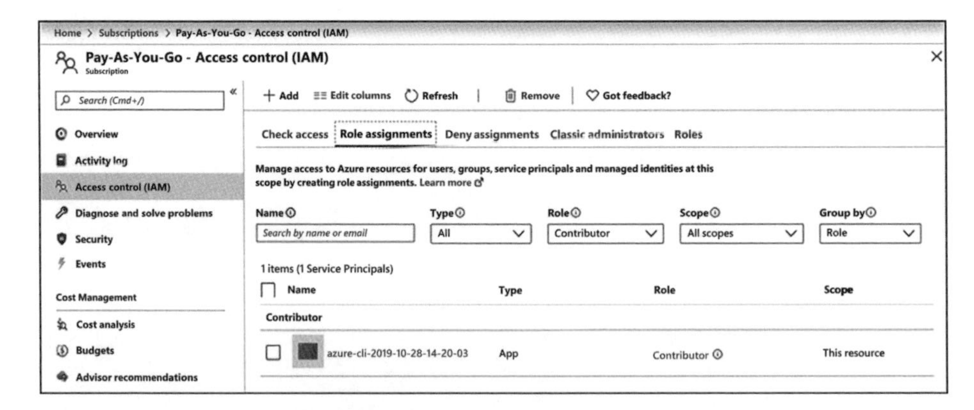

圖 12.10：Azure 即用即付 IAM

在 GitHub 頁面上，有許多藉由 Azure Python SDK 使用 Python SDK 管理網路的範例程式碼，可參考 https://github.com/Azure-Samples/azure-samples-python-management/tree/main/samples/network。《入門指南》（https://learn.microsoft.com/en-us/samples/azure-samples/azure-samples-python-management/network/）也相當實用。

我們將使用一個簡單的 Python 腳本 Chapter12_1_auth.py，匯入用於客戶端身分驗證和網路管理的函式庫：

```
#!/usr/bin/env python3
import os
import azure.mgmt.network
from azure.identity import ClientSecretCredential

credential = ClientSecretCredential(
    tenant_id=os.environ.get("AZURE_TENANT_ID"),
    client_id=os.environ.get("AZURE_CLIENT_ID"),
    client_secret=os.environ.get("AZURE_CLIENT_SECRET")
)
subscription_id = os.environ.get("SUBSCRIPTION_ID")
network_client = azure.mgmt.network.
NetworkManagementClient(credential=credential, subscription_
id=subscription_id)
print("Network Management Client API Version: " + network_client.DEFAULT_
API_VERSION)
```

如果檔案執行時沒有錯誤，就表示我們已成功透過 Python SDK 客戶端進行身分驗證：

```
(venv) $ python Chapter12_1_auth.py
Network Management Client API Version: 2022-01-01
```

在閱讀 Azure 文件時，您可能已經注意到 PowerShell 和 Python 的組合。在下一節中，我們簡單思考一下 Python 和 PowerShell 之間的關係。

Python 與 PowerShell 的比較

Microsoft 從頭開始開發或實作了許多程式語言和框架，包括 C#、.NET 和 PowerShell。.NET（使用 C#）和 PowerShell 在 Azure 中被視為是某種程度的一等公民也就不足為奇了。在大部分 Azure 文件中，您都會找到針對 PowerShell 範例的參考資料。網路論壇上經常充斥著關於 Python 或 PowerShell 哪種工具更適合管理 Azure 資源的爭論。

自 2019 年 7 月起，也可以在預覽版中的 Linux 和 macOS 作業系統上執行 PowerShell Core（`https://docs.microsoft.com/en-us/powershell/scripting/install/installing-powershell-core-on-linux?view=powershell-6`）。

我們不會就語言優勢進行辯論。我不介意在需要時使用 PowerShell——我覺得這很容易且直觀——而且我也同意，Python SDK 在實作最新的 Azure 功能方面，有時候確實比 PowerShel 遜色。但是，由於 Python 是您拿起本書的部分原因，因此我們將堅持使用 Python SDK 和 Azure CLI 來舉例。

最初，Azure CLI 是作為 Windows 的 PowerShell 模組和基於 Node.js 的 CLI 提供給其他平台。但隨著該工具越來越受歡迎，它現在是 Azure Python SDK 的包裝器，正如 *Python.org* 上的文章所述：`https://www.python.org/success-stories/building-an-open-source-and-cross-platform-azure-cli-with-python/`。

在本章的剩餘部分中，當我們介紹功能或概念時，通常會使用 Azure CLI 進行示範。請放心，若某些內容可作為 Azure CLI 指令使用，並且我們也需要直接使用 Python 撰寫程式，那麼在 Python SDK 也能找到這些功能。

在介紹了 Azure 管理和相關 API 後，我們將繼續討論 Azure 全球基礎設施。

Azure 全球基礎設施

與 AWS 類似，Azure 全球基礎設施由區域、**可用區域（AZs）**和邊緣站點組成。截至撰寫本文時，Azure 擁有超過 60 個區域和 200 多個實體資料中心，如產品頁面（`https://azure.microsoft.com/en-us/global-infrastructure/`）所示：

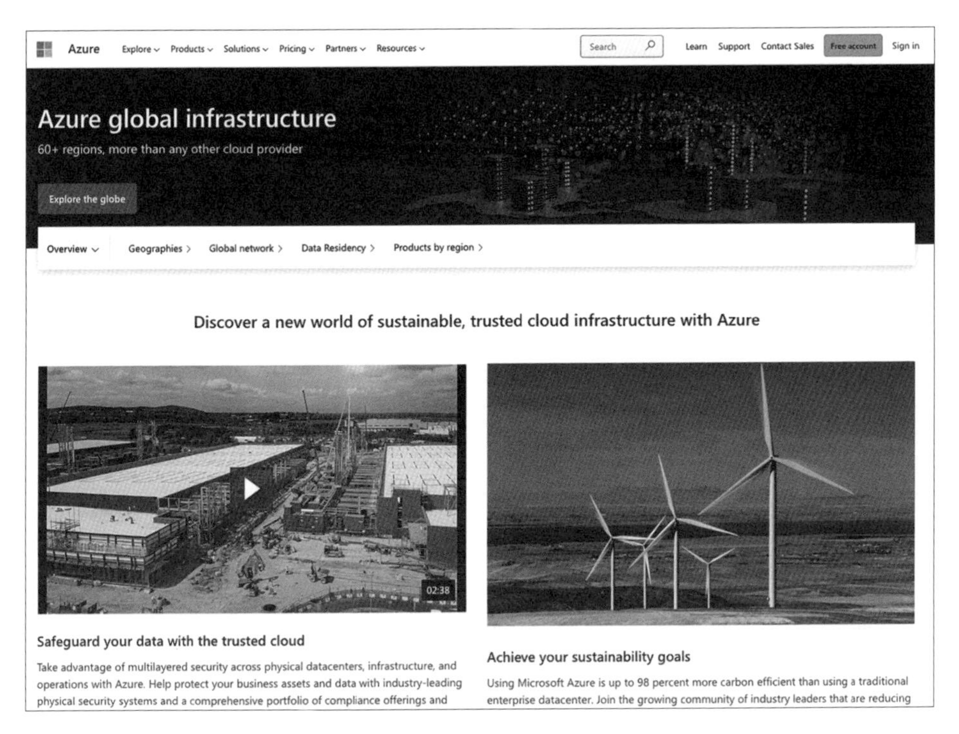

圖 12.11：Azure 全球基礎設施
（資料來源：https://azure.microsoft.com/en-us/global-infrastructure/）

與 AWS 一樣，Azure 產品也是按區域提供的，因此需要根據區域查看服務的可用性和定價。我們還可以透過在多個 AZs 中建置服務來為服務建立備援。但是，與 AWS 不同，並非所有的 Azure 區域都有 AZs，也不是所有的 Azure 產品都支援它們。實際上，直到 2018 年，Azure 才宣布供應 AZs，並且僅在某些地區提供。

在選擇地區時，可以稍微留意一下。我建議選擇具有可用區域的區域，例如 West US 2、Central US 和 East US 1。

如果在沒有 AZs 的區域中建置，將需要在相同地理位置上複製不同地區的服務。接下來我們將討論 Azure 地理位置。

在 Azure 全域基礎架構頁面上，具有可用區域（Availability Zones）的區域（regions）會在中間以星號標示。

與 AWS 不同，Azure 區域也被劃分成高層次的地理分類。地理是一個分立的市場，通常包含一個或多個區域。除了降低延遲和獲得更好的網路連線外，為了符合政府規範，還需要在同一地理位置內複製各個地區的服務和資料。一個跨地區複製的事例是德國區域，如果我們需要為德國市場推出服務，政府會強制要求境內嚴格的資料主權，但德國區域都沒有可用區域，因此需要複製同一地理位置上不同區域之間的資料，即德國北部（Germany North）、德國東北（Germany Northeast）與德國西部中部（Germany West Central）等等。

根據經驗，我一般較喜歡具有可用區域的區域，以便在不同的雲端供應商之間保持相似的情況。一旦確定了最適合我們案例的區域，就準備在 Azure 中建置 VNet。

Azure 虛擬網路

當我們在 Azure 雲端擔任網路工程師時，**Azure 虛擬網路（VNets）**是我們花費大部分時間的地方。與我們在資料中心建構的傳統網路類似，它們是 Azure 中專用網路的基本建構區塊。我們將使用 VNet 允許虛擬機器相互通訊、與網際網路通訊以及透過 VPN 或 ExpressRoute 與本地網路通訊。

我們先使用入口網站來建立第一個 VNet，首先透過 **Create a Resource → Networking → Virtual network** 來瀏覽**虛擬網路網頁**：

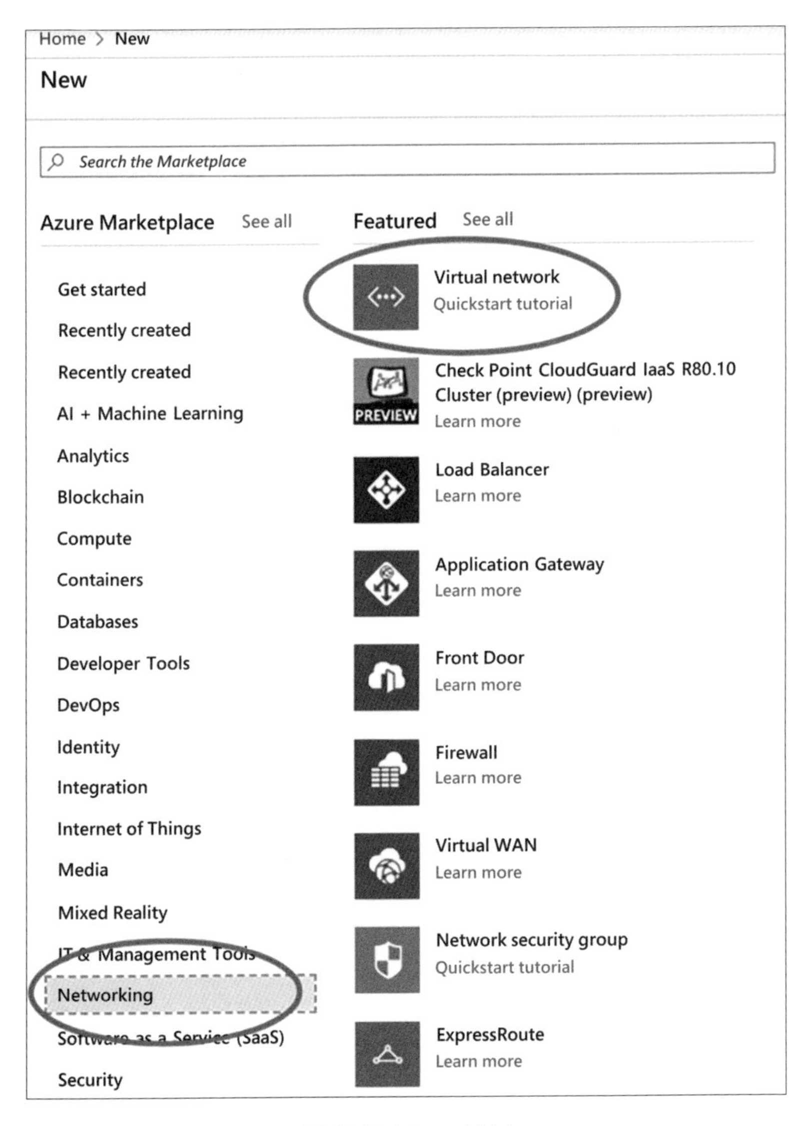

圖 12.12：Azure VNet

每個 VNet 的範圍僅限於一個區域，我們可以為每個 VNet 建立多個子網路。正如我們稍後將看到的，不同區域中的多個 VNet 可以透過 VNet 之點對點方式進行相互連接。

在 VNet 建立頁面中，我們將使用下列憑證建立第一個網路：

```
Name: WEST-US-2_VNet_1
Address space: 192.168.0.0/23
Subscription: <pick your subscription>
Resource group: <click on new> -> 'Mastering-Python-Networking'
Location: West US 2
Subnet name: WEST-US-2_VNet_1_Subnet_1
Address range: 192.168.1.0/24
DDoS protection: Basic
Service endpoints: Disabled
Firewall: Disabled
```

這是必要欄位的螢幕截圖。如果有漏掉任何必填欄位，將以紅色反光顯示。完成後點選 **Create**：

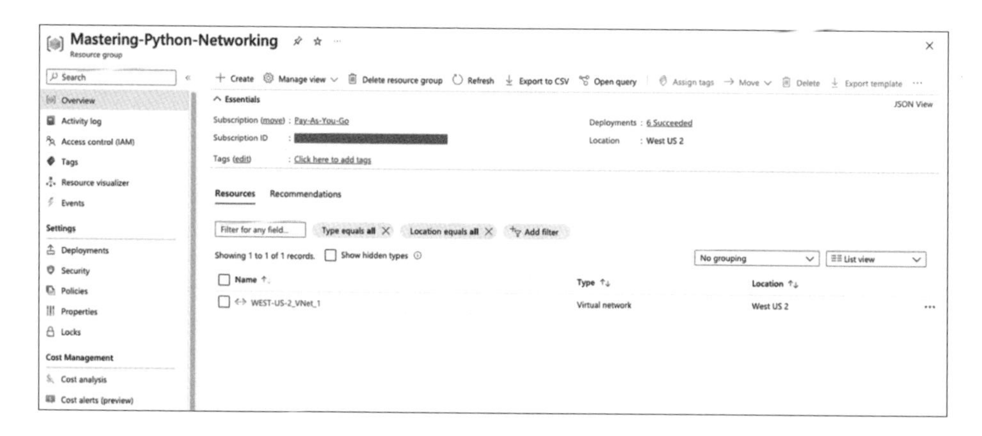

圖 12.13：創建 Azure VNet

建立資源後，我們可以透過 **Home → Resource groups → Mastering-Python-Networking** 找到它：

圖 12.14：Azure VNet 概觀

恭喜！我們剛剛在 Azure 雲端建立了第一個 VNet！我們的網路需要與外界溝通才能發揮作用，在下一節中看看如何做到這一點。

網際網路存取

預設情況下，VNet 內的所有資源都可以與網際網路進行出站通訊；我們不需要像在 AWS 中那樣新增 NAT 閘道。對於入站通訊，我們需要將公共 IP 直接指派給虛擬機器或使用具有公共 IP 的負載平衡器。為了了解其工作原理，我們將在網路中建立虛擬機器。

我們可以從 **Home → Resource groups → Mastering-Python-Networking → New → Create a virtual machine** 建立第一個虛擬機器：

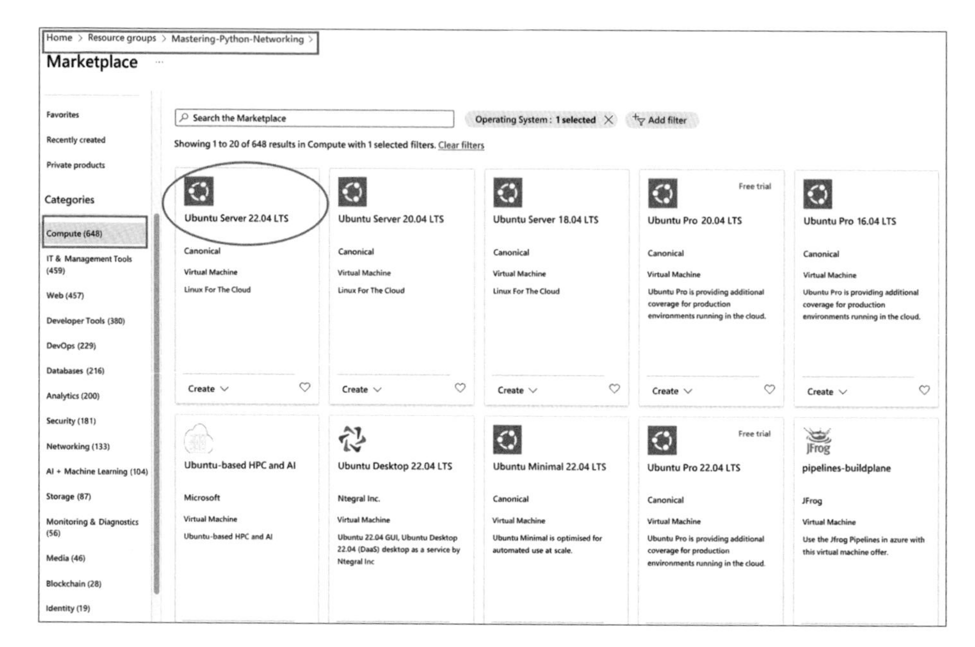

圖 12.15：Azure 建立虛擬機器

我將選擇 **Ubuntu Server 22.04 LTS** 作為 VM，並在出現提示時使用 `myMPN-VM1` 命名，區域則選擇 `West US 2`。我們可以選擇密碼驗證或 SSH 公鑰作為驗證方法，並允許 SSH 入站連線。由於我們使用它進行測試，因此可以選擇 B 系列中最小的實例，以最大限度地降低成本：

B-Series			Ideal for workloads that do not need continuous full CPU performance					
B2s	General purpose	2	4	4	1280	8	Supported	$30.37
B1s	General purpose	1	1	2	320	4	Supported	$7.59
B2ms	General purpose	2	8	4	1920	16	Supported	$60.74
B1ls	General purpose	1	0.5	2	320	4	Supported	$3.80
B4ms	General purpose	4	16	8	2880	32	Supported	$121.18
B1ms	General purpose	1	2	2	640	4	Supported	$15.11
B8ms	General purpose	8	32	16	4320	64	Supported	$243.09

圖 12.16：Azure 計算 B 系列

可以將其他選項保留為預設設置，選擇較小的磁碟大小，然後把 **delete with VM** 打勾。接著把虛擬機器放入我們創建的子網路中，並分配一個新的公共 IP 位址：

Basics Disks Networking Management Advanced Tags Review + create

Define network connectivity for your virtual machine by configuring network interface card (NIC) settings. You can control ports, inbound and outbound connectivity with security group rules, or place behind an existing load balancing solution.
Learn more

Network interface

When creating a virtual machine, a network interface will be created for you.

Virtual network * ⓘ WEST-US-2_VNet_1
Create new

Subnet * ⓘ WEST-US-2_VNet_1_Subnet_1 (192.168.1.0/24)
Manage subnet configuration

Public IP ⓘ (new) myMPN-VM1-ip
Create new

NIC network security group ⓘ ○ None ◉ Basic ○ Advanced

Public inbound ports * ⓘ ○ None ◉ Allow selected ports

Select inbound ports * SSH (22)

圖 12.17：Azure 網路介面

配置虛擬機器後，我們可以使用公共 IP 位址和我們建立的使用者 ssh 到電腦。該虛擬機器只有一個位於我們的私有子網路內的介面；它也對應到 Azure 自動指派的公共 IP 位址。此公共到私人 IP 的轉換由 Azure 自動完成。

```
echou@myMPN-VM1:~$ sudo apt install net-tools
echou@myMPN-VM1:~$ ifconfig eth0
eth0: flags=4163<UP,BROADCAST,RUNNING,MULTICAST>  mtu 1500
        inet 192.168.1.4  netmask 255.255.255.0  broadcast 192.168.1.255
        inet6 fe80::20d:3aff:fe06:68a0  prefixlen 64  scopeid 0x20<link>
        ether 00:0d:3a:06:68:a0  txqueuelen 1000  (Ethernet)
        RX packets 2344  bytes 2201526 (2.2 MB)
        RX errors 0  dropped 0  overruns 0  frame 0
```

```
        TX packets 1290  bytes 304355 (304.3 KB)
        TX errors 0  dropped 0  overruns 0  carrier 0  collisions 0
echou@myMPN-VM1:~$ ping -c 1 www.google.com
PING www.google.com (142.251.211.228) 56(84) bytes of data.
64 bytes from sea30s13-in-f4.1e100.net (142.251.211.228): icmp_seq=1
ttl=115 time=47.7 ms

--- www.google.com ping statistics ---
1 packets transmitted, 1 received, 0% packet loss, time 0ms
rtt min/avg/max/mdev = 47.668/47.668/47.668/0.000 ms
```

我們可以重複相同的過程來建立第二個名為 `myMPN-VM2` 的 VM。此虛擬機器可以配置 `SSH` 入站存取，但沒有公共 IP：

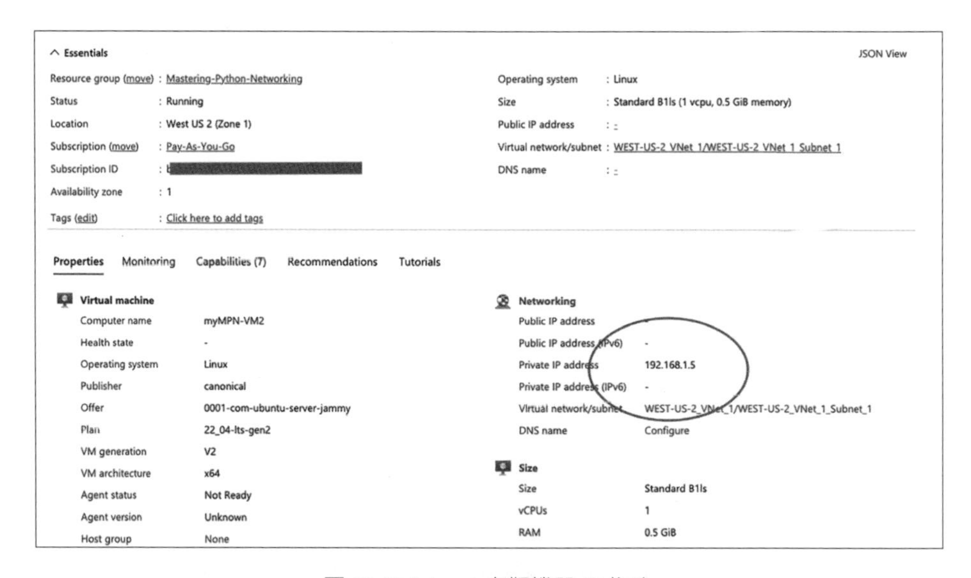

圖 12.18：Azure 虛擬機器 IP 位址

建立 VM 後，可以使用私有 IP 位址以 `ssh` 方式從 `myMPN-VM1` 連線到 `myMPN-VM2`：

```
echou@myMPN-VM1:~$ ssh echou@192.168.1.5
echou@myMPN-VM2:~$ who
echou    pts/0        2022-09-22 16:43 (192.168.1.4)
```

我們可以透過嘗試存取 apt 軟體套件更新儲存庫，來測試網際網路連線：

```
echou@myMPN-VM2:~$ sudo apt update
Hit:1 http://azure.archive.ubuntu.com/ubuntu jammy InRelease
Get:2 http://azure.archive.ubuntu.com/ubuntu jammy-updates InRelease [114
kB]
Get:3 http://azure.archive.ubuntu.com/ubuntu jammy-backports InRelease
[99.8 kB]
Get:4 http://azure.archive.ubuntu.com/ubuntu jammy-security InRelease [110
kB]
Get:5 http://azure.archive.ubuntu.com/ubuntu jammy/universe amd64 Packages
[14.1 MB]
Fetched 23.5 MB in 6s (4159 kB/s)
```

透過 VNet 內的虛擬機器能夠存取網際網路，這樣就可以為我們的網路建立額外的網路資源。

網路資源創建

來看一個使用 Python SDK 創建網路資源的範例。在下列範例 Chapter12_2_network_resources.py 中，我們將使用 subnet.create_or_update API 在 VNet 中建立新的 192.168.0.128/25 子網路：

```
#!/usr/bin/env python3
# 參照範例：https://github.com/Azure-Samples/azure-samples-python-
management/blob/main/samples/network/virtual_network/manage_subnet.
py
#
import os
from azure.identity import ClientSecretCredential
import azure.mgmt.network
from azure.identity import DefaultAzureCredential
from azure.mgmt.network import NetworkManagementClient
from azure.mgmt.resource import ResourceManagementClient

credential = ClientSecretCredential(
    tenant_id=os.environ.get("AZURE_TENANT_ID"),
    client_id=os.environ.get("AZURE_CLIENT_ID"),
```

```
    client_secret=os.environ.get("AZURE_CLIENT_SECRET")
)
subscription_id = os.environ.get("SUBSCRIPTION_ID")
GROUP_NAME = "Mastering-Python-Networking"
VIRTUAL_NETWORK_NAME = "WEST-US-2_VNet_1"
SUBNET = "WEST-US-2_VNet_1_Subnet_2"
network_client = azure.mgmt.network.NetworkManagementClient(
    credential=credential, subscription_id=subscription_id)

# 取得子網路
subnet = network_client.subnets.get(
    GROUP_NAME,
    VIRTUAL_NETWORK_NAME,
    SUBNET
)
print("Get subnet:\n{}".format(subnet))

subnet = network_client.subnets.begin_create_or_update(
    GROUP_NAME,
    VIRTUAL_NETWORK_NAME,
    SUBNET,
    {
        "address_prefix": "192.168.0.128/25"
    }
).result()
print("Create subnet:\n{}".format(subnet))
```

當我們執行腳本時，將收到以下建立結果訊息：

```
(venv) $ python3 Chapter12_2_subnet.py
{'additional_properties': {'type': 'Microsoft.Network/virtualNetworks/
subnets'}, 'id': '/subscriptions/<skip>/resourceGroups/Mastering-Python-
Networking/providers/Microsoft.Network/virtualNetworks/WEST-US-2_VNet_1/
subnets/WEST-US-2_VNet_1_Subnet_2', 'address_prefix': '192.168.0.128/25',
'address_prefixes': None, 'network_security_group': None, 'route_table':
None, 'service_endpoints': None, 'service_endpoint_policies': None,
'interface_endpoints': None, 'ip_configurations': None, 'ip_configuration_
profiles': None, 'resource_navigation_links': None, 'service_association_
```

```
links': None, 'delegations': [], 'purpose': None, 'provisioning_state':
'Succeeded', 'name': 'WEST-US-2_VNet_1_Subnet_2', 'etag': 'W/"<skip>"'}
```

新的子網路也可以在入口網站上看到：

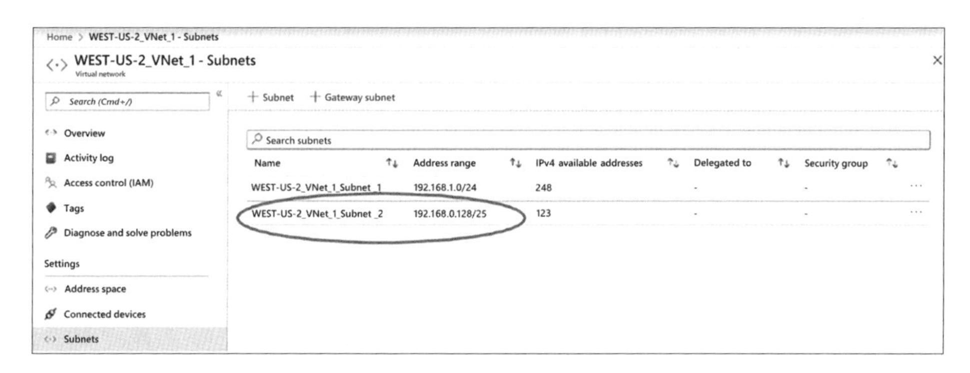

圖 12.19：Azure VNet 子網路

更多有關使用 Python SDK 的範例，請查看 `https://github.com/Azure-Samples/azure-samples-python-management`。

如果我們在新子網路內建立虛擬機器，即使跨子網路邊界，同一 VNet 中的主機也可以使用我們在 AWS 中看到的相同隱性路由器相互存取。

當需要與其他 Azure 服務互動時，也可以使用其他 VNet 服務。讓我們來看看此部分吧。

VNet 服務端點

VNet 服務端點可以透過直接連線將 VNet 擴展到其他 Azure 服務，這允許從 VNet 到 Azure 服務的流量保留在 Azure 網路上。服務端點需要與 VNet 區域內已識別的服務一起配置。

它們可以透過入口網站配置，並針對服務和子網路進行限制：

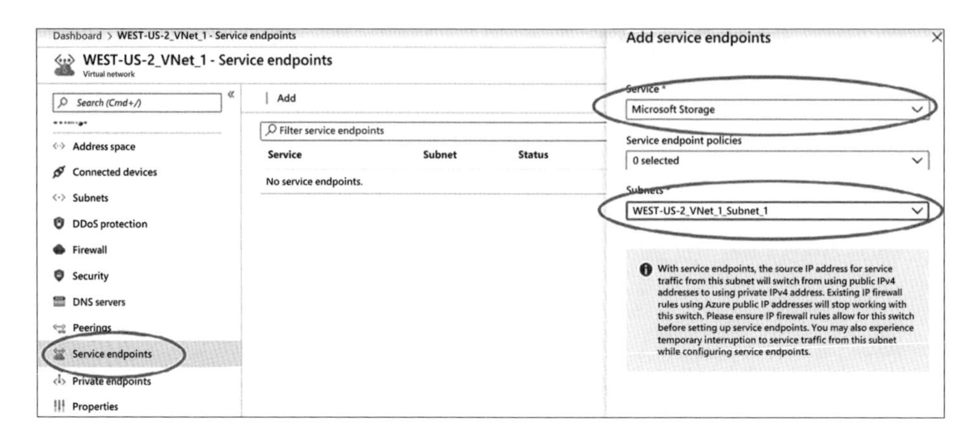

圖 12.20：Azure 服務端點

嚴格來說，當需要讓 VNet 中的虛擬機器與服務進行通訊時，不必建立 VNet 服務端點。每個 VM 都可以透過映射的公共 IP 來存取服務，我們可以使用網路規則只允許必要的 IP。但是，使用 VNet 服務端點允許我們使用 Azure 中的專用 IP 存取資源，而無須穿越公共的網際網路。

VNet 點對點連線

如本節開頭所提，每個 VNet 僅限於一個區域。對於區域到區域的 VNet 連線，我們可以利用 VNet 點對點連線。我們使用 `Chapter12_3_vnet.py` 中的以下兩個函式在 `US-East` 區域建立 VNet：

```
<skip>
def create_vnet(network_client):
    vnet_params = {
        'location': LOCATION,
        'address_space': {
            'address_prefixes': ['10.0.0.0/16']
        }
    }
    creation_result = network_client.virtual_networks.create_or_update(
        GROUP_NAME,
        'EAST-US_VNet_1',
        vnet_params
    )
```

```
    return creation_result.result()
<skip>
def create_subnet(network_client):
    subnet_params = {
        'address_prefix': '10.0.1.0/24'
    }
    creation_result = network_client.subnets.create_or_update(
        GROUP_NAME,
        'EAST-US_VNet_1',
        'EAST-US_VNet_1_Subnet_1',
        subnet_params
    )
    return creation_result.result()
```

為了允許 VNet 點對點連線，我們需要從兩個 VNet 進行雙向點對點連線。由於到目前為止，我們一直在使用 Python SDK，出於學習目的，此處來看一個使用 Azure CLI 的範例。

我們將從 `az network vnet list` 指令取得 VNet 名稱和 ID：

```
(venv) $ az network vnet list
<skip>
"id": "/subscriptions/<skip>/resourceGroups/Mastering-Python-Networking/
providers/Microsoft.Network/virtualNetworks/EAST-US_VNet_1",
    "location": "eastus",
    "name": "EAST-US_VNet_1"
<skip>
"id": "/subscriptions/<skip>/resourceGroups/Mastering-Python-Networking/
providers/Microsoft.Network/virtualNetworks/WEST-US-2_VNet_1",
    "location": "westus2",
    "name": "WEST-US-2_VNet_1"
<skip>
```

檢查一下 `West US 2` VNet 的現有 VNet 點對點連線：

```
(venv) $ az network vnet peering list -g "Mastering-Python-Networking"
--vnet-name WEST-US-2_VNet_1
[]
```

我們將執行從 `West US` 到 `East US` 的點對點連線，然後再以相反的方向重複一次：

```
(venv) $ az network vnet peering create -g "Mastering-Python-Networking"
-n WestUSToEastUS --vnet-name WEST-US-2_VNet_1 --remote-vnet "/
subscriptions/<skip>/resourceGroups/Mastering-Python-Networking/providers/
Microsoft.Network/virtualNetworks/EAST-US_VNet_1"
(venv) $ az network vnet peering create -g "Mastering-Python-
Networking" -n EastUSToWestUS --vnet-name EAST-US_VNet_1 --remote-vnet
"/subscriptions/b7257c5b-97c1-45ea-86a7-872ce8495a2a/resourceGroups/
Mastering-Python-Networking/providers/Microsoft.Network/virtualNetworks/
WEST-US-2_VNet_1"
```

現在，如果我們再次執行檢查，將能夠看到 VNet 已成功連線：

```
(venv) $ az network vnet peering list -g "Mastering-Python-Networking"
--vnet-name "WEST-US-2_VNet_1"
[
  {
    "allowForwardedTraffic": false,
    "allowGatewayTransit": false,
    "allowVirtualNetworkAccess": false,
    "etag": "W/\"<skip>\"",
    "id": "/subscriptions/<skip>/resourceGroups/Mastering-Python-
Networking/providers/Microsoft.Network/virtualNetworks/WEST-US-2_VNet_1/
virtualNetworkPeerings/WestUSToEastUS",
    "name": "WestUSToEastUS",
    "peeringState": "Connected",
    "provisioningState": "Succeeded",
    "remoteAddressSpace": {
      "addressPrefixes": [
        "10.0.0.0/16"
      ]
    },
<skip>
```

我們也可以在 Azure 入口網站上驗證點對點連線：

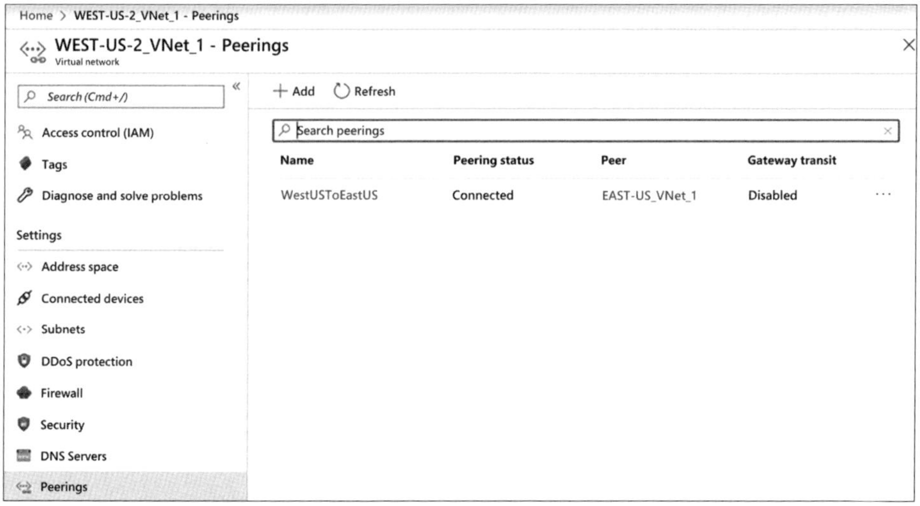

Name	Peering status	Peer	Gateway transit
WestUSToEastUS	Connected	EAST-US_VNet_1	Disabled

圖 12.21：Azure VNet 點對點連線

現在我們的設置中有多個主機、子網路、VNet 和 VNet 間點對點連線，應該來了解 Azure 中的路由是如何完成的，這就是在下一節中要做的事。

VNet 路由

身為網路工程師，雲端供應商添加的隱式路由對我來說總是有些不舒服。在傳統聯網中，我們需要鋪設網路電纜、分配 IP 位址、配置路由與實作安全性並確保一切正常。有時可能很複雜，但是會考慮倒每個資料封包和路由。對於雲端中的虛擬網路，底層網路已經透過 Azure 完成，正如我們之前看到的那樣，主機在啟動時需要自動進行覆蓋網路上的某些網路配置。

Azure VNet 路由與 AWS 略有不同。在 AWS 章節中，我們看到了在 VPC 網路層實作的路由表。但是，如果瀏覽入口網站上的 Azure VNet 設置，我們找不到指派給 VNet 的路由表。

如果我們深入研究**子網路設定**（**subnet setting**），會看到一個路由表下拉選單，但它顯示的值是 **None**：

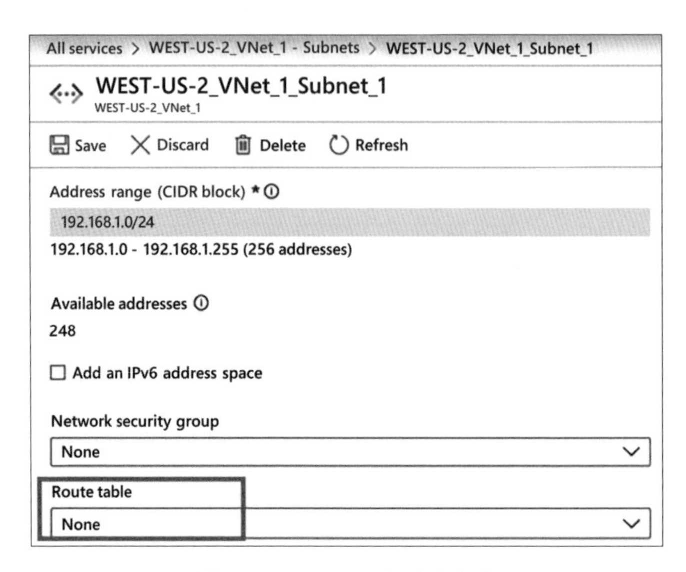

圖 12.22：Azure 子網路路由表

如果路由表是空的，子網路中的主機要怎麼存取網際網路呢？我們在哪裡可以看到 Azure VNet 配置的路由？實際上，路由已實作在主機和 NIC 層級，我們可以透過 **All services → Virtual Machines → myNPM-VM1 → Networking (left panel) → Topology (top panel)** 來查看它：

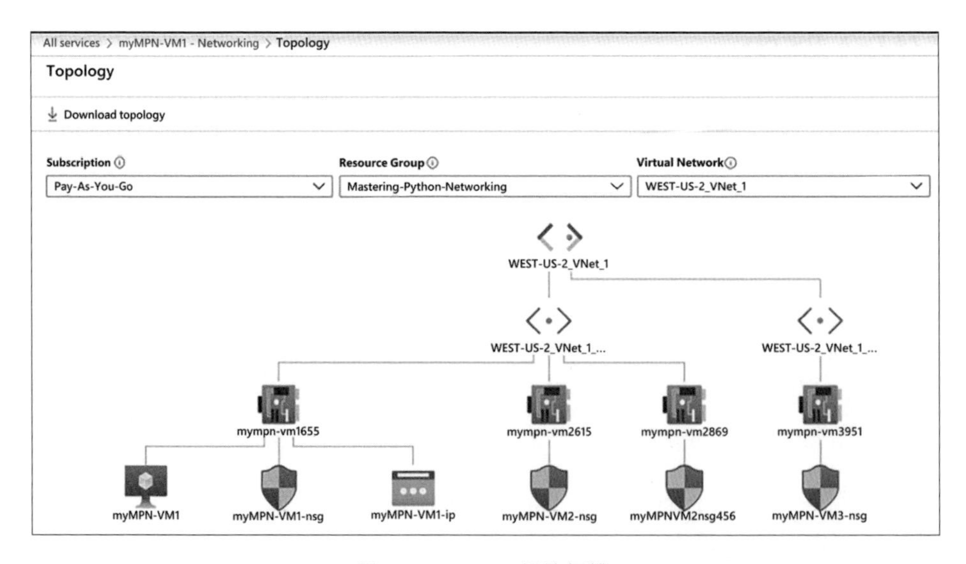

圖 12.23：Azure 網路拓樸

網路是顯示在 NIC 層級，每個 NIC 附加到北側的 VNet 子網，且其他資源都顯示在南側，例如 VM、**網路安全群組（NSG）**和南側的 IP。資源是動態的；在截圖時，我只執行了 `myMPN-VM1`，因此它是唯一附加了 VM 和 IP 位址的虛擬機器，而其他虛擬機器僅附加了 NSG。

我們將在下一節中介紹 NSG。

如果點擊拓樸中的 NIC **mympn-vm1655**，可以看到與該 NIC 關聯的設置。在 **Support + troubleshooting** 部分下，我們將找到 **Effective routes** 連結，在這裡可以看到與 NIC 關聯的現行路由：

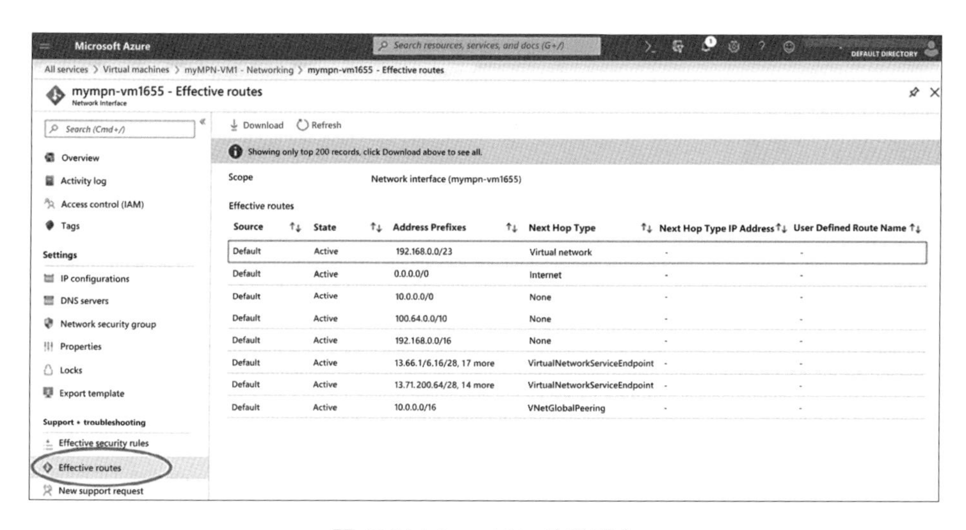

圖 12.24：Azure VNet 有效路由

如果想要自動化這個過程，可以使用 Azure CLI 來尋找 NIC 名稱，然後顯示路由表：

```
(venv) $ az vm show --name myMPN-VM1 --resource-group 'Mastering-Python-
Networking'
<skip>
"networkProfile": {
    "networkInterfaces": [
      {
        "id": "/subscriptions/<skip>/resourceGroups/Mastering-Python-
Networking/providers/Microsoft.Network/networkInterfaces/mympn-vm1655",
```

```
        "primary": null,
        "resourceGroup": "Mastering-Python-Networking"
      }
    ]
  }
<skip>
(venv) $ az network nic show-effective-route-table --name mympn-vm1655
--resource-group "Mastering-Python-Networking"
{
  "nextLink": null,
  "value": [
    {
      "addressPrefix": [
        "192.168.0.0/23"
      ],
<skip>
```

太棒了！這是一個謎題的解決方案，但路由表中的下一跳（next hop）是什麼？我們可以參考 VNet 流量路由文件：`https://docs.microsoft.com/en-us/azure/virtual-network/virtual-networks-udr-overview`。一些重要的注意事項如下：

- 如果來源指示該路由是 **Default**，則這些是系統路由，不能被刪除，但可以用自訂路由覆蓋。
- VNet next hop 是自訂 VNet 中的路由。在我們的案例中，這是 `192.168.0.0/23` 網路，而不僅僅是子網路。
- 路由到 **None** 的 next hop 類型的流量將被丟棄，類似於 **Null** 介面路由。
- **VNetGlobalPeering** next hop 類型是我們與其他 VNet 建立 VNet 點對點連線時所建立的。
- 我們在 VNet 中啟用服務端點時，建立了 **VirtualNetworkServiceEndpoint** next hop 類型。公共 IP 由 Azure 管理，並不定期更改。

如何覆寫預設路由？我們可以建立路由表並將其與子網路關聯起來。Azure 選擇路由的優先權如下：

- 使用者自訂的路由
- BGP 路由（來自站點到站點 VPN 或 ExpressRoute）
- 系統路由

我們可以在 **Networking** 部分中建立一個路由表：

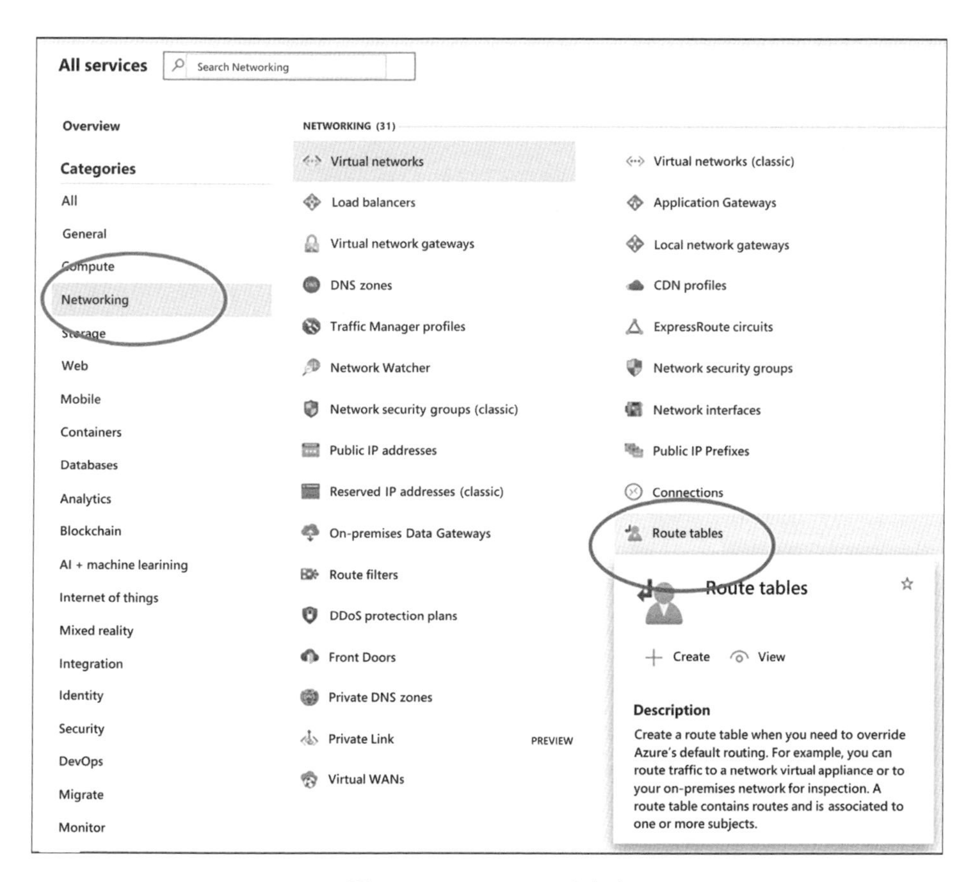

圖 12.25：Azure VNet 路由表

我們也可以建立路由表，在表中建立路由，然後透過 Azure CLI 將路由表與子網路關聯起來：

```
(venv) $ az network route-table create --name TempRouteTable --resource
"Mastering-Python-Networking"
(venv) $ az network route-table route create -g "Mastering-Python-
Networking" --route-table-name TempRouteTable -n TempRoute --next-hop-type
```

```
VirtualAppliance --address-prefix 172.31.0.0/16 --next-hop-ip-address
10.0.100.4
(venv) $ az network vnet subnet update -g "Mastering-Python-Networking"
-n WEST-US-2_Vnet_1_Subnet_1 --vnet-name WEST-US-2_VNet_1 --route-table
TempRouteTable
```

我們來看看 VNet 中的主要安全措施：NSG。

網路安全群組

VNet 安全性主要由 NSG 實作，就像傳統的存取列表或防火牆規則一樣，我們需要一次從一個方向考慮網路安全規則。例如，如果我們想要讓 `subnet 1` 中的主機 A 透過連接埠 80 與 `subnet 2` 中的主機 B 自由通訊，則需要為兩台主機的入站和出站方向實作必要的規則。

正如前面範例中看到的，NSG 可以與 NIC 或子網路關聯，因此我們還需要考慮安全層級。一般來說，我們應該在主機層級實施更嚴格的規則，而在子網路層級應用更寬鬆的規則，這與傳統網路連線類似。

在建立虛擬機器時，我們為 SSH TCP 連接埠 22 入站設定了允許規則。接著來看看為第一個虛擬機器建立的安全群組 **myMPN-VM1-nsg**：

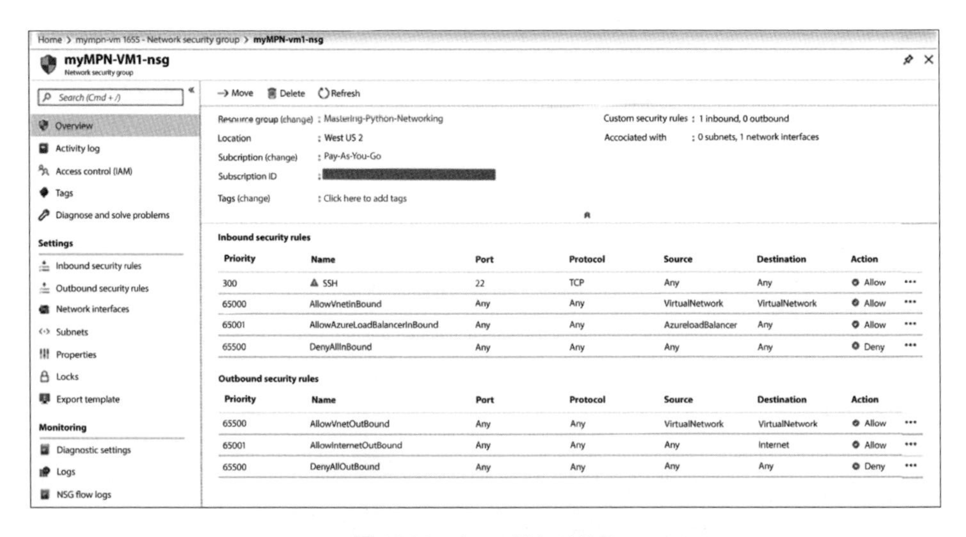

圖 12.26：Azure VNet NSG

有幾點值得指出：

- 系統實施的規則，其優先順序較高，為 65,000 以上。
- 預設情況下，虛擬網路可以在兩個方向上自由地相互通訊。
- 預設情況下，允許內部主機存取網際網路。

我們從入口網站對現有 NSG 群組實施入站規則：

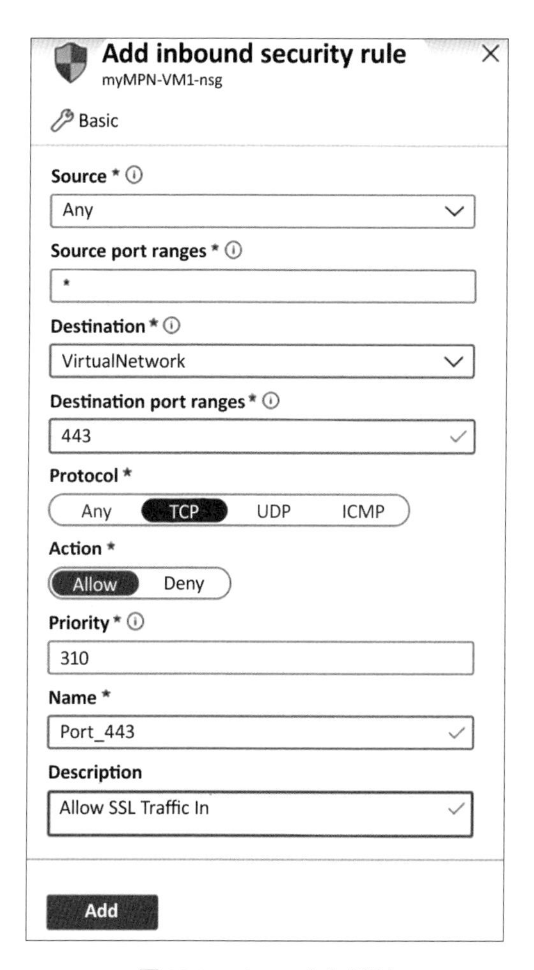

圖 12.27：Azure 安全規則

也可以透過 Azure CLI 建立新的安全群組和規則：

```
(venv) $ az network nsg create -g "Mastering-Python-Networking" -n TestNSG
(venv) $ az network nsg rule create -g "Mastering-Python-Networking"
--nsg-name TestNSG -n Allow_SSH --priority 150 --direction Inbound
--source-address-prefixes Internet --destination-port-ranges 22 --access
Allow --protocol Tcp --description "Permit SSH Inbound"
(venv) $ az network nsg rule create -g "Mastering-Python-Networking"
--nsg-name TestNSG -n Allow_SSL --priority 160 --direction Inbound
--source-address-prefixes Internet --destination-port-ranges 443 --access
Allow --protocol Tcp --description "Permit SSL Inbound"
```

我們可以看到創建的新規則，以及預設規則：

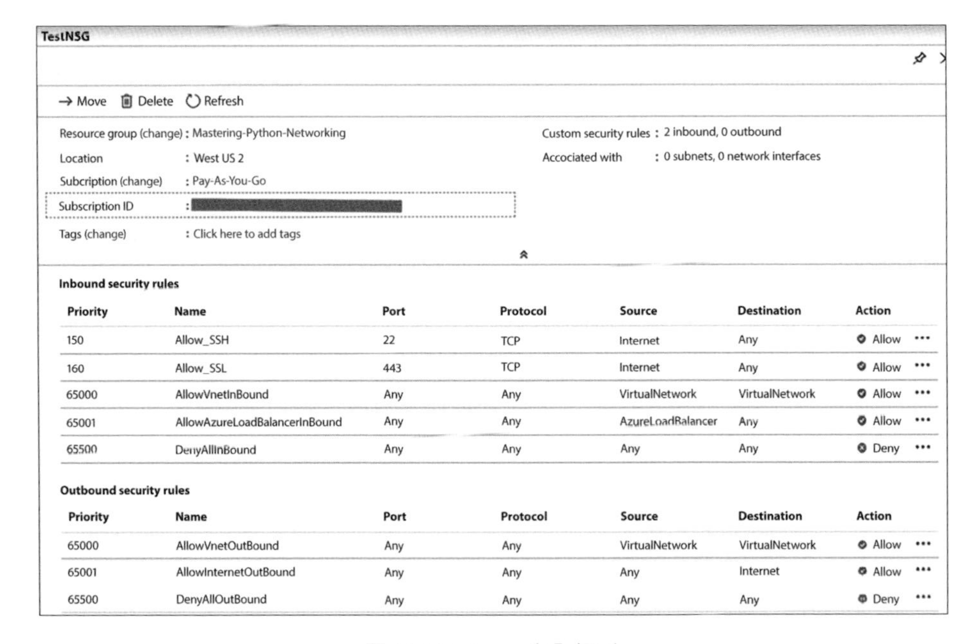

Inbound security rules

Priority	Name	Port	Protocol	Source	Destination	Action
150	Allow_SSH	22	TCP	Internet	Any	Allow
160	Allow_SSL	443	TCP	Internet	Any	Allow
65000	AllowVnetInBound	Any	Any	VirtualNetwork	VirtualNetwork	Allow
65001	AllowAzureLoadBalancerInBound	Any	Any	AzureLoadBalancer	Any	Allow
65500	DenyAllInBound	Any	Any	Any	Any	Deny

Outbound security rules

Priority	Name	Port	Protocol	Source	Destination	Action
65000	AllowVnetOutBound	Any	Any	VirtualNetwork	VirtualNetwork	Allow
65001	AllowInternetOutBound	Any	Any	Any	Internet	Allow
65500	DenyAllOutBound	Any	Any	Any	Any	Deny

圖 12.28：Azure 安全規則

最後一步是將此 NSG 綁定到子網路：

```
(venv) $ az network vnet subnet update -g "Mastering-Python-Networking" -n
WEST-US-2_VNet_1_Subnet_1 --vnet-name WEST-US-2_VNet_1 --network-security-
group TestNSG
```

在接下來的兩節中，我們將了解把 Azure 虛擬網路擴展到本機資料中心的兩種主要方法：Azure VPN 和 Azure ExpressRoute。

Azure 虛擬私有網路（Azure VPN）

隨著網路不斷增長，我們可能需要將 Azure VNet 連接到我們的本地位置。VPN 閘道是一種 VNet 網路閘道，可加密 VNet 與本機網路和遠端客戶端之間的流量。每個 VNet 只能有一個 VPN 網路閘道，但在同一家 VPN 閘道上可以建立多個連線。

更多有關 Azure VPN 網路閘道的資訊，請訪問以下連結：`https://docs.microsoft.com/en-us/azure/vpn-gateway/`。

VPN 網路閘道其實是虛擬機器本身，配置加密和路由服務，但使用者不能直接配置。Azure 根據隧道（tunnel）類型、同時連線數和總吞吐量（throughput）提供 SKU 列表（`https://docs.microsoft.com/en-us/azure/vpn-gateway/vpn-gateway-about-vpn-gateway-settings#gwsku`）：

閘道單位（SKUs）的各項數值比較：隧道、連線，以及吞吐量

SKU	S2S/VNet-to-VNet Tunnels	P2S SSTP Connections	P2S IKEv2/OpenVPN Connections	Aggregate Throughput Benchmark	BGP	Zone-redundant
Basic	Max. 10	Max. 128	Not Supported	100 Mbps	Not Supported	No
VpnGw1	Max. 30*	Max. 128	Max. 250	650 Mbps	Supported	No
VpnGw2	Max. 30*	Max. 128	Max. 500	1 Gbps	Supported	No
VpnGw3	Max. 30*	Max. 128	Max. 1000	1.25 Gbps	Supported	No
VpnGw1AZ	Max. 30*	Max. 128	Max. 250	650 Mbps	Supported	Yes
VpnGw2AZ	Max. 30*	Max. 128	Max. 500	1 Gbps	Supported	Yes
VpnGw3AZ	Max. 30*	Max. 128	Max. 1000	1.25 Gbps	Supported	Yes

圖 12.29：Azure VPN 閘道 SKU
（資料來源：https://docs.microsoft.com/en-us/azure/vpn-gateway/point-to-site-about）

從上表我們可以看到，Azure VPN 分為兩個不同的類別：**點到站點（Point-to-Site，P2S）**VPN 和**站點到站點（Site-to-Site，S2S）**VPN。P2S VPN 允許來自個人客戶端電腦的安全連接，主要由遠端辦公人員使用。加密方法可以是 SSTP、IKEv2 或 OpenVPN 連線。在選擇 P2S 的 VPN 閘道 SKU 類型時，我們需要專注於 SKU 圖表上的第二欄和第三欄的連線數。

對於基於客戶端的 VPN，我們可以使用 SSTP 或 IKEv2 作為隧道協定：

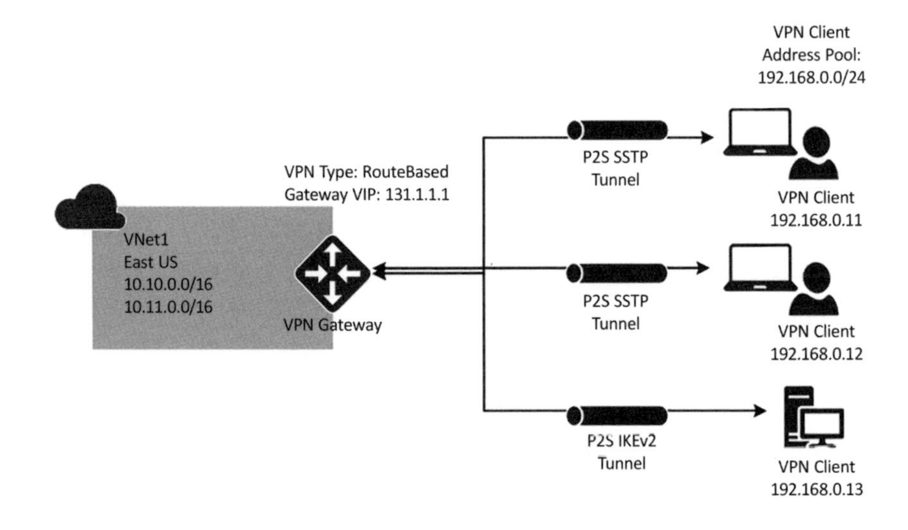

圖 12.30：Azure 客戶端 VPN 閘道（資料來源：https://docs.microsoft.com/en-us/azure/vpn-gateway/vpn-gateway-about-vpngateways）

除了基於客戶端的 VPN 之外，另一種類型的 VPN 連線是站點到站點或多站點 VPN 連線。加密方法是 IPSec over IKE，Azure 和本地網路都需要公共 IP，如下圖所示：

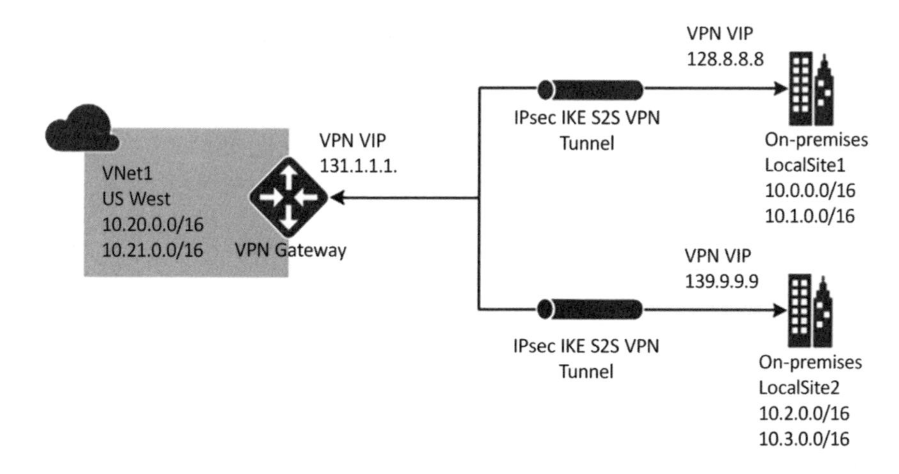

圖 12.31：Azure 站點到站點 VPN 閘道
（資料來源：https://docs.microsoft.com/en-us/azure/vpn-gateway/vpn-gateway-about-vpngateways）

建立 S2S 或 P2S VPN 的完整範例超出了本節中所介紹的內容，Azure 提供了 S2S（`https://docs.microsoft.com/en-us/azure/vpn-gateway/vpn-gateway-howto-site-to-site-resource-manager-portal`），以及 P2S VPN（`https://docs.microsoft.com/en-us/azure/vpn-gateway/vpn-gateway-howto-site-to-site-resource-manager-portal`）的教學，供有興趣者學習。

對於之前曾配置過 VPN 服務的工程師來說，這些步驟非常簡單。唯一可能有點令人困惑且在文件中未提及的一點是，VPN 閘道設備應位於 VNet 內的專用閘道子網路中，並分配了 `/27` IP 網段：

+ Subnet　+ Gateway subnet

Search subnets

Name ↑↓	Address range ↑↓	IPv4 available addresses ↑↓	Delegated to ↑↓	Security group ↑↓	
WEST-US-2_VNet_1_Subnet_2	192.168.0.128/25	122	-	-	···
WEST-US-2_VNet_1_Subnet_1	192.168.1.0/24	248	-	TestNSG	···

圖 12.32：Azure VPN 閘道子網路

我們可以在 `https://docs.microsoft.com/en-us/azure/vpn-gateway/vpn-gateway-about-vpn-devices` 上找到越來越多經過驗證的 Azure VPN 設備列表，以及各自配置指南的連結。

Azure ExpressRoute 服務

當組織需要將 Azure VNet 擴展到本地站點時，從建立 VPN 連線來開始是很合理的。然而，隨著連線承擔更多的關鍵任務流量，組織可能需要更穩定、更可靠的連線。與 AWS Direct Connect 類似，Azure 提供 ExpressRoute 作為連接供應商提供的私有連線。從圖中可以看到，我們的網路在轉換到 Azure 的邊緣網路之前，先連接到 Azure 的合作夥伴邊緣網路：

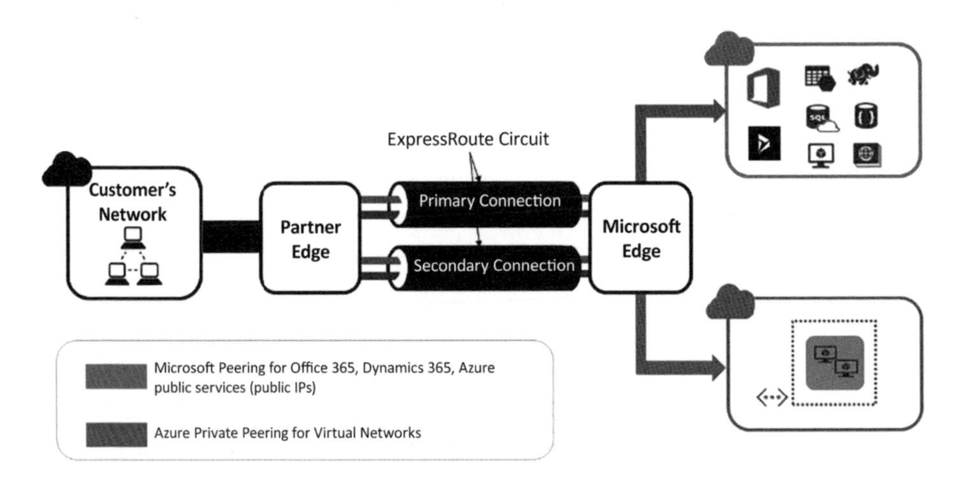

圖 12.33：Azure ExpressRoute 線路
（資料來源：https://docs.microsoft.com/en-us/azure/expressroute/expressroute-introduction）

ExpressRoute 的優點是：

- 更可靠，因為它不會通過公用網際網路。
- 連線速度更快，延遲更低，因為私有連線在本地設備到 Azure 之間的過路點可能更少。
- 因為它是私有連線，有更好的安全措施，尤其是當公司依賴 Office 365 等 Microsoft 服務時。

ExpressRoute 的缺點可能是：

- 在商業和技術要求方面設置難度更高。

- 因為連接埠費用和連線費用通常是固定的，因此需要預先承擔較高的前期成本。如果它取代 VPN 連接，則部分成本可以透過降低網路成本來抵消。然而，擁有 ExpressRoute 的總成本通常更高。

有關 ExpressRoute 的更詳細的介紹，請造訪 https://docs.microsoft.com/en-us/azure/expressroute/expressroute-introduction。與 AWS Direct Connect 的最大區別之一，是 ExpressRoute 可以提供跨地理區域的連線。還有一個高級附加元件，可實現與 Microsoft 服務的全球連接，以及對 Skype for Business 的 QoS 支援。

與 Direct Connect 類似，ExpressRoute 要求使用者與合作夥伴連接到 Azure，或使用 ExpressRoute Direct 在某個指定地點與 Azure 會面（是的，這個術語很令人困惑）。這通常是企業需要克服的最大障礙，因為他們需要在 Azure 的位置之一建置資料中心，或者和營運商連接（MPLS VPN），不然就要與經紀人合作作為連接的中介。這些選項通常需要商業合約、長期承諾與固定的每月成本。

首先，我的建議與*第 11 章，AWS 雲端網路開發*中的建議類似，就是使用現有的營運商代理商來連接到主機代管機房，並從主機代管機房直接連接到 Azure，或是使用像 Equinix FABRIC 這樣的中介服務（https://www.equinix.com/interconnection-services/equinix-fabric）。

在下一節中，我們將了解當服務超出單一伺服器的範圍時，如何有效地分配傳入流量。

Azure 網路負載平衡器

Azure 提供基本和標準 SKU 中的負載平衡器。當我們在本節中討論負載平衡器時，指的是第 4 層 TCP 和 UDP 負載分配服務，而不是應用程式閘道負載平衡器（https://azure.microsoft.com/en-us/services/application-gateway/），那是在第 7 層負載平衡的解決方案。

典型的部署模型通常是針對來自網際網路入站連接的一層或兩層負載分配：

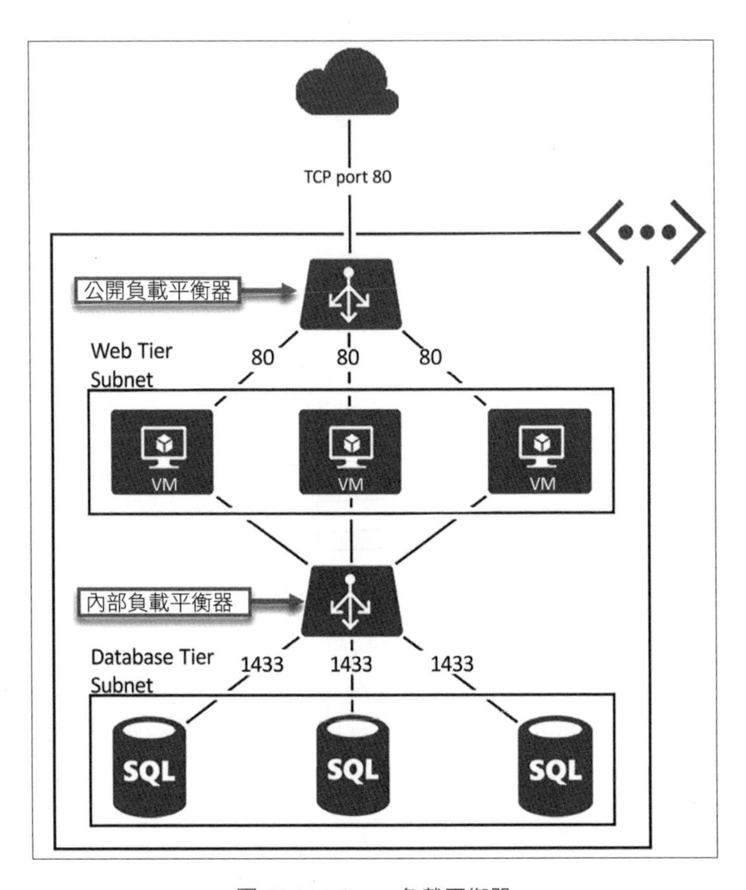

圖 12.34：Azure 負載平衡器

（資料來源：https://docs.microsoft.com/en-us/azure/load-balancer/load-balancer-overview）

負載平衡器根據 5-tuple hash（來源和目標 IP、來源和目標連接埠以及協定）對傳入連線進行雜湊處理，並將流量分發到一個或多個目標。標準負載平衡器 SKU 是基本 SKU 的超級集合，因此新的設計應採用標準負載平衡器。

與 AWS 一樣，Azure 也不斷創新網路服務。在本章中介紹了基礎服務；接著，讓我們來看看其他一些值得注意的服務。

其他 Azure 網路服務

我們應該注意的其他 Azure 網路服務是：

- **DNS 服務**：Azure 擁有一套公共和私有的 DNS 服務（https://docs.microsoft.com/en-us/azure/dns/dns-overview），可用於網路服務的地理負載平衡。
- **容器聯網**：Azure 近年來一直在推動容器的發展。更多有關容器的 Azure 聯網功能資訊，請訪問 https://docs.microsoft.com/en-us/azure/virtual-network/container-networking-overview。
- **VNet TAP**：Azure VNet TAP 可讓您將 VM 網路流量持續串流傳輸至網路封包蒐集器或分析工具（https://docs.microsoft.com/en-us/azure/virtual-network/virtual-network-tap-overview）。
- **分散式阻斷服務保護**：Azure DDoS 保護可防禦 DDoS 攻擊（https://docs.microsoft.com/en-us/azure/virtual-network/ddos-protection-overview）。

Azure 網路服務是 Azure 雲端家族的重要組成部分，並且持續快速成長。我們在本章中僅介紹了部分服務，但希望它為您提供了開始探索其他服務的良好基礎。

總結

在本章中，我們了解了各種 Azure 雲端網路服務，並討論到 Azure 全球網路和虛擬網路的各個方面。我們使用 Azure CLI 和 Python SDK 來建立、更新和管理這些網路服務。當需要將 Azure 服務擴展到本機資料中心時，我們可以使用 VPN 或 ExpressRoute 進行連線。此外，也簡要地介紹了各種 Azure 網路產品和服務。

我們將在下一章重新審視具有一體化堆疊的資料分析管道：Elastic Stack。

13

利用 Elastic Stack 執行網路資料分析

在第 *7* 章，使用 *Python* 來進行網路監控——第 *1* 部分和第 *8* 章，使用 *Python* 來執行網路監控——第 *2* 部分，我們討論了監控網路的各種方法。在這兩章中，我們研究了兩種不同的網路資料蒐集方法：我們可以從 SNMP 等網路設備檢索資料，也可以使用基於流量的匯出功能來監聽網路設備發送的資料。蒐集資料後，我們需要將資料儲存在資料庫中，然後分析資料以深入了解其意義。大多數時候，分析結果可用圖表方式顯示：如折線圖、長條圖或圓餅圖。我們可以在各個步驟中使用 PySNMP、Matplotlib 和 Pygal 等單獨的工具，也可以利用 Cacti 或 ntop 等一體化工具進行監控。這兩章中介紹的工具使我們對網路有了基本的監控和入門知識。

我們接著繼續第 *9* 章，使用 *Python* 建立網路網頁伺服器，建立 API 服務以從更高層級的工具中抽象出我們的網路。在第 *11* 章，*AWS* 雲端網路開發和第 *12* 章，*Azure* 雲端網路開發中，我們使用 AWS 和 Azure 將本地網路擴展到雲端。在這些章節中，涵蓋了許多內容，並且擁有一套可靠的工具來幫助我們使網路可程式化。

從本章開始，我們將以前幾章中的工具集為基礎進行建置，同時看看在熟悉前幾章介紹的工具後，我於使用過程中所發現的其他有用工具和項目。在本章中，我們將了解開源專案 Elastic Stack（https://www.elastic.co），它可以幫助我們以前所未有的方式分析和監控網路。

在本章中，我們將討論以下主題：

- 什麼是 Elastic（或 ELK）Stack？
- Elastic Stack 的安裝
- 使用 Logstash 進行資料攝取
- 使用 Beats 攝取資料
- 使用 Elasticsearch 搜尋
- 使用 Kibana 進行資料視覺化

我們先來回答這個問題：Elastic Stack 到底是什麼？

Elastic Stack 是什麼？

Elastic Stack 也稱為「ELK」 Stack。那麼，它是什麼？讓我們看看開發人員如何用自己的話來闡述（https://www.elastic.co/what-is/elk-stack）：

> 「ELK」是二個開源專案的縮寫：Elasticsearch、Logstash 和 Kibana。Elasticsearch 是搜尋和分析引擎；Logstash 是伺服器端資料處理的管道，它同時從多個來源獲取資料，對其進行轉換，然後將其發送到像 Elasticsearch 這樣的「儲存庫」；Kibana 允許使用者在 Elasticsearch 中使用圖表和圖形視覺化資料。Elastic Stack 是 ELK Stack 的下一代發展。

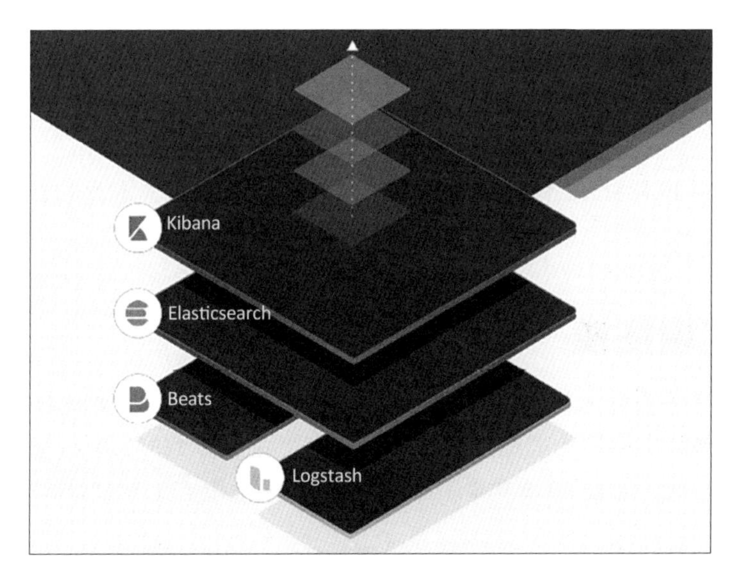

圖 13.1：Elastic Stack
（資料來源：https://www.elastic.co/what-is/elk-stack）

從敘述中我們可以看出，Elastic Stack 是不同項目的集合，它們協同工作，涵蓋了資料蒐集、儲存、檢索、分析和視覺化的整個範圍。此 stack 的優點在於它緊密整合，但每個組件也可以單獨使用。如果不喜歡使用 Kibana 進行視覺化，我們可以輕鬆插入 Grafana 來繪製圖表。如果想要使用其他資料擷取工具怎麼辦？沒問題，我們可以使用 RESTful API 將資料發佈到 Elasticsearch。這個 Stack 的中心是 Elasticsearch，一個開源的分散式搜尋引擎，其他項目的創建是為了增強和支援搜尋功能。乍聽之下這可能有點令人困惑，但當我們更深入地了解該項目的元件時，它會變得更加清晰。

他們為什麼將 ELK Stack 更名為 Elastic Stack？2015 年，Elastic 推出了一系列輕量級、單一用途的資料傳送器，稱為 Beats。它們一炮而紅，並持續地受到歡迎，但創建者無法為「B」想出一個好的縮寫詞，因此決定將整個 Stack 重命名為 Elastic Stack。

我們將重點放在 Elastic Stack 的網路監控和資料分析方面。儘管如此，該 Stack 仍有許多使用案例，包括風險管理、電子商務個人化、安全分析與詐欺檢測等。它被各種組織使用，從 Cisco、Box 和 Adobe 等網路公司，到 NASA JPL、美國人口普查局等政府機構（`https://www.elastic.co/customers/`）。

當我們談論 Elastic 時，指的是 Elastic Stack 背後的公司。這些工具是開源的，而該公司的收入來源為銷售支援、託管解決方案以及圍繞開源專案的諮詢。該公司股票在紐約證券交易所公開交易，代號為 ESTC。

現在我們對 ELK Stack 有了更進一步的了解，接著來看看本章的實驗環境拓樸。

實驗環境拓樸

對於網路實驗環境，我們將再次使用**第 *8* 章，使用 *Python* 來執行網路監控——第 *2* 部分**中使用的網路拓樸。網路設備將在 `192.168.2.0/24` 管理網路中具有管理介面，並在 `10.0.0.0` 中互相介接 `/8` 網路和 `/30` 中的子網路。

我們可以在實驗環境的什麼位置安裝 ELK Stack？在正式環境中，應該在專用叢集中執行 ELK Stack。然而，在實驗環境中，我們可以透過 Docker 容器快速啟動測試實例。如果需要複習 Docker，請參閱**第 *5* 章，面向網路工程師的 *Docker* 容器**。

以下是我們網路實驗環境拓樸的圖：

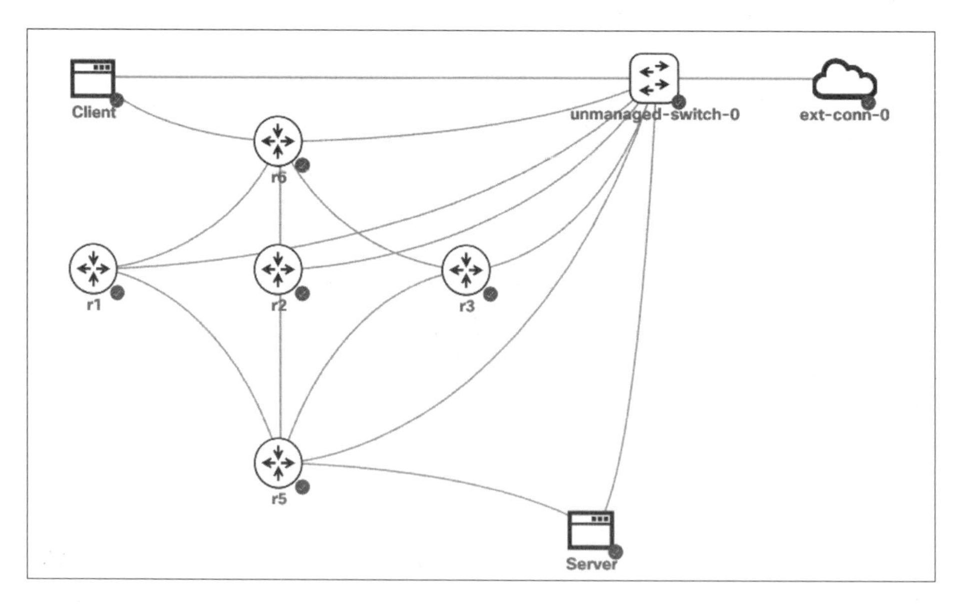

圖 13.2：實驗環境拓樸

設備	管理 IP	Loopback IP
r1	192.168.2.218	192.168.0.1
r2	192.168.2.219	192.168.0.2
r3	192.168.2.220	192.168.0.3
r5	192.168.2.221	192.168.0.4
r6	192.168.2.222	192.168.0.5

Ubuntu 主機的資訊如下：

設備名稱	Eth0 外部連結 IP	Eth1 內部 IP
Client	192.168.2.211	10.0.0.9
Server	192.168.2.212	10.0.0.5

要執行多個容器，應該為主機分配至少 4 GB 或更多 RAM。讓我們啟動 Docker Engine，如果尚未啟動，則從 Docker Hub 中提取出映像檔：

```
$ sudo service docker start
$ docker network create elastic
$ docker pull docker.elastic.co/elasticsearch/elasticsearch:8.4.2
$ docker run --name elasticsearch --rm -it --network elastic -p 9200:9200
-p 9300:9300 -e "discovery.type=single-node" -t docker.elastic.co/
elasticsearch/elasticsearch:8.4.2
```

Docker 容器運作時，產生的預設 Elastic 使用者密碼和 Kibana 註冊 token 會輸出到終端機上；請記下它們，以供稍後使用。您可能需要向上滾動螢幕才能找到它們：

```
-> Password for the elastic user (reset with 'bin/elasticsearch-reset-
password -u elastic'):
  <password>
-> Configure Kibana to use this cluster:
* Run Kibana and click the configuration link in the terminal when Kibana
starts.
* Copy the following enrollment token and paste it into Kibana in your
browser (valid for the next 30 minutes):
  <token>
```

Elasticsearch 容器運行後，我們可以透過瀏覽 https://<your ip>:9200 來針對實例進行測試：

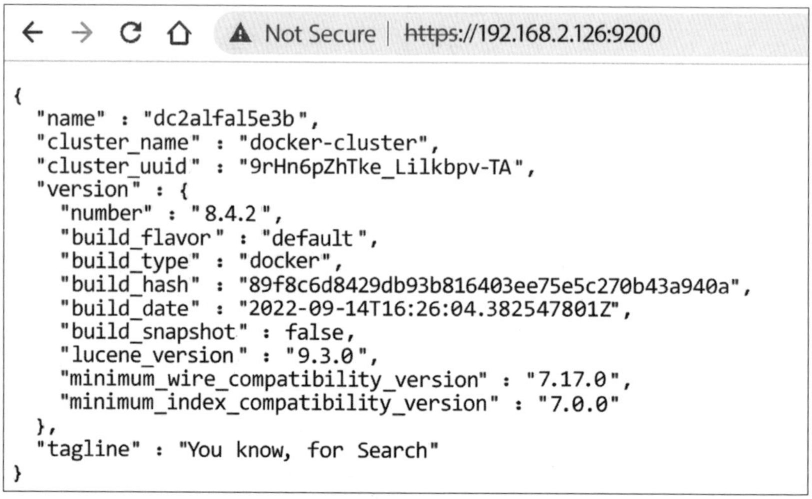

```
Not Secure | https://192.168.2.126:9200

{
  "name" : "dc2alfal5e3b",
  "cluster_name" : "docker-cluster",
  "cluster_uuid" : "9rHn6pZhTke_Lilkbpv-TA",
  "version" : {
    "number" : "8.4.2",
    "build_flavor" : "default",
    "build_type" : "docker",
    "build_hash" : "89f8c6d8429db93b816403ee75e5c270b43a940a",
    "build_date" : "2022-09-14T16:26:04.382547801Z",
    "build_snapshot" : false,
    "lucene_version" : "9.3.0",
    "minimum_wire_compatibility_version" : "7.17.0",
    "minimum_index_compatibility_version" : "7.0.0"
  },
  "tagline" : "You know, for Search"
}
```

圖 13.3：Elasticsearch 初始結果

我們接下來可以從單獨的終端取出並執行 Kibana 容器映像：

```
$ docker pull docker.elastic.co/kibana/kibana:8.4.2
$ docker run --name kibana --rm -it --network elastic -p 5601:5601 docker.
elastic.co/kibana/kibana:8.4.2
```

Kibana 啟動後，可以從 5601 連接埠來存取它：

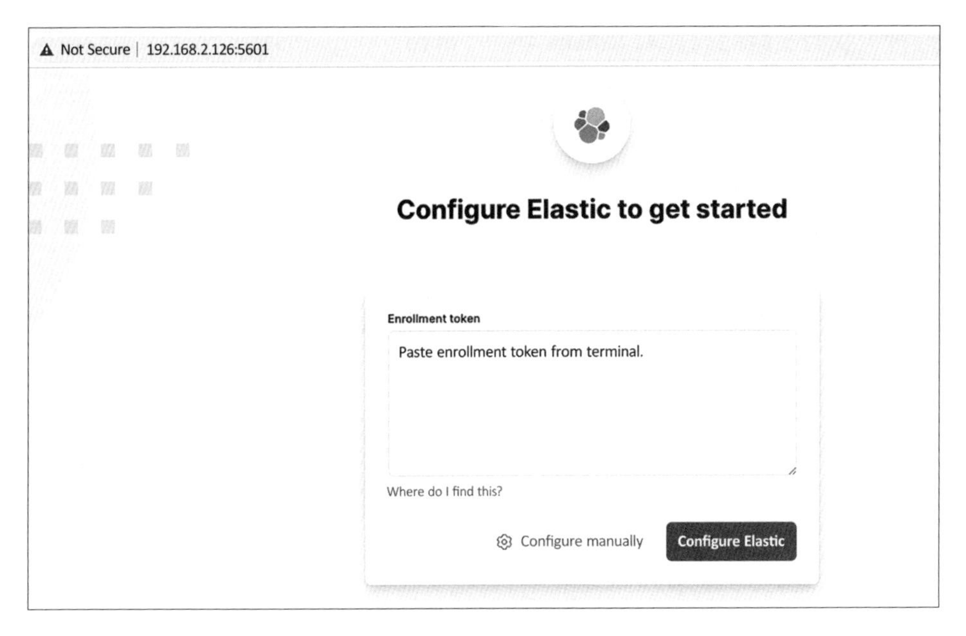

圖 13.4：Kibana 起始頁面

請注意，它會要求我們提供之前記下的註冊用 token，可以將其貼進去並點擊 **Configure Elastic**。它會提示我們輸入 token，該 token 現在顯示在 Kibana 終端機上。一旦通過身分驗證，Kibana 將開始配置 Elastic：

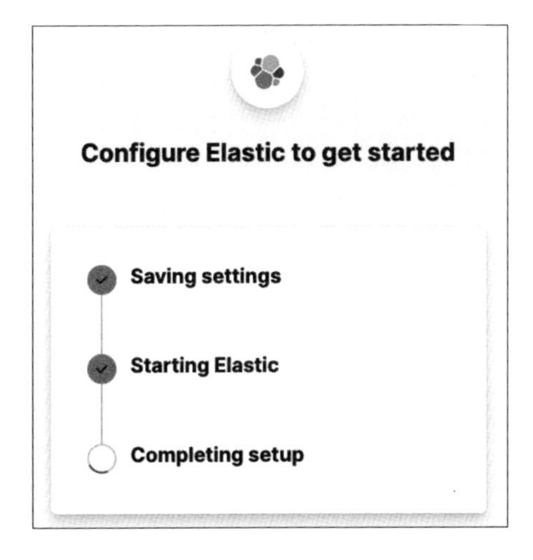

圖 13.5：配置 Elastic

最後，我們應該能夠存取 Kibana 介面：`http://<ip>:5601`。此時不需要任何整合，直接選擇**自行探索**（**Explore on my Own**）的選項：

圖 13.6：Kibana 介面

接著會出現一個選項，此選項會載入些許樣本資料。這是熟悉該工具的好方法，所以我們來匯入這些資料吧！

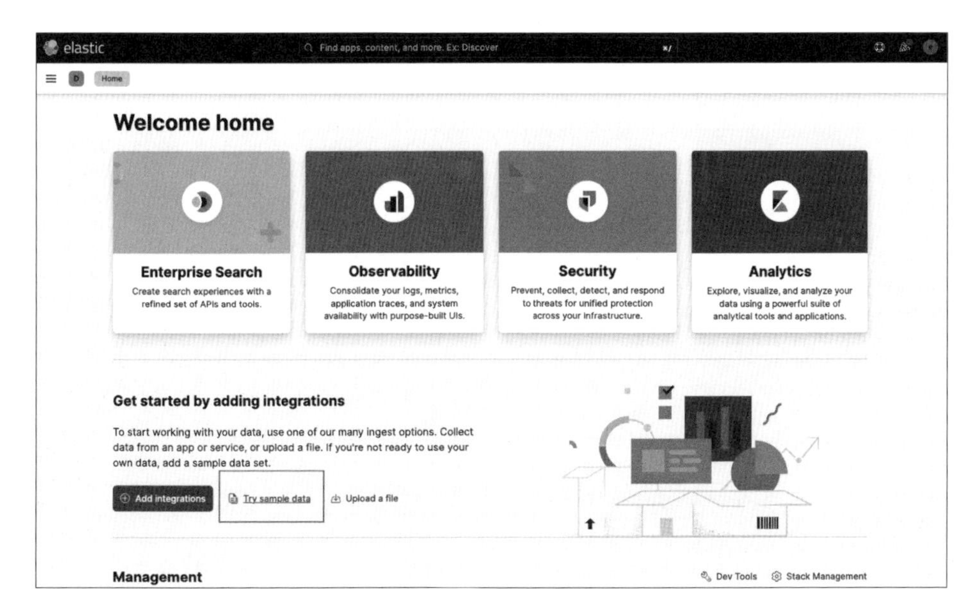

圖 13.7：Kibana 首頁

我們選擇**嘗試樣本資料（Try sample data）**，並新增範例電子商務訂單、範例航班資料和範例網路日誌：

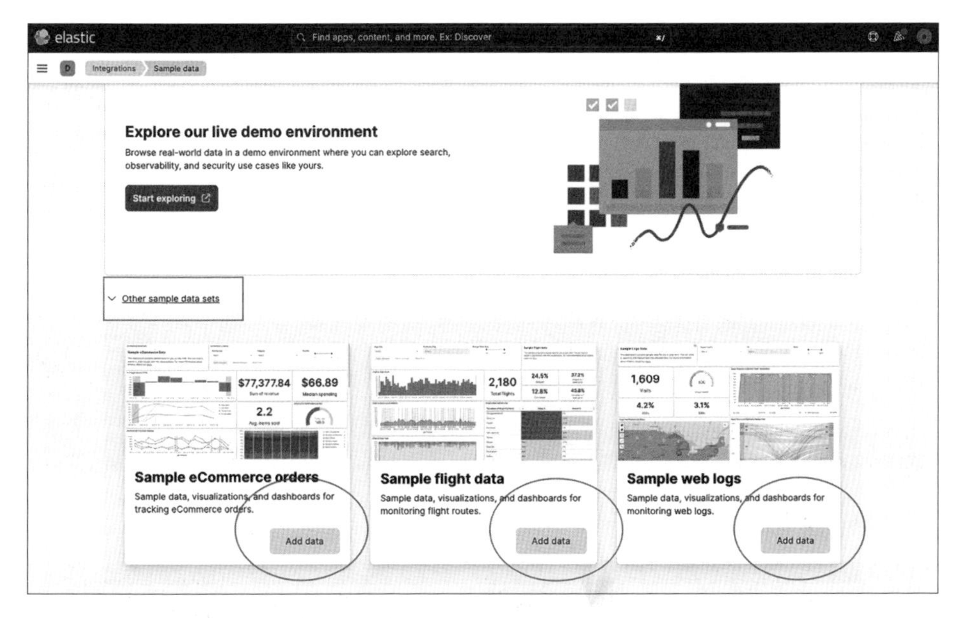

圖 13.8：新增樣本資料

總而言之，我們現在讓 Elasticsearch 和 Kibana 以容器方式運作，並在管理主機上轉發連接埠：

```
$ docker ps
CONTAINER ID   IMAGE
COMMAND                   CREATED              STATUS              PORTS
NAMES
f7d6d8842060   docker.elastic.co/kibana/
kibana:8.4.2                   "/bin/tini -- /usr/l…"  42 minutes
ago        Up 42 minutes       0.0.0.0:5601->5601/tcp, :::5601->5601/tc
p                                           kibana
dc2a1fa15e3b   docker.elastic.co/elasticsearch/elasticsearch:8.4.2
"/bin/tini -- /usr/l…"  46 minutes ago       Up 46 minutes
0.0.0.0:9200->9200/tcp, :::9200->9200/tcp, 0.0.0.0:9300->9300/tcp,
:::9300->9300/tcp   elasticsearch
```

太棒了！我們快完成了。最後一塊拼圖是 Logstash，由於我們將使用不同的 Logstash 組態設定檔、模組和附加元件，因此會使用套件（而不是 Docker 容器）將其安裝在管理主機上。Logstash 需要 Java 才能運作：

```
$ sudo apt install openjdk-11-jre-headless
$ java --version
openjdk 11.0.16 2022-07-19
OpenJDK Runtime Environment (build 11.0.16+8-post-Ubuntu-0ubuntu122.04)
OpenJDK 64-Bit Server VM (build 11.0.16+8-post-Ubuntu-0ubuntu122.04, mixed
mode, sharing)
```

我們可以下載 Logstash 套件：

```
$ wget https://artifacts.elastic.co/downloads/logstash/logstash-8.4.2-
linux-x86_64.tar.gz
$ tar -xvzf logstash-8.4.2-linux-x86_64.tar.gz
$ cd logstash-8.4.2/
```

修改 Logstash 組態設定檔中的幾個欄位：

```
$ vim config/logstash.yml
# change the following fields
```

```
node.name: mastering-python-networking
api.http.host: <your host ip>
api.http.port: 9600-9700
```

我們暫時還不會啟動 Logstash，將等到本章後面安裝與網路相關的附加元件，並建立必要的設定檔後，才啟動 Logstash 程序。

下一節讓我們花點時間看看將 ELK Stack 部署為託管服務。

Elastic Stack 即服務

Elasticsearch 是一項受歡迎的服務，由 Elastic.co 和其他雲端供應商作為託管選項提供。Elastic Cloud（`https://www.elastic.co/cloud/`）沒有自己的基礎設施，但它提供了在 AWS、Google Cloud Platform 或 Azure 上啟動部署的選項。由於 Elastic Cloud 是建立在其他公有雲虛擬機器產品之上，因此成本會比直接從雲端供應商（例如 AWS）取得的成本要高一些：

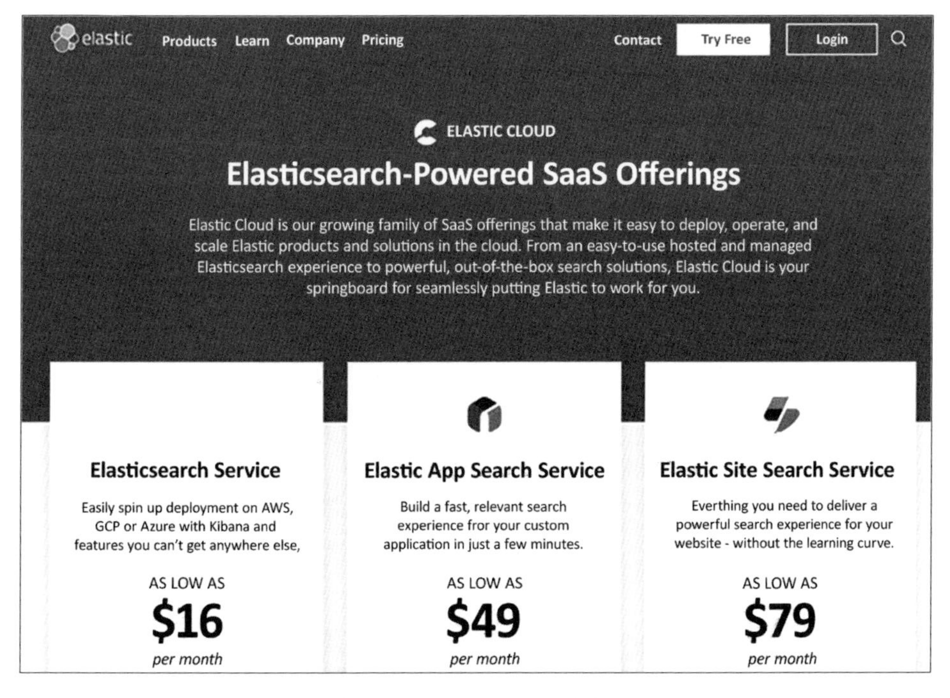

圖 13.9：Elastic Cloud 產品

AWS 提供與現有 AWS 產品緊密整合的託管式 OpenSearch 產品（`https://aws.amazon.com/opensearch-service/`）。例如，AWS CloudWatch Logs 可以直接串流到 AWS OpenSearch 實例上（`https://docs.aws.amazon.com/AmazonCloudWatch/latest/logs/CWL_OpenSearch_Stream.html`）。

根據我自己的經驗，儘管 Elastic Stack 的優點很有吸引力，但我覺得儘管這個專案很容易上手，只是如果沒有陡峭的學習曲線就很難擴展項目。若沒有每天持續使用 Elasticsearch 時，此學習曲線將會更加陡峭。如果您像我一樣想要利用 Elastic Stack 提供的功能，但又不想成為全職 Elastic 工程師，我強烈建議您在正式環境上使用其中一個託管選項。

選擇哪個託管供應商取決於您對雲端供應商的偏好，以及您是否想使用最新功能。由於 Elastic Cloud 是由 Elastic Stack 專案背後的人員建構的，因此往往比 AWS 更快提供最新功能。另一方面，如果您的基礎架構完全建置在 AWS 雲端中，那麼擁有緊密整合的 OpenSearch 實例，可以節省維護單獨叢集所需的時間和精力。

讓我們在下一節中看一個從資料擷取到視覺化的端到端範例。

第一個端到端範例

Elastic Stack 新手最常見的回饋之一是需要了解詳細資訊才能開始使用。要取得 Elastic Stack 中的第一個可用紀錄，使用者需要建立叢集、分配主節點和資料節點、提取資料、建立索引並透過 web 或命令列介面進行管理。多年來，Elastic Stack 簡化安裝過程、改進其文件，並為新用戶創建了樣本資料集，以便在正式環境中使用該 stack 之前熟悉這些工具。

在 Docker 容器中執行元件有助於減輕一些安裝的痛苦，但會增加維護的複雜性。要在虛擬機器或容器中運行它們之間做出選擇，就需要仔細衡量與評估。

在我們深入研究 Elastic Stack 的不同元件之前，先看看涵蓋 Logstash、Elasticsearch 和 Kibana 的範例會很有幫助。透過查看這個端到端範例，我們將熟悉每個元件提供的功能。當在本章後面更詳細地查看每個元件時，可以劃分特定元件在整體架構圖中的位置。

我們從將日誌資料放入 Logstash 中開始。我們將逐一配置路由器，使其將日誌資料匯出到 Logstash 伺服器：

```
r[1-6]#sh run | i logging
logging host <logstash ip> vrf Mgmt-intf transport udp port 5144
```

在安裝了所有元件的 Elastic Stack 主機上，我們將建立一個簡單的 Logstash 配置，該配置監聽 UDP 連接埠 5144，並將資料以 JSON 格式輸出到控制台以及 Elasticsearch 主機：

```
echou@elk-stack-mpn:~$ cd logstash-8.4.2/
echou@elk-stack-mpn:~/logstash-8.4.2$ mkdir network_configs
echou@elk-stack-mpn:~/logstash-8.4.2$ touch network_configs/simple_config.
cfg
echou@elk-stack-mpn:~/logstash-8.4.2$ cat network_configs/simple_config.
conf
input {
  udp {
    port => 5144
    type => "syslog-ios"
  }
}
output {
  stdout { codec => json }
  elasticsearch {
    hosts => ["https://<elasticsearch ip>:9200"]
    ssl => true
    ssl_certificate_verification => false
    user => "elastic"
    password => "<password>"
    index => "cisco-syslog-%{+YYYY.MM.dd}"
  }
}
```

設定檔僅由輸入部分和輸出部分組成，不修改資料。`syslog-ios` 是我們選擇用來識別該索引的名稱。在**輸出**部分，我們使用代表今天日期的變數來配置索引名稱。我們可以直接從前台的二進位資料夾中執行 Logstash 程序：

```
$ ./bin/logstash -f network_configs/simple_config.conf
Using bundled JDK: /home/echou/Mastering_Python_Networking_Fourth_Edition/
logstash-8.4.2/jdk
[2022-09-23T13:46:25,876][INFO ][logstash.inputs.udp      ][main]
[516c12046954cb8353b87ba93e5238d7964349b0fa7fa80339b72c6baca637bb]
UDP listener started {:address=>"0.0.0.0:5144", :receive_buffer_
bytes=>"106496", :queue_size=>"2000"}
<skip>
```

預設情況下，Elasticsearch 允許在向其發送資料時自動產生索引。我們可以透過重置介面、重新載入 BGP 或簡單地進入設定模式並退出，從而在路由器上產生一些日誌資料。一旦產生了一些新日誌，就會看到 `cisco-syslog-<date>` 索引被建立起來：

```
{"@timestamp":"2022-09-23T20:48:31.354Z", "log.level": "INFO",
"message":"[cisco-syslog-2022.09.23/B7PH3hxNSHqAegikXyp9kg]
create_mapping", "ecs.version": "1.2.0","service.name":"ES_
ECS","event.dataset":"elasticsearch.server","process.thread.
name":"elasticsearch[24808013b64b][masterService#updateTask]
[T#1]","log.logger":"org.elasticsearch.cluster.metadata.
MetadataMappingService","elasticsearch.cluster.uuid":"c-j9Dg8YTh2PstO3JFP9
AA","elasticsearch.node.id":"Pa4x3YJ-TrmFn5Pb2tObVw","elasticsearch.node.
name":"24808013b64b","elasticsearch.cluster.name":"docker-cluster"}
```

此時，我們可以執行 `curl` 來快速查看 Elasticsearch 上所建立的索引。`curl` 指令使用 `insecure` 旗標來容納自簽憑證，URL 的格式為「**https://<使用者名稱>:<密碼>@<ip><連接埠>/<路徑>**」，其中「`_cat/indices/cisco*`」顯示索引的類別，然後匹配到索引名稱：

```
$ curl -X GET --insecure "https://elastic:-Rel0twWMUk8L-
ZtZr=I@192.168.2.126:9200/_cat/indices/cisco*"
yellow open cisco-syslog-2022.09.23 B7PH3hxNSHqAegikXyp9kg 1 1 9 0 21kb
21kb
```

現在可以使用 Kibana 建立索引了，方法是前往 **Menu → Management → Stack Management**：

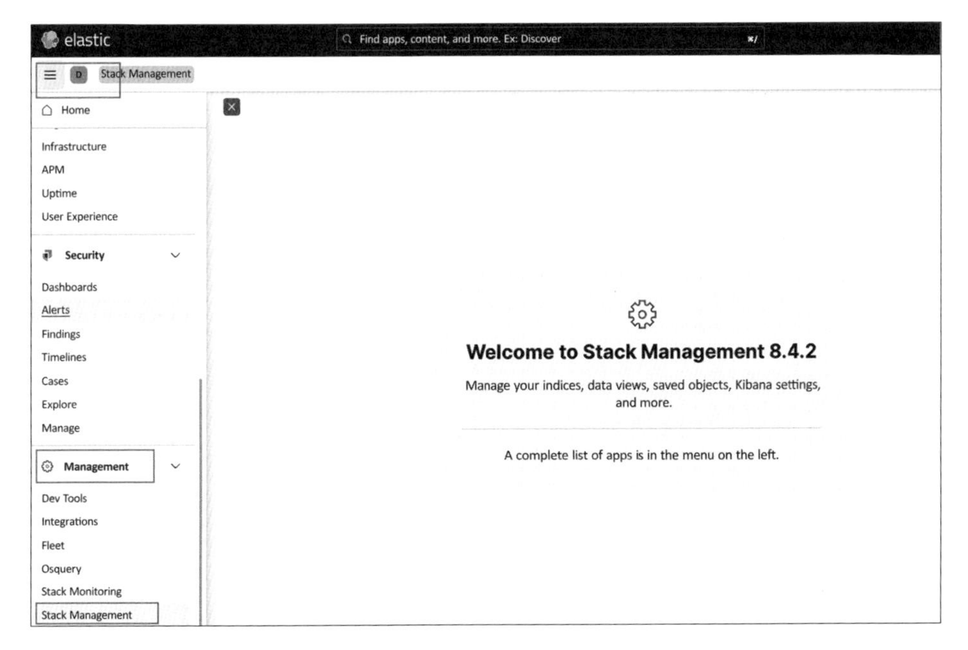

圖 13.10：Stack 管理

在 **Data → Index Management** 下，我們可以看到新建立的 **cisco-syslog** 索引：

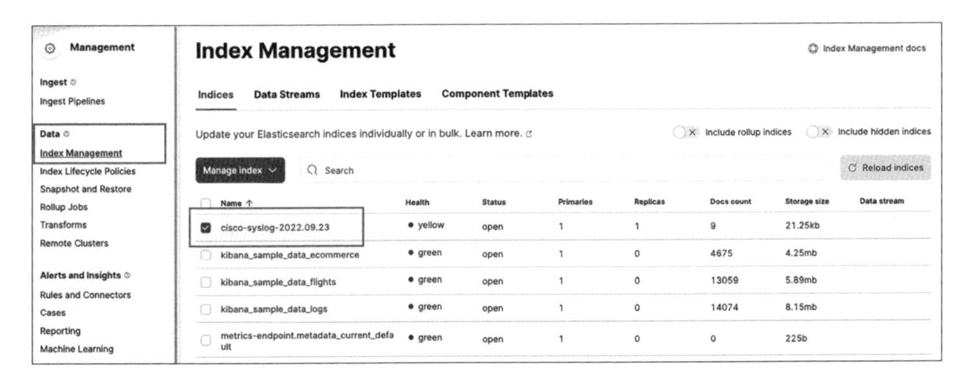

圖 13.11：索引管理

我們現在可以前往 **Stack Management → Kibana → Data Views** 來建立資料視圖。

圖 13.12：建立新資料視圖步驟 1

由於索引已經存在於 Elasticsearch 中，因此我們只需要匹配索引名稱。請記住，我們的索引名稱是基於時間的變數；我們可以使用星號萬用字元（*）來匹配以 **cisco-syslog** 開頭的所有當前和未來索引：

Create data view

Name

Cisco Syslogs

Index pattern

cisco-syslog-*

Enter an index pattern that matches one or more data sources. Use an asterisk (*) to match multiple characters. Spaces and the characters , /, ?, ", <, >, | are not allowed.

Timestamp field

@timestamp

Select a timestamp field for use with the global time filter.

Show advanced settings

Your index pattern matches 1 source.

cisco-syslog-2022.09.23 Index

Rows per page: 10

圖 13.13：建立新資料視圖第 2 步

我們的索引是基於時間的，也就是說有一個可以作為時間戳的欄位，並可以根據時間進行搜尋，所以得指明哪個欄位是時間戳記。在我們的例子中，Elasticsearch 已經足夠聰明，可以從系統日誌中選擇一個欄位作為時間戳記；我們只需在第二步中從下拉式選單中選擇它即可。

建立索引模式後，我們可以使用 **Menu → Discover**（在 **Analytics** 下）標籤來查看條目。請確保選擇正確的索引和時間範圍：

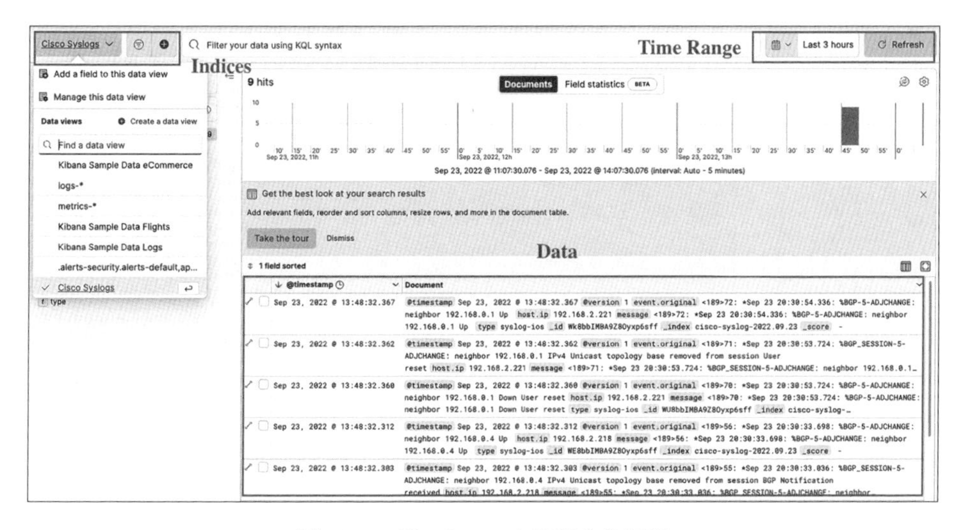

圖 13.14：Elasticsearch 索引文件探索

蒐集更多日誌資訊後，我們可以在 Logstash 程序上使用 *Ctrl+C* 來停止 Logstash 程序。第一個範例展示了如何利用 Elastic Stack 管道進行資料擷取、儲存和視覺化。Logstash（或 Beats）中使用的資料攝取是自動流入 Elasticsearch 的連續資料流。Kibana 視覺化工具則為我們提供了一種以更直觀的方式分析 Elasticsearch 資料的方法，然後在對結果滿意後建立長期性的視覺化呈現。我們可以使用 Kibana 創建更多視覺化圖表，這些將在本章後面看到更多範例。

即使僅舉一個例子，我們也可以看出工作流程中最重要的部分是 Elasticsearch。正是簡單的 RESTful 介面、儲存可擴展性、自動索引和快速搜尋結果使 stack 能夠適應我們的網路分析需求。

在下一節中，我們將了解如何使用 Python 與 Elasticsearch 互動。

利用 Python client 與 Elasticsearch 互動

我們可以使用 Python 函式庫透過其 HTTP RESTful API 與 Elasticsearch 進行互動。例如，在下面的範例中，我們將使用 `requests` 函式庫執行 `GET` 操作以從 Elasticsearch 主機檢索資訊。舉例來說，我們知道以下 URL 端點的 `HTTP GET` 可以檢索以 `kibana` 開頭的目前索引：

```
$ curl -X GET --insecure "https://elastic:-Rel0twWMUk8L-
ZtZr=I@192.168.2.126:9200/_cat/indices/kibana*"
green open kibana_sample_data_ecommerce QcLgMu7CTEKNjeJeBxaD3w 1 0  4675 0
4.2mb 4.2mb
green open kibana_sample_data_logs      KPcJfMoSSaSs-kyqkuspKg 1 0 14074 0
8.1mb 8.1mb
green open kibana_sample_data_flights   q8MkYKooT8C5CQzbMMNTpg 1 0 13059 0
5.8mb 5.8mb
```

我們可以使用 `requests` 函式庫在 Python 腳本 `Chapter13_1.py` 中建立類似的函式：

```
#!/usr/bin/env python3
import requests
from requests.packages.urllib3.exceptions import InsecureRequestWarning

# 將 https 查驗的警告功能關閉
requests.packages.urllib3.disable_warnings(InsecureRequestWarning)

def current_indices_list(es_host, index_prefix):
    current_indices = []
    http_header = {'content-type': 'application/json'}
    response = requests.get(es_host + "/_cat/indices/" + index_prefix +
"*", headers=http_header, verify=False)
    for line in response.text.split('\n'):
        if line:
            current_indices.append(line.split()[2])
    return current_indices

if __name__ == "__main__":
    username = 'elastic'
```

```
    password = '-Rel0twWMUk8L-ZtZr=I'
    es_host = 'https://'+username+':'+password+'@192.168.2.126:9200'
    indices_list = current_indices_list(es_host, 'kibana')
    print(indices_list)
```

執行腳本將為我們提供以 kibana 開頭的索引列表：

```
$ python Chapter13_1.py
['kibana_sample_data_ecommerce', 'kibana_sample_data_logs', 'kibana_
sample_data_flights']
```

也可以使用 Python Elasticsearch 客戶端（https://elasticsearch-py.readthedocs.io/en/master/），它被設計為 Elasticsearch 的 RESTful API 的輕量化套裝，以實現最大的靈活性。讓我們安裝它並運行一個簡單的範例：

```
(venv) $ pip install elasticsearch
```

範例 Chapter13_2 只是連接到 Elasticsearch cluster，並以 kibana 開頭的索引為檢索條件，搜尋任何相符的內容：

```
#!/usr/bin/env python3
from elasticsearch import Elasticsearch

es_host = Elasticsearch(["https://elastic:-Rel0twWMUk8L-
ZtZr=I@192.168.2.126:9200/"],
                        ca_certs=False, verify_certs=False)

res = es_host.search(index="kibana*", body={"query": {"match_all": {}}})
print("Hits Total: " + str(res['hits']['total']['value']))
```

預設情況下，結果將傳回前 10,000 個條目：

```
$ python Chapter13_2.py
Hits Total: 10000
```

使用簡單的腳本，客戶端函式庫的優勢並不明顯。然而，當建立更複雜的搜尋操作時，客戶端函式庫非常有幫助，例如捲動——我們需要使用每個查詢傳回的 token 來繼續執行後續查詢，直到傳回所有結果。客戶端還可以幫助完成更複雜的管理任務，例如當我們需要針對現有索引值進行全面重新索引時。在本章的其餘部分中，將看到更多使用客戶端函式庫的範例。

在下一節中，我們將查看來自 Cisco 設備系統日誌的更多資料攝取範例。

利用 Logstash 進行資料攝取

在上一個範例中，我們使用 Logstash 從網路設備提取日誌資料。讓我們以此範例為基礎，並在 `network_config/config_2.cfg` 中加入更多設定變更：

```
input {
  udp {
    port => 5144
    type => "syslog-core"
  }
  udp {
    port => 5145
    type => "syslog-edge"
  }
}
filter {
 if [type] == "syslog-edge" {
    grok {
      match => { "message" => ".*" }
      add_field => [ "received_at", "%{@timestamp}" ]
    }
  }
}
output {
  stdout { codec => json }
  elasticsearch {
    hosts => ["https://192.168.2.126:9200"]
    <skip>
  }
}
```

在輸入部分，我們將監聽兩個 UDP 連接埠 5144 和 5145。收到日誌後，我們將使用 syslog-core 或 syslog-edge 標記日誌條目，並在配置中新增篩選器部分，以專門匹配 syslog-edge 類型，並為訊息部分套用 Grok 正規表示式。在這種情況下，我們將匹配所有內容並添加一個額外的欄位 received_at，以及時間戳的值。

有關 Grok 的更多資訊，請查看以下文件：https://www.elastic.co/guide/en/logstash/current/plugins-filters-grok.html。

我們將更改 r5 和 r6，以將系統日誌訊息傳送到 UDP 連接埠 5145：

```
r[5-6]#sh run | i logging
logging host 192.168.2.126 vrf Mgmt-intf transport udp port 5145
```

當啟動 Logstash 伺服器時，我們將看到兩個連接埠現在都正在監聽中：

```
$ ./bin/logstash -f network_configs/config_2.conf
<skip>
[2022-09-23T14:50:42,097][INFO ][logstash.inputs.udp      ][main]
[212f078853a453d3d8a5d8c1df268fd628577245cd1b66acb06b9e1cb1ff8a10]
UDP listener started {:address=>"0.0.0.0:5144", :receive_buffer_
bytes=>"106496", :queue_size=>"2000"}
[2022-09-23T14:50:42,106][INFO ][logstash.inputs.udp      ][main]
[6c3825527b168b167846f4ca7dea5ef55e1437753219866bdcc2eb51aee53c84]
UDP listener started {:address=>"0.0.0.0:5145", :receive_buffer_
bytes=>"106496", :queue_size=>"2000"}
```

透過使用不同類別分隔項目，我們可以特別透過指定類別的方式，在 Kibana **Discover** 儀表板中搜尋：

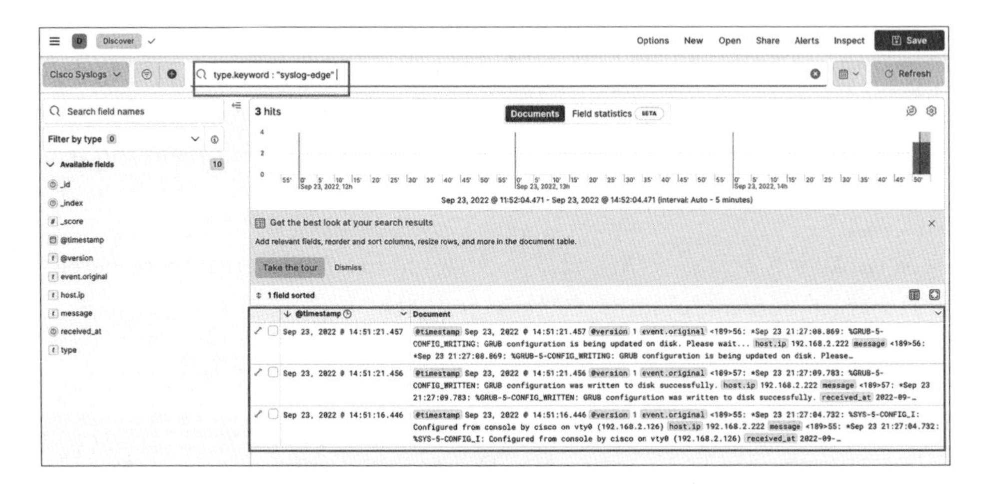

圖 13.15：Syslog 索引

如果擴展 syslog-edge 類別的項目，就可以看到我們新增的欄位：

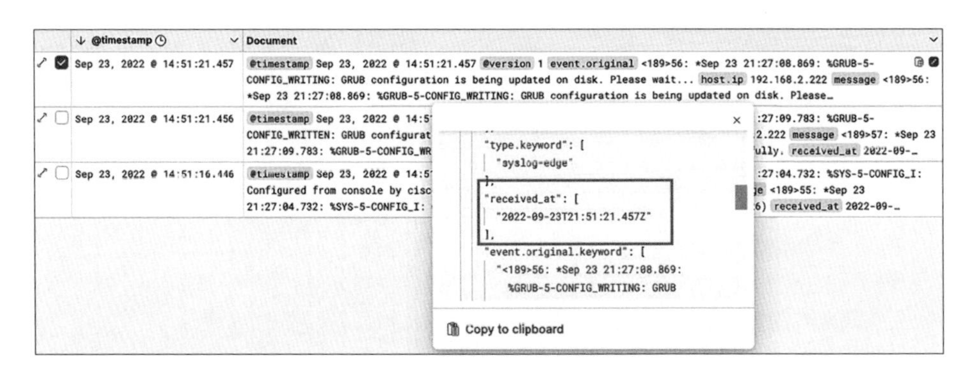

圖 13.16：Syslog 時間戳

Logstash 組態設定檔在輸入、篩選器和輸出方面提供了許多選項。特別是，**篩選器（Filter）**部分為我們提供了改善資料的方法，透過選擇性匹配資料，並在將其輸出到 Elasticsearch 之前，進行進一步處理。Logstash 可以透過模組進行擴充；每個模組都提供了快速的端到端解決方案，用於透過專用儀表板獲取資料和視覺化。

更多有關 Logstash 模組的資訊，請參閱以下文件：https://www.elastic.co/guide/en/logstash/8.4/logstash-modules.html。

Elastic Beats 與 Logstash 模組類似，都是單一用途的資料傳送器，通常作為代理安裝，蒐集主機上的資料，並將輸出資料直接傳送到 Elasticsearch 或 Logstash 進行進一步處理。

事實上，Beats 的種類有數百種，都能讓使用者下載，例如 Filebeat、Metricbeat、Packetbeat 與 Heartbeat 等。在下一節中，我們將了解如何使用 Filebeat 將系統日誌資料提取到 Elasticsearch 中。

利用 Beats 進行資料攝取

儘管 Logstash 很出色，但資料攝取過程可能會變得複雜且難以擴展。如果擴展網路日誌範例，我們可以看到，即使只有網路日誌，嘗試解析來自 IOS 路由器、NXOS 路由器、ASA 防火牆、Meraki 無線控制器等的不同日誌格式也會變得複雜。如果我們需要從 Apache web 日誌、伺服器主機健康狀況和安全性資訊中提取日誌資料怎麼辦？面對 NetFlow、SNMP 和計數器等資料格式又是如何？我們需要聚合的資料越多，它就會變得越複雜。

雖然我們無法完全擺脫聚合和資料攝取的複雜性，但當前的趨勢是轉向更輕量級、單一用途的代理（agent），該代理盡可能靠近資料來源。例如，我們可以在 Apache 伺服器上直接安裝資料蒐集代理，專門蒐集 web 日誌資料；或者我們可以擁有一台僅蒐集、聚合和組織 Cisco IOS 日誌的主機。Elastic Stack 將這些輕量級資料傳送器統稱為 Beats：`https://www.elastic.co/products/beats`。

Filebeat 是 Elastic Beats 軟體的版本之一，旨在轉發和集中日誌資料。它會尋找我們在配置中指定要蒐集的日誌檔案；一旦完成處理，它會將新的日誌資料傳送到底層進程，該程序將事件聚合並輸出到 Elasticsearch。在本節中，我們將了解如何使用 Filebeat 與 Cisco 模組來蒐集網路日誌資料。

讓我們安裝 Filebeat，並使用附帶的視覺化模板和索引來設置 Elasticsearch 主機：

```
$ $ curl -L -O https://artifacts.elastic.co/downloads/beats/filebeat/
filebeat-8.4.2-amd64.deb
$ sudo dpkg -i filebeat-8.4.2-amd64.deb
```

資料夾配置可能會令人困惑，因為它們安裝在不同的 `/usr`、`/etc/` 和 `/var` 位置：

類型	描述	位置
home	Filebeat 安裝的主資料夾	/user/share/filebeat
bin	二進制檔案（binary file）放置處	/usr/share/filebeat/bin
config	組態設定檔的位置	/etc/filebeat
data	永久性資料檔案的放置位置	/var/lib/filebeat
logs	Filebeat 創建的日誌檔案放置位置	/var/log/filebeat

圖 13.17：Elastic Filebeat 檔案位置
（資料來源：https://www.elastic.co/guide/en/beats/filebeat/8.4/directory-layout.html）

我們將對組態設定檔 `/etc/filebeat/filebeat.yml` 進行一些更改，用以指定 Elasticsearch 和 Kibana 的位置

```
output.elasticsearch:
  # 待連線的主機陣列
  hosts: ["192.168.2.126:9200"]

  # 採用的協定——用 'http'（預設）或 'https' 擇一
  protocol: "https"

  # 身份驗證憑證——API 金鑰或使用者帳號 / 密碼
  username: "elastic"
  password: "changeme"
  ssl.verification_mode: none
setup.kibana:
  host: "192.168.2.126:5601"
```

Filebeat 可用於設置索引模板和 Kibana 儀表板範例：

```
$ sudo filebeat setup --index-management -E output.logstash.enabled=false
-E 'output.elasticsearch.hots=["https://elastic:-Rel0twWMUk8L-
ZtZr=I@192.168.2.126:9200/"]'
$ sudo filebeat setup -dashboards
```

我們為 Filebeat 啟用 cisco 模組：

```
$ sudo filebeat modules enable cisco
Enabled cisco
```

先設定 syslog 的 cisco 模組，該檔案位於 /etc/filebeat/modules.d/cisco.yml 下。在我們的例子中，還指定了自訂日誌檔案位置：

```
- module: cisco
  ios:
    enabled: true
    var.input: syslog
    var.syslog_host: 0.0.0.0
    var.syslog_port: 514
    var.paths: ['/home/echou/syslog/my_log.log']
```

可以使用常見的 Ubuntu Linux 指令 service Filebeat [start|stop|status] 來啟動、停止和檢查 Filebeat 服務的狀態：

```
$ sudo service filebeat start
$ sudo service filebeat status
• filebeat.service - Filebeat sends log files to Logstash or directly to
Elasticsearch.
     Loaded: loaded (/lib/systemd/system/filebeat.service; disabled;
vendor preset: enabled)
     Active: active (running) since Fri 2022-09-23 16:06:09 PDT; 3s ago
<skip>
```

修改或新增設備上系統日誌的 UDP 連接埠 **514**。我們應該能夠在 **filebeat-*** 索引搜尋下看到 syslog 資訊：

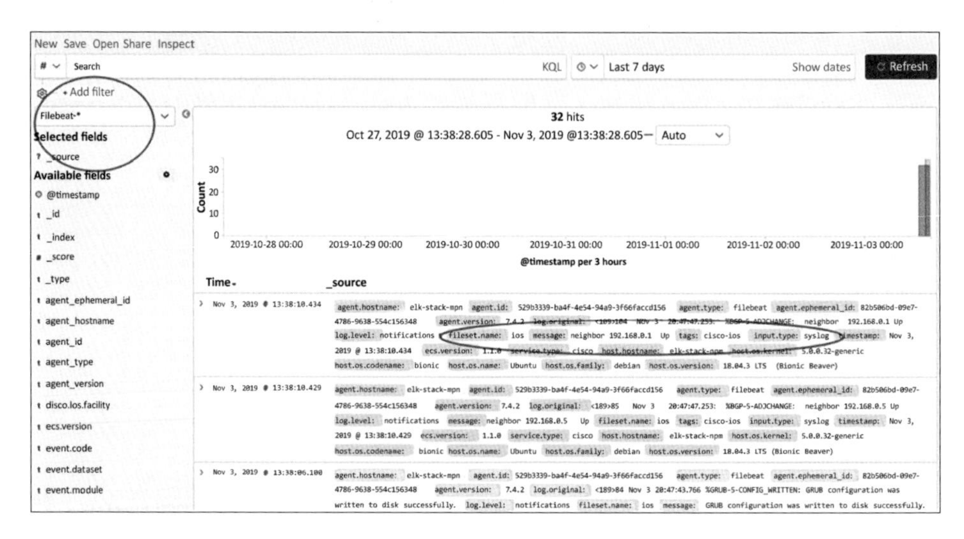

圖 13.18：Elastic Filebeat 索引

如果將其與前面的系統日誌範例進行比較，可以看到與每筆紀錄關聯的欄位和詮釋資訊（meta information）增加許多，例如 `agent.version`、`event.code` 和 `event.serverity`：

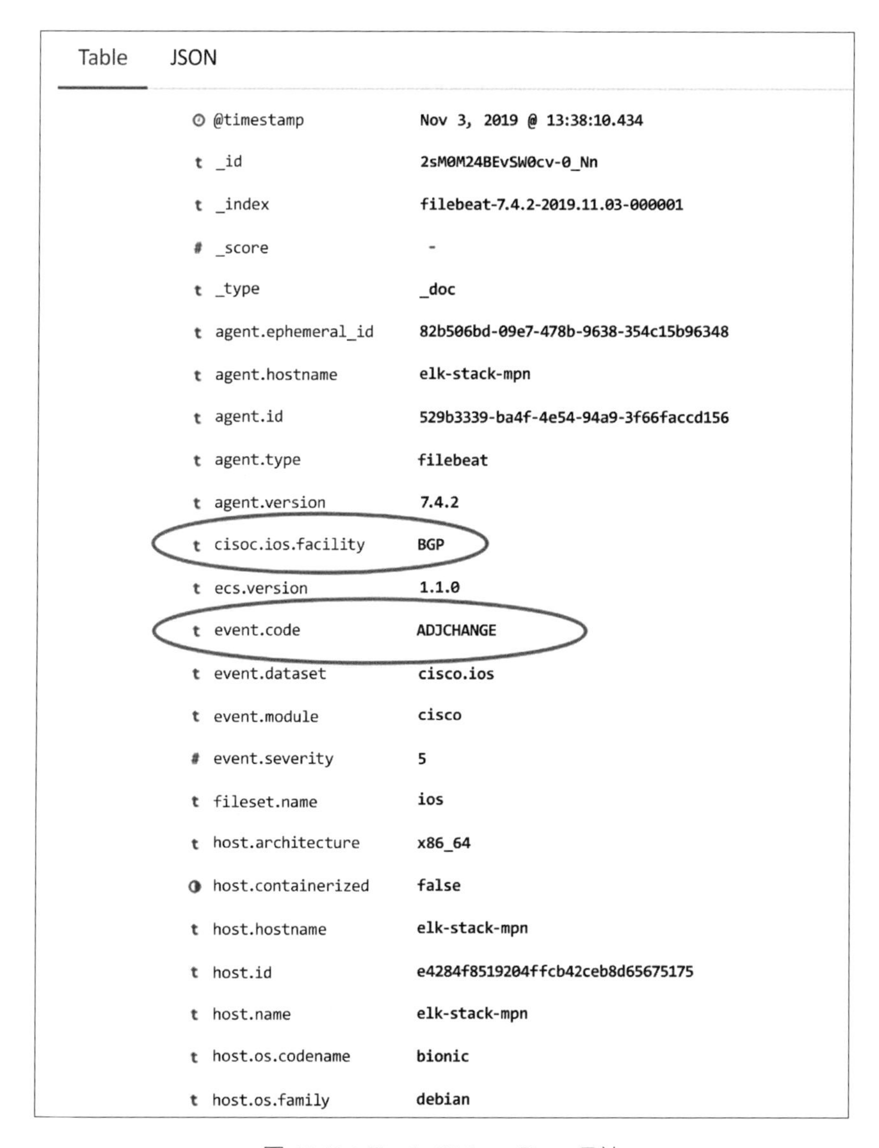

圖 13.19：Elastic Filebeat Cisco 日誌

為什麼額外的欄位很重要？除了其他優點外，這些欄位使搜尋聚合變得更容易，這反過來又更有利於繪製結果圖。在接下來討論 Kibana 的部分，我們將看到圖形範例。

除了 `cisco` 模組之外，還有適用於 Palo Alto Networks、AWS、Google Cloud、MongoDB……等環境的模組。最新的模組列表可以在以下網址查看：`https://www.elastic.co/guide/en/beats/filebeat/8.4/filebeat-modules.html`。

如果我們想監控 NetFlow 資料怎麼辦？沒問題，有一個模組可以解決這個問題！我們將透過啟用模組並設定儀表板來對 Cisco 模組執行相同的流程：

```
$ sudo filebeat modules enable netflow
$ sudo filebeat setup -e
```

然後，設定模組組態設定檔 `/etc/filebeat/modules.d/netflow.yml`：

```
- module: netflow
  log:
    enabled: true
    var:
      netflow_host: 0.0.0.0
      netflow_port: 2055
```

我們將配置設備使 NetFlow 資料傳送至編號為 `2055` 的連接埠。如果您需要複習，請閱讀第 *8* 章，使用 *Python* 來執行網路監控——第 *2* 部分中的相關設定。我們應該可以看到新的 `netflow` 資料輸入類型：

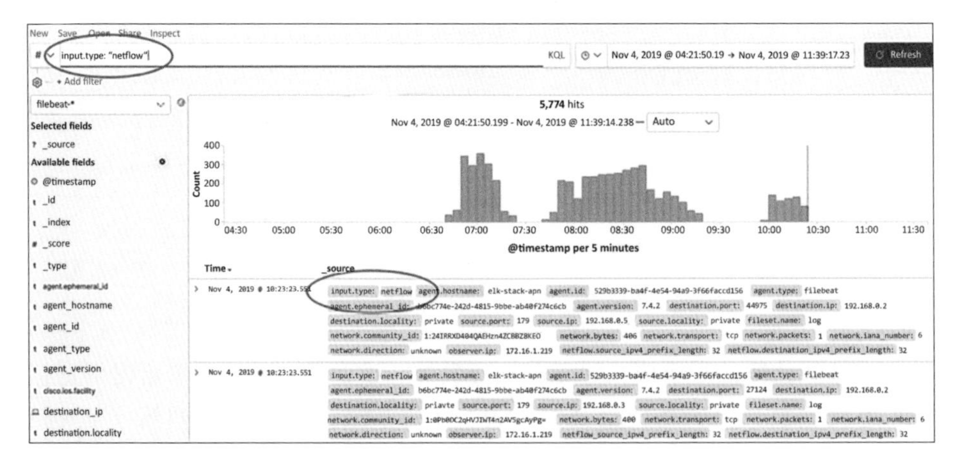

圖 13.20：Elastic NetFlow 輸入

還記得每個模組都預先加入了視覺化模板嗎？現在不會詳細談視覺化，但如果單擊左側面板上的 **visualization**，然後搜尋 **netflow**，就可以看到為我們建立的一些視覺化結果：

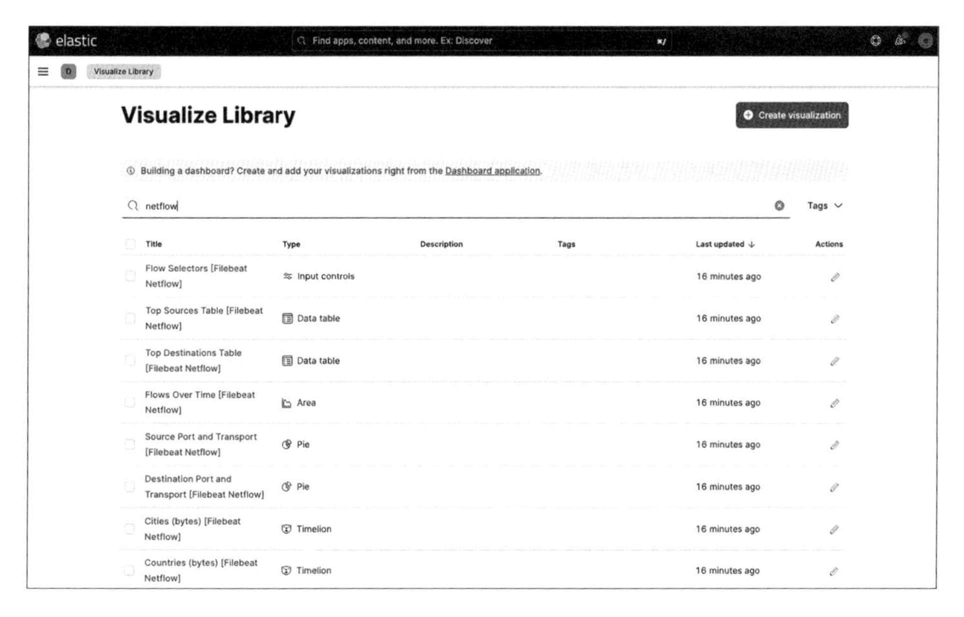

圖 13.21：Kibana 視覺化

點選 **Conversation Partners [Filebeat Netflow]** 選項，這將為我們提供一個列出了最活躍通訊者排名的表格，也可以按每個欄位重新排序：

filebeat-*

Data Options

Metrics

Metric Sum of network.bytes

Metric Sum of network.pack...

Metric Count

Add

Buckets

Split rows source.ip: Descen...

Split rows destination.ip: De...

Source	Destination	Bytes	Packets	Flow Records
172.16.1.124	172.16.1.220	135.1KB	1,647	3
172.16.1.124	172.16.1.218	135.1KB	1,647	3
172.16.1.124	172.16.1.221	135KB	1,646	3
10.0.0.5	10.0.0.9	133.9KB	654	126
172.16.1.124	172.16.1.222	90.1KB	1,098	2
172.16.1.124	172.16.1.219	90.1KB	1,098	2
10.0.0.18	224.0.0.5	75.3KB	937	5
10.0.0.26	224.0.0.5	70.4KB	883	5
10.0.0.34	224.0.0.5	67KB	838	5
10.0.0.14	224.0.0.5	64.7KB	803	4

Export: Raw Formatted

1 2 3 4 5 … 6

圖 13.22：Kibana 表

在下一節中，我們將重點放在 ELK Stack 的 Elasticsearch 部分。

利用 Elasticsearch 進行搜尋

我們需要 Elasticsearch 中的更多資料，來使搜尋和圖表變得更有趣。我建議重新載入一些實驗設備，以獲得介面重置、BGP 和 OSPF 建立的日誌條目以及設備啟動訊息。或者，歡迎使用我們在本章開頭匯入的樣本資料。

回顧 Chapter13_2.py 腳本範例，當我們搜尋時，有兩個資訊可能會因每個查詢而發生變更：索引和查詢正文。我通常喜歡將這些資訊分解為輸入變量，便可以在運行時動態更改這些變量，以將搜尋邏輯和腳本本身分開。我們建立一個名為 query_body_1.json 的檔案：

```
{
  "query": {
    "match_all": {}
  }
}
```

我們將建立腳本 Chapter13_3.py，它使用 argparse 在命令列取得使用者輸入：

```
import argparse
parser = argparse.ArgumentParser(description='Elasticsearch Query
Options')
parser.add_argument("-i", "--index", help="index to query")
parser.add_argument("-q", "--query", help="query file")
args = parser.parse_args()
```

然後，我們可以使用這兩個輸入值來建立搜索，就像之前所做的那樣：

```
# 載入 elastic 索引和查詢主體資訊
query_file = args.query
with open(query_file) as f:
    query_body = json.loads(f.read())
# Elasticsearch 實例
es_host = Elasticsearch(["https://elastic:<pass> @192.168.2.126:9200/"],
              ca_certs=False, verify_certs=False)
# 查詢雙方索引並將之寫入字典中
index = args.index
```

```
res = es.search(index=index, body=query_body)
print(res['hits']['total']['value'])
```

可以使用 help 選項來查看腳本應提供哪些參數。以下是對我們創建的兩個不同索引，使用相同查詢時的結果：

```
$ python Chapter13_3.py --help
usage: Chapter12_3.py [-h] [-i INDEX] [-q QUERY]
Elasticsearch Query Options
optional arguments:
  -h, --help            show this help message and exit
  -i INDEX, --index INDEX
                        index to query
  -q QUERY, --query QUERY
                        query file
$ python3 Chapter13_3.py -q query_body_1.json -i "cisco*"
50
$ python3 Chapter13_3.py -q query_body_1.json -i "filebeat*"
10000
```

在開發搜尋時，通常需要進行幾次嘗試才能獲得所需的結果。Kibana 提供的工具之一是開發者控制台，它允許我們使用搜尋條件並在同一頁上查看搜尋結果。該工具位於 *Management for Dev Tools* 選單區下。

例如，在下圖中，我們執行與現在相同的搜索，可以看到回傳的 JSON 結果。這是 Kibana 介面上我最喜歡的工具之一：

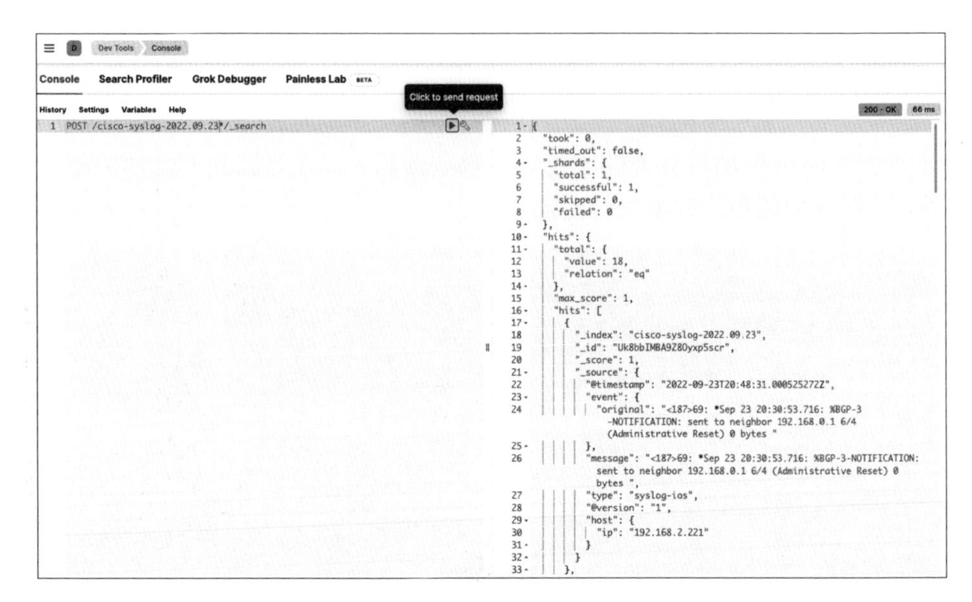

圖 13.23：Kibana 開發工具

很多網路資料都是基於時間的，像是我們蒐集的日誌和 NetFlow 資料。這些值是在時間快照中取得的，可能會將值分組在特定時間範圍內。例如，我們可能想知道「過去 7 天內 NetFlow 最活躍的通訊者是誰？」或「過去一小時內哪個設備擁有最多的 BGP 重置訊息？」這些問題大多數都與聚合和時間範圍有關。我們來看一個限制時間範圍的查詢——`query_body_2.json`：

```
{
  "query": {
    "bool": {
    "filter": [
      {
        "range": {
          "@timestamp": {
            "gte": "now-10m"
          }
        }
      }
    ]
    }
```

```
  }
}
```

這是一個布林查詢（https://www.elastic.co/guide/en/elasticsearch/reference/current/query-dsl-bool-query.html），這意味著它可以採用其他查詢的組合。在我們的查詢中，使用篩選器將時間範圍限制為最後 10 分鐘。我們將 Chapter13_3.py 腳本複製到 Chapter13_4.py，並修改輸出以獲取點擊數以及實際返回結果列表的循環：

```
<skip>
res = es.search(index=index, body=query_body)
print("Total hits: " + str(res['hits']['total']['value']))
for hit in res['hits']['hits']:
    pprint(hit)
```

執行腳本顯示我們在最後 10 分鐘內只有 23 次點擊：

```
$ python Chapter13_4.py -i "filebeat*" -q query_body_2.json
Total hits: 23
```

我們可以在查詢中新增另一個篩選選項，透過 query_body_3.json 來限制來源 IP：

```
{
  "query": {
    "bool": {
      "must": {
        "term": {
          "source.ip": "192.168.0.1"
        }
      },
<skip>
```

結果將受到兩項限制：r1 之 loopback IP 的來源 IP，以及時間在最近 10 分鐘內：

```
$ python Chapter12_4.py -i "filebeat*" -q query_body_3.json
Total hits: 18
```

讓我們再次修改搜尋正文以新增聚合（`https://www.elastic.co/guide/en/elasticsearch/reference/current/search-aggregations-bucket.html`），該聚合需要從我們之前的所有搜尋中，取得網路位元組的總和：

```
{
  "aggs": {
        "network_bytes_sum": {
          "sum": {
          "field": "network.bytes"
        }
    }
  },
  <skip>
}
```

每次執行腳本 `Chapter13_5.py` 的結果都會不同。當我連續運行腳本時，當前結果約為 1 MB：

```
$ python Chapter13_5.py -i "filebeat*" -q query_body_4.json
1089.0
$ python Chapter13_5.py -i "filebeat*" -q query_body_4.json
990.0
```

正如您所看到的，建立搜尋查詢是一個迭代過程；通常會從廣泛的網路開始，然後逐漸縮小標準以微調結果。一開始，可能會花費大量時間閱讀文件並搜尋確切的語法和篩選器。隨著您獲得更多經驗，搜尋語法將變得更容易。回顧之前為 NetFlow 最活躍通訊者設定的 `netflow` 模組，當時所看到的視覺化可以使用檢查工具來查看 **Request** 內文：

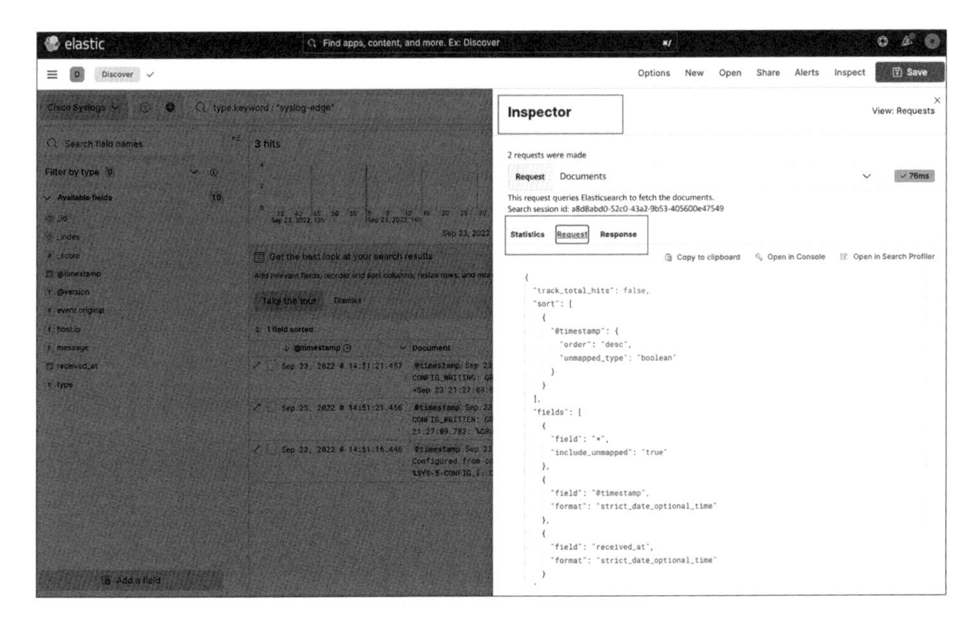

圖 13.24：Kibana 請求

我們可以將其放入查詢 JSON 檔案 query_body_5.json 中，並使用 Chapter13_6.py 檔案執行它，便會收到該圖表所基於的原始資料：

```
$ python Chapter13_6.py -i "filebeat*" -q query_body_5.json
{'1': {'value': 8156040.0}, 'doc_count': 8256, 'key': '10.0.0.5'}
{'1': {'value': 4747596.0}, 'doc_count': 103, 'key': '172.16.1.124'}
{'1': {'value': 3290688.0}, 'doc_count': 8256, 'key': '10.0.0.9'}
{'1': {'value': 576446.0}, 'doc_count': 8302, 'key': '192.168.0.2'}
{'1': {'value': 576213.0}, 'doc_count': 8197, 'key': '192.168.0.1'}
{'1': {'value': 575332.0}, 'doc_count': 8216, 'key': '192.168.0.3'}
{'1': {'value': 433260.0}, 'doc_count': 6547, 'key': '192.168.0.5'}
{'1': {'value': 431820.0}, 'doc_count': 6436, 'key': '192.168.0.4'}
```

在下一節中，我們將深入了解 Elastic Stack 的視覺化部分：Kibana。

利用 Kibana 來達到資料視覺化

到目前為止，我們已經使用 Kibana 來發現資料、管理 Elasticsearch 中的索引、使用開發人員工具來開發查詢以及其他功能。還看到了 NetFlow 中預先填入的視覺化圖表，它為我們提供了資料中最活躍的通訊者。在本節中，我們將逐步完成創建自己的圖表，首先將從建立圓餅圖開始。

圓餅圖非常適合顯示部分組件與整體的關係。我們以 Filebeat 索引為基礎建立一個圓餅圖，根據紀錄計數繪製前 10 個來源 IP 位址。我們將選擇 **Dashboard → Create dashboard → Create visualization → Pie**：

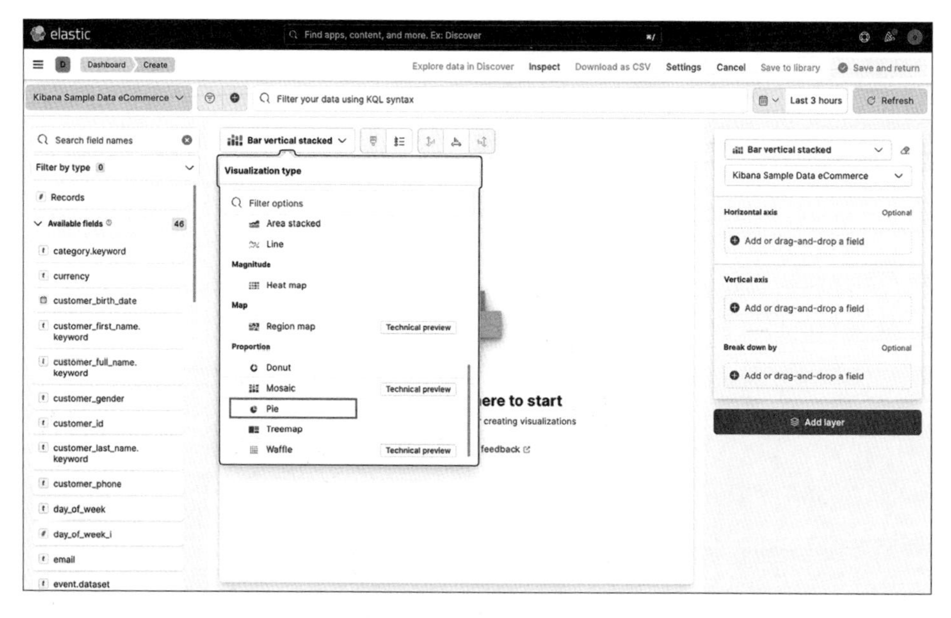

圖 13.25：Kibana 圓餅圖

然後在搜尋欄中輸入 **netflow** 以選擇我們的 **[Filebeat NetFlow]** 索引：

New Pie / Choose a source

netflow

Sort Types 2

Flow Records [Filebeat Netflow]

圖 13.26：Kibana 圓餅圖來源

預設情況下，我們會得到預設時間範圍內所有紀錄的總數。時間範圍可以動態改變：

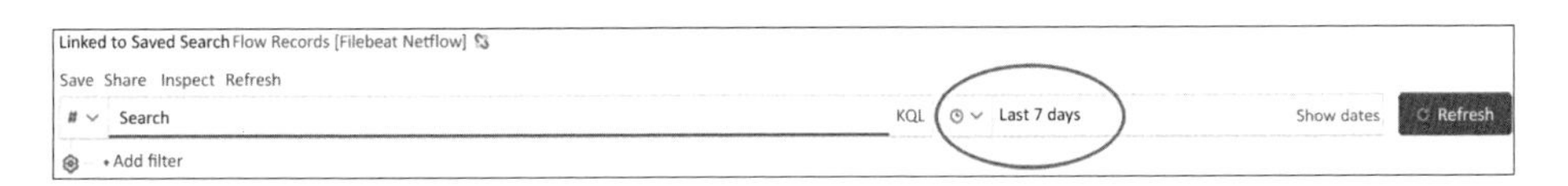

圖 13.27：Kibana 時間範圍

我們可以為圖表分配自訂標籤：

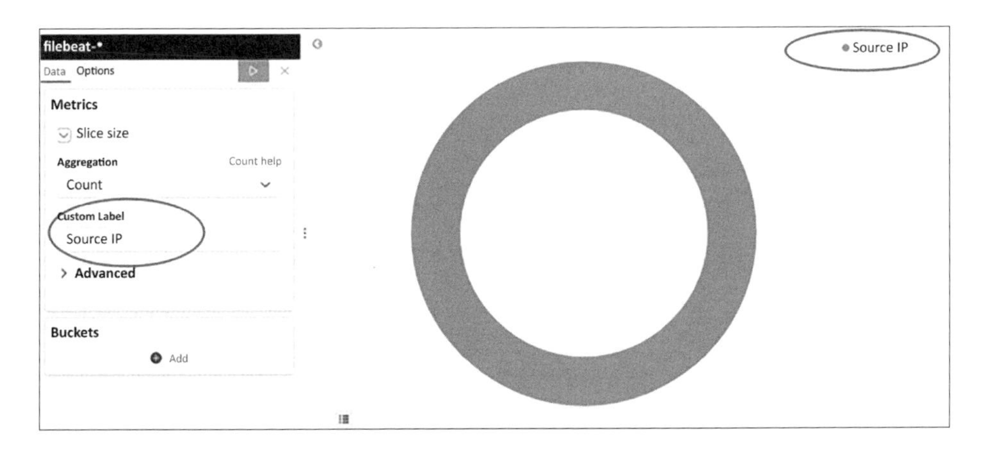

圖 13.28：Kibana 圖表標籤

點擊 **Add** 選項來新增更多儲存桶（buckets）。我們將選擇分割切片、聚合項目，然後從下拉式選單中選取 **source.ip** 欄位。保留**降序排列**（**Order Descending**），但將 **Size** 增加到 **10**。

只有當您點擊頂部的 **Apply** 按鈕時，才會套用變更。在使用現代網站時，往往會希望變更能即時生效，而不是得額外再多按一下 **Apply** 按鈕，但這是一個常見的錯誤：

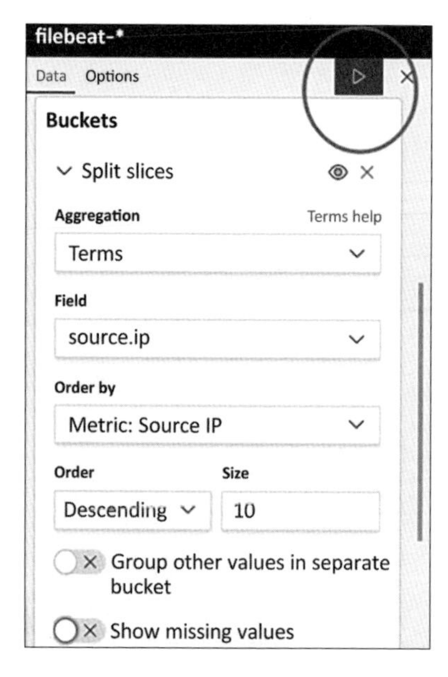

圖 13.29：Kibana Apply 按鈕

我們可以點擊上方的 **Options** 來關閉 **Donut**，並開啟 **Show labels**：

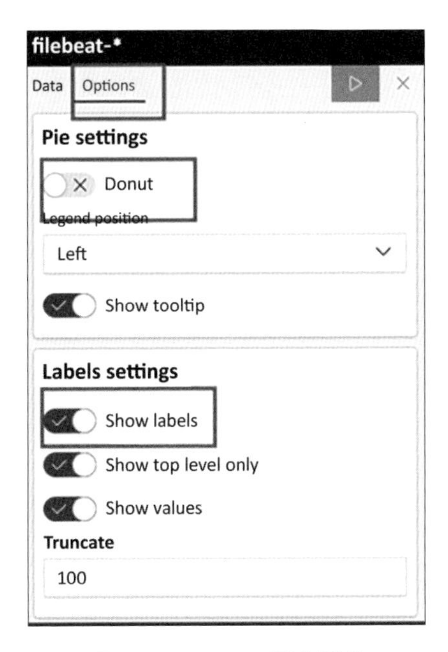

圖 13.30：Kibana 圖表選項

最後的圖表是張漂亮的圓餅圖，根據文件計數顯示了排名在前面的幾個 IP 來源：

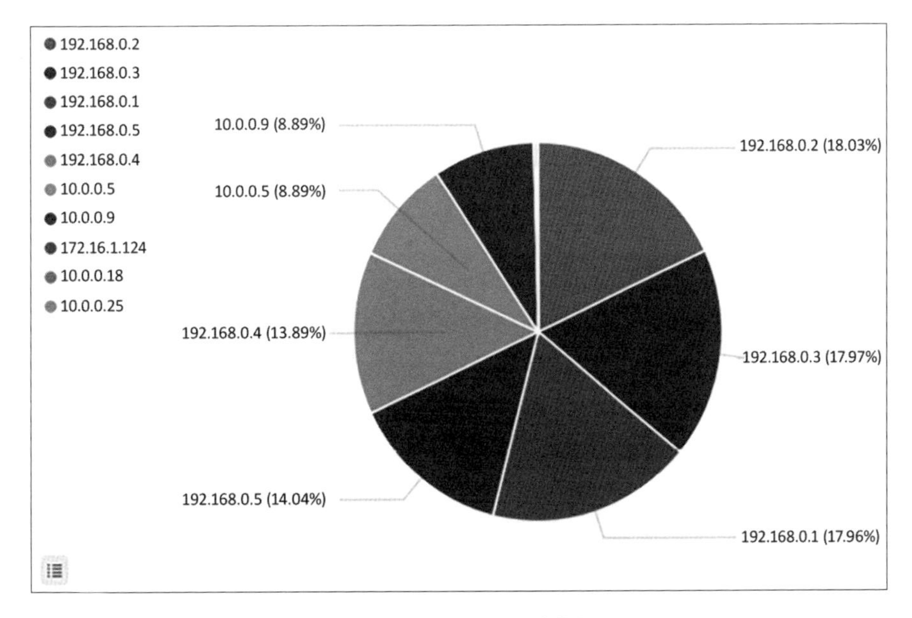

圖 13.31：Kibana 圓餅圖

與 Elasticsearch 一樣，Kibana 圖形也是一個迭代過程，通常需要幾次嘗試才能得到正確結果。如果將結果分成不同的圖表，而不是同一圖表上的切片會怎麼樣？不過，這在視覺上似乎不太吸引人：

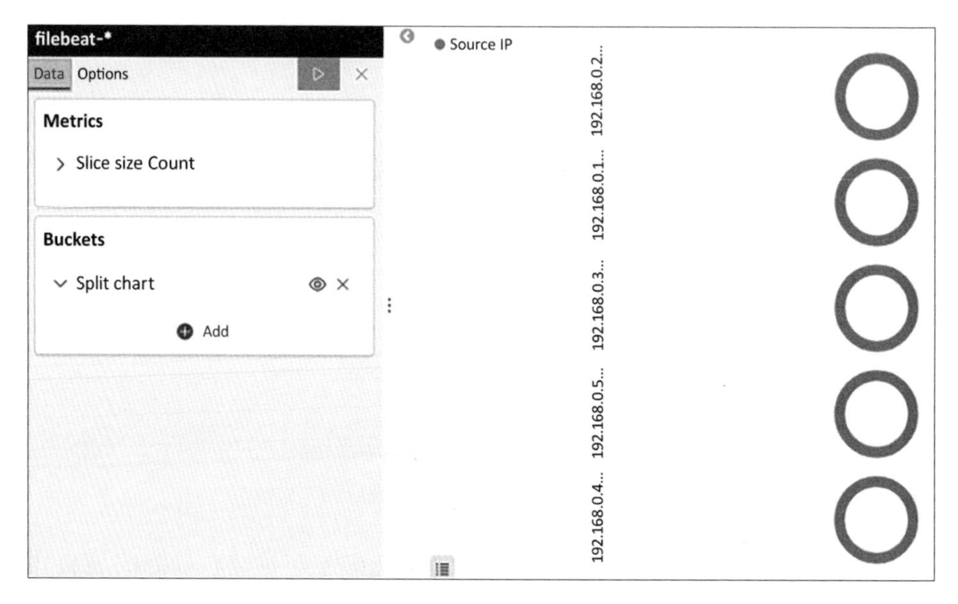

圖 13.32：Kibana 分割圖

讓我們堅持在同一個圓餅圖上將內容分成多個部分，並將時間範圍更改為**過去 1 小時**，然後保存圖表，以便稍後可以返回。

請注意，也可以透過嵌入的 URL（如果可以從共享位置存取 Kibana）或快照來共享圖表：

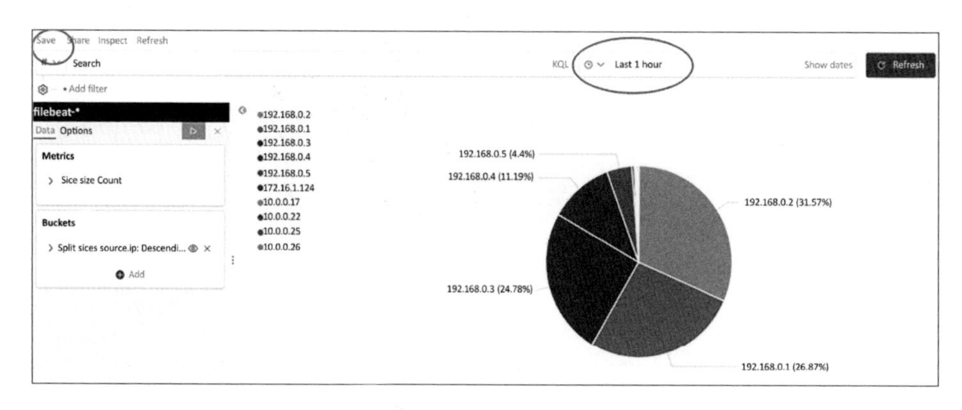

圖 13.33：Kibana 保存圖表

我們還可以透過 Metric 操作做更多事情。例如，可以選擇資料表圖表類型，並使用來源 IP 重複先前的 bucket 細分。我們也可以透過將每個 bucket 的網路位元組總數相加，來添加第二個指標：

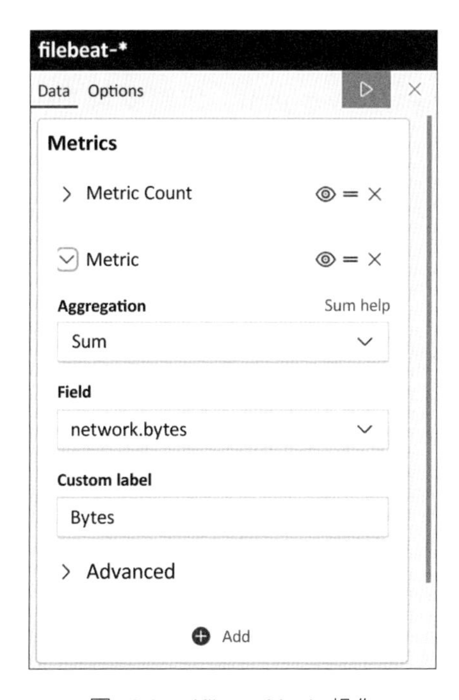

圖 13.34：Kibana Metric 操作

結果是一個表格，顯示文件計數的數量以及網路位元組的總和。可以選擇用 CSV 格式下載以供本機儲存：

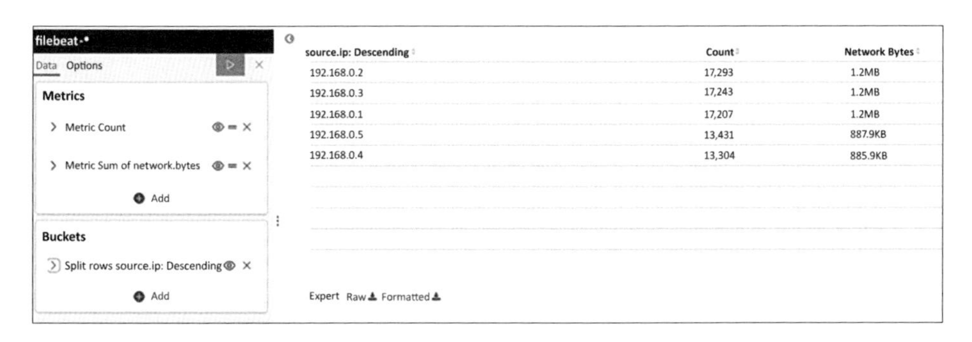

圖 13.35：Kibana 表格

Kibana 是 Elastic Stack 中非常強大的視覺化工具，我們只觸及了其視覺化功能的表層。除了許多其他圖表選項可以更好地講述資料故事之外，還可以將多個視覺化分組到儀表板上進行顯示。我們也可以使用 Timelion（`https://www.elastic.co/guide/en/kibana/8.4/timelion.html`）對獨立資料來源進行分組，以進行單一視覺化。或者，使用 Canvas（`https://www.elastic.co/guide/en/kibana/current/canvas.html`）作為基於 Elasticsearch 資料的展示工具。

Kibana 通常在工作流程的最後使用，以有意義地呈現資料。我們在本章中介紹了從資料擷取到儲存、檢索和視覺化的基本工作流程。借助 Elastic Stack 等整合開源 stack，讓我們可以在短時間內完成如此大量的工作，這仍然讓我感到驚訝。

總結

在本章中，我們使用 Elastic Stack 來提取、分析和視覺化網路資料，並以 Logstash 和 Beats 來提取網路系統日誌和 NetFlow 資料。然後，藉由 Elasticsearch 對資料進行索引和分類，以便於檢索。最後，使用 Kibana 來對資料進行視覺化。利用 Python 與 Stack 互動，幫助我們更深入地了解資料。Logstash、Beats、Elasticsearch 和 Kibana 共同打造了一個強大的一體化項目，可以幫助我們更好地理解資料。

在下一章中，我們將了解如何使用 Git 和 Python 進行網路開發。

14

Git 的使用

我們已經使用 Python、Ansible 和許多其他工具研究了網路自動化的各方面議題。在本書前 13 章的範例中，我們使用了 150 多個檔案，其中包含 5,300 多行程式碼。這對於在閱讀本書之前，主要使用命令列介面的網路工程師來說已經相當不錯了！有了這些新的腳本和工具，我們已經準備好要征服各種網路任務了，對吧？四方網路高手們，且慢。

在開始執行任務之前，需要考慮幾件事。我們將回顧這些注意事項，並討論版本控制（或原始碼控制）系統 Git 如何幫助我們解決這個問題。

我們將討論以下主題：

- 內容管理考量與 Git
- Git 簡介
- 設置 Git
- Git 使用範例
- 在 Git 中使用 Python
- 自動組態設定備份
- 與 Git 合作

首先，讓我們來談談這些考慮因素到底是什麼，以及 Git 在幫助我們管理它們上可以扮演什麼樣的角色。

內容管理考量與 Git

在建立程式碼檔案時，首先必須考慮的，就是如何將它們放在我們和其他人可以檢索和使用的位置。理想情況下，此位置將是保存檔案的唯一中心位置，但如果需要，也可以提供備份副本。在程式碼首次發佈後，我們將來可能會添加功能並修復錯誤，因此希望有一種方法來追蹤這些更動，並使檔案保持最新內容以供下載。如果新的更動無法順利運行，希望有辦法復原變更，並反映檔案歷史紀錄中的差異，這將使我們更清楚地了解程式碼檔案的演進過程。

第二個問題是：關於團隊成員之間的協作過程。如果與其他網路工程師合作，我們很可能需要共同處理這些檔案。這些檔案可能是 Python 腳本、Ansible 劇本、Jinja2 模板、INI 樣式的設定檔……等等。關鍵是：各種類型的文字文件以多個輸入方式更動時，團隊中的每個人都應該要能保持追蹤。

第三個問題是問責制（accountability）。一旦我們有了一個允許多個輸入和更動的系統，我們就需要用適當的追蹤紀錄來標記這些更動，用以反映每一筆更動的操作者。追蹤紀錄還應包括更改的原因說明，方便讓審查歷史紀錄的人能夠了解更動的原因。

這些是版本控制（或原始碼控制）系統（例如 Git）試圖解決的主要挑戰。公平地說，版本控制過程可以以專用軟體系統以外的形式存在。例如，如果打開 Microsoft Word 程式，文件檔案會不斷進行自動儲存，我可以及時返回以重新訪問更動處，或回復到以前的版本。這是版本控制的一種形式；然而，Word 文件很難延伸到我的筆記型電腦的範圍之外。本章我們重點關注的版本控制系統是獨立的軟體工具，其主要目的是追蹤軟體變更。

軟體工程中存在多種原始碼控制工具，包括商用的和開源的，一些流行的開源版本控制系統包括 CVS、SVN、Mercurial 和 Git。在本章中，我們將重點放在原始碼控制系統 Git。本書中使用的許多軟體都使用相同的版本控制系統來追蹤變更、在功能上進行協作以及與使用者溝通，我們將更深入地研究該工具。Git 實際上是許多大型開源專案的版本控制系統，包括 Python 和 Linux 核心。

自 2017 年 2 月起，CPython 開發流程已轉移至 GitHub。自 2015 年 1 月以來，這項工作一直在進行中。更多相關資訊，請查看 PEP 512，網址如下：`https://www.python.org/dev/peps/pep-0512`。

在深入研究 Git 的工作範例之前，我們先來了解 Git 系統的歷史和優勢。

Git 介紹

Git 是由 Linux 核心的創建者 Linus Torvalds 於 2005 年 4 月創建的。他用自己的幽默親切地稱這個工具為「來自地獄的資訊管理器」。在接受 Linux 基金會採訪時，Linus 提到，他認為原始碼控制管理是計算世界中最無聊的事情（`https://www.linuxfoundation.org/blog/2015/04/10-years-of-git-an-interview-with-git-creator-linus-torvalds/`）。儘管如此，在 Linux 核心開發者社群和他們當時使用的專有系統 BitKeeper 之間發生分歧後，他創建了這個工具。

Git 是什麼意思？在英式俚語中，git 是一種帶有侮辱意味的詞，用來形容令人討厭的、幼稚的人。Linus Torvalds 自嘲自己是個自大的混蛋，他的專案名稱都圍繞著自己，首先是 Linux，現在是 Git。然而，有些人認為該名稱是**全球資訊追蹤器（GIT）**的縮寫。您可以自行判斷喜歡哪種解釋。

這個專案迅速成形。在創建大約 10 天後（是的，您沒看錯），Linus 認為 Git 的基本思想是正確的，並開始使用 Git 提交了第一個 Linux 核心程式碼。其餘的事情，大家都知道了。創建十多年後，它仍然滿足 Linux 核心專案的所有期望。儘管許多開發人員在切換原始碼控制系統方面存在固有的慣性，但它還是許多其他開源專案的版本控制系統。Python 程式碼庫則是在 Mercurial（`https://hg.python.org/`）託管程式碼多年後，於 2017 年 2 月切換到 GitHub 上的 Git。

現在我們已經了解 Git 的歷史了，接著來看看它帶來的一些好處。

Git 的優勢

託管大型分散式開源專案（例如 Linux 核心和 Python）的成功，足以說明 Git 的優勢。我的意思是，如果這個工具足以用於世界上最受歡迎的作業系統（在我看來）和最受歡迎的程式語言（同樣，這只是我的看法）的軟體開發，那麼將它應用於我所愛好的專案上，一定也很不錯！

Git 的受歡迎程度尤其重要，因為它是相對較新的原始碼控制工具。若不是它比舊工具有更顯著的優勢，人們不會想切換到新工具。我們來看看一些 Git 的好處：

- **分散式開發**：Git 支援在私有儲存庫（repository）離線狀態進行平行、獨立與同步開發。許多其他版本控制系統需要與中央儲存庫持續同步。Git 的分散式和離線特性為開發人員提供了更大的靈活度。
- **可擴大規模以支援數千名開發人員**：某些開源專案各部分的開發人員數量總計可達到數千人之多，Git 能夠很可靠地支援他們將工作整合起來。
- **效能**：Linus 決心確保 Git 快速且有效率。為了節省 Linux 核心程式碼大量更新的空間和傳輸時間，而採用壓縮和增量檢查（delta check）來使 Git 快速且有效率。
- **責任性與不變性**：Git 在開發者每次提交要變更檔案的時，都會強制要求須附上更動紀錄，因此所有變更及其背後的原因都將有跡可尋。Git 中的資料物件在建立並寫入資料庫後，就無法再進行修改，使其維持不變，這進一步強化了責任追究的特性。
- **（具有不可分割特性的）原子交易（Atomic transactions）**：因為不同但相關的變更只能選擇完全執行，或者是完全不執行，從而確保儲存庫的完整性。這將確保儲存庫不會處於部分變更或損壞的狀態。
- **完整的儲存庫**：每個儲存庫都有每個檔案的所有歷史修訂的完整副本。
- **高度自由**：Git 工具起源於 Linux 和 BitKeeper VCS 之間的分歧，諸如：關於軟體是否應該自由，以及是否應該拒絕商業軟體或做出區隔等原則。因此該工具若能夠有高度自由的使用許可，是非常有意義的。

在深入研究 Git 之前，讓我們先看看 Git 中使用的一些術語。

Git 術語

以下是我們應該熟悉的一些 Git 術語：

- **Ref**：以 `ref` 開頭並指向物件的名稱。
- **儲存庫（Repository）**：這是一個資料庫，包含專案的所有資訊、文件、詮釋資料（metadata）和歷史紀錄。它包含所有物件集合的 ref 集合。
- **分支**：這是一條進行中的開發線，最近的提交是該分支的 `tip`（末稍）或 `HEAD`（頭）。一個儲存庫可以有多個分支，但您的**工作樹**（`working tree`）或**工作資料夾**（`working directory`）只能與一個分支關聯。這有時稱為當前分支或**簽出**（`checked out`）分支。
- **簽出（Checkout）**：這是將工作樹的全部或部分更新到特定點的操作。
- **提交（Commit）**：這是 Git 歷史紀錄中的一個時間點，也可能意味著在儲存庫中儲存新的快照。
- **合併（Merge）**：此操作是將另一個分支的內容合併到目前的分支中。例如，我正在將**開發**（`development`）分支與**主**（`master`）分支合併。
- **取得（Fetch）**：這是從遠端儲存庫取得內容的操作。
- **提取（Pull）**：取得並合併儲存庫。
- **標籤**：這是儲存庫中某個時間點的重要標記。

這不是一個完整的列表；請參閱 Git 術語表（`https://git-scm.com/docs/gitglossary`）以了解更多術語及其定義。

最後，在開始實際設定和使用 Git 之前，我們先來談談 Git 和 GitHub 之間的重要差異；不熟悉這兩者的工程師很容易忽略這一點。

Git 與 GitHub

Git 和 GitHub 兩者是不同的項目。對於剛接觸版本控制系統的工程師來說，這有時會令人困惑。Git 是一個修訂控制系統，而 GitHub（`https://github.com/`）是 Git 儲存庫的集中託管服務。GitHub 的公司成立於 2008 年，並於 2018 年被微軟收購，但繼續獨立營運。

由於 Git 是一個去中心化系統，因此 GitHub 儲存我們專案儲存庫的副本，就像任何其他分散式離線副本一樣。我們經常將 GitHub 儲存庫指定為專案的中央儲存庫，所有其他開發人員將其變更推送到該儲存庫，或從該儲存庫中提取變更。

2018 年 GitHub 被微軟收購後（相關資訊可參見：`https://blogs.microsoft.com/blog/2018/10/26/microsoft-completes-github-acquisition/`），開發者社群中許多人對 GitHub 的獨立性感到擔憂。正如新聞稿中所述，「GitHub 將保留其開發人員至上的精神，獨立運營，持續作為一個開源平台。」GitHub 透過使用**分叉**（`fork`）和**提取要求**（`pull requests`）機制，進一步繼承了分散式系統中的集中儲存庫概念。對於 GitHub 上託管的項目，專案維護人員通常鼓勵其他開發人員**分叉**儲存庫，或製作儲存庫的副本，並將其作為複製的儲存庫進行處理。

進行更改後，他們可以向主專案發送**提取請求**（`pull request`），專案維護人員可以審查變更並在認為合適時**提交**（`commit`）變更。GitHub 還在命令列旁邊的儲存庫中新增了 web 介面；這使得 Git 能增加使用者好感度。

現在我們已經可以正確區分 Git 和 GitHub 了，那就可以正式開始了！首先，來談談 Git 設置。

設置 Git

到目前為止，我們使用 Git 的方式就只是從 GitHub 下載檔案。在本節中，將進一步在本機端設置 Git，以便可以開始提交檔案。我將在範例中使用相同的 Ubuntu 22.04 LTS 管理主機。如果您使用不同版本的 Linux 或其他作業系統，只要上網快速搜尋安裝過程，應該就能夠找到正確的說明。

如果您還沒有這樣做，請透過 `apt` 套件管理工具安裝 Git：

```
$ sudo apt update
$ sudo apt install -y git
$ git --version
git version 2.34.1
```

安裝 `git` 後，需要做一些相關配置，以便我們的提交訊息可以包含正確的資訊：

```
$ git config --global user.name "Your Name"
$ git config --global user.email "email@domain.com"
$ git config --list
user.name=Your Name
user.email=email@domain.com
```

或者，您可以修改 `~/.gitconfig` 檔案中的資訊：

```
$ cat ~/.gitconfig
[user]
name = Your Name
email = email@domain.com
```

Git 中有很多選項可以更改，而姓名和電子郵件欄位在提交修改時不會收到警告訊息。就我個人而言，我喜歡使用 Vim 文字編輯器（而不是預設的 Emac）來輸入提交訊息：

```
(optional)
$ git config --global core.editor "vim"
$ git config --list
user.name=Your Name
user.email=email@domain.com
core.editor=vim
```

在繼續使用 Git 之前，讓我們介紹一下 `gitignore` 檔案的概念。

Gitignore 檔案

某些狀況下，您不會希望 Git 將某些機敏資訊檔案簽入（checked into）GitHub 或其他儲存庫，例如：帶有密碼、API 金鑰或其他敏感資訊的檔案。防止檔案被意外簽入儲存庫的最簡單方法，是在儲存庫的最頂層資料夾（top-level folder）中建立 `.gitignore` 檔案。Git 將使用 `gitignore` 檔案來確認在提交之前應忽略哪些檔案和資料夾。`gitignore` 檔案應儘早提交到儲存庫並與其他使用者共用。

想像一下，如果不小心將群組 API 金鑰簽入公共 Git 儲存庫，你會有多恐慌。所以，在建立新儲存庫時一併建立 `gitignore` 檔案通常會很有幫助。事實上，當您在其平台上建立儲存庫時，GitHub 提供了一個選項來執行此操作。該文件可以包含特定於語言的文件，例如，讓我們排除 Python 位元組編譯（`Byte-compiled`）的檔案：

```
# Byte-compiled / optimized / DLL files
  pycache /
*.py[cod]
*$py.class
```

我們也可以納入與您的作業系統相關的特定檔案：

```
# OSX
# =========================
.DS_Store
.AppleDouble
.LSOverride
```

您可以在 GitHub 的說明頁面上了解有關 `.gitignore` 的更多資訊：`https://help.github.com/articles/ignoring-files/`。以下是一些其他參考資料：

- Gitignore 手冊：`https://git-scm.com/docs/gitignore`
- GitHub 的 `.gitignore` 模板集合：`https://github.com/github/gitignore`
- Python 語言 `.gitignore` 範例：`https://github.com/github/gitignore/blob/master/Python.gitignore`

- 本書儲存庫的 .gitignore 檔案：https://github.com/PacktPublishing/Mastering-Python-Networking-Fourth-Edition/blob/main/.gitignore。

我將 .gitignore 檔案視為應該與任何新儲存庫同時建立的檔案，這就是為什麼儘早引入這個概念的原因。我們將在下一節中查看一些 Git 使用範例。

Git 使用範例

根據我的經驗，當我們使用 Git 時，可能會使用命令列和各種選項。當需要追溯更改、查看日誌和比較提交差異時，圖形工具非常有用，但我們很少將它們用於正常的分支和提交。我們可以透過使用 help 選項來查看 Git 的命令列選項：

```
$ git --help
usage: git [--version] [--help] [-C <path>] [-c <name>=<value>]
           [--exec-path[=<path>]] [--html-path] [--man-path] [--info-path]
           [-p | --paginate | --no-pager] [--no-replace-objects] [--bare]
           [--git-dir=<path>] [--work-tree=<path>] [--namespace=<name>]
           <command> [<args>]
```

我們將建立一個儲存庫（repository），並在儲存庫中建立一個檔案：

```
$ mkdir TestRepo-1
$ cd TestRepo-1/
$ git init
Initialized empty Git repository in /home/echou/Mastering_Python_
Networking_third_edition/Chapter13/TestRepo-1/.git/
$ echo "this is my test file" > myFile.txt
```

當使用 Git 初始化儲存庫時，一個新的隱藏資料夾 .git 被加入到資料夾中。它包含所有與 Git 相關的文件：

```
$ ls -a
. .. .git myFile.txt
$ ls .git/
branches config description HEAD hooks info objects refs
```

Git 在多個位置以階層格式接收其配置。預設情況下，這些檔案是從 `system`、`global` 和 `repository` 中讀取的。儲存庫的位置越具體，覆寫優先次序就越高，例如，儲存庫配置將覆蓋全域組態設定。您可以使用 `git config -l` 指令查看聚合組態設定（aggregated configuration）：

```
$ ls .git/config
.git/config
$ ls ~/.gitconfig
/home/echou/.gitconfig
$ git config -l
user.name=Eric Chou
user.email=<email>
core.editor=vim
core.repositoryformatversion=0
core.filemode=true
core.bare=false
core.logallrefupdates=true
```

當我們在儲存庫中建立檔案時，它並不會被追蹤。為了讓 `git` 工具識別該文件，我們需要將該檔案加入：

```
$ git status
On branch master
Initial commit
Untracked files:
    (use "git add <file>..." to include in what will be committed)
myFile.txt
nothing added to commit but untracked files present (use "git add" to
track)
$ git add myFile.txt
$ git status
On branch master
Initial commit
Changes to be committed:
   (use "git rm --cached <file>..." to unstage)
new file: myFile.txt
```

當您新增檔案時，它處於暫存狀態。為了使更改正式生效，我們需要提交更改：

```
$ git commit -m "adding myFile.txt"
[master (root-commit) 5f579ab] adding myFile.txt
 1 file changed, 1 insertion(+)
 create mode 100644 myFile.txt
$ git status
On branch master
nothing to commit, working directory clean
```

在上一個範例中，我們在操作提交 `commit` 敘述時使用 `-m` 選項。如果不使用該選項，就會被帶到一個提供提交訊息的頁面。在我們的場景中，將文字編輯器配置為 Vim，因此可以使用它來編輯訊息。

讓我們對文件進行一些更改，並再次**提交**。請注意，文件更改後，Git 知道文件已被修改：

```
$ vim myFile.txt
$ cat myFile.txt
this is the second iteration of my test file
$ git status
On branch master
Changes not staged for commit:
(use "git add <file>..." to update what will be committed)
(use "git checkout -- <file>..." to discard changes in working directory)
modified: myFile.txt
$ git add myFile.txt
$ git commit -m "made modifications to myFile.txt"
[master a3dd3ea] made modifications to myFile.txt
1 file changed, 1 insertion(+), 1 deletion(-)
```

`git commit` 號碼是一個 SHA-1 編碼的雜湊值（`SHA-1 hash`），這是一個重要的功能。如果我們在另一台電腦上執行相同的步驟，我們的 `SHA-1 hash` 雜湊值將是相同的。因此，就算有兩個儲存庫平行作業，Git 也可以藉由這種方式來識別出兩個儲存庫彼此是相同的。

如果您曾經想知道 `SHA-1 hash` 值是否被意外或故意修改為重疊，GitHub 部落格上有一篇關於檢測此 `SHA-1 hash` 雜湊衝突的有趣文章：`https://github.blog/2017-03-20-sha-1-collision-detection-on-github-com/`。

我們可以使用 `git log` 顯示提交的歷史紀錄。歷史項目紀錄按時間倒序顯示；每一筆提交都會顯示作者的姓名和電子郵件地址、日期、日誌訊息以及提交的內部識別號碼：

```
$ git log
commit ff7dc1a40e5603fed552a3403be97addefddc4e9 (HEAD -> master)
Author: Eric Chou <echou@yahoo.com>
Date:   Fri Nov 8 08:49:02 2019 -0800
    made modifications to myFile.txt
commit 5d7c1c8543c8342b689c66f1ac1fa888090ffa34
Author: Eric Chou <echou@yahoo.com>
Date:   Fri Nov 8 08:46:32 2019 -0800
    adding myFile.txt
```

還可以使用 commit ID 來顯示有關更改的更多詳細資訊：

```
(venv) $ git show ff7dc1a40e5603fed552a3403be97addefddc4e9
commit ff7dc1a40e5603fed552a3403be97addefddc4e9 (HEAD -> master)
Author: Eric Chou <echou@yahoo.com>
Date:   Fri Nov 8 08:49:02 2019 -0800
    made modifications to myFile.txt
diff --git a/myFile.txt b/myFile.txt
index 6ccb42e..69e7d47 100644
--- a/myFile.txt
+++ b/myFile.txt
@@ -1 +1 @@
-this is my test file
+this is the second iteration of my test file
```

如果您需要恢復所做的更改，可以在恢復（revert）和重置（reset）之間進行選擇。前者將特定提交的所有檔案，更改回提交之前的狀態：

```
$ git revert ff7dc1a40e5603fed552a3403be97addefddc4e9
[master 75921be] Revert "made modifications to myFile.txt"
 1 file changed, 1 insertion(+), 1 deletion(-)
$ cat myFile.txt
this is my test file
```

恢復（revert）命令將保留您恢復的提交並進行新的提交。您將能夠看到截至目前為止的所有更改，包括 revert：

```
$ git log
commit 75921bedc83039ebaf70c90a3e8d97d65a2ee21d (HEAD -> master)
Author: Eric Chou <echou@yahoo.com>
Date:   Fri Nov 8 09:00:23 2019 -0800
    Revert "made modifications to myFile.txt"
    This reverts commit ff7dc1a40e5603fed552a3403be97addefddc4e9.
     On branch master
     Changes to be committed:
            modified: myFile.txt
```

選項 reset 會將儲存庫的狀態重設為舊版本並放棄其間的所有變更：

```
$ git reset --hard ff7dc1a40e5603fed552a3403be97addefddc4e9
HEAD is now at ff7dc1a made modifications to myFile.txt
$ git log
commit ff7dc1a40e5603fed552a3403be97addefddc4e9 (HEAD -> master)
Author: Eric Chou <echou@yahoo.com>
Date:   Fri Nov 8 08:49:02 2019 -0800
    made modifications to myFile.txt
commit 5d7c1c8543c8342b689c66f1ac1fa888090ffa34
Author: Eric Chou <echou@yahoo.com>
Date:   Fri Nov 8 08:46:32 2019 -0800
    adding myFile.txt
```

我喜歡保留所有歷史紀錄，包括所做的任何轉返（rollbacks）。因此，當我需要 rollback 更改時，通常選擇 revert 而不是 reset。我們在本節了解如何處理單一檔案，在下一節中，讓我們看看如何處理分組到特定打包（bundle）的檔案集合，稱為**分支**（branch）。

Git 分支操作說明

git 中的一個**分支**（branch）是儲存庫中的一條開發線。Git 允許在儲存庫中建立多個分支，從而實現不同的開發線。預設情況下，我們有 master 分支。

幾年前，GitHub 的預設分支被重新命名為「main」：https://github.com/github/renaming。在實際的應用上，兩種都有人用。

產生分支的原因有很多；關於「何時要直接在 master/main 上工作？何時要產生一個額外的分支？」並沒有什麼硬性規定。大多數時候，我們會在錯誤修復、客戶軟體發佈或開發階段時建立分支。在此處範例中，讓我們建立一個代表開發的分支，並將其適當地命名為 dev 分支：

```
$ git branch dev
$ git branch
  dev
* master
```

請注意，我們需要在創建後專門移入 dev 分支。我們透過**簽出**（checkout）來做到這一點：

```
$ git checkout dev
Switched to branch 'dev'
$ git branch
* dev
  master
```

我們在 dev 分支上新增第二個檔案：

```
$ echo "my second file" > mySecondFile.txt
$ git add mySecondFile.txt
$ git commit -m "added mySecondFile.txt to dev branch"
```

```
[dev a537bdc] added mySecondFile.txt to dev branch
 1 file changed, 1 insertion(+)
 create mode 100644 mySecondFile.txt
```

我們可以回到 master 分支，驗證兩條開發線是否確實區隔開來。請注意，當我們切換到 master 分支時，資料夾下方只有一個檔案：

```
$ git branch
* dev
  master
$ git checkout master
Switched to branch 'master'
$ ls
myFile.txt
$ git checkout dev
Switched to branch 'dev'
$ ls
myFile.txt  mySecondFile.txt
```

要將 dev 分支中的內容寫入 master 分支，需要合併（merge）它們：

```
$ git branch
* dev
  master
$ git checkout master
Switched to branch 'master'
$ git merge dev master
Updating ff7dc1a..a537bdc
Fast-forward
 mySecondFile.txt | 1 +
 1 file changed, 1 insertion(+)
 create mode 100644 mySecondFile.txt
$ git branch
  dev
* master
$ ls
myFile.txt  mySecondFile.txt
```

我們可以使用 `git rm` 來刪除檔案。要了解它是如何運作的，讓我們建立第三個檔案並將其刪除：

```
$ touch myThirdFile.txt
$ git add myThirdFile.txt
$ git commit -m "adding myThirdFile.txt"
[master 169a203] adding myThirdFile.txt
 1 file changed, 0 insertions(+), 0 deletions(-)
 create mode 100644 myThirdFile.txt
$ ls
myFile.txt  mySecondFile.txt  myThirdFile.txt
$ git rm myThirdFile.txt
rm 'myThirdFile.txt'
$ git status
On branch master
Changes to be committed:
  (use "git reset HEAD <file>..." to unstage)
    deleted:    myThirdFile.txt
$ git commit -m "deleted myThirdFile.txt"
[master 1b24b4e] deleted myThirdFile.txt
 1 file changed, 0 insertions(+), 0 deletions(-)
 delete mode 100644 myThirdFile.txt
```

我們將能夠在日誌中看到最後兩個變更：

```
$ git log
commit 1b24b4e95eb0c01cc9a7124dc6ac1ea37d44d51a (HEAD -> master)
Author: Eric Chou <echou@yahoo.com>
Date:   Fri Nov 8 10:02:45 2019 -0800
    deleted myThirdFile.txt
commit 169a2034fb9844889f5130f0e42bf9c9b7c08b05
Author: Eric Chou <echou@yahoo.com>
Date:   Fri Nov 8 10:00:56 2019 -0800
    adding myThirdFile.txt
```

到此已經完成了 Git 的大部分基本操作，接著一起來看看如何使用 GitHub 來共享我們的儲存庫。

GitHub 範例

在此範例中，將使用 GitHub 作為集中位置來同步我們的本機儲存庫，並與其他使用者共用。

我們將在 GitHub 上建立一個儲存庫。GitHub 一直以來都開放免費建立公共開源儲存庫。從 2019 年 1 月開始，它還提供無限量的免費私人儲存庫。在目前情況下，我們將建立一個私人儲存庫並新增許可證，以及 `.gitignore` 檔案：

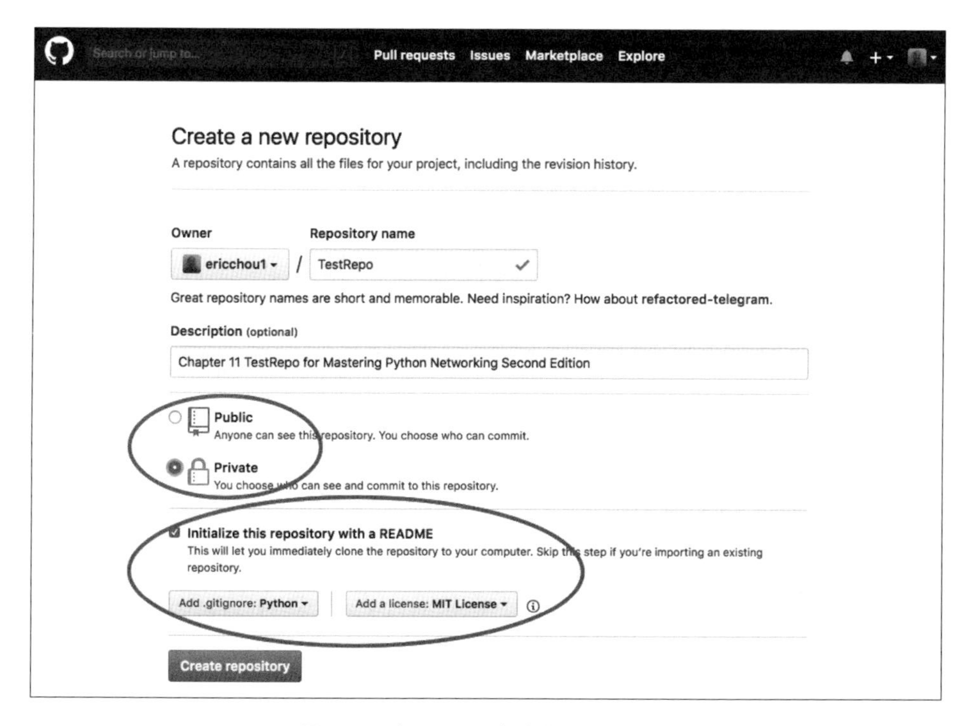

圖 14.1：在 GitHub 中建立私有儲存庫

建立儲存庫後，可以找到它的網址（URL）：

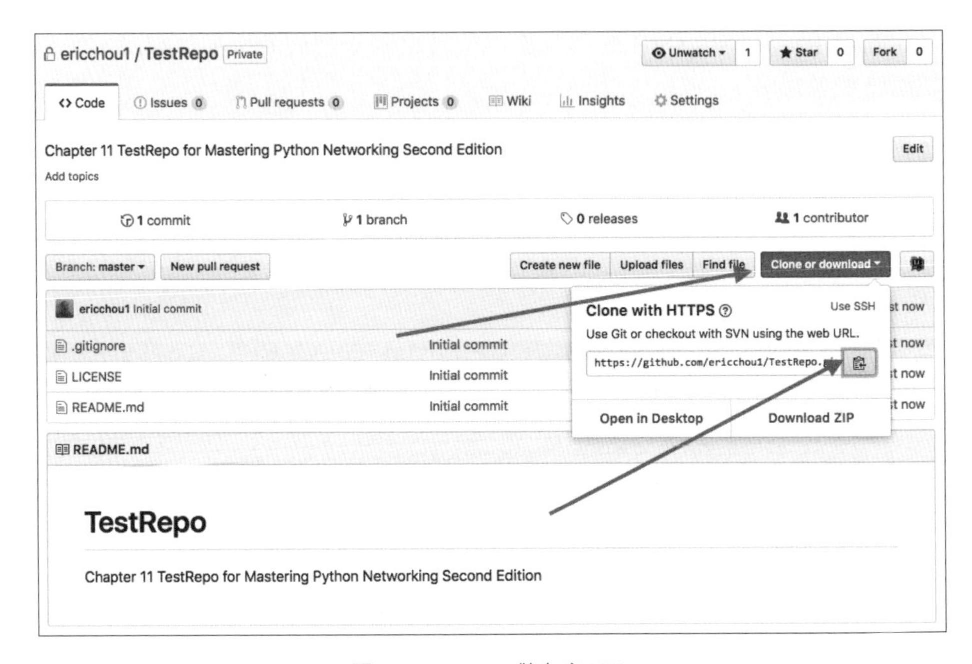

圖 14.2：GitHub 儲存庫 URL

我們將使用此 URL 建立一個遠端目標，並將其用作專案的「標準資料來源」（source of truth）。我們將遠端目標命名為 `gitHubRepo`：

```
$ git remote add gitHubRepo https://github.com/ericchou1/TestRepo.git
$ git remote -v
gitHubRepo https://github.com/ericchou1/TestRepo.git (fetch)
gitHubRepo https://github.com/ericchou1/TestRepo.git (push)
```

由於我們在建立時選擇了建立 `README.md` 和 `LICENSE` 檔案，因此遠端儲存庫和本地儲存庫並不相同。

幾年前，GitHub 改用**個人存取 Token（Personal Access Token，PAT）**作為密碼輸入的要項：`https://docs.github.com/en/authentication/keeping-your-account-and-data-secure/creating-a-personal-access-token`。若要產生 token，請點選 **profile logo → Settings → Developer settings → Personal Access Tokens**。當命令列出現提示時，我們需要使用此 token 作為密碼。

如果要將本機變更推送到新的 GitHub 儲存庫，將收到以下錯誤（如果這是您的預設分支，請記得將分支名稱變更為 main）：

```
$ git push gitHubRepo master
Username for 'https://github.com': <skip>
Password for 'https://echou@yahoo.com@github.com': <remember to use your
personal access token>
To https://github.com/ericchou1/TestRepo.git
 ! [rejected]        master -> master (fetch first)
error: failed to push some refs to 'https://github.com/ericchou1/TestRepo.
git'
```

我們將繼續使用 `git pull` 來從 GitHub 取得新檔案：

```
$ git pull gitHubRepo master
Username for 'https://github.com': <skip>
Password for 'https://<username>@github.com': <personal access token>
From https://github.com/ericchou1/TestRepo
* branch master -> FETCH_HEAD
Merge made by the 'recursive' strategy.
.gitignore | 104
++++++++++++++++++++++++++++++++++++++++++++++++++++++++++++++++ LICENSE |
21 +++++++++++++
README.md | 2 ++
3 files changed, 127 insertions(+)
create mode 100644 .gitignore
create mode 100644 LICENSE
create mode 100644 README.md
```

現在我們可以將內容推送（push）到 GitHub：

```
$ git push gitHubRepo master
Username for 'https://github.com': <username>
Password for 'https://<username>@github.com': <personal access token>
Counting objects: 15, done.
Compressing objects: 100% (9/9), done.
Writing objects: 100% (15/15), 1.51 KiB | 0 bytes/s, done. Total 15 (delta
1), reused 0 (delta 0)
```

```
remote: Resolving deltas: 100% (1/1), done.
To https://github.com/ericchou1/TestRepo.git a001b81..0aa362a master ->
master
```

我們可以在網頁上驗證 GitHub 儲存庫的內容：

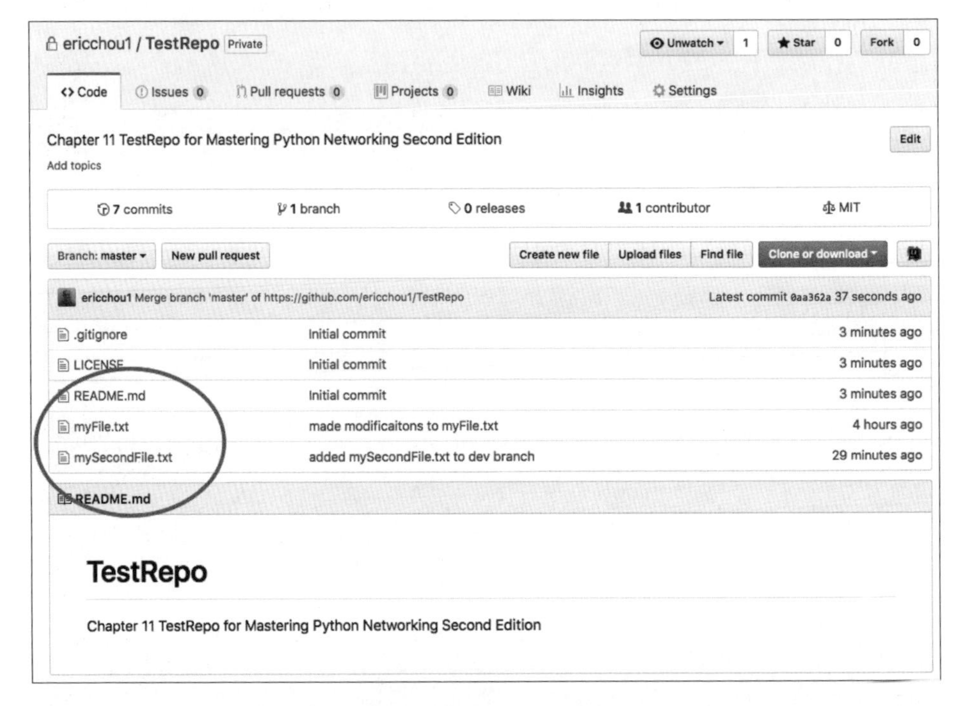

圖 14.3：GitHub 儲存庫

現在，另一個用戶可以簡單地產生一份複本，或複製（clone）儲存庫：

```
[This is operated from another host]
$ cd /tmp
$ git clone https://github.com/ericchou1/TestRepo.git
Cloning into 'TestRepo'...
remote: Counting objects: 20, done.
remote: Compressing objects: 100% (13/13), done.
remote: Total 20 (delta 2), reused 15 (delta 1), pack-reused 0
Unpacking objects: 100% (20/20), done.
$ cd TestRepo/
```

```
$ ls
LICENSE myFile.txt
README.md mySecondFile.txt
```

這個複製的儲存庫將是原始儲存庫的精確複本，包括所有 commit 歷史紀錄：

```
$ git log
commit 0aa362a47782e7714ca946ba852f395083116ce5 (HEAD -> master, origin/
master, origin/HEAD)
Merge: bc078a9 a001b81
Author: Eric Chou <skip>
Date: Fri Jul 20 14:18:58 2018 -0700
    Merge branch 'master' of https://github.com/ericchou1/TestRepo
commit a001b816bb75c63237cbc93067dffcc573c05aa2
Author: Eric Chou <skip>
Date: Fri Jul 20 14:16:30 2018 -0700
    Initial commit
...
```

還可以在儲存庫設定下邀請其他人作為該專案的協作者：

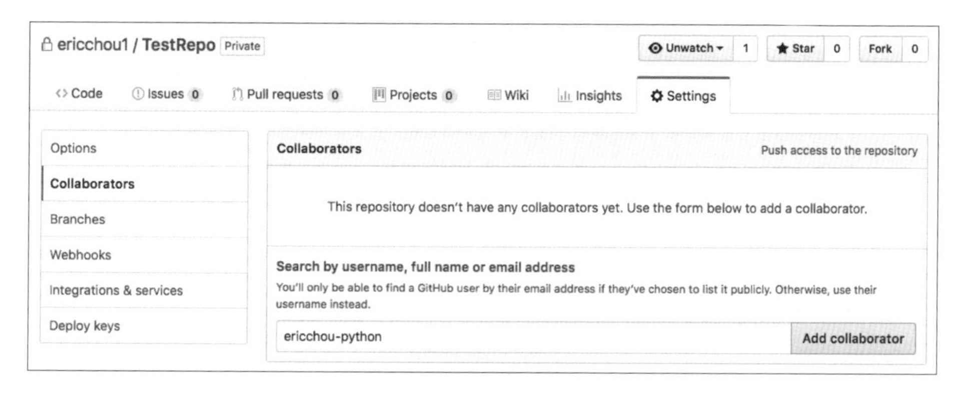

圖 14.4：儲存庫邀請

在下一個範例中，我們將了解如何分叉儲存庫，並對不維護的儲存庫執行提取請求（pull request）。

使用 Pull Request 進行協作

如前所述，Git 支援開發人員之間針對單一專案進行協作。我們將看看當程式碼託管在 GitHub 上時，該如何完成。

在本例中，我們將使用本書第二版的 GitHub 儲存庫，該儲存庫位在 Packt 的 GitHub 公共儲存庫中。我將使用不同的 GitHub handle，因此顯示為非管理用戶。點擊 **Fork** 按鈕，在我的帳戶中創建存儲庫的副本：

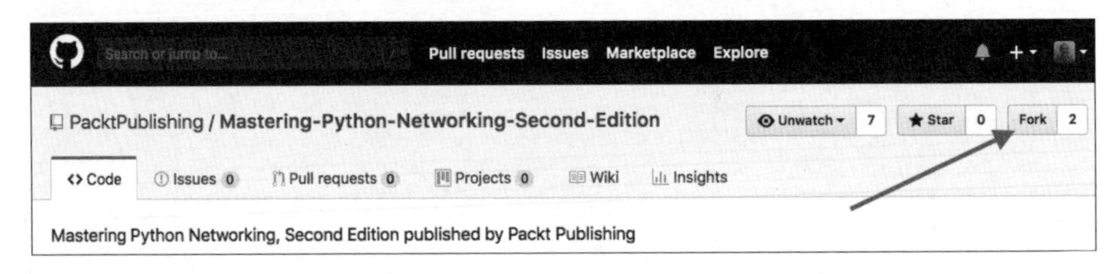

圖 14.5：Git Fork 按鈕

製作複本需要幾秒鐘的時間：

圖 14.6：Git Fork 正在進行中

Fork 完成後，我們的帳戶中將擁有儲存庫的複本：

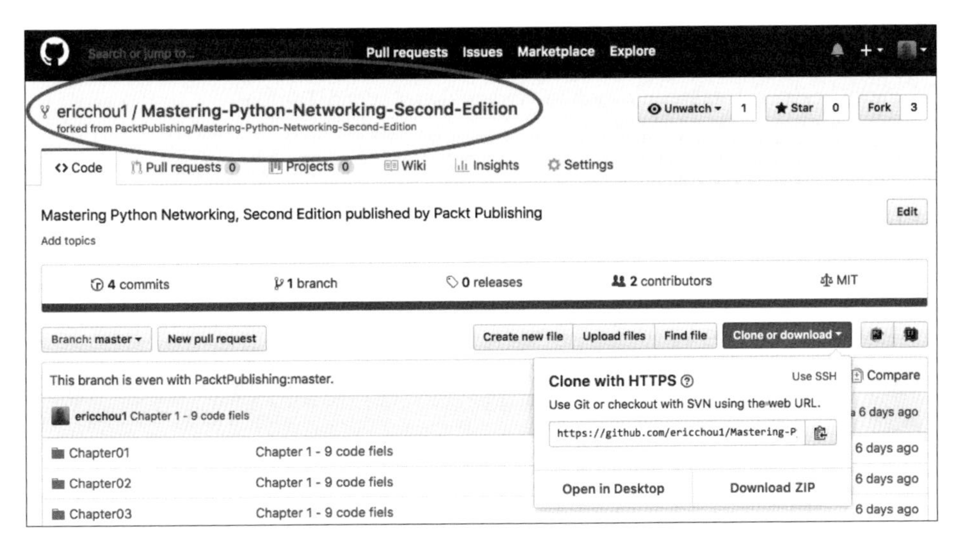

圖 14.7：Git Fork

我們可以按照與修改文件相同的步驟進行操作。在這種情況下，我將對 `README.md` 檔案進行一些更改。更改完成後，可以單擊 **New pull request** 按鈕來建立 pull request：

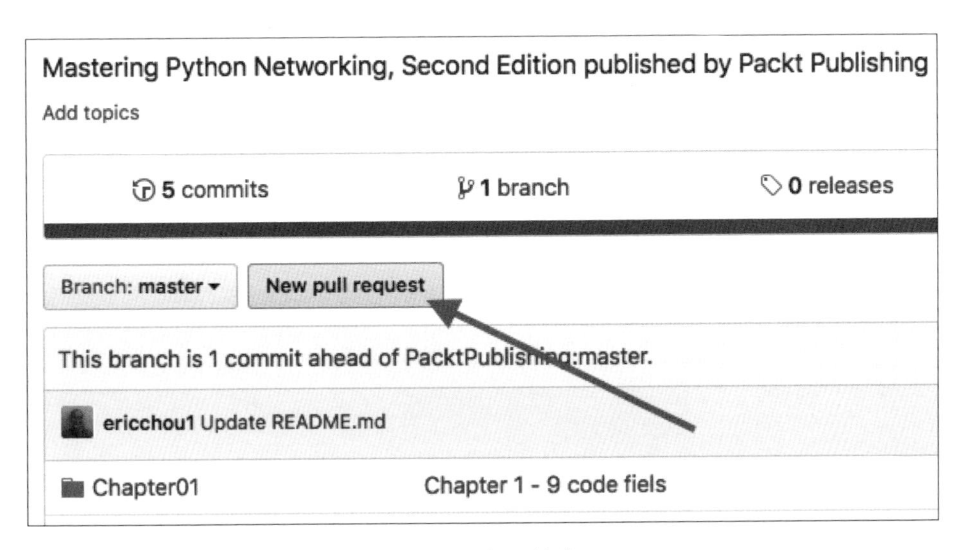

圖 14.8：提取請求

在發出提取請求時，應該盡可能填寫多一點的資訊，以提供進行更改的理由：

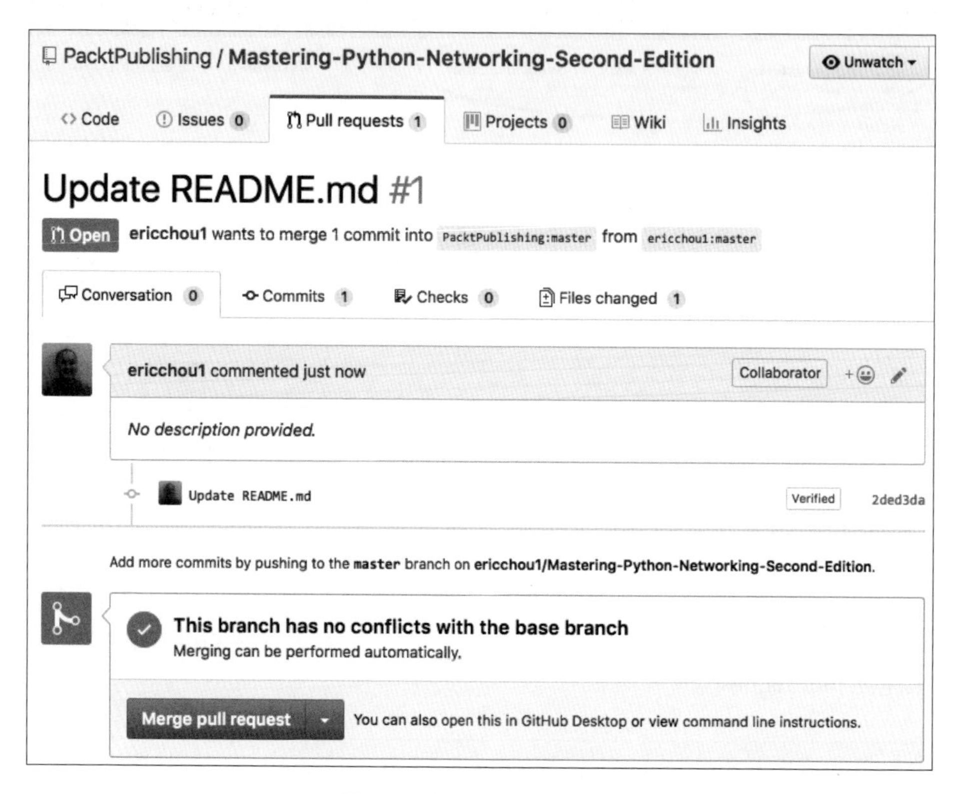

圖 14.9：提取請求詳細資訊

儲存庫維護者將收到提取請求的通知；如果接受，變更將會將進入原始存儲庫：

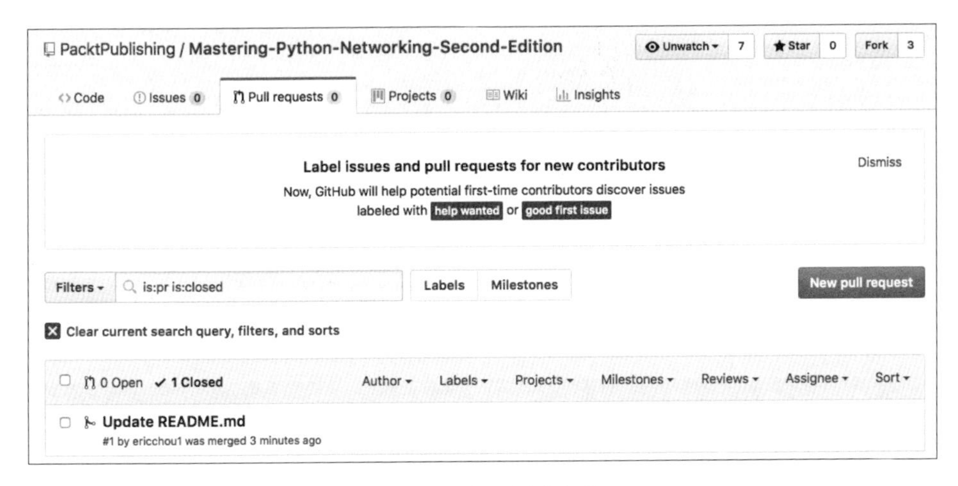

圖 14.10：提取請求紀錄

GitHub 提供了一個與其他開發者協作的優秀平台，並迅速成為許多大型開源專案的實際開發選擇。由於 Git 和 GitHub 在許多專案中廣泛使用，下一步自然就是將我們在本節中看到的流程進行自動化。在下一節中，我們來看看如何將 Git 與 Python 結合使用。

利用 Python 操作 Git

有一些 Python 套件可以與 Git 及 GitHub 一起使用。在本節中，我們將了解 GitPython 和 PyGitHub 函式庫。

GitPython 套件

我們可以運用 GitPython 套件（`https://gitpython.readthedocs.io/en/stable/index.html`）來操作 Git 儲存庫。我們將安裝該套件並使用 Python shell 建立一個 `Repo` 物件，接著，我們可以列出儲存庫中的所有 commits：

```
$ pip install gitpython
$ python
>>> from git import Repo
```

```
>>> repo = Repo('/home/echou/Mastering_Python_Networking_third_edition/
Chapter13/TestRepo-1')
>>> for commits in list(repo.iter_commits('master')):
... print(commits)
...
1b24b4e95eb0c01cc9a7124dc6ac1ea37d44d51a
169a2034fb9844889f5130f0e42bf9c9b7c08b05
a537bdcc1648458ce88120ae607b4ddea7fa9637
ff7dc1a40e5603fed552a3403be97addefddc4e9
5d7c1c8543c8342b689c66f1ac1fa888090ffa34
```

我們也可以查看 `repo` 物件中的索引項目：

```
>>> for (path, stage), entry in repo.index.entries.items():
... print(path, stage, entry)
...
myFile.txt 0 100644 69e7d4728965c885180315c0d4c206637b3f6bad 0 myFile.txt
mySecondFile.txt 0 100644 75d6370ae31008f683cf18ed086098d05bf0e4dc 0
mySecondFile.txt
```

GitPython 提供了與所有 Git 功能的良好整合。然而，對於初學者來說，它可能不是最容易使用的函式庫，需要了解 Git 的術語和結構，才能充分利用 GitPython。我們最好把它放在心上，以備在其他專案中需要它。

PyGitHub 套件

一起來看看如何使用 PyGithub 函式庫（`http://pygithub.readthedocs.io/en/latest/`）與圍繞 GitHub API v3 重新出現的 GitHub 進行互動（`https://developer.github.com/v3/`）：

```
$ pip install PyGithub
```

我們使用 Python shell 列出使用者目前的儲存庫：

```
$ python
>>> from github import Github
>>> g = Github("<username>", "<password>")
>>> for repo in g.get_user().get_repos():
```

```
... print(repo.name)
...
Mastering-Python-Networking-Second-Edition
Mastering-Python-Networking-Third-Edition
```

對於更多的程式存取，我們還可以使用存取 token 來建立更精細的控制。GitHub 允許將 token 與所選權限關聯：

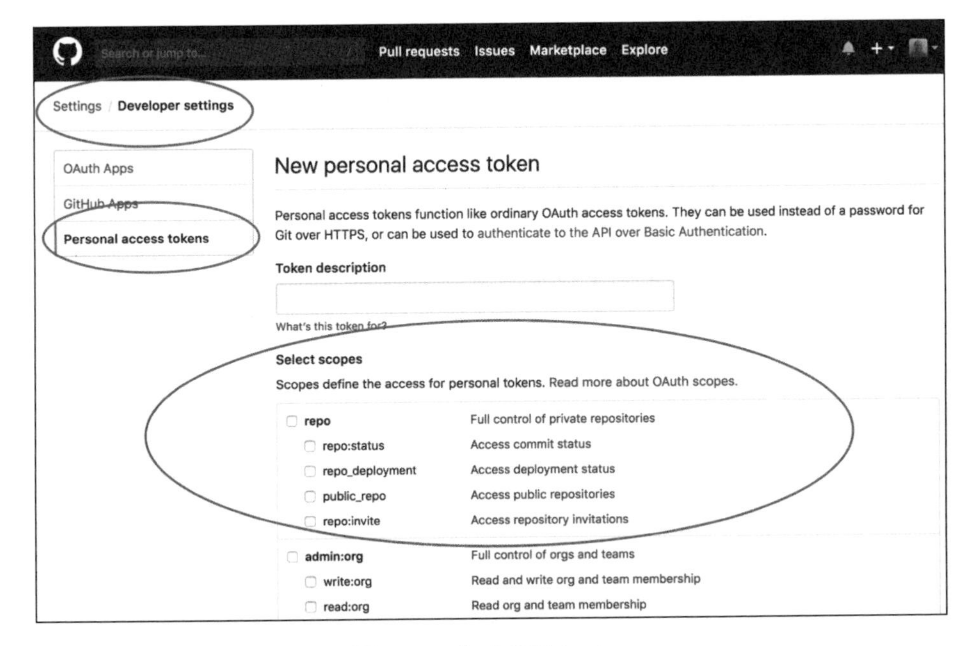

圖 14.11：生成 GitHub token

如果您使用存取 token 作為身分驗證機制，輸出會有所不同：

```
>>> from github import Github
>>> g = Github("<token>")
>>> for repo in g.get_user().get_repos():
... print(repo)
...
Repository(full_name="oreillymedia/distributed_denial_of_service_ddos")
Repository(full_name="PacktPublishing/-Hands-on-Network-    Programming-
with- Python")
Repository(full_name="PacktPublishing/Mastering-Python-Networking")
```

```
Repository(full_name="PacktPublishing/Mastering-Python-Networking-Second-
Edition")
...
```

現在我們已經熟悉了 Git、GitHub 和一些 Python 套件，可以在這些技術中好好應用它們。我們將在接下來的部分中查看一些實際範例。

自動組態備份

在此範例中，將使用 PyGithub 備份包含路由器組態設定的資料夾。因為我們已經知道如何使用 Python 或 Ansible 從設備檢索資訊，現在可以將它們簽入 GitHub。

我們有一個名為 `config` 的子資料夾，裡面存放了文字格式的路由器組態設定：

```
$ ls configs/
iosv-1 iosv-2
$ cat configs/iosv-1
Building configuration...
Current configuration : 4573 bytes
!
! Last configuration change at 02:50:05 UTC Sat Jun 2 2018 by cisco
!
version 15.6
service timestamps debug datetime msec
...
```

我們可以使用腳本 `Chapter14_1.py`，從 GitHub 儲存庫檢索最新索引、建立我們需要提交的內容，並自動提交組態設定：

```
#!/usr/bin/env python3
# 參考來源：https://stackoverflow.com/questions/38594717/how-do-i-push-
new-files-to-github
from github import Github, InputGitTreeElement
import os
github_token = '<token>'
```

```
configs_dir = 'configs'
github_repo = 'TestRepo'
# 取得設定資料夾中的檔案清單
file_list = []
for dirpath, dirname, filenames in os.walk(configs_dir):
    for f in filenames:
        file_list.append(configs_dir + "/" + f)
g = Github(github_token)
repo = g.get_user().get_repo(github_repo)
commit_message = 'add configs'
master_ref = repo.get_git_ref('heads/master')
master_sha = master_ref.object.sha
base_tree = repo.get_git_tree(master_sha)
element_list = list()
for entry in file_list:
    with open(entry, 'r') as input_file:
        data = input_file.read()
    element = InputGitTreeElement(entry, '100644', 'blob', data)
    element_list.append(element)
# 建立樹並寫入
tree = repo.create_git_tree(element_list, base_tree)
parent = repo.get_git_commit(master_sha)
commit = repo.create_git_commit(commit_message, tree, [parent])
master_ref.edit(commit.sha)
```

我們可以在 GitHub 儲存庫中看到 `configs` 資料夾：

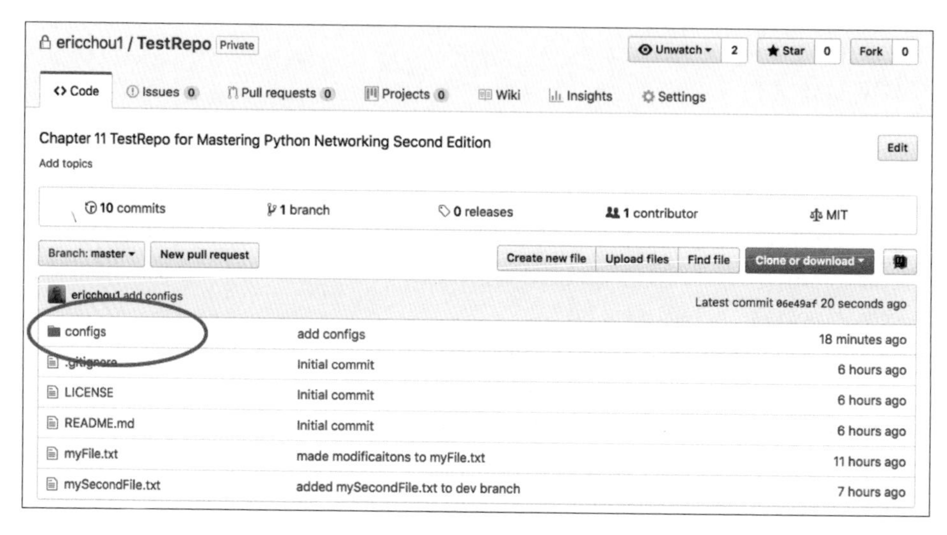

圖 14.12：Configs 資料夾

提交歷史紀錄顯示了我們提交了 script：

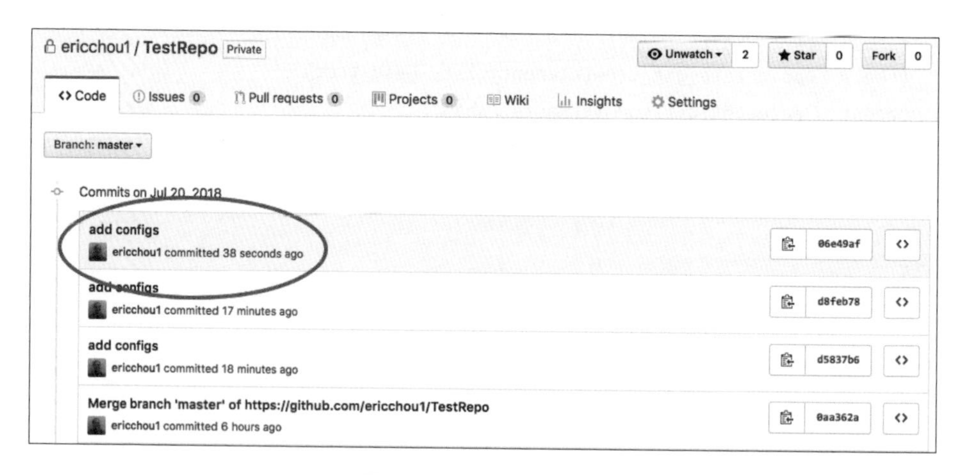

圖 14.13：提交歷史紀錄

在 GitHub 範例部分中，我們了解如何透過分叉儲存庫並發出 pull 請求來與其他開發人員合作。接著，讓我們看看如何使用 Git 進一步協作。

使用 Git 進行協作

Git 是很棒的協作技術，而 GitHub 是共同開發專案非常有效的方式。GitHub 為世界上任何可以上網的人提供了一個免費分享想法和程式碼的地方。現在，我們已經知道如何使用 Git，以及使用 GitHub 的一些基本協作步驟。但要如何加入另一個專案，並為該專案做出貢獻呢？

當然，這些開源專案提供了很多程式碼、資料等等，我們也想貢獻一己之力，做出回饋。但是，該從哪裡開始呢？

在本節中，我們將了解有關使用 Git 和 GitHub 進行軟體開發協作的一些知識：

- **從小事做起**：要了解的最重要的事情之一是——我們在團隊中可以扮演的角色。我們可能在網頁工程方面十分出色，但在 Python 開發方面卻表現平庸。很多事情不需要成為高超的開發人員也能參與。別害怕從小事做起；撰寫文件和測試，是成為貢獻者的兩種好方法。
- **了解生態系統**：任何專案，無論大小，都有其既定的規範和文化。我們都被 Python 易於閱讀的語法和對初學者友善的文化所吸引；它還有一份圍繞著該意識形態的開發指南（`https://devguide.python.org/`）。而 Ansible 計畫也有一份廣泛的社群指南（`https://docs.ansible.com/ansible/latest/community/index.html`），它包括行為準則、提取請求流程、如何報告錯誤以及釋出流程。您可以閱讀這些指南以了解感興趣項目的生態系統。
- **建立一個分支**：我曾犯過一個錯誤，將專案分叉後直接向主分支發出提取請求。main 分支應該留給核心貢獻者進行更改。我們應該為自己的貢獻創建一個單獨的分支，並允許稍後合併該分支。
- **保持分叉儲存庫同步**：分叉專案後，沒有硬性規則強制複製儲存庫與主儲存庫同步。我們應該定期執行 `git pull`（獲取程式碼並在本地合併）或 `git fetch`（在本機端獲取進行任何更改的程式碼），以確保我們擁有主儲存庫的最新副本。
- **保持友善**：就像在現實世界一樣，虛擬世界也不應該充滿敵意。討論問題時，即使存在分歧，也要保持文明和友好。

對於熱情的開發者，Git 和 GitHub 為熱情的程式開發者提供了一種簡便的專案協作管道，讓開發者為所有感興趣的開源及私人專案貢獻其心力。

總結

我們在本章研究了版本控制系統 Git 及其近親 GitHub。Git 由 Linus Torvalds 於 2005 年開發，用於協助開發 Linux 核心，後來被其他開源專案採用為其原始碼控制系統。Git 是一個快速、分散式且可擴展的系統；GitHub 則提供了一個在網際網路上託管 Git 儲存庫的集中位置，允許任何具有網路連線的人進行協作。

我們研究了如何在命令列中使用 Git 及其各種操作，以及它們如何在 GitHub 中應用。也研究了兩個用於 Git 的熱門 Python 函式庫：GitPython 和 PyGithub。並在本章的結尾，討論組態備份範例和有關專案協作的註記。

在第 15 章，*利用 GitLab 進行持續整合*中，我們將看另一個用於持續整合和部署的熱門開源工具：GitLab。

15

利用 GitLab 進行持續整合

網路會觸及到技術堆疊的每一個部分；在我工作過的所有環境中，網路始終是第零層服務。它是其他服務賴以運作的基礎服務。在其他工程師、業務經理、操作員和支援人員的心目中，網路應該穩定運行，它應該始終可存取並正常運作——好的網路，基本上是會好到大家根本不必提到它。

當然，作為網路工程師，我們知道網路與其他技術堆疊一樣複雜。由於其複雜性，構成運作網路的結構可能很脆弱。有時，我看著一個網路，想知道它是如何運作的，更遑論它如何運行數月、甚至數年而沒有任何營運衝擊。

我們對網路自動化感興趣的部分原因，是希望找到針對要變更網路的程序可長可久的方法。透過使用 Python 腳本或 Ansible 框架，可以確保所做的變更保持一致，用起來也相當可靠。正如在上一章中所看到的，可以使用 Git 和 GitHub 儲存流程的元件，例如模板、腳本、需求和檔案，都非常可靠。構成基礎架構的程式碼是有套用版本控制、具協作機制，並且每位開發者都會對變更負責。但如何將所有的部分連結在一起呢？在本章中，我們將介紹一個熱門儲存庫——GitLab，它可以優化網路管理管道。

GitLab 的開放核心是在 MIT 開源授權下發佈的，其餘部分可取得原始碼，請參考 `https://about.gitlab.com/solutions/open-source/`。

在本章中，我們將涵蓋以下主題：

- 傳統更動管理流程面臨的挑戰
- 持續整合與 GitLab 簡介
- GitLab 安裝與範例
- 將 Python 應用於 GitLab
- 網路工程的持續整合

我們將從傳統的變更管理流程開始。任何經過實戰考驗的網路工程師都會告訴您，傳統的變更管理流程通常涉及手動處理的苦工還有人為判斷。正如我們將看到的，它不一致並且難以簡化。

傳統的變更管理流程

在大型網路環境中工作過的工程師都知道，因網路變更出錯而造成的影響可能很大。我們可以進行數百項更改，都沒發生任何問題；但有時也會因為一個不當的更改，導致網路出問題，而損害整個企業。

關於網路中斷給企業帶來痛苦的故事不勝枚舉，其中以 2011 年發生的大規模 AWS EC2 停機事件最令人矚目，該事件是由 AWS 在美東區域的某次正常擴展活動中的網路變更所引起的。這項變更發生在太平洋夏令時間 00:47，導致各種服務停電超過 12 小時，造成 Amazon 損失了數百萬美元。更重要的是，此事件對這個相對年輕的服務造成了嚴重的聲譽損害。IT 決策者指出，這次中斷是「不」遷移到新的 AWS 雲端的一個原因。他們花了很多年才重建其聲譽。您可以在以下連結中閱讀有關事件報告的更多資訊：`https://aws.amazon.com/message/65648/`。

考量到潛在的影響和複雜性，在許多環境中，都會為網路實施**變更諮詢委員會**（**change-advisory board，CAB**）流程。典型的 CAB 流程如下：

1. 網路工程師設計變更，並寫出變更所需的詳細步驟，包括更改的原因、涵蓋的設備、將套用或刪除的命令、如何驗證輸出，以及每個步驟的預期結果。

2. 網路工程師通常需要先請求同行進行技術審查。根據變更的性質，可以有不同程度的同行審查。簡單的更改可能需要單獨的同行技術審查；更複雜的變更可能需要指定的高級工程師的批准。
3. CAB 會議一般在排定的時間進行，也可召開緊急臨時會議。
4. 工程師將向董事會提交變更。董事會將提出必要的問題，評估影響範圍，並針對變更請求進行批准或拒絕。
5. 變更將由原工程師或其他工程師在排定的變更期間內執行。

這個過程聽起來合理且具有包容性，但事實證明若真要執行，不乏有些挑戰：

- **編寫非常耗時**：設計工程師通常需要很長時間來編寫文件，有時編寫過程比套用更改的時間還要長。這通常是因為所有網路變更都可能產生影響，我們需要為技術和非技術 CAB 成員記錄流程。
- **工程師專業知識**：高階工程師專業知識是有限的資源。工程專業知識有不同的層次，有些人更有經驗，他們通常是最搶手的資源。我們應該保留他們的時間來解決最複雜的網路問題，而不是審查基本的網路變更。
- **會議非常耗時**：發起會議並讓每個成員出席，需要付出很大的努力。如果專司變更核可的人員正在休假或生病怎麼辦？如果需要在預定的 CAB 時間之前進行網路變更該怎麼辦？

這些只是以人為本的 CAB 流程面臨的一些較大挑戰。就個人而言，我非常討厭 CAB 流程。我不反對同行審查和優先排序的必要性；然而，我認為需要盡量減少所涉及的潛在花費。在本章的剩餘部分，我們要來看看一個可能適合取代 CAB 和一般變更管理的替代方案，此方法在軟體工程領域已被廣泛採用。

持續整合簡介

在軟體開發中，**持續整合**（**Continuous Integration，CI**）是一種快速發佈程式碼儲存庫小型變更的方法，包含一些內建的程式測試和驗證。關鍵是將變更分類為 CI 相容的，即不要過於複雜且小到足以應用，以便可以輕鬆回復。測試和驗證過程以自動化方式構建，以獲得在不破壞整個系統的情況下套用變更的可信賴底線。

在 CI 出現之前，對軟體的變更通常是以大型批次的方式進行，並且需要很長的驗證過程（這聽起來很熟悉嗎？）。開發人員可能需要幾個月的時間才能看到正式環境中的變更、收到回饋循環並修正錯誤。簡而言之，CI 流程旨在縮短從想法到變革的過程。

一般工作流程通常涉及以下步驟：

1. 第一位工程師取得程式碼庫的現行副本並進行更改。
2. 第一個工程師將更改提交到儲存庫。
3. 儲存庫可以將儲存庫中必須變更的部分發送通知給一組能夠審查變更的工程師。他們可以批准或拒絕變更。
4. CI 系統可以持續提取儲存庫進行更改，或者儲存庫可以在發生更改時向 CI 系統發送通知。無論哪種方式，CI 系統都會提取最新版本的程式碼。
5. CI 系統將執行自動化測試以嘗試捕獲任何損壞。
6. 如果沒有發現錯誤，CI 系統可以選擇將變更合併到主程式碼中，並可選擇將其部署到營運中的系統。

這是一個通用的步驟列表。每個組織的流程可能有所不同。例如，自動化測試可以在檢查增量程式碼後立即運行，而不是在程式碼審查之後運行。有時，組織可能會選擇讓一名人類工程師參與步驟之間的健全性檢查。

下一節，我們將說明如何在 Ubuntu 22.04 LTS 系統上安裝 GitLab。

安裝 GitLab

GitLab 是一款功能強大的一體成型工具，用於處理端對端 DevOps 協作工具。正如我們稍後將看到的，它託管程式碼儲存庫並處理程式碼測試、部署和驗證。它是現今該領域最受歡迎的 DevOps 工具之一。

該技術背後的公司 GitLab Inc. 於 2021 年底成功於納斯達克上市（股票代碼為 GTLB，`https://techcrunch.com/2021/09/17/inside-gitlabs-ipo-filing/`）。該公司的成功證明了這項技術的實力和可持續性。

我們只需要一小部分功能即可啟動並運行測試實驗，目的是熟悉步驟的整體流程。建議您查看 https://docs.gitlab.com/ 上的 GitLab 文件以了解其功能。

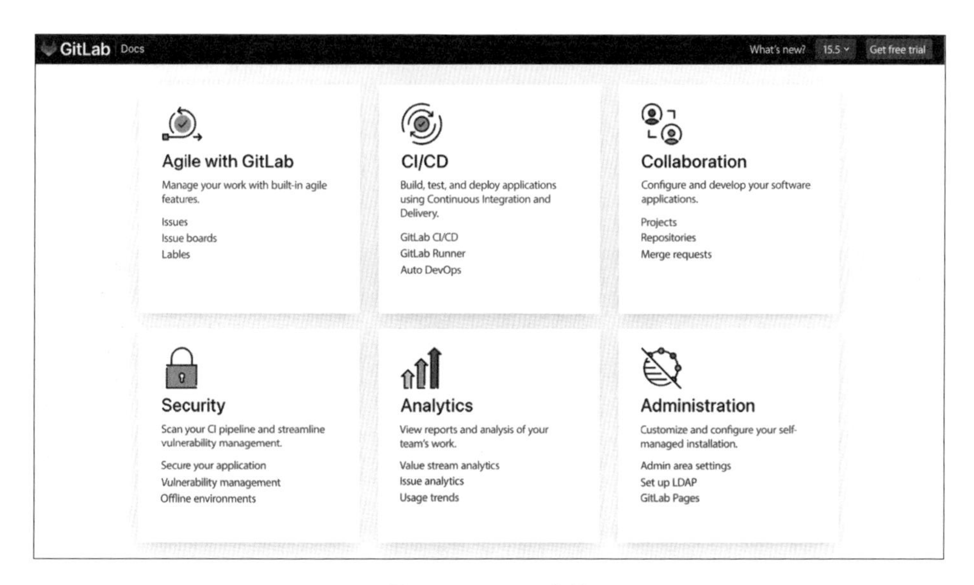

圖 15.1：GitLab 文件

我們的網路實驗環境將使用與過去幾章相同的實驗環境拓樸。

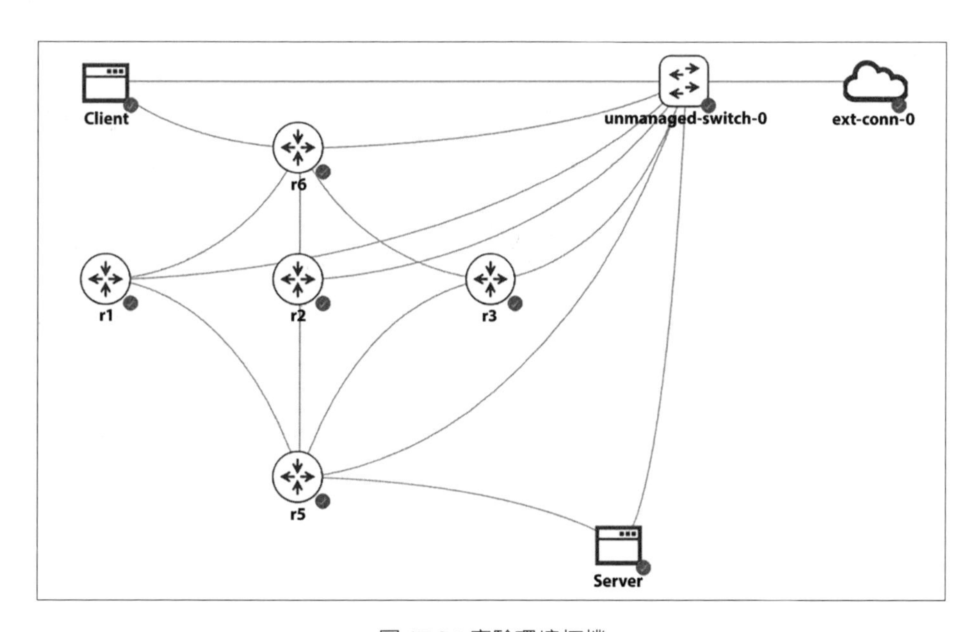

圖 15.2：實驗環境拓樸

雖然將 GitLab 作為 Docker 映像來執行很吸引人，但 GitLab 運行程式（執行步驟的元件）本身就是 Docker 映像，並且運行 Docker-in-Docker 會為實驗環境帶來更多複雜性。因此，在本章中，我們將在虛擬機器上安裝 GitLab，並在容器中運行執行器。安裝系統需求可以在 `https://docs.gitlab.com/ee/install/requirements.html` 找到。

我們將安裝 Docker Engine、docker-compose，然後安裝 GitLab 套件。首先，準備好 Docker：

```
# Installing Docker Engine
$ sudo apt-get install ca-certificates curl gnupg lsb-release
$ curl -fsSL https://download.docker.com/linux/ubuntu/gpg | sudo gpg
--dearmor -o /usr/share/keyrings/docker-archive-keyring.gpg
$ echo "deb [arch=$(dpkg --print-architecture) signed-by=/usr/share/
keyrings/docker-archive-keyring.gpg] https://download.docker.com/linux/
ubuntu $(lsb_release -cs) stable" | sudo tee /etc/apt/sources.list.d/
docker.list > /dev/null
$ sudo apt-get update
$ sudo apt-get install docker-ce docker-ce-cli containerd.io
# Run Docker as user
$ sudo groupadd docker
$ sudo usermod -aG docker $USER
$ newgrp docker
# Install Docker-Compose
$ sudo curl -L "https://github.com/docker/compose/releases/
download/1.29.2/docker-compose-$(uname -s)-$(uname -m)" -o /usr/local/bin/
docker-compose
$ sudo chmod +x /usr/local/bin/docker-compose
$ docker-compose --version
docker-compose version 1.29.2, build 5becea4c
```

GitLab 的部分，我們將按照官方步驟安裝自我管理的 GitLab：`https://docs.gitlab.com/omnibus/index.html#installation-and-configuration-using-omnibus-package`。請注意，這些步驟需要將連接埠轉送到外部可存取 URL 上的主機：

```
$ sudo apt update
$ sudo apt-get install -y curl openssh-server ca-certificates tzdata perl
$ sudo apt-get install -y postfix
$ curl https://packages.gitlab.com/install/repositories/gitlab/gitlab-ee/
script.deb.sh | sudo bash
$ sudo EXTERNAL_URL="http://gitlab.networkautomationnerds.com:9090" apt-
get install gitlab-ee
```

安裝後應該會看到成功訊息：

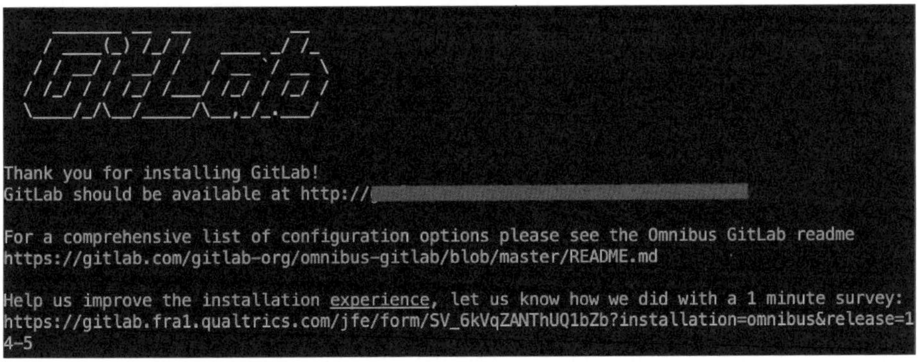

```
Thank you for installing GitLab!
GitLab should be available at http://

For a comprehensive list of configuration options please see the Omnibus GitLab readme
https://gitlab.com/gitlab-org/omnibus-gitlab/blob/master/README.md

Help us improve the installation experience, let us know how we did with a 1 minute survey:
https://gitlab.fra1.qualtrics.com/jfe/form/SV_6kVqZANThUQ1bZb?installation=omnibus&release=1
4-5
```

圖 15.3：GitLab 安裝

使用初始密碼登入，並進行重設（https://docs.gitlab.com/ee/security/reset_user_password.html#reset-your-root-password）：

```
$ sudo cat /etc/gitlab/initial_root_password
...
Password: <random password>
$ sudo gitlab-rake "gitlab:password:reset"
```

配置完所有內容後，應該能夠在「**Menu → Admin**」下看到儀表板：

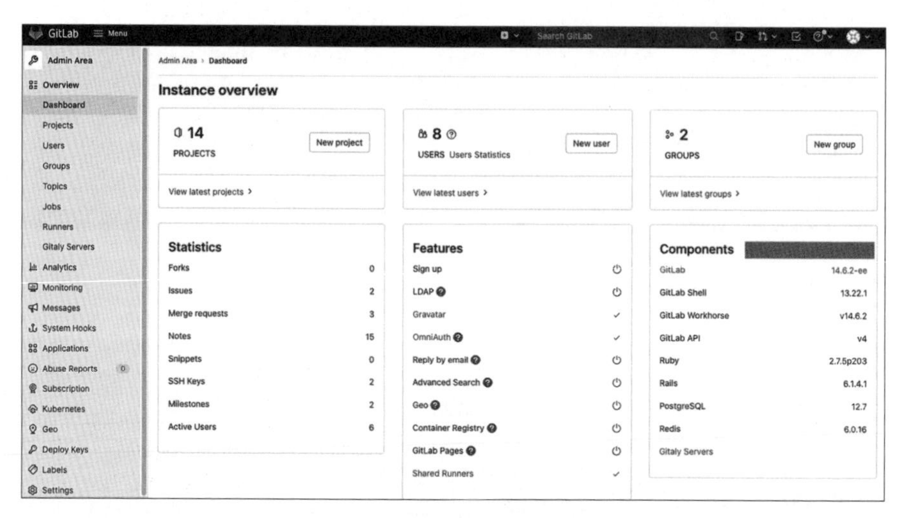

圖 15.4：GitLab 儀表板

作為可選步驟，我們可以在 `/etc/gitlab/gitlab.rb` 下啟用 SMTP 設定。這樣一來，我們就能夠接收來自 GitLab 上重要訊息的電子郵件（`https://docs.gitlab.com/omnibus/settings/smtp.html`）：

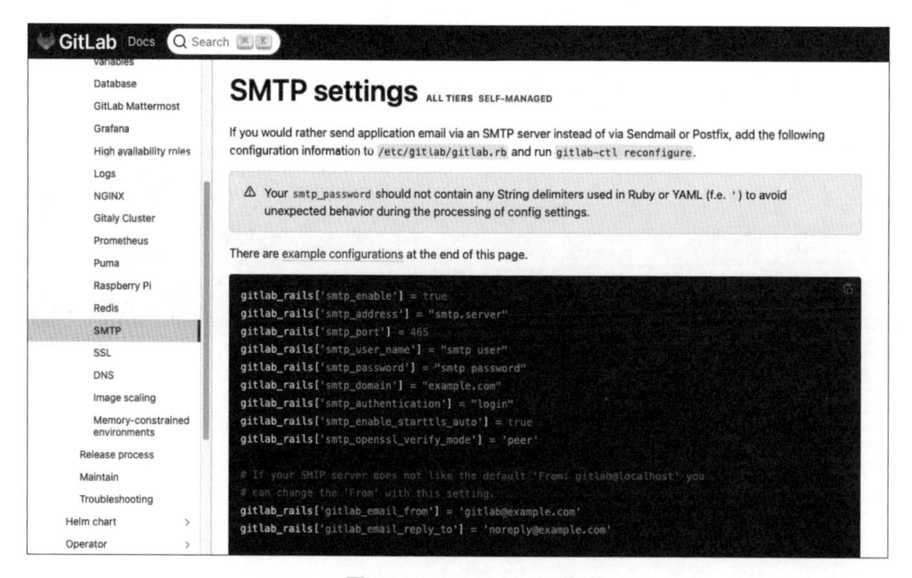

圖 15.5：GitLab SMTP 設定

我們來談談 GitLab runner 執行器程式。

GitLab runner 執行器程式

GitLab 使用執行器程式（runner）的概念。執行器程式是一個為 GitLab 擷取並執行**持續整合 / 持續部署**（**Continuous Integration/Continuous Deployment，CI/CD**）作業的程序。執行器程式可以在主機本身的 Docker 容器中執行（`https://docs.gitlab.com/runner/install/docker.html`）：

```
$ docker run --rm -t -i gitlab/gitlab-runner -help
Unable to find image 'gitlab/gitlab-runner:latest' locally
latest: Pulling from gitlab/gitlab-runner
7b1a6ab2e44d: Pull complete
5580ef77ebbe: Pull complete
d7b21acbe607: Pull complete
Digest:
sha256:d2db6b687e9cf5baf96009e43cc3eaebf180f634306cdc74e2400315d35f0dab
Status: Downloaded newer image for gitlab/gitlab-runner:latest
...

$   docker run -d --name gitlab-runner --restart always \
>     -v /srv/gitlab-runner/config:/etc/gitlab-runner \
>     -v /var/run/docker.sock:/var/run/docker.sock \
>     gitlab/gitlab-runner:latest
617b94e5e4c5c72d33610b2eef5eb7027f579f4e069558cbf61f884375812306
```

我們可以進一步向主機註冊執行器（`https://docs.gitlab.com/runner/register/index.html#docker`），在 **Admin Area → Runners → Register an instance runner** 之處取得。請記下令牌：

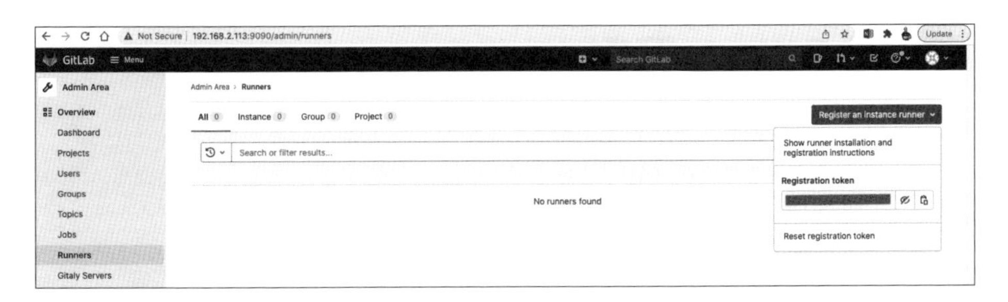

圖 15.6：GitLab 執行器註冊

然後，可以使用 token 來提取並註冊帶有基本映像檔的執行器：

```
(venv) echou@gitlab:~$ docker run --rm -it -v /srv/gitlab-runner/config:/
etc/gitlab-runner gitlab/gitlab-runner register
Runtime platform                                    arch=amd64 os=linux
pid=8 revision=5316d4ac version=14.6.0
Running in system-mode.

Enter the GitLab instance URL (for example, https://gitlab.com/):
http://<ip>:<port>
Enter the registration token:
<token>
Enter a description for the runner:
[fef6fb5a91dd]: local-runner
Enter tags for the runner (comma-separated): << Leave empty unless we want
matching tag to run the runners jobs

Registering runner... succeeded                     runner=64eCJ5yp
Enter an executor: virtualbox, docker-ssh+machine, kubernetes, custom,
docker-ssh, parallels, docker+machine, docker, shell, ssh:
docker
Enter the default Docker image (for example, ruby:2.6):
docker pull ubuntu:latest
Runner registered successfully. Feel free to start it, but if it's running
already the config should be automatically reloaded!
```

我們現在準備好處理第一份工作了！

第一個 GitLab 範例

我們可以先在 **Menu → Admin Area → Users**（在 Overview 功能下）下建立一個單獨的使用者並透過該使用者登入：

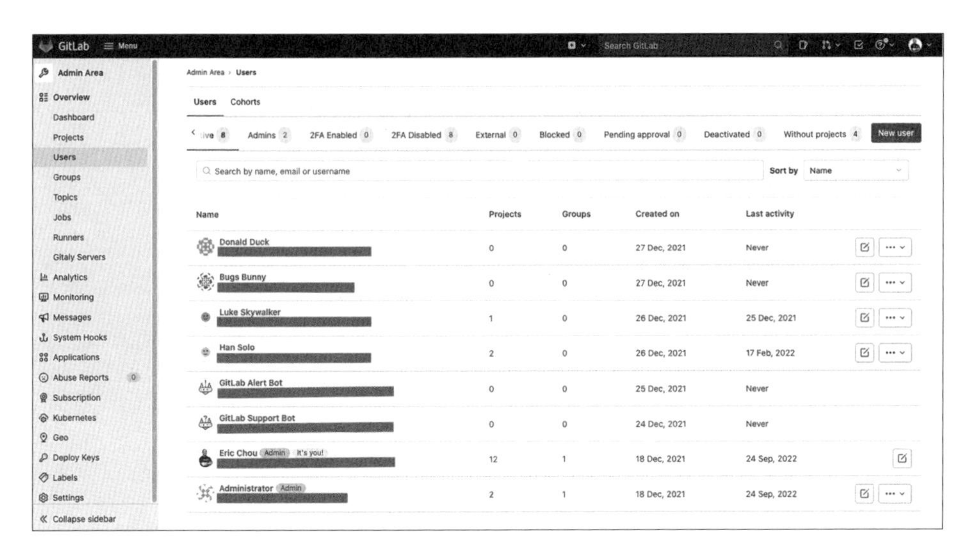

圖 15.7：GitLab 用戶

為了能夠從儲存庫操作推送或提取，我們這邊也新增 SSH 金鑰。這可以透過使用者設定檔中的設定部分來完成：

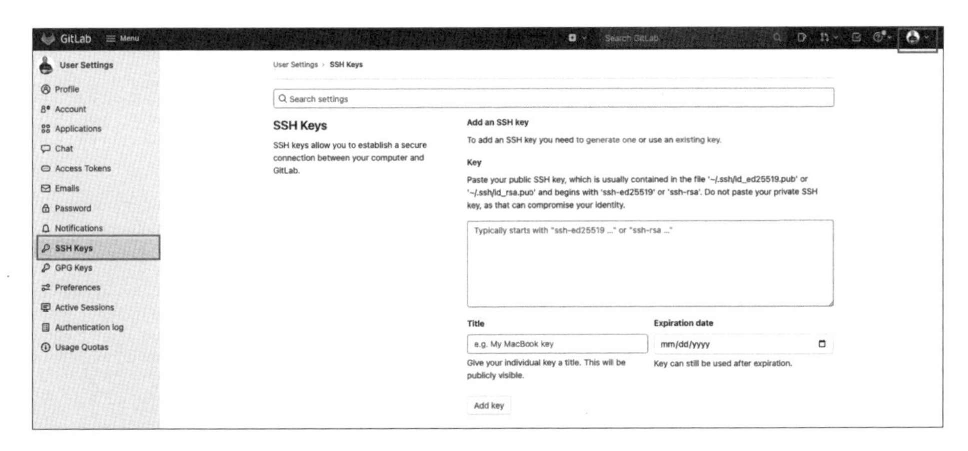

圖 15.8：用戶 SSH 金鑰

現在可以在 **Menu → Projects → Create New Project** 下建立一個新專案：

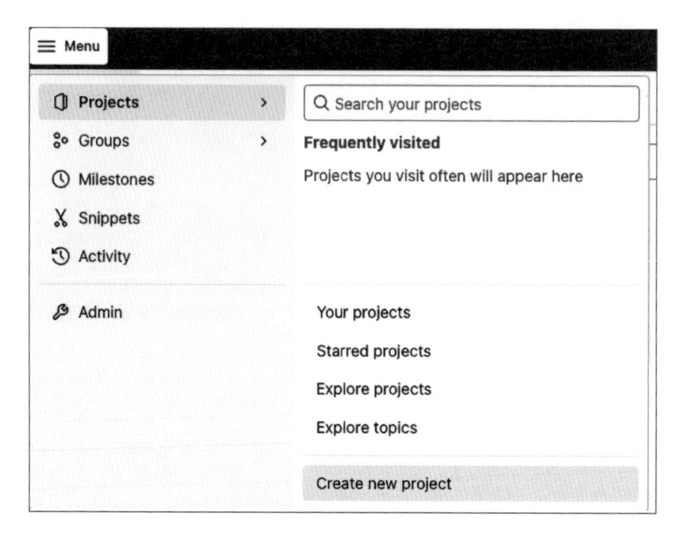

圖 15.9：建立新專案

我們將這個專案命名為 `chapter15_example1`：

New project › Create blank project

Project name

chapter15_example1

Project URL

http://192.168.2.113... echou

Project slug

chapter15_example1

Want to house several dependent projects under the same namespace? Create a group.

Project description (optional)

Description format

Visibility Level

Private
Project access must be granted explicitly to each user. If this project is part of a group, access will be granted to members of the group.

Internal
The project can be accessed by any logged in user except external users.

Public
The project can be accessed without any authentication.

Project Configuration

Initialize repository with a README
Allows you to immediately clone this project's repository. Skip this if you plan to push up an existing repository.

Create project Cancel

圖 15.10：新專案設定

如果剩下的設定有我們認為合適的，就予以保留。作為預防措施，我通常將專案的可見度設為私有（private），但此設定之後隨時可以更改。

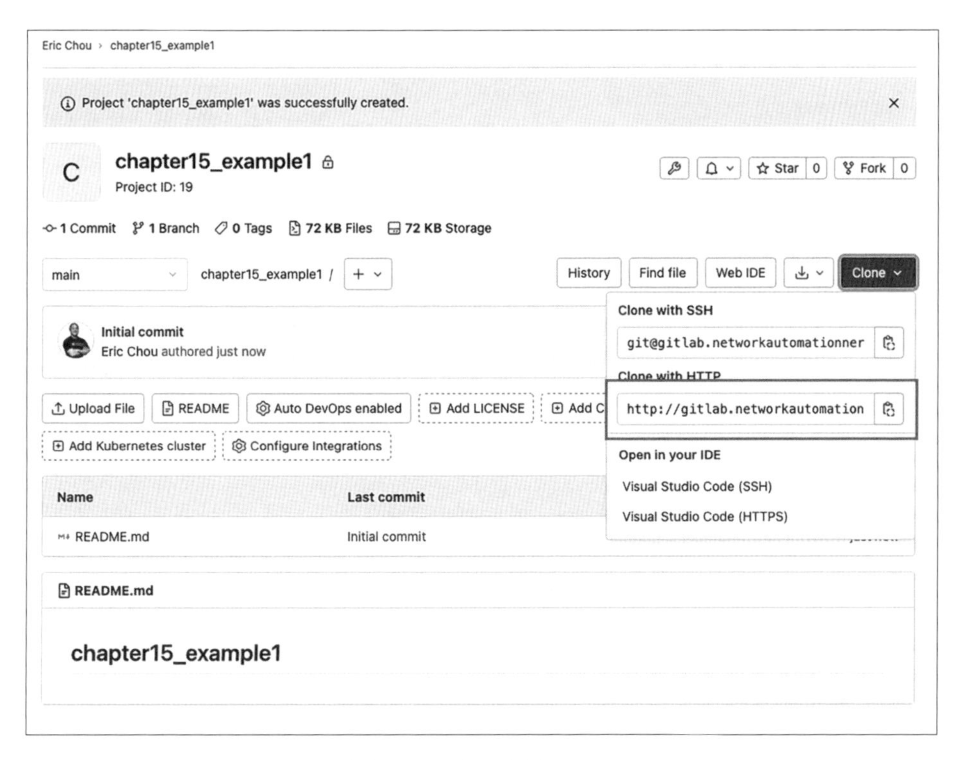

圖 15.11：專案複製用 URL

我們可以取得該專案的 URL 位址，並在管理站上複製該專案：

```
$ git clone http://gitlab.<url>/echou/chapter15_example1.git
Cloning into 'chapter15_example1'...
Username for 'http://gitlab.<url>': <user>
Password for 'http://<user>@<url>':
remote: Enumerating objects: 3, done.
remote: Counting objects: 100% (3/3), done.
remote: Total 3 (delta 0), reused 0 (delta 0), pack-reused 0
Receiving objects: 100% (3/3), done.
$ cd chapter15_example1/
$ ls
README.md
```

我們將建立一個特殊檔案 `.gitlab-ci.yml`，GitLab 將其識別為 CI/CD 指令：

```
# 定義階段
stages:
    - build
    - test
    - deploy

# 定義工作
deploy our network:
    image: "ubuntu:20.04"
    stage: build
    script:
        - mkdir new_network
        - cd new_network
        - touch bom.txt
        - echo "this is our build" >> bom.txt
    artifacts:
        paths:
          - new_network/

test our network:
    stage: test
    image: "ubuntu:20.04"
    script:
        - pwd
        - ls
        - test -f new_network/bom.txt

deploy to prod:
    stage: deploy
    image: "ubuntu:20.04"
    script:
        - echo "deploy to production"
    when: manual
```

我們將簽入、提交文件，並將其推送到我們的 GitLab 儲存庫：

```
$ git add .gitlab-ci.yml
$ git commit -m "initial commit"
$ git push origin main
Username for 'http://<url>': <username>
Password for 'http://<url>': <password>
Enumerating objects: 4, done.
Counting objects: 100% (4/4), done.
Delta compression using up to 2 threads
Compressing objects: 100% (3/3), done.
Writing objects: 100% (3/3), 512 bytes | 512.00 KiB/s, done.
Total 3 (delta 0), reused 0 (delta 0), pack-reused 0
To http://<url> /echou/chapter15_example1.git
   c0b232d..5552a10 main -> main
```

檔案 `.gitlab-ci.yml` 以 YAML 格式涵蓋 GitLab CI/CD 管線說明，它包含兩個主要部分——階段（stage）和作業（job）定義：

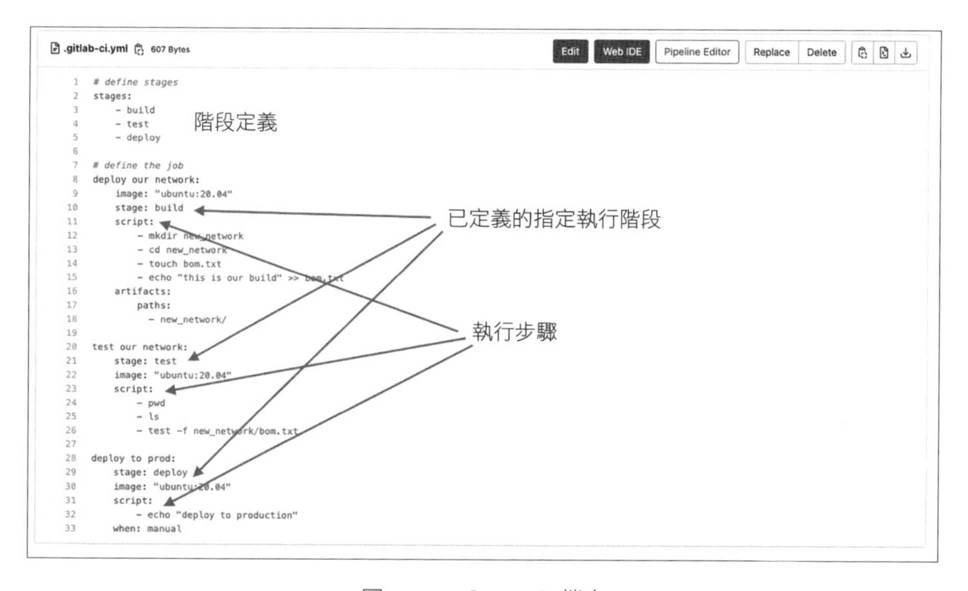

圖 15.12：GitLab CI 檔案

在檔案中，我們使用關鍵字 `stages` 定義了三個階段。在執行部分，我們定義了要提取的 Docker 基礎映像、要完成的作業名稱、對應的階段與在**腳本**（`script`）下要執行的步驟。有些指令是可以選擇性使用的，例如 `build` 時的 `artifacts` 和 `deploy` 時的 `when`。

如果我們回到專案頁面，點擊 **CI/CD → Pipelines** 就可以查看作業的狀態：

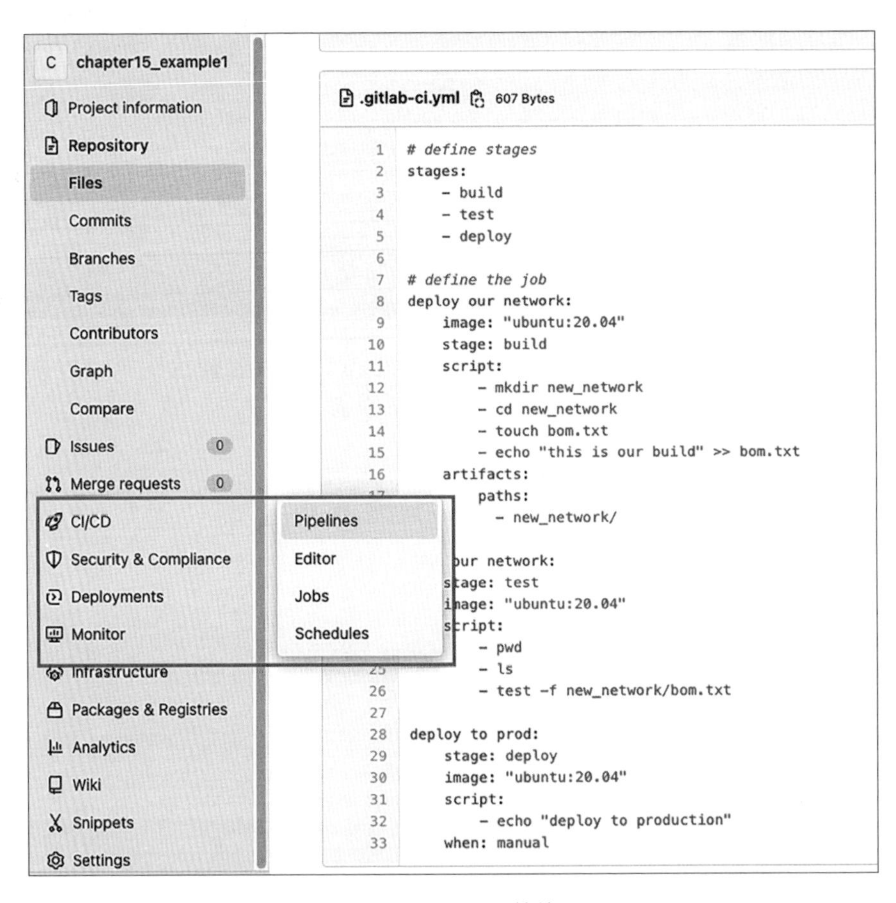

圖 15.13：CI/CD 管線

共有三個圓圈，每個圓圈代表一個階段。

Eric Chou › chapter15_example1 › Pipelines

All 1 Finished Branches Tags Clear runner caches CI lint Run pipeline

Filter pipelines Show Pipeline ID

Status	Pipeline ID	Triggerer	Commit	Stages	Duration
passed	#183 latest		main 5552a10e initial commit hansolo's avatar	deploy our network	00:00:32 32 minutes ago

圖 15.14：管線輸出

我們可以單擊圓圈並查看容器輸出：

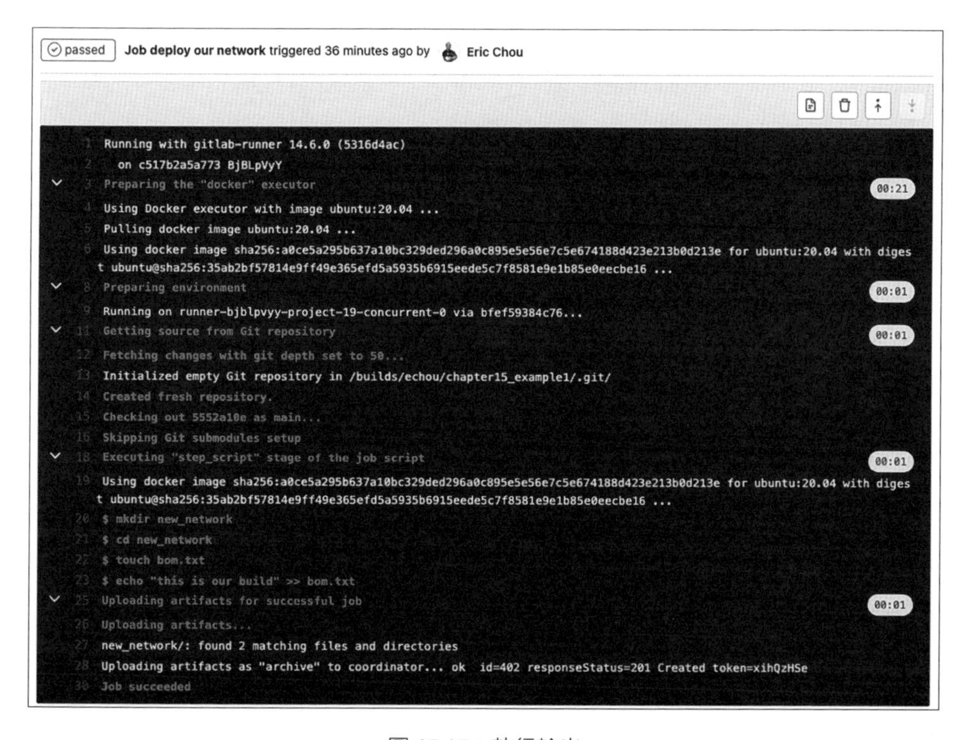

圖 15.15：執行輸出

還記得我們在 `build` 和 `deploy` 下有可選擇性的步驟嗎？這些工作產物（artifacts）為我們提供了一些可供下載的東西：

圖 15.16：artifacts

關鍵字 `when` 允許我們手動推送該步驟，而不是讓 GitLab 自動執行：

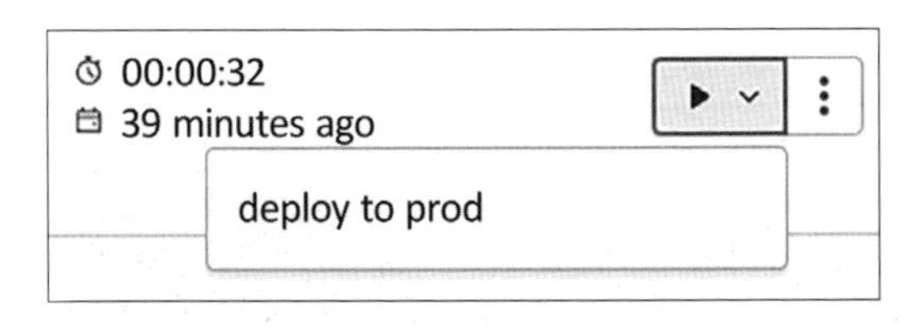

圖 15.17：手動推送

是不是很棒？現在有一些工人會自動為我們執行工作。我們還可以利用 Git 的許多功能進行協作，例如邀請同事進行程式碼審查。來看另一個例子。

GitLab 網路範例

我們將繼續在 GitLab 伺服器上建立另一個名為 `Chapter15_example2` 的專案。先在本機上複製一份遠端儲存庫：

```
$ git clone http://<url>/echou/chapter15_example2.git
$ cd chapter15_example2/
```

在此範例中，我們將整合 Nornir 函式庫，這可以讓我們了解如何在兩個 IOSv 裝置上執行 `show version`。先從定義 `hosts.yaml` 檔案開始：

```
---
r1:
    hostname: '192.168.2.218'
    port: 22
    username: 'cisco'
    password: 'cisco'
    platform: 'cisco_ios'

r2:
    hostname: '192.168.2.219'
    port: 22
    username: 'cisco'
    password: 'cisco'
    platform: 'cisco_ios'
```

接下來，可以建立執行用的 Python 腳本：

```
#!/usr/bin/env python

from nornir import InitNornir
from nornir_utils.plugins.functions import print_result
from nornir_netmiko import netmiko_send_command

nr = InitNornir()

result = nr.run(
    task=netmiko_send_command,
    command_string="show version"
)

print_result(result)
```

定義一個 requirements.txt 檔案，以指定要安裝的套件：

```
$ cat requirements.txt
…
flake8==4.0.1
…
netmiko==3.4.0
nornir==3.2.0
nornir-netmiko==0.1.2
nornir-utils==0.1.2
paramiko==2.9.2
…
```

我們還將定義 .gitlab-ci.yml 檔案用以定義階段和腳本。請注意，在文件中，我們指定了在任何階段之前執行的另一個 before_script 步驟：

```
stages:
  - Test
  - QA

before_script:
  - python --version
  - pip3 install -r requirements.txt

Test-Job:
  stage: Test
  script:
    - python3 show_version.py

flake8:
  stage: QA
  script:
    - flake8 show_version.py
```

文件簽入並推送到儲存庫後，我們可以前往 CI/CD 部分檢視輸出。由於套件下載時間的原因，這次的步驟將花費更長的時間。我們可以點擊單步驟（step）執行並即時檢查執行情況。

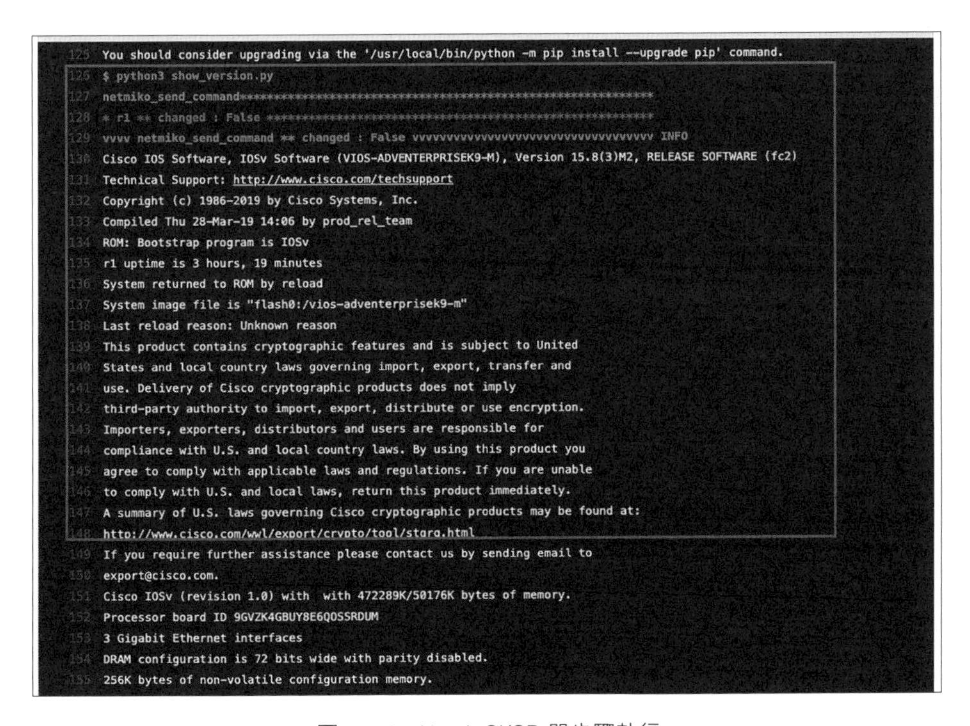

```
125 You should consider upgrading via the '/usr/local/bin/python -m pip install --upgrade pip' command.
126 $ python3 show_version.py
127 netmiko_send_command*************************************************************
128 * r1 ** changed : False ********************************************************
129 vvvv netmiko_send_command ** changed : False vvvvvvvvvvvvvvvvvvvvvvvvvvvvvvvvvvvvvv INFO
130 Cisco IOS Software, IOSv Software (VIOS-ADVENTERPRISEK9-M), Version 15.8(3)M2, RELEASE SOFTWARE (fc2)
131 Technical Support: http://www.cisco.com/techsupport
132 Copyright (c) 1986-2019 by Cisco Systems, Inc.
133 Compiled Thu 28-Mar-19 14:06 by prod_rel_team
134 ROM: Bootstrap program is IOSv
135 r1 uptime is 3 hours, 19 minutes
136 System returned to ROM by reload
137 System image file is "flash0:/vios-adventerprisek9-m"
138 Last reload reason: Unknown reason
139 This product contains cryptographic features and is subject to United
140 States and local country laws governing import, export, transfer and
141 use. Delivery of Cisco cryptographic products does not imply
142 third-party authority to import, export, distribute or use encryption.
143 Importers, exporters, distributors and users are responsible for
144 compliance with U.S. and local country laws. By using this product you
145 agree to comply with applicable laws and regulations. If you are unable
146 to comply with U.S. and local laws, return this product immediately.
147 A summary of U.S. laws governing Cisco cryptographic products may be found at:
148 http://www.cisco.com/wwl/export/crypto/tool/stqrg.html
149 If you require further assistance please contact us by sending email to
150 export@cisco.com.
151 Cisco IOSv (revision 1.0) with  with 472289K/50176K bytes of memory.
152 Processor board ID 9GVZK4GBUY8E6QOSSRDUM
153 3 Gigabit Ethernet interfaces
154 DRAM configuration is 72 bits wide with parity disabled.
155 256K bytes of non-volatile configuration memory.
```

圖 15.18：Nornir CI/CD 單步驟執行

我們應該能夠看到管線成功執行的結果。

Status	Pipeline ID	Triggerer	Commit	Stages	Duration
passed	#185 latest		main 84565db6 modified hosts.yml hansolo's avatar		00:02:19 13 minutes ago

圖 15.19：CI/CD 結果

使用 GitLab CI/CD 是自動化網路操作步驟的好方法。建立管線可能需要較長的時間，但一旦完成，它將節省很多時間，讓我們可以保存精力專注於更有趣的工作。欲了解更多相關資訊，請查看 `https://docs.gitlab.com/ee/ci/`。

總結

在本章中，我們研究了傳統的變更管理流程，以及為什麼它不適合當今快速變化的環境。網路需要隨著業務發展而變得更加敏捷，並快速且可靠地適應變化。

我們研究了持續整合的概念，特別是開源的 GitLab 系統。GitLab 是一個功能齊全、可擴展與持續整合的系統，廣泛應用於軟體開發。我們可以為網路運作採用相同的系統。隨後，我們研究了兩個範例，了解如何使用 GitLab Git 儲存庫和執行器程式以自動化方式執行操作。

在第 *16* 章，**網路測試驅動開發**中，我們將看一下使用 Python 進行測試驅動開發。

16

網路測試驅動開發

在前面的章節中，我們使用 Python 與網路設備通訊、監控和保護網路、自動化流程，以及將本地網路擴展到公有雲供應商。我們已有長足的進展，不再需要只依賴使用終端視窗和 CLI 來管理網路。當我們建立的服務一同運作時，就會像一台運轉良好的機器，提供一個美麗、自動化、可程式化的網路。然而，網路從來都不是靜態的，而是不斷變化以滿足商業需求。當我們建置的服務無法以最佳狀態運行時，會發生什麼事呢？就像在監控和來源控制系統方面所做的諸多努力，我們在積極嘗試針對故障進行偵測。

在本章中，將透過**測試驅動開發**（**TDD**）來擴展主動偵測概念。我們將討論以下主題：

- TDD 概述
- 拓樸即程式碼
- 為網路撰寫測試
- pyATS 和 Genie

本章首先簡單介紹 TDD，然後再深入探討 TDD 在網路中的應用。我們將研究使用 Python 和 TDD 的範例，並逐步從特定測試轉向更大型、以網路為基礎的測試。

測試驅動開發概述

測試驅動開發（Test Driven Development，TDD）的想法已經存在好一段時間了。美國軟體工程師 Kent Beck 等人因領導 TDD 運動以及敏捷軟體開發而受到讚譽。敏捷軟體開發需要非常短的「建置－測試－部署」開發週期；所有軟體需求都轉化為測試案例。這些測試案例通常是在程式碼編寫之前所撰寫的，惟有在通過測試之後，軟體程式碼才能被接受。

同樣的概念也適用於網路工程。例如，當面臨設計現代網路的挑戰時，從高階設計需求，到可以部署的網路測試，我們可以將流程分解為以下步驟：

1. 先從新網路的整體需求入手。為什麼我們需要設計一個全新的網路，或是全新網路的一部分？也許是為了新的伺服器硬體、新的儲存網路或新的微服務軟體架構。
2. 新的需求會被拆解為更小、更具體的要求。這可以用來評估新的交換器平台、測試可能更有效率的路由協定或新的網路拓樸（例如胖樹）。每個較小的要求都可以分為**必需的（requires）**或是**可選用的（optional）**類別。
3. 我們制定測試計畫並根據潛在的候選解決方案進行評估。
4. 測試計畫將以相反的順序進行；我們將會針對新功能開始測試，然後將新功能整合到更大的拓樸中。最後，將嘗試在接近營運環境的地方執行測試。

我想要表達的是，即使沒有意識到，我們也可能已經在正常的網路工程過程中採用了一些 TDD 方法。這是我在研究 TDD 思維模式時得到的部分啟示。我們已經對這一最佳實踐有所潛移默化而力行，只是沒有將該方法明確定義出來而已。

透過逐步將部分網路轉移到程式碼中，我們可以在網路中更廣泛地使用 TDD。如果我們的網路拓樸以 XML 或 JSON 的分層格式進行描述，則每個元件都可以正確地對應，並以所需的狀態表示，有些人可能會稱之為「事實來源」（the source of truth）。我們可以將此理想狀態作為基準，藉由編寫測試案例，來測試是否與之產生偏差。舉例來說，如果我們所需的狀態需要 iBGP 鄰居的全網格，一定可以編寫一個測試案例來檢查營運設備的 iBGP 鄰居數量。

TDD 的順序大致上是基於以下六個步驟：

1. 撰寫測試並牢記結果
2. 執行所有測試並查看新測試是否失敗
3. 編寫程式碼
4. 再次運行測試
5. 如果測試失敗，進行必要的更改
6. 重複上述步驟

與任何流程一樣，我們對指南的遵循程度取決於主觀判斷。我更喜歡將這些指導方針視為目標，並在遵循它們時保留些許的彈性。例如，TDD 流程要求在編寫任何程式碼之前（在我們的實例中，則為建置任何網路元件之前）編寫測試案例。我個人是比較偏好，每次在編寫測試案例之前先查看網路或程式碼的工作版本。這樣會使我更有信心，所以如果有人評價我的 TDD 過程，我可能會得到一個大大的「F」。我也喜歡在不同級別的測試之間跳來跳去；有時測試一小部分網路，有時進行系統級端對端測試，例如 ping 或 traceroute 測試。

重點是，我不相信有一體適用的測試方法。這取決於個人喜好和專案範圍，對於與我共事過的大多數工程師來說都是如此。永遠牢記流程框架是個好主意，這樣我們就有了可遵循的工作藍圖，但您才是對自己解決問題風格的最佳判斷者。

在進一步深入研究 TDD 之前，我們先在下一節中介紹一些最常見的術語，以便在深入了解更多細節之前，有良好的概念基礎。

測試定義

來看看 TDD 中常用的一些術語：

- **單元測試（Unit test）**：檢查一小段程式碼。這是針對單一函式或類別所進行的測試。
- **整合測試（Integration test）**：檢查程式庫的多個元件；多個單元被合併作為一個群組進行測試。這可以是檢查 Python 的單一模組或者多個模組的測試。

- **系統測試（System test）**：端對端檢查。這是一個盡可能接近終端用戶可到的方式來運作的測試。
- **功能測試（Functional test）**：針對單一功能進行檢查。
- **測試涵蓋率（Test coverage）**：定義為確定我們的測試案例是否涵蓋應用程式程式碼的術語。這通常是計算檢查運行測試案例時，執行了多少程式碼。
- **測試固定裝置（Test fixtures）**：形成運作測試基準的固定狀態。固定裝置的目的是為了確保有一個眾所周知的固定環境來運行測試，以便測試是可重複的。
- **設置和拆卸（Setup and teardown）**：所有先決條件步驟都在設置中加入，並在拆卸中清除。

這些術語可能看起來非常以軟體開發為中心，有些可能與網路工程無關。請記住，這些術語是傳達概念或步驟的一種方式，在本章的其餘部分會使用這些術語。當我們在網路工程環境中大量使用這些術語時，它們可能會變得更加清晰。介紹完這些後，讓我們深入研究如何將網路拓樸視為程式碼。

拓樸即程式碼

當我們討論拓樸即程式碼時，工程師可能會跳起來宣稱：「網路太複雜了。根本不可能把它轉化成程式碼！」。就個人經驗來看，這種情況曾在我參加過的一些會議中發生。在會議中，一群軟體工程師希望將基礎設施視為程式碼，但同一間會議室中的傳統網路工程師會宣稱「這是不可能的」。在您看到本書，且同樣也想向我大聲疾呼之前，不妨讓我們敞開心胸來看看吧！如果告訴您在本書中已經使用程式碼來描述我們的拓樸結構，會有幫助嗎？

如果您查看在本書中使用的任何實驗環境拓樸檔案，它們只是包含節點之間關係描述的 YAML 文件。例如，在本章中，我們將使用與前幾章相同的拓樸：

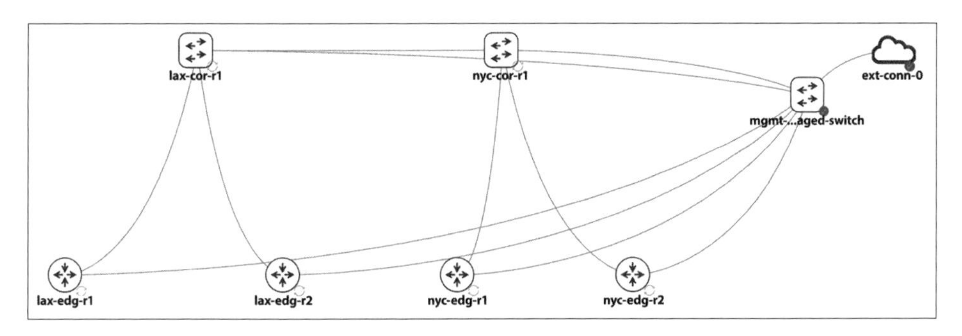

圖 16.1：實驗環境拓樸

如果我們使用文字編輯器開啟拓樸檔案 `chapter16_topology.yaml`，將看到該檔案是一個描述節點以及節點之間連結的 YAML 檔案：

```
lab:
  description: Imported from 2_DC_Topology.virl
  notes: |-
    ## Import Progress
    - processing node /lax-edg-r1 (iosv)
    - processing node /lax-edg-r2 (iosv)
    - processing node /nyc-edg-r1 (iosv)
    - processing node /nyc-edg-r2 (iosv)
    - processing node /lax-cor-r1 (nxosv)
    - processing node /nyc-cor-r1 (nxosv)
    - link GigabitEthernet0/1.lax-edg-r1 -> Ethernet2/1.lax-cor-r1
    - link GigabitEthernet0/1.lax-edg-r2 -> Ethernet2/2.lax-cor-r1
    - link GigabitEthernet0/1.nyc-edg-r1 -> Ethernet2/1.nyc-cor-r1
    - link GigabitEthernet0/1.nyc-edg-r2 -> Ethernet2/2.nyc-cor-r1
    - link Ethernet2/3.lax-cor-r1 -> Ethernet2/3.nyc-cor-r1
  timestamp: 1615749425.6802542
  title: 2_DC_Topology.yaml
  version: 0.0.4
```

節點部分包含每個節點的 ID、標籤（label）、定義與組態設定。

```
nodes:
  - id: n0
    label: lax-edg-r1
```

```
    node_definition: iosv
    x: -100
    y: 200
    configuration: |-
      !
      ! Last configuration change at 02:26:08 UTC Fri Apr 17 2020 by cisco
      !
      version 15.6
      service timestamps debug datetime msec
      service timestamps log datetime msec
      no service password-encryption
      !
      hostname lax-edg-r1
      !
      boot-start-marker
      boot-end-marker
      !
      !
      vrf definition Mgmt-intf
       !
       address-family ipv4
       exit-address-family
       !
<skip>
```

如果打開上一章包含 Linux 節點的實驗環境拓樸檔案，我們會發現這些 Linux 主機節點可以用與網路節點相同的方式描述：

```
  - id: n5
    label: Client
    node_definition: server
    x: 0
    y: 0
    configuration: |-
      # 轉換後的雲端組態設定
      hostname Client
      ifconfig eth1 up 10.0.0.9 netmask 255.255.255.252
      route add -net 10.0.0.0/8 gw 10.0.0.10 dev eth1
```

```
        route add -net 192.168.0.0/28 gw 10.0.0.10 dev eth1

        # 原始雲端組態設定
        ## 雲端組態設定
        # bootcmd:
        # - ln -s -t /etc/rc.d /etc/rc.local
        # hostname: Client
        # manage_etc_hosts: true
        # runcmd:
        # - start ttyS0
        # - systemctl start getty@ttyS0.service
        # - systemctl start rc-local
        # - sed -i '/^\s*PasswordAuthentication\s\+no/d' /etc/ssh/sshd_
config
        # - echo "UseDNS no" >> /etc/ssh/sshd_config
        # - service ssh restart
        # - service sshd restart
```

透過將網路表達為程式碼，我們可以聲明網路的真實來源。也可以編寫測試程式碼來將實際營運的數值與該藍圖進行比較。我們將使用該拓樸檔案作為基礎，並將營運網路的數值與其進行比較。

XML 解析範例

除了 YAML 之外，另一種將拓樸表示為程式碼的流行方式是 XML。事實上，這就是 CML 2 的前身——Cisco VIRL 所使用的格式。在本書的前幾版中，我提供了一個名為 `chapter15_topology.virl` 的雙主機、兩個網路節點的範例檔案，作為我們的解析範例。

要使用 XML 文件，我們可以使用 Python 從這個拓樸檔案中提取元素，並將其儲存為 Python 資料型別以便使用。在 `chapter16_1_xml.py` 中，我們將使用 `ElementTree` 解析 `virl` 拓樸檔案，並建構一個由設備資訊組成的字典：

```
#!/usr/env/bin python3
import xml.etree.ElementTree as ET
import pprint
```

```
with open('chapter15_topology.virl', 'rt') as f:
    tree = ET.parse(f)
devices = {}
for node in tree.findall('./{http://www.cisco.com/VIRL}node'):
    name = node.attrib.get('name')
    devices[name] = {}
    for attr_name, attr_value in sorted(node.attrib.items()):
        devices[name][attr_name] = attr_value
# 客製化的屬性
devices['iosv-1']['os'] = '15.6(3)M2'
devices['nx-osv-1']['os'] = '7.3(0)D1(1)'
devices['host1']['os'] = '16.04'
devices['host2']['os'] = '16.04'
pprint.pprint(devices)
```

其結果為一個 Python 字典，其中包含根據我們的拓樸檔案的設備。

我們也可以將慣用項目加入字典：

```
(venv) $ python chapter16_1_xml.py
{'host1': {'location': '117,58',
           'name': 'host1',
           'os': '16.04',
           'subtype': 'server',
           'type': 'SIMPLE'},
 'host2': {'location': '347,66',
           'name': 'host2',
           'os': '16.04',
           'subtype': 'server',
           'type': 'SIMPLE'},
 'iosv-1': {'ipv4': '192.168.0.3',
            'location': '182,162',
            'name': 'iosv-1',
            'os': '15.6(3)M2',
            'subtype': 'IOSv',
            'type': 'SIMPLE'},
 'nx-osv-1': {'ipv4': '192.168.0.1',
              'location': '281,161',
              'name': 'nx-osv-1',
```

```
                'os': '7.3(0)D1(1)',
                'subtype': 'NX-OSv',
                'type': 'SIMPLE'}}
```

如果想要將此「事實來源」與營運設備版本進行比較，可以使用**第 *3* 章，應用程式介面（*API*）與意圖驅動網路開發**中的腳本 `cisco_nxapi_2.py` 來擷取營運 NX-OSv 設備的軟體版本。接下來，我們可以將從拓樸文件中收到的數值與營運設備的資訊進行比較。稍後就可以使用 Python 內建的 `unittest` 模組來編寫測試案例。

我們將稍微討論一下單元測試 `unittest` 模組。您可以先跳到後面的部分，再回來看這個例子。

以下是 `chapter16_2_validation.py` 中的相關單元測試 `unittest` 程式碼：

```
import unittest
<skip>
# 單元測試案例
class TestNXOSVersion(unittest.TestCase):
    def test_version(self):
        self.assertEqual(nxos_version, devices['nx-osv-1']['os'])
if __name__ == '__main__':
    unittest.main()
```

當我們執行驗證測試時，可以看到測試通過了，因為營運中的軟體版本符合我們的預期：

```
$ python chapter16_2_validation.py
.
----------------------------------------------------------------------
Ran 1 test in 0.000s
OK
```

如果手動更改預期的 NX-OSv 版本值，以引入錯誤案例，我們將看到以下的錯誤輸出：

```
$ python chapter16_3_test_fail.py
F
```

```
======================================================================
FAIL: test_version (__main__.TestNXOSVersion)
----------------------------------------------------------------------
Traceback (most recent call last):
  File "chapter15_3_test_fail.py", line 50, in test_version
    self.assertEqual(nxos_version, devices['nx-osv-1']['os'])
AssertionError: '7.3(0)D1(1)' != '7.4(0)D1(1)'
- 7.3(0)D1(1)
?   ^
+ 7.4(0)D1(1)
?   ^
----------------------------------------------------------------------
Ran 1 test in 0.001s
FAILED (failures=1)
```

測試案例結果回傳為錯誤；錯誤的原因是兩個值之間的版本不符。正如我們在上一個範例中看到的，Python 單元測試模組是根據預期結果測試現有程式碼的好方法，讓我們更深入地了解該模組。

Python 的單元測試模組

Python 標準函式庫有一個名為 `unittest` 的模組，用來處理測試案例，我們可以用它來比較兩個值以確定測試是否通過。在前面的範例中，我們了解如何使用 `assertEqual()` 方法比較兩個值，以傳回 `True` 或 `False`。下面一個範例 `chapter16_4_unittest.py`，它使用內建的 `unittest` 模組來比較兩個值：

```
#!/usr/bin/env python3
import unittest
class SimpleTest(unittest.TestCase):
    def test(self):
        one = 'a'
        two = 'a'
        self.assertEqual(one, two)
```

使用 python3 命令列介面，unittest 模組可以自動發現腳本中的測試案例：

```
$ python -m unittest chapter16_4_unittest.py
.
----------------------------------------------------------------------
Ran 1 test in 0.000s
OK
```

除了針對兩個值進行比較之外，這裡還有更多測試期望值是 True 或 False 的範例。我們也可以在發生故障時產生自訂故障訊息：

```
#!/usr/bin/env python3
# 範例來源：https://pymotw.com/3/unittest/index.html#module-unittest
import unittest
class Output(unittest.TestCase):
    def testPass(self):
        return
    def testFail(self):
        self.assertFalse(True, 'this is a failed message')
    def testError(self):
        raise RuntimeError('Test error!')
    def testAssesrtTrue(self):
        self.assertTrue(True)
    def testAssertFalse(self):
        self.assertFalse(False)
```

我們可以使用 -v 選項來顯示更詳細的輸出：

```
$ python -m unittest -v chapter16_5_more_unittest
testAssertFalse (chapter16_5_more_unittest.Output) ... ok
testAssesrtTrue (chapter16_5_more_unittest.Output) ... ok
testError (chapter16_5_more_unittest.Output) ... ERROR
testFail (chapter16_5_more_unittest.Output) ... FAIL
testPass (chapter16_5_more_unittest.Output) ... ok

======================================================================
ERROR: testError (chapter16_5_more_unittest.Output)
----------------------------------------------------------------------
```

```
Traceback (most recent call last):
  File "/home/echou/Mastering_Python_Networking_Fourth_Edition/Chapter16/
chapter16_5_more_unittest.py", line 14, in testError
    raise RuntimeError('Test error!')
RuntimeError: Test error!

======================================================================
FAIL: testFail (chapter16_5_more_unittest.Output)
----------------------------------------------------------------------
Traceback (most recent call last):
  File "/home/echou/Mastering_Python_Networking_Fourth_Edition/Chapter16/
chapter16_5_more_unittest.py", line 11, in testFail
    self.assertFalse(True, 'this is a failed message')
AssertionError: True is not false : this is a failed message

----------------------------------------------------------------------
Ran 5 tests in 0.001s

FAILED (failures=1, errors=1)
```

從 Python 3.3 開始，`unittest` 模組預設包含 `mock` 物件函式庫（`https://docs.python.org/3/library/unittest.mock.html`）。這是一個非常有用的模組，您可以使用它對遠端資源進行虛擬的 HTTP API 呼叫，而不用在真正呼叫成功時才能使用。例如，我們已經看到使用 NX-API 來檢索 NX-OS 版本號。如果想要執行測試、但沒有可用的 NX-OS 設備怎麼辦？可以使用 `unittest` 模擬物件。

在 `chapter16_5_more_unittest_mocks.py` 中，我們建立了一個類別，其中包含一個進行 HTTP API 呼叫的方法，並期望 JSON 回傳內容：

```
# 我們的類別使用請求來產生 API 呼叫
class MyClass:
    def fetch_json(self, url):
        response = requests.get(url)
        return response.json()
```

我們也建立了模擬兩個 URL 呼叫的函式：

```
# 這個方法會被 mock 採用，以取代 requests.get
def mocked_requests_get(*args, **kwargs):
    class MockResponse:
        def __init__(self, json_data, status_code):
            self.json_data = json_data
            self.status_code = status_code
        def json(self):
            return self.json_data
    if args[0] == 'http://url-1.com/test.json':
        return MockResponse({"key1": "value1"}, 200)
    elif args[0] == 'http://url-2.com/test.json':
        return MockResponse({"key2": "value2"}, 200)
    return MockResponse(None, 404)
```

最後，對測試案例中的兩個 URL 進行 API 呼叫。但是，我們使用修補（mock.patch）裝飾器（decorator）來攔截 API 呼叫：

```
# 我們的測試案例類別
class MyClassTestCase(unittest.TestCase):
    # 我們用自己的方法修補「requests.get」。mock 物件會被傳送到我們的測試案
例的方法中
    @mock.patch('requests.get', side_effect=mocked_requests_get)
    def test_fetch(self, mock_get):
        # 斷言 requests.get 呼叫
        my_class = MyClass()
        # 呼叫 url-1
        json_data = my_class.fetch_json('http://url-1.com/test.json')
        self.assertEqual(json_data, {"key1": "value1"})
        # 呼叫 url-2
        json_data = my_class.fetch_json('http://url-2.com/test.json')
        self.assertEqual(json_data, {"key2": "value2"})
        # 呼叫 url-3，這個尚未進行 mock
        json_data = my_class.fetch_json('http://url-3.com/test.json')
        self.assertIsNone(json_data)
if __name__ == '__main__':
    unittest.main()
```

當我們執行測試時，將看到測試通過，而無須對遠端端點進行實際的 API 呼叫。很簡潔，對吧？

```
$ python chapter16_5_more_unittest_mocks.py
.
----------------------------------------------------------------------
Ran 1 test in 0.000s
OK
```

更多關於 unittest 模組的資訊中，Doug Hellmann 的「本週 Python 模組」（https://pymotw.com/3/unittest/index.html#module-unittest）是簡短而精確示範的絕佳來源。一如既往，Python 線上文件也是一個很好的資訊來源：https://docs.python.org/3/library/unittest.html。

更多關於 Python 測試資訊

除了內建的 unittest 函式庫之外，Python 社群還有許多其他測試框架。pytest 是最強大、最直覺的 Python 測試框架之一，值得一看。pytest 可用於所有類型和等級的軟體測試，它可供開發人員、QA 工程師、實踐 TDD 的個人和開源專案使用。

許多大型開源專案已從 unittest 或 nose（另一個 Python 測試框架）轉向 pytest，包括 Mozilla 和 Dropbox。框架 pytest 吸引人的功能包括第三方附加元件模型、簡單的固定模型和斷言重寫（assert rewriting）。

如果您想了解有關 pytest 框架的更多資訊，我強烈推薦 Brian Okken 編寫的《*Python Testing with pytest*》一書（ISBN 978-1-68050-240-4）。另一個重要來源是 pytest 文件：https://docs.pytest.org/en/latest/。

pytest 採用命令列驅動；它可以找到我們自動編寫的測試，並透過在函式中附加測試前綴來執行它們。在使用之前我們需要安裝 pytest：

```
$ pip install pytest
$ python
Python 3.10.6 (main, Aug 10 2022, 11:40:04) [GCC 11.3.0] on linux
Type "help", "copyright", "credits" or "license" for more information.
>>> import pytest
```

```
>>> pytest.__version__
'7.1.3'
>>>
```

讓我們來看一些使用 pytest 的範例。

pytest 範例

第一個 pytest 範例 chapter16_6_pytest_1.py，是兩個值的簡單 assert 使用範例：

```
#!/usr/bin/env python3
def test_passing():
    assert(1, 2, 3) == (1, 2, 3)
def test_failing():
    assert(1, 2, 3) == (3, 2, 1)
```

當我們使用 -v 選項來執行 pytest 時，pytest 將為我們提供相當可靠的失敗原因回應。詳細的輸出是人們喜歡 pytest 的原因之一：

```
$ pytest -v chapter16_6_pytest_1.py
================================ test session starts ======================
============
platform linux -- Python 3.10.6, pytest-7.1.3, pluggy-1.0.0 -- /home/
echou/Mastering_Python_Networking_Fourth_Edition/venv/bin/python3
cachedir: .pytest_cache
rootdir: /home/echou/Mastering_Python_Networking_Fourth_Edition/Chapter16
collected 2 items

chapter16_6_pytest_1.py::test_passing PASSED
[ 50%]
chapter16_6_pytest_1.py::test_failing FAILED
[100%]

====================================== FAILURES ==========================
============
____________________________________ test_failing ________________________
____________
```

```
    def test_failing():
>       assert(1, 2, 3) == (3, 2, 1)
E       assert (1, 2, 3) == (3, 2, 1)
E         At index 0 diff: 1 != 3
E         Full diff:
E         - (3, 2, 1)
E         ?  ^     ^
E         + (1, 2, 3)
E         ?  ^     ^

chapter16_6_pytest_1.py:7: AssertionError
============================= short test summary info
==============================
FAILED chapter16_6_pytest_1.py::test_failing - assert (1, 2, 3) == (3, 2,
1)
=========================== 1 failed, 1 passed in 0.03s
=============================
```

在第二個 pytest 範例 chapter16_7_pytest_2.py 中，我們將建立一個路由器（router）物件。路由器 router 物件將使用 None 值和預設值來啟動。我們將使用 pytest 測試一個使用預設值的實例和一個不使用預設值的實例：

```
#!/usr/bin/env python3
class router(object):
    def __init__(self, hostname=None, os=None, device_type='cisco_ios'):
        self.hostname = hostname
        self.os = os
        self.device_type = device_type
        self.interfaces = 24
def test_defaults():
    r1 = router()
    assert r1.hostname == None
    assert r1.os == None
    assert r1.device_type == 'cisco_ios'
    assert r1.interfaces == 24
def test_non_defaults():
```

```
    r2 = router(hostname='lax-r2', os='nxos', device_type='cisco_nxos')
    assert r2.hostname == 'lax-r2'
    assert r2.os == 'nxos'
    assert r2.device_type == 'cisco_nxos'
    assert r2.interfaces == 24
```

我們執行測試時，將看到實例是否準確地應用了預設值：

```
$ pytest chapter16_7_pytest_2.py
================================ test session starts =====================
============
platform linux -- Python 3.10.6, pytest-7.1.3, pluggy-1.0.0
rootdir: /home/echou/Mastering_Python_Networking_Fourth_Edition/Chapter16
collected 2 items

chapter16_7_pytest_2.py ..
[100%]

================================ 2 passed in 0.01s =====================
============
```

如果我們將前面的 unittest 範例替換為 pytest，在 chapter16_8_pytest_3.py 中，可以看到 pytest 的語法更簡單：

```
# pytest 測試案例
def test_version():
    assert devices['nx-osv-1']['os'] == nxos_version
```

然後我們使用 pytest 命令列執行測試：

```
$ pytest chapter16_8_pytest_3.py
================================ test session starts =====================
============
platform linux -- Python 3.10.6, pytest-7.1.3, pluggy-1.0.0
rootdir: /home/echou/Mastering_Python_Networking_Fourth_Edition/Chapter16
collected 1 item

chapter16_8_pytest_3.py .
```

```
[100%]

================================ 1 passed in 3.80s =====================
============
```

以 unittest 和 pytest 兩者來說，我發現 pytest 使用起來更直觀。然而，由於 unittest 包含在標準函式庫中，許多團隊可能更喜歡使用 unittest 模組進行測試。

除了對程式碼進行測試之外，我們還可以編寫測試計畫來測試整個網路。畢竟，用戶更關心他們的服務和應用程式是否正常運行，而不是單一部分。我們將在下一節中討論為網路編寫測試。

為網路編寫測試

到目前為止，主要是為 Python 程式碼編寫測試。我們使用了 unittest 和 pytest 函式庫來 assert True/False 和等於（equal）/ 不等於（non-equal）值。當沒有具備 API 功能的實際設備，但仍想執行測試時，也可以編寫模擬來攔截我們的 API 呼叫。

在本節中，讓我們看看如何編寫與聯網世界相關的測試。關於網路監控和測試的商業產品，市面上其實並不缺，這些年來我遇過很多這樣的產品。然而，在本節中，我更喜歡使用簡單的開源工具進行測試。

網路連通性測試

通常，故障排除的第一步是進行小型連通性測試。對於網路工程師來說，在進行網路連通性測試時，ping 是我們最好的朋友。它是一種透過網路向目的地發送小包來測試 IP 網路上主機連通性的方法。

我們可以透過 OS 模組或 subprocess 模組自動執行 ping 測試：

```
>>> import os
>>> host_list = ['www.cisco.com', 'www.google.com']
>>> for host in host_list:
...     os.system('ping -c 1 ' + host)
...
```

```
PING www.cisco.com(2001:559:19:289b::b33 (2001:559:19:289b::b33)) 56 data
bytes
64 bytes from 2001:559:19:289b::b33 (2001:559:19:289b::b33): icmp_seq=1
ttl=60 time=11.3 ms
--- www.cisco.com ping statistics ---
1 packets transmitted, 1 received, 0% packet loss, time 0ms
rtt min/avg/max/mdev = 11.399/11.399/11.399/0.000 ms
0
PING www.google.com(sea15s11-in-x04.1e100.net (2607:f8b0:400a:808::2004))
56 data bytes
64 bytes from sea15s11-in-x04.1e100.net (2607:f8b0:400a:808::2004): icmp_
seq=1 ttl=54 time=10.8 ms
--- www.google.com ping statistics ---
1 packets transmitted, 1 received, 0% packet loss, time 0ms
rtt min/avg/max/mdev = 10.858/10.858/10.858/0.000 ms
0
```

subprocess 模組提供了取得輸出的額外好處：

```
>>> import subprocess
>>> for host in host_list:
...     print('host: ' + host)
...     p = subprocess.Popen(['ping', '-c', '1', host], stdout=subprocess.
PIPE)
...
host: www.cisco.com
host: www.google.com
>>> print(p.communicate())
(b'PING www.google.com(sea15s11-in-x04.1e100.net
(2607:f8b0:400a:808::2004)) 56 data bytes\n64 bytes from sea15s11-in-
x04.1e100.net (2607:f8b0:400a:808::2004): icmp_seq=1 ttl=54 time=16.9
ms\n\n--- www.google.com ping statistics ---\n1 packets transmitted,
1 received, 0% packet loss, time 0ms\nrtt min/avg/max/mdev =
16.913/16.913/16.913/0.000 ms\n', None)
>>>
```

事實證明，這兩個模組在許多情況下都非常有用。我們在 Linux 和 Unix 環境中執行的任何命令，都可以透過 OS 或 subprocess 模組來執行。

測試網路延遲

網路延遲的話題有時可能是主觀的，身為網路工程師，我們常常會遇到用戶說「網路好慢」。然而，「慢」是一個非常主觀的術語。

如果我們能夠建立將主觀術語轉化為客觀值的測試，那將非常有幫助。我們應該同步性地處理，用以比較一系列隨時間序列變化的資料值。

這有時會很困難，因為網路在設計上是無狀態的。僅僅因為一個資料封包成功，並不能保證下一個資料封包成功。多年來，我見過的最好方法是在許多主機上頻繁使用 ping 並將資料記錄下來，形成 ping 網格圖。我們可以利用上一個範例中使用的相同工具，捕獲回傳結果時間並保留紀錄。我們在 chapter16_10_ping.py 中執行此操作：

```
#!/usr/bin/env python3
import subprocess
host_list = ['www.cisco.com', 'www.google.com']
ping_time = []
for host in host_list:
    p = subprocess.Popen(['ping', '-c', '1', host], stdout=subprocess.
PIPE)
    result = p.communicate()[0]
    host = result.split()[1]
    time = result.split()[13]
    ping_time.append((host, time))
print(ping_time)
```

在這種情況下，結果會保存在 tuple 並放入 list 中：

```
$ python chapter16_10_ping.py
[(b'e2867.dsca.akamaiedge.net', b'ttl=54'), (b'www.google.com',
b'ttl=58')]
```

這並不完美，只是監控和故障排除的起點。然而，在缺乏其他工具的情況下，這提供了一些客觀值的基準線。

安全性測試

我們在第 *6* 章，**使用** ***Python*** **來實現網路安全**中，看到最好的安全測試工具之一，那就是 Scapy。有許多用於安全的開源工具，但沒有一個提供建置資料封包所帶來的靈活性。

網路安全測試的另一個優秀工具是 `hping3`（`https://www.kali.org/tools/hping3/`）。它提供了能一次生成大量資料封包的簡單方法。例如，您可以使用下列單行程式碼來產生 TCP SYN 洪氾（flood）：

```
# 不要在正式環境中做這樣的測試 #
echou@ubuntu:/var/log$ sudo hping3 -S -p 80 --flood 192.168.1.202
HPING 192.168.1.202 (eth0 192.168.1.202): S set, 40 headers + 0 data bytes
hping in flood mode, no replies will be shown
^C
--- 192.168.1.202 hping statistic ---
2281304 packets transmitted, 0 packets received, 100% packet loss round-
trip min/avg/max = 0.0/0.0/0.0 ms
echou@ubuntu:/var/log$
```

同樣地，由於這是一個命令列工具，我們可以使用 `subprocess` 模組來針對我們想要的任何 `hping3` 進行自動化測試。

交易測試

網路是基礎設施的重要組成部分，但也只是其中的一部分。使用者關心的往往是運行在網路之上的服務。如果用戶嘗試觀看 YouTube 影片或收聽播客時卻無法觀看，他們就會認為該服務已損壞。我們可能知道網路傳輸沒有問題，但這並不能讓用戶放心。

因此，我們應該實作盡可能類似於使用者體驗的測試。以 YouTube 影片為例，我們可能無法 100% 複製 YouTube 體驗（除非您在 Google 工作）。

儘管如此，我們仍然可以在盡可能靠近網路邊緣的地方實作第 7 層服務，然後定期模擬來自客戶端的交易作為交易測試。

Python HTTP 標準函式庫模組，是我需要快速測試 web 服務的第 7 層連通性時常使用的模組。我們在第 *4* 章，*Python* 自動化框架——*Ansible* 中執行網路監控時已經研究過如何使用它，但它值得再次拿出來看：

```
$ python3 -m http.server 8080
Serving HTTP on 0.0.0.0 port 8080 ...
127.0.0.1 - - [25/Jul/2018 10:15:23] "GET / HTTP/1.1" 200 -
```

如果我們能夠模擬預期服務的完整交易，那就更理想了。不過，Python 標準函式庫中的 simple HTTP 伺服器模組，始終是執行臨時 web 服務測試的極佳選擇。

網路組態測試

在我看來，網路組態設定的最佳測試是使用標準化模板來產生組態，並經常備份正式環境的組態設定。我們已經了解如何使用 Jinja2 模板來標準化每部設備類型或角色的組態。這將消除許多人為疏失造成的錯誤，例如複製和貼上。

產生組態後，可以在將組態推送到營運設備之前，針對我們期望的已知特徵來對該組態編寫測試。例如，當涉及到 loopback IP 時，整個網路中的 IP 位址不應該重疊，因此我們可以編寫測試來查看新組態設定是否包含一個在我們所有設備中都唯一的 loopback IP。

Ansible 測試

在使用 Ansible 期間，我不記得使用過類似單元測試（unittest-like）的工具來測試劇本。在大多數情況下，劇本使用由模組開發人員測試過的模組。

如果您想要一個輕量級的資料測試工具，請查看 Cerberus（https://docs.python-cerberus.org/）。

Ansible 為其模組函式庫提供單元測試，Ansible 中的單元測試是目前在 Ansible 持續整合過程中從 Python 驅動測試的唯一方法。今天執行的單元測試可以在 /test/units（https://github.com/ansible/ansible/tree/devel/test/units）下找到。

Ansible 測試策略可以在以下文件中找到：

- **測試 Ansible**：https://docs.ansible.com/ansible/latest/dev_guide/testing.html
- **單元測試**：https://docs.ansible.com/ansible/latest/dev_guide/testing_units.html
- **單元測試 Ansible 模組**：https://docs.ansible.com/ansible/latest/dev_guide/testing_units_modules.html

Molecule 框架（https://pypi.org/project/molecule/）是有趣的 Ansible 測試框架之一，旨在幫助 Ansible 角色的開發和測試。Molecule 支援使用多個實例、作業系統和發行版進行測試。我還沒有使用過這個工具，但如果想對 Ansible 角色進行更多測試，我會由此開始。

我們現在應該知道如何為我們的網路編寫測試計畫，無論是測試連通性、延遲、安全性、交易還是網路組態設定。

在下一節中，我們將了解 Cisco 開發的擴充測試框架（最近作為開源發佈），稱為 pyATS。值得讚揚的是，為了社群利益而發佈如此廣泛的開源框架是 Cisco 的偉大舉動。

pyATS 和 Genie

pyATS（https://developer.cisco.com/pyats/）是一個端對端測試生態系統，最初由 Cisco 開發，並於 2017 年底向公眾開放。pyATS 先前的名稱是 Genie，它們經常在相同的上下文中被提及。由於其根源，該框架非常關注網路測試。

pyATS 和 pyATS 函式庫（也稱為 Genie）榮獲 2018 年 Cisco 先鋒獎。我們都應該讚揚 Cisco 將該框架開源並向公眾開放。幹得好，Cisco DevNet！

該框架可在 PyPI 上取得：

```
$ pip install pyats
```

首先，我們可以查看 GitHub 儲存庫上的一些範例腳本：**https://github.com/CiscoDevNet/pyats-sample-scripts**。測試從建立 YAML 格式的測試平台（testbed）檔案開始，我們將為 `lax-edge-r1-edg-r1` 設備建立一個簡單的 `chapter16_pyats_testbed_1.yml` 測試平台檔案。該檔案應該與我們之前見過的 Ansible 設備列表檔案（inventory file）類似：

```
testbed:
    name: Chapter_16_pyATS
    tacacs:
      username: cisco
    passwords:
      tacacs: cisco
      enable: cisco

devices:
  lax-edg-r1:
      alias: lax-edg-r1
      type: ios
      connections:
        defaults:
          class: unicon.Unicon
        management:
          ip: 192.168.2.51
          protocol: ssh

topology:
    lax-edg-r1:
        interfaces:
            GigabitEthernet0/1:
                ipv4: 10.0.0.1/30
                link: link-1
                type: ethernet
            Loopback0:
                ipv4: 192.168.0.10/32
```

```
            link: iosv-1_Loopback0
            type: loopback
```

在我們的第一個腳本 chapter16_11_pyats_1.py 中，我們將載入測試平台檔案，連接到設備，發出顯示版本（show version）命令，然後中斷與設備的連接：

```
#!/usr/bin/env python3
#
# 節錄來源：https://devnet-pubhub-site.s3.amazonaws.com/media/pyats/
docs/getting_started/index.html
#
from pyats.topology import loader

# 載入測試平台
testbed = loader.load('chapter16_pyats_testbed_1.yml')

# 存取此設備
testbed.devices
lax_edg_r1 = testbed.devices['lax-edg-r1']

# 建立連線
lax_edg_r1.connect()

# 發出指令
print(lax_edg_r1.execute('show version'))

# 斷線
lax_edg_r1.disconnect()
```

當我們執行命令時，可以看到輸出是 pyATS 設置以及設備實際輸出的混合。這與之前見過的 Paramiko 腳本類似，但請注意 pyATS 為我們處理了底層連接：

```
$ python chapter16_11_pyats_1.py
/home/echou/Mastering_Python_Networking_Fourth_Edition/Chapter16/pyATS/
chapter16_11_pyats_1.py:8: DeprecationWarning: 'tacacs.username' is
```

```
deprecated in the testbed YAML. This key has been moved to 'credentials'.
  testbed = loader.load('chapter16_pyats_testbed_1.yml')
/home/echou/Mastering_Python_Networking_Fourth_Edition/Chapter16/pyATS/
chapter16_11_pyats_1.py:8: DeprecationWarning: 'passwords.tacacs' is
deprecated in the testbed YAML. Use 'credentials' instead.
  testbed = loader.load('chapter16_pyats_testbed_1.yml')
device's os is not provided, unicon may not use correct plugins

2022-09-25 17:03:08,615: %UNICON-INFO: +++ lax-edg-r1 logfile /tmp/lax-
edg-r1-cli-20220925T170308615.log +++
<skip>
2022-09-25 17:03:09,275: %UNICON-INFO: +++ connection to spawn: ssh -l
cisco 192.168.2.51, id: 140685765498848 +++

2022-09-25 17:03:09,276: %UNICON-INFO: connection to lax-edg-r1
cisco@192.168.2.51's password:

**************************************************************************
* IOSv is strictly limited to use for evaluation, demonstration and IOS  *
* education. IOSv is provided as-is and is not supported by Cisco's      *
* Technical Advisory Center. Any use or disclosure, in whole or in part, *
* of the IOSv Software or Documentation to any third party for any       *
* purposes is expressly prohibited except as otherwise authorized by     *
* Cisco in writing.                                                      *
**************************************************************************
lax-edg-r1#

2022-09-25 17:03:09,364: %UNICON-INFO: +++ initializing handle +++

2022-09-25 17:03:09,427: %UNICON-INFO: +++ lax-edg-r1 with via
'management': executing command 'term length 0' +++
term length 0
lax-edg-r1#

2022-09-25 17:03:09,617: %UNICON-INFO: +++ lax-edg-r1 with via
'management': executing command 'term width 0' +++
term width 0
lax-edg-r1#
```

```
2022-09-25 17:03:09,821: %UNICON-INFO: +++ lax-edg-r1 with via
'management': executing command 'show version' +++
show version
Cisco IOS Software, IOSv Software (VIOS-ADVENTERPRISEK9-M), Version
15.8(3)M2, RELEASE SOFTWARE (fc2)
Technical Support: http://www.cisco.com/techsupport
Copyright (c) 1986-2019 by Cisco Systems, Inc.
Compiled Thu 28-Mar-19 14:06 by prod_rel_team
```

在第二個範例中，我們將看到連線設置、測試案例和連線拆卸的完整範例。首先，將 `lax-cor-r1` 設備加入 `chapter16_pyats_testbed_2.yml`。需要額外的設備作為 `iosv-1` 的連接設備來進行我們的 ping 測試：

```
testbed:
    name: Chapter_16_pyATS
    tacacs:
      username: cisco
    passwords:
      tacacs: cisco
      enable: cisco

devices:
    lax-edg-r1:
        alias: iosv-1
        type: ios
        connections:
          defaults:
            class: unicon.Unicon
          vty:
            ip: 192.168.2.50
            protocol: ssh

    lax-cor-r1:
        alias: nxosv-1
        type: ios
        connections:
```

```
            defaults:
              class: unicon.Unicon
            vty:
              ip: 192.168.2.51
              protocol: ssh

topology:
    lax-edg-r1:
        interfaces:
            GigabitEthernet0/1:
                ipv4: 10.0.0.1/30
                link: link-1
                type: ethernet
            Loopback0:
                ipv4: 192.168.0.10/32
                link: lax-edg-r1_Loopback0
                type: loopback
    lax-cor-r1:
        interfaces:
            Eth2/1:
                ipv4: 10.0.0.2/30
                link: link-1
                type: ethernet
            Loopback0:
                ipv4: 192.168.0.100/32
                link: lax-cor-r1_Loopback0
                type: loopback
```

在 chapter16_12_pyats_2.py 中，我們將使用 pyATS 中的 aest 模組和各種裝飾器。除了設置和清理之外，ping 測試位於 PingTestCase 類別中：

```
@aetest.loop(device = ('ios1',))
class PingTestcase(aetest.Testcase):

    @aetest.test.loop(destination = ('10.0.0.1', '10.0.0.2'))
    def ping(self, device, destination):
        try:
            result = self.parameters[device].ping(destination)
```

```
        except Exception as e:
            self.failed('Ping {} from device {} failed with error: {}'.
format(
                                destination,
                                device,
                                str(e),
                            ),
                        goto = ['exit'])
        else:
            match = re.search(r'Success rate is (?P<rate>\d+) percent',
result)
            success_rate = match.group('rate')
```

最佳做法是在執行時於命令列引用測試平台文件：

```
$ python chapter16_12_pyats_2.py --testbed chapter16_pyats_testbed_2.yml
```

輸出與我們的第一個範例類似，但每個測試案例都新增了 STEPS Report 和詳細結果（Detailed Results）。

```
2022-09-25T17:14:13: %AETEST-INFO: +------------------------------------------
----------------------------------------+
2022-09-25T17:14:13: %AETEST-INFO: |                              Starting
common setup                         |
2022-09-25T17:14:13: %AETEST-INFO: +------------------------------------------
----------------------------------------+
2022-09-25T17:14:13: %AETEST-INFO: +------------------------------------------
----------------------------------------+
2022-09-25T17:14:13: %AETEST-INFO: |                       Starting
subsection check_topology                    |
2022-09-25T17:14:13: %AETEST-INFO: +------------------------------------------
----------------------------------------+
2022-09-25T17:14:13: %AETEST-INFO: The result of subsection check_topology
is => PASSED
2022-09-25T17:14:13: %AETEST-INFO: +------------------------------------------
----------------------------------------+
2022-09-25T17:14:13: %AETEST-INFO: |                  Starting subsection
```

```
establish_connections                                |
2022-09-25T17:14:13: %AETEST-INFO: +------------------------------------
--------------------------------------+
2022-09-25T17:14:13: %AETEST-INFO: +....................................
......................................+
2022-09-25T17:14:13: %AETEST-INFO: :                    Starting STEP 1:
Connecting to lax-edg-r1                               :
2022-09-25T17:14:13: %AETEST-INFO: +....................................
......................................+
2022-09-25T17:14:13: %UNICON-WARNING: device's os is not provided, unicon
may not use correct plugins
```

其輸出也顯示被寫入 /tmp 資料夾的日誌檔案名稱：

```
$ ls /tmp/lax*
/tmp/lax-edg-r1-cli-20220925T170012042.log
/tmp/lax-edg-r1-cli-20220925T170030754.log
/tmp/lax-edg-r1-cli-20220925T170308615.log
/tmp/lax-edg-r1-cli-20220925T171145090.log
/tmp/lax-edg-r1-cli-20220925T171413444.log
$ head -20 /tmp/lax-edg-r1-cli-20220925T170012042.log

2022-09-25 17:00:12,043: %UNICON-INFO: +++ lax-edg-r1 logfile /tmp/lax-
edg-r1-cli-20220925T170012042.log +++

2022-09-25 17:00:12,043: %UNICON-INFO: +++ Unicon plugin generic (unicon.
plugins.generic) +++

**************************************************************************
* IOSv is strictly limited to use for evaluation, demonstration and IOS  *
* education. IOSv is provided as-is and is not supported by Cisco's      *
* Technical Advisory Center. Any use or disclosure, in whole or in part, *
* of the IOSv Software or Documentation to any third party for any       *
* purposes is expressly prohibited except as otherwise authorized by     *
* Cisco in writing.                                                      *
**************************************************************************

2022-09-25 17:00:12,705: %UNICON-INFO: +++ connection to spawn: ssh -l
```

```
cisco 192.168.2.51, id: 140482828326976 +++

2022-09-25 17:00:12,706: %UNICON-INFO: connection to lax-edg-r1
cisco@192.168.2.51's password:

***********************************************************************
```

pyATS 框架是很棒的自動化測試框架，但由於出身原因，對 Cisco 以外廠商的支援有點不足。

值得一提的網路驗證的開源工具是 Batfish（https://github.com/batfish/batfish），由 Intentionet 團隊開發。Batfish 的主要使用案例是在部署之前驗證組態設定變更。另一個開源專案是 SuzieQ（https://suzieq.readthedocs.io/en/latest/），SuzieQ 是第一個開源、可觀測多供應商網路的平台應用程式。

pyATS 有一定的學習上手難度；它基本上有自己的執行測試方式，恐怕需要一些時間來適應。可以理解的是，它目前的幾個版本也重度著眼於 Cisco 平台。pyATS 核心是閉源的並以二進位格式發佈；開發用於 pyATS 的軟體套件（例如解析器函式庫、YANG 連接器和各種附加元件）則都是開源的。對於開源部分，一般都會鼓勵開發者們貢獻成果，如增加額外的供應商支援或進行語法或流程更改。

本章即將結束，讓我們回顧一下本章中所做的事情。

結論

在本章中，研究了 TDD 以及如何將其應用於網路工程。首先概述了 TDD；然後，我們查看使用 unittest 和 pytest Python 模組的範例。Python 和簡單的 Linux 命令列工具可用於建立網路連通性、組態和安全性的測試。

pyATS 是 Cisco 發佈的工具，我們可以利用它作為以網路為中心的自動化測試框架。

簡而言之，如果未經測試，則不可信。我們網路中的所有內容都應盡可能以程式設計方式進行測試。與許多軟體概念一樣，TDD 是永無止境的服務之輪。我們努力盡可能提升測試涵蓋率，但即使是 100% 的測試涵蓋率，我們也總是能找到新的方法和測試案例來實作。在網路中尤其如此，網路通常是指網際網路，而 100% 的網際網路測試涵蓋率是不可能的。

我們已經到了本書的尾聲，我希望您在讀本書時，擁有與我在寫作過程中相同的樂趣。對於您撥冗閱讀本書，我想表達誠摯地「感謝」。祝您 Python 網路之旅成功、幸福！

索引

A

B

C

D

E

F

G

N

O

P

R

S

T

U

V

精通 Python 網路開發

作　　者：Eric Chou(周君逸)
譯　　者：皇文淵
企劃編輯：詹祐甯
文字編輯：王雅雯
設計裝幀：張寶莉
發 行 人：廖文良

發 行 所：碁峰資訊股份有限公司
地　　址：台北市南港區三重路 66 號 7 樓之 6
電　　話：(02)2788-2408
傳　　真：(02)8192-4433
網　　站：www.gotop.com.tw
書　　號：ACL069700
版　　次：2024 年 12 月初版
建議售價：NT$980

國家圖書館出版品預行編目資料

精通 Python 網路開發 / Eric Chou(周君逸)原著；皇文淵譯. -- 初版. -- 臺北市：碁峰資訊, 2024.12
面；　公分
譯自: Mastering Python networking: utilize Python and frameworks for network automation, monitoring, cloud, and management, 4th ed.
ISBN 978-626-324-963-9(平裝)
1.CST：Python(電腦程式語言)
312.32P97　　113017987